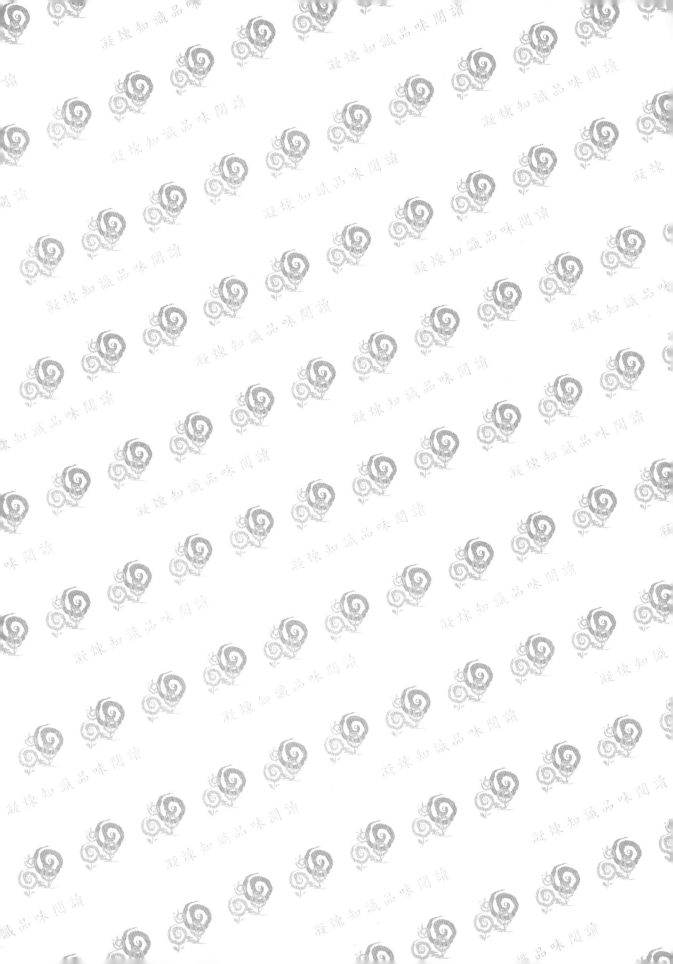

Minitab
統計應用分析實務

吳明隆、張毓仁 著

五南圖書出版公司 印行

序言

量化研究的數據要想將資料變為有系統的資訊，必須藉用統計應用軟體加以分析，市面統計分析應用軟體各有其特色，也各有其愛好使用者，本書介紹的統計分析軟體為 Minitab。Minitab 統計軟體是一個操作簡便、視窗界面友善、可以進行單變量與多變量、母數與無母數分析的統計應用軟體，也可進行各種品質管制分析，對於社會科學或自然科學領域的資料，皆可快速進行數據處理，相對於 SPSS 統計軟體的資料結構，Minitab 軟體的資料建檔型態更為多元而有彈性，除了可使用原始數據進行分析外，也可以使用已分類整理好的量數直接進行分析。

本書從使用者觀點出發，從實務的角度論述，介紹論文寫作或量化分析中常被研究者使用的統計方法，包括視窗界面的說明、資料的建檔與轉換、統計圖的繪製、描述性統計與次數分配、單一母體平均數、比例與變異的估計檢定、二個母體平均數、比例與變異的估計檢定、變異數分析、卡方檢定、相關與迴歸分析、因素分析與項目分析、邏輯斯迴歸分析、集群與區別分析、共變數分析、多變項變異數分析等。

書中章節內容循序漸進，配合圖表及文字解析，兼顧基本理論與實務操作方法，以各種範例簡要說明統分析的原理，完整介紹 Minitab 的操作步驟，詳細解釋報表結果，對於閱讀者而言，是一本「能於最短時間看得懂、學得會、容易上手、立即應用」的書籍，使用者若能配合範例練習，可以讓學習效率更為提升。

本書得以順利出版，要感謝五南圖書公司的鼎力支持與協助，尤其是張毓芬副總編輯與侯家嵐編輯的行政支援與幫忙。作者於本書的撰寫期間雖然十分投入用心，但恐有能力不及或論述未周詳之處，這些疏漏或錯誤的內容，盼請讀者、各方先進或專家學者不吝斧正。

吳明隆　張毓仁 謹識

2015 年 3 月

目錄

CHAPTER 11　因素分析與項目分析 473

CHAPTER 12　邏輯斯迴歸分析 515

CHAPTER 1

Minitab
視窗界面

Minitab 的視窗界面內容包含三個部分：功能表列與工具列鈕、Session 輸出結果次視窗、資料檔工作表 (Worksheet) 次視窗。工作表次視窗的屬性類似試算表的工作表，各資料檔工作表是獨立的，可以單獨儲存；專案 (Project) 檔案可以同時儲存 Session 視窗中之指令編輯程序、所有輸出結果文字及圖表、以上一個工作表，要完整將資料檔與統計分析結果儲存則以「專案」檔儲存即可。Minitab 統計軟體的簡要操作圖示如下：

第一節　Minitab 視窗界面

　　Minitab 統計軟體的視窗界面主要包括功能表列、工具列、Session、Worksheet (工作表)，Session 視窗在儲存統計輸出結果、圖表、各種統計程序指令；Worksheet 視窗在於資料檔的建立、儲存與變數設定。若是輸出結果增列圖表，每個圖表均可以獨立編輯，圖的視窗是獨立的。

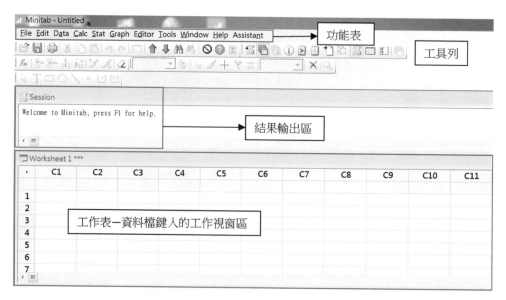

　　每個工具列都有其圖示作用說明，將滑鼠指向工具列圖示會呈現該工具
列鈕的意涵與作用說明，如「Open Project」(開啟專案)、「Save Project」(儲
存專案)、「Print Window」(印出作用中視窗內容)、「Cut」(剪下)、「Copy」
(複製)、「Paste」(貼上)、「Undo」(復原前一個動作)、「Redo」(保留目前動
作)、「Edit Last Dialog」(編輯最近對話)、「Previous Command」(前一個命
令)、「Next Command」(下一個命令)、「Find」(尋找)、「Find Next」(尋找下
一個)、「Cancel」(取消)、「Help」(求助)、「StatGuide」(統計指南)、「Show
Session Folder」(顯示 Session 視窗資料夾)、「Show Worksheets Folder」(顯示
工作表視窗資料夾)、「Show Graphs Folder」(顯示圖形視窗資料夾)、「Session
Window」(Session 視窗)、「Current Data Window」(目前資料視窗)。工具列鈕中
幾個較常重使用的鈕如：

　　「Open Project」工具列鈕的作用在於開啟一個已存在的 Minitab 專案 (Open
an existing Minitab project)。

　　「Show Worksheets Folder」工具列鈕的作用在於顯示工作表清單。

　　「Show Session Folder」工具列鈕的功能在於顯示 Session 清單.
　　範例視窗之專案包含三個工作表：「成績表 01.MTW」、「單親家庭
.MTW」、「完整家庭 .MTW」，左邊為工作表資料檔清單，右邊為對應的工作

表內容，目前作用中的工作表為「單親家庭 .MTW***」。

「Show Session Folder」工具列鈕的作用在於顯示 Session 清單。

「Show Graphs Folder」工具列鈕的作用在於顯示圖表清單。

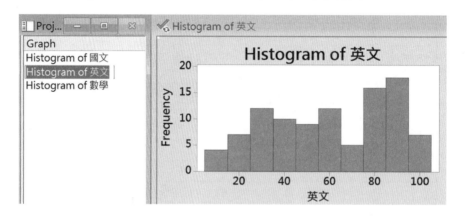

上述圖形清單共有三個視窗，對應開啟的圖示為「英文」變數的次數分配直方圖 (histogram)。

「Minitab」視窗界面之功能表主選項包括：「File」(尋找)、「Edit」(編輯)、「Data」(資料)、「Calc」(計算)、「Stat」(統計)、「Graph」(圖形)、「Editor」(編輯者或編輯器)、「Tools」(工具)、「Window」(視窗)、「Help」(求助)、「Assistant」(協助) 等。其中最常使用的為：「File」(檔案處理程序)、「Edit」(資料檔編輯程序)、「Data」(資料檔資料處理程序)、「Calc」(變數的計算程序)、「Stat」(統計分析程序) 等。

常用功能表的選單與次選單選項如下：

主要功能表	功能表選單內容
File (檔案)	「New」(開啟新的工作表或專案)、「Open Project」(開啟專案)、「Save Project」(儲存專案)、「Save Project As」(將專案另存新檔)、「Project Description」(專案描述)、「Open Worksheet」(開啟工作表)、「Save Current Worksheet」(儲存目前的工作表)、「Save Current Worksheet As」(將工作表另存新檔)、「Worksheet Description」(工作表描述)、「Close Worksheet」(關閉工作表)、「Query Database (ODBC)」、「Open Graph」(開啟 Minitab 圖檔)、「Other Files」(其他文字檔的匯入或匯出)、「Save Session Window As」(將 Session 視窗另存新檔)、「Print Session Window/ Print Worksheet」(印出 Session 視窗或工作表內容)、「Print Setup」(列印設定)、「Exit」(離開)

File Edit Data Calc Stat Graph Ed	
New...	Ctrl+N
Open Project...	Ctrl+O
Save Project	Ctrl+S
Save Project As...	
Project Description...	
Open Worksheet...	
Save Current Worksheet	
Save Current Worksheet As...	
Worksheet Description...	
Close Worksheet	
Query Database (ODBC)...	
Open Graph...	
Other Files	▶
Save Session Window As...	
Print Session Window...	Ctrl+P
Print Setup...	
Exit	

File Edit Data Calc Stat Graph	
New...	Ctrl+N
Open Project...	Ctrl+O
Save Project	Ctrl+S
Save Project As...	
Project Description...	
Open Worksheet...	
Save Current Worksheet	
Save Current Worksheet As...	
Worksheet Description...	
Close Worksheet	
Query Database (ODBC)...	
Open Graph...	
Other Files	▶
Save Window As...	
Print Worksheet	Ctrl+P
Print Setup...	
Exit	

滑鼠置放在 Session 中的 File 功能表顯示　　滑鼠置放在工作表中的 File 功能表顯示

主要功能表	功能表選單內容
Edit (編輯)	「Undo」(復原)、「Redo」(重做)、「Clear Cells」(清除工作表細格資料)、「Delete Cells」(刪除工作表細格資料)、「Copy Cells」(複製工作表細格資料)、「Cut Cells」(剪下工作表細格資料)、「Paste Cells」(貼上工作表細格資料)、「Paste Link」(貼上連結)、「Worksheet Links」(工作表連結)、「Select All Cells」(選取所有細格資料)、「Edit Last Dialog」(編輯最近對話)、「Command Line Editor」(編輯 Session 指令)。

　　滑鼠置放在 Session 視窗中與滑鼠置放在工作表中時，某些功能表列中的選項有些差異，但主要選項功能大致相同，一般功能列的程序執行，都是執行工作表資料檔的運算與分析，只有編輯部分輸出結果時，才會將滑鼠置放在 Session 結果視窗中。

Edit	Data	Calc	Stat	Graph	Ed
Undo typing "5" in R3 x C3					
Redo					
Clear Cells					
Delete Cells					
Copy Cells					
Cut Cells					
Paste Cells					
Paste Link					
Worksheet Links					
Select All Cells					
Edit Last Dialog					
Command Line Editor					

主要功能表	功能表選單內容
Data (資料)	「Subset Worksheet」(子集工作表選取)、「Split Worksheet」(分割工作表資料檔)、「Merge Worksheets」(合併工作表資料檔)、「Copy」(複製工作表)、「Unstack Columns」(未堆疊直行)、「Stack」(堆疊)、「Transpose Columns」(轉置行的資料為列的資料)、「Sort」(工作表排序)、「Rank」(資料等級化)、「Delete Rows」(刪除橫列資料)、「Erase Variables」(刪除直行變數)、「Code」(資料重新編碼)、「Change Data Type」(變更資料型態)、「Extract from Data/Time」(從日期/時間取得)、「Concatenate」(串連)、「Display Data」(顯示資料)

主要功能表	功能表選單內容
Calc (計算)	「Calculator」(計算器－進行資料檔的數學及邏輯運算)、「Column Statistics」(直行統計量)、「Row Statistics」(橫列統計量)、「Standardize」(變數標準化轉換)、「Make Patterned Data」(建立組型資料)、「Make Mesh Data」(建立 Mesh 資料)、「Make Indicator Variables」(建立指標變數,變數的數值水準為 0 或 1)、「Set Base」(亂數資料產生器起始點的設定)、「Random Data」（產生不同機率分配的隨機資料數值）、「Probability Distributions」（各種機率分配參數的計算）、「Matrices」(矩陣運算)

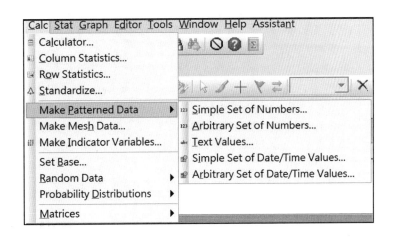

主要功能表	功能表選單內容
Stat (統計) —為 Minitab 統計分析軟體的核心功能表	「Basic Statistics」(基本統計量)、「Regression」(迴歸分析)、「ANOVA」(變異數分析)、「DOE」、「Control Charts」(控制圖)、「Quality Tools」(品質工具)、「Reliability/Survival」(信度與存活分析)、「Multivariate」(多變量分析)、「Time Series」(時間序列分析)、「Tables」(交叉表分析)、「Nonparametrics」(無母數統計分析)、「Equivalence Tests」(等值檢定)、「Power and Sample Size」(統計考驗力與樣本大小)

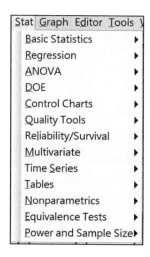

「Stat」(統計) 功能表中，研究論文多數常使用的統計分析程序有以下多種：

次功能表 Stat/Basic Statistics (基本統計)	「Display Descriptive Statistics」(顯示描述性統計量)、「Store Descriptive Statistics」(儲存描述性統計量)、「Graphical Summary」(分類摘要表)、「1-Sample Z」(單一樣本 Z 檢定)、「1-Sample t」(單一樣本 t 檢定)、「2-Sample t」(雙樣本 t 檢定)、「Paired t」(相依樣本 t 檢定)、「1 Proportion」(單一樣本比例檢定)、「2 Proportions」(雙樣本比例檢定)、「1-Sample Poisson Rate」(單樣本卜瓦松比率檢定)、「2-Sample Poisson Rate」(雙樣本卜瓦松比率檢定)、「1 Variance」(單一樣本變異數檢定)、「2 Variances」(雙樣本變異數檢定)、「Correlation」(相關分析)、「Covariance」(共變數分析)、「Normality Test」(常態性檢定)、「Outlier Test」(極端值檢定)、「Goodness-of-Fit Test for Poisson」(Poisson 適配度檢定)

Stat Graph Editor Tools Window Help Assistant	
Basic Statistics ▶	Display Descriptive Statistics...
Regression ▶	Store Descriptive Statistics...
ANOVA ▶	Graphical Summary...
DOE ▶	1-Sample Z...
Control Charts ▶	1-Sample t...
Quality Tools ▶	2-Sample t...
Reliability/Survival ▶	Paired t...
Multivariate ▶	1 Proportion...
Time Series ▶	2 Proportions...
Tables ▶	1-Sample Poisson Rate...
Nonparametrics ▶	2-Sample Poisson Rate...
Equivalence Tests ▶	1 Variance...
Power and Sample Size ▶	2 Variances...
	Correlation...
	Covariance...
	Normality Test...
	Outlier Test...
	Goodness-of-Fit Test for Poisson...

次功能表 Stat/Regression (迴歸)	「Fitted Line Plot」(適配迴歸線繪製)、「Regression」(迴歸分析)、「Nonlinear Regression」(非線性迴歸分析)、「Stability Study」(穩定研究分析)、「Orthogonal Regression」(正交迴歸分析)、「Partial Least Squares」(偏最小平方迴歸)、「Binary Fitted Line Plot」(二元邏輯斯適配圖形迴歸)、「Binary Logistic Regression」(二元邏輯斯迴歸分析)、「Ordinal Logistic Regression」(次序變數邏輯斯迴歸分析)、「Nominal Logistic Regression」(名義變數邏輯斯迴歸分析)、「Poisson Regression」(Poisson 迴歸分析)

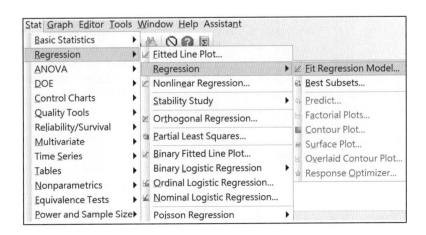

次功能表 Stat/ANOVA (變異數分析)	「One-Way」(單因子變異數分析)、「Analysis of Means」(平均數分析)、「Balanced ANOVA」(均衡設計之變異數分析)、「General Linear Model」(一般線性模式)、「Fully Nested ANOVA」(完全巢狀變異數分析)、「General MANOVA」(一般多變量變異數分析)、「Test for Equal Variances」(相等變異數檢定)、「Interval Plot」(信賴區間圖)、「Main Effects Plot」(主要效果圖)、「Interactions Plot」(交互作用圖)

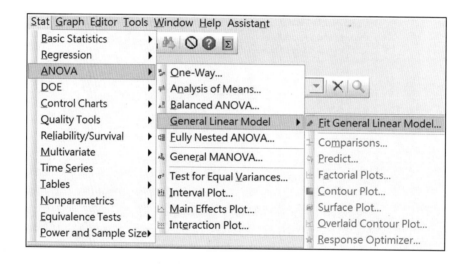

次功能表 Stat/Multivariate (多變量)	「Principal Components」(主成份分析)、「Factor Analysis」(因素分析)、「Item Analysis」(項目分析)、「Cluster Observations」(觀察變項集群分析)、「Cluster Variables」(變項集群分析)、「Cluster K-Means」(K 平均數集群分析)、「Discriminant Analysis」(區別分析)、「Simple Correspondence Analysis」(簡單對應分析)、「Multiple Correspondence Analysis」(多元對應分析)

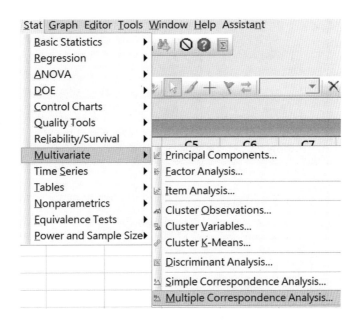

次功能表 Stat/Tables (表格)	「Tally Individual Variables」(計數個人變項／次數分配表)、 「Chi-Square Test for Association」(關聯性卡方檢定)、「Cross Tabulation and Chi- Square」(交叉表與卡方檢定)、「Chi-Square Goodness-of-Fit Test (One Variable)」(單一變項卡方適配度檢定)、「Descriptive Statistics」(交叉表描述性統計量)

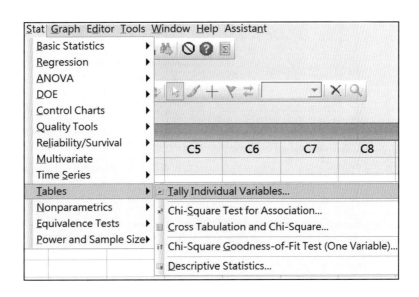

次功能表 Stat/Nonparametrics (無母數統計)	「1-Sample Sign」(單樣本符號檢定)、「1-Sample Wilcoxon」(單樣本魏克遜檢定)、「Mann-Whitney」(曼-惠特尼 U 檢定)、「Kruskal-Wallis」(克-瓦二氏單因子變異數等級分析)、「Mood's Median Test」(Mood 中位數檢定)、「Friedman」(弗里曼二因子等級變異數檢定)、「Runs Test」(連檢定)、「Pairwise Averages」(配對平均值檢定)、「Pairwise Differences」(配對差異)、「Pairwise Slopes」(配對斜率檢定)

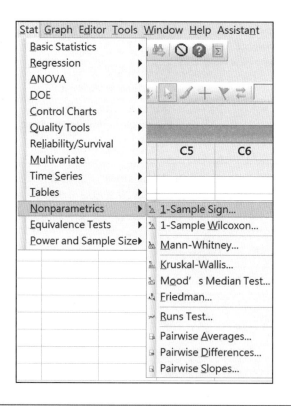

次功能表 Graph (圖表)	「Scatterplot」(散布圖)、「Matrix Plot」(矩陣圖)、「Bubble Plot」(泡泡圖)、「Marginal Plot」(邊際圖)、「Histogram」(直方圖)、「Dotplot」(點圖)、「Stem-and-leaf」(莖葉圖)、「Probability Plot」(機率圖)、「Empirical CDF」(觀察累積分配函數)、「Probability Distribution Plot」(機率分配圖)、「Boxplot」(盒形圖)、「Interval Plot」(區間圖)、「Individual Value Plot」(個別數值圖)、「Line Plot」(線性圖)、「Bar Chart」(長條圖)、「Pie Chart」(圓餅圖)、「Time series Plot」(時間序列圖)、「Area Graph」(區域圖)、「Contour Plot」(控制圖)、「3D Scatterplot」(3D 散布圖)、「3D Surface Plot」(3D 曲面圖)

主要功能表	功能表選單內容
Editor (Sessoion 對應的編輯者選項界面)	「Next Command」、「Previous Command」、「Enable Commands」、「Output Editable」、「Find」、「Replace」、「Apply Font」
Worksheet 工作表對應的 Editor (編輯者) 的選項	「Find」(搜尋字元或資料)、「Replace」(取代)、「Go To」(跳到指定的細格)、「Go To」(移動到儲存格)、「Format Column」(直行格式的設定，如指定小數位數)、「Column」(直行屬性的設定，如直欄寬度)、「Formulas」(直行公式設定)、「Worksheet」(工作表的描述或變更資料輸入的方向)、「Insert Cells」(插入細格)、「Insert Rows」(插入橫列)、「Insert Columns」(插入直行)、「Move Columns」(移動直行位置)、「Define Custom Lists」(定義自訂的清單)、「Clipboard Settings」(剪貼資料程序定義遺漏字串)

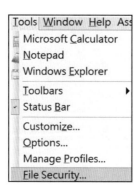

主要功能表	功能表選單內容
Tools (工具)	「Microsoft Calculator」(開啟小算盤視窗)、「Notepad」(開啟記事本)、「Windows Explorer」(開啟微軟檔案總管視窗)、「Toolbars」(工具列鈕的設定)、「Status Bar」(狀態列顯示設定)、「Customize」(自訂功能表及工具列鈕)、「Options」(選擇 Minitab 的各種選項)、「Manage Profiles」(管理使用者自訂的設定)、「File Security」(檔案加密)

　　Minitab 的視窗界面雖然是英文的，但 Minitab 功能表列的各個選項及工具列鈕的作用均有詳細的說明文字。以 File 功能表列的「New」次功能表選項的功能而言，滑鼠移到選項上，出現選項功能的英文使用小視窗：「Create a new Minitab project or worksheet.」(建立一個新的 Minitab 專案或資料工作表視窗)。

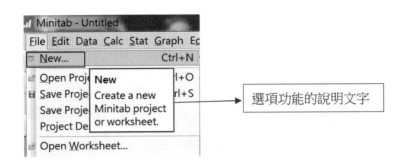

「New」對話視窗中，有二個選項：「Minitab Worksheet」(Minitab 工作表)、「Minitab Project」(專案)，專案與工作表的屬性類似試算表中的活頁簿與工作表，一個活頁簿可以包含一個以上的工作表；相似的，一個專案檔案可以包含一個以上的資料檔工作表，每個工作表可以自己命名存檔。

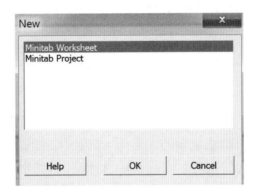

Minitab 統計軟體的檔案主要分為二大類：一為「Project」(專案) 檔，此種檔案除包括工作表視窗資料外，也包括「Session」輸出結果區域之圖、表或分析結果之統計量數，或指令編輯說明；二為「Worksheet」工作表視窗，工作表的存檔或開啟，只有包括資料檔，未包括「Session」輸出結果區域中的圖表或執行結果的統計量數。「Project」(專案) 檔的副檔名為「*.MPJ」、「Worksheet」資料工作表的副檔名為「*.MTW」，一個專案可以同時包含一個以上的工作表，每個工作表均可以單獨存檔，專案檔也可以存檔，若是研究者要把統計分析結果與資料檔一起存檔，要存成專案檔，如果只是要儲存資料檔，只要把每個資料檔所在的工作檔儲存即可。內定工作表名稱依序為「Worksheet1」、「Worksheet2」、「Worksheet3」……，作用中的工作表會

在工作表檔名後面加三個「*」號,如「Worksheet3***」,表示作用中的資料檔工作表為「Worksheet3」,專案名稱若未存檔,會以內定名稱出現「Minitab-Untitled」。

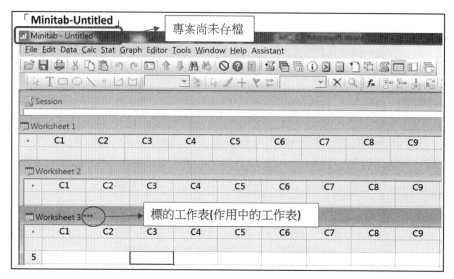

Minitab 專案檔案名稱會顯示在 Minitab 視窗的左上角,範例專案存檔的檔名為「年級資料.MPJ」,「.MPJ」為專案檔案名稱的副檔名;三個工作表存檔後的檔名會顯示在各工作表視窗的左上角,範例中三個資料檔工作表分別儲存為「一年級資料.MTW」、「二年級資料.MTW」、「三年級資料.MTW」,「*.MTW」為工作表的副檔名,作用中的資料檔工作表為「三年級資料.MTW***」,要切換工作表視窗,以滑鼠直接點選各工作表視窗即可。

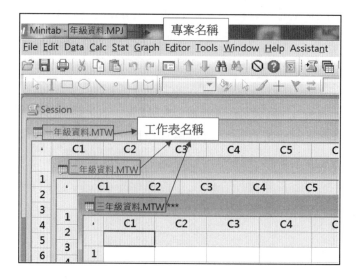

執行功能表「Calc」(計算) /「Calculator」(計算器) 程序,「Calculator」計算器的說明文字為「Perform mathematical, logical, statistical, and text operations on your data and store the results in a column or constant. You can also assign a formula to a column.」,視窗文字說明選項的功能在於執行資料檔變數中的數學、邏輯、統計與文字等運算,研究者可指定將運算結果存在工作表的直欄或設定為常數,也可採用公式型態存在直行中。

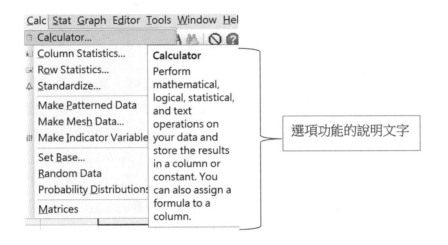

「Stat」統計功能表為 Minitab 核心功能表選單,所有的統計分析程序都需要從此功能表中的選單選取,常用者為「Basic Statistics」(基本統計)、「Regression」(迴歸)、「ANOVA」(變異數分析)、「Multivariate」(多變量)、「Nonparametrics」(無母數統計)。「Basic Statistics」(基本統計) 次選單「Display Descriptive Statistics」的視窗說明文字為「Summarize your data with descriptive statistics, such as the mean and standard deviation, and display the results in the Session window.」,程序說明文字指出選項功能在於執行資料檔選取之標的變項的描述性統計量,如平均數、標準差,並將統計分析結果呈現於 Session 視窗區域內。

Stat Graph Editor Tools Window Help Assistant

| Basic Statistics | ▶ | Display Descriptive Statistics... |

Regression ▶

ANOVA ▶

DOE ▶　　　　　**Display Descriptive Statistics**

Control Charts ▶　　Summarize your data with

Quality Tools ▶　　descriptive statistics, such as

Reliability/Survival ▶　the mean and the standard

Multivariate ▶　　　deviation, and display the

　　　　　　　　　　results in the Session

　　　　　　　　　　window.

　　　　　　　　　　1 Proportion...

第二節　工作表的資料建檔

　　「Worksheet」工作表為統計分析的資料檔建檔處，第一列內定的變數直行 (欄位) 之位置編號為 C1、C2、……、C12、C13、……，此橫列編碼無法更改，只能更改變數欄的屬性為文字或數值，若是文字型態，直行編號依序為「C1-T」、「C2-T」、……，此編號欄為 Minitab 內定的格式，功能在於進行資料管理或分析程序時，可以知道變數所在的直行位置；第二橫列為界定的變項名稱 (類似 SPSS 統計軟體之變數視窗或變數視圖)，變數名稱最好不要再用 C1、C2、C3、……等，以免變數名稱和 Minitab 內定直行編碼位置混淆。第三橫列開始為資料檔的輸入處，(類似 SPSS 統計軟體之資料視窗或資料視圖)，第一直欄第三橫列之數值編號為受試者的資料，每個受試者的資料或每份問卷都佔一橫列。Worksheet 資料檔工作表，每個以 C 為起始的直欄 (行) 為一個變項，而數值連續編碼之橫列為每一位受試者 (樣本) 填答的資料，或是一份問卷資料檔的測量值。單一作答的單選題，每個「題項」是一個變項；複選題或排序題的題項中，每個「選項」均要設定為一個變數，變數的水準數值中 0 為沒有勾選、1 為有勾選，複選題統計分析可以統計各選項中被勾選的次數 (水準數值為 1 的次數)與百分比。

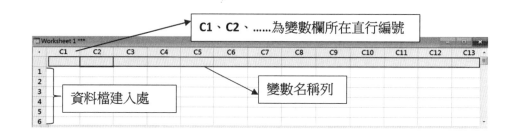

以下列學生人格特質量表為例，[ ] 內為設定的變數名稱

一、基本資料

1.性別：□1.男　　　　□2.女 [性別]

2.年級：□1.五年級　　□2.六年級 [年級]

3.家中排行：□1.老大　□2.中間子女　□3.老么　□4.獨生子 (女) [排行]

二、我的個性

我認為我是……	非常不同意	少部分同意	一半同意	大部分同意	非常同意
1. 樂於助人的 [A1]	1	2	3	4	5
2. 有愛心的 [A2]	1	2	3	4	5
3. 關心別人的 [A3]	1	2	3	4	5
4. 善解人意的 [A4]	1	2	3	4	5
5. 友愛同學的 [A5]	1	2	3	4	5
6. 專心的 [A6]	1	2	3	4	5
7. 有責任心的 [A7]	1	2	3	4	5
8. 容易緊張的 [A8]	1	2	3	4	5
9. 愛動腦筋的 [A9]	1	2	3	4	5
10. 喜歡交朋友的 [A10]	1	2	3	4	5
11. 樂觀的 [A11]	1	2	3	4	5
12. 熱情的 [A12]	1	2	3	4	5

(摘自陳思縈 (2012) 碩士論文之問卷)

變數於工作表中的位置及三筆受試者填答之測量值內容的視窗界面如下：

上圖之「Worksheet1***」工作表中的第一橫列 C1、C2、C3、……等並非變數名稱，是 Minitab 內定的直行編號，直行編號欄是自動編碼，研究者不用更改。第二橫列「性別」、「年級」、「排行」、A1、A2、……、A12 才是變項名稱。

工作表中的變項名稱有其唯一性，即相同的變項名稱不能在同一工作表中重複出現，上述範例中，直行 C1 的變項名稱為「性別」，研究者在其他直行編號處再增列「性別」變項時，會出現 Minitab 警告視窗「性別 is already used for column 1」，提醒使用者「性別」變項在直行 C1 已經存在，工作表不能再使用「性別」作為變項名稱。

工作表變數間的寬度拉曳與試算表十分類似，滑鼠移往第一橫列直行編號間會出現左右移動符號，按住左鍵可以變動變數欄的寬度，此時移動鈕的左方會出現「Width:X.XX」寬度的大小。範例中性別變數欄的寬度為 7.75。

工作表最左邊 (第一直行) 從第三列起，其連續數值碼為 1、2、3、4……，此為受試者的有效個數，一個橫列數值表示一筆原始資料，連續編碼的數值無法更改或移動，但可以執行功能表「Editor」(編輯者) /「Insert Rows」(插入橫列) 程序，插入空白橫列，插入空白橫列後，第一直行的數字會自動編碼。範例中第二位同學的國文成績 100 分、第三位 65 分、第四位 78 分，第二個橫列 (第二位同學) 插入一個空白橫列，第二位以後學生的測量值自動往後移動一格，而第二個橫列的內定細格資料為「＊」，此儲存格的符號，表示儲存格尚未輸入資料，或是儲存格為遺漏值 (missing value)，進行次數分配程序或求變項之平均數統計量時，有遺漏值的細格不會納入統計分析程序中。

下面視窗界面之範例中，第二欄 C1 下的變項名稱為「年級」(第一直行為資料檔樣本的流水編號，此編號欄無法更改)、第三欄 C2 下的變項名稱為「性別」、第四欄 C3 下的變項名稱為「第 1 題」、第五欄 C4 下的變項名稱為「第 2 題」、第六欄 C5 下的變項名稱為「第 3 題」，Minitab 變數存放的位置分別以 C1、C2、……等表示，此等自動編碼的欄位無法更改，但變項屬性改為其他類型 (如文字) 後，欄位的位置提示會改為 C1-T、C2-T 等。

	C1	C2	C3	C4	C5	C6	C7	C8
	年級	性別	第1題	第2題	第3題			
1								
2								
3								
4								
5								
6								

Worksheet 1 ***

資料檔輸入區域

工作表中的變項直行編號，主要有二種型態：數值、文字，內定的變項型態為數值，如果直行編號欄後面增列「-T」表示變項型態為文字，範例工作表中，受試者變項屬性為文字，第一列編號欄為「C1-T」，姓名變項、閱讀成績變項屬性為數值。

Worksheet 1 ***

	C1-T	C2	C3	C4
	受試者	姓名	閱讀成績	
1	S01		58	
2	S02		67	
3	S03		57	
4	S04		45	
5	S05		85	

如果研究者將「姓名」(直行編號為 C2) 變項欄設定為數值，於資料檔視窗中，第一位受試者儲存格處鍵入「陳大明」，由於「陳大明」並非數值型態，「陳大明」三個文字串要完整呈現於儲存格中，姓名 (直行編號為 C2) 變項欄的變數屬性必須改為「文字」，因而 Minitab 會自動將直行編號 C2 的變項屬性由「數值」改為「文字」，出現文字屬性編號「C2-T」。

Worksheet 1 ***

	C1-T	C2-T	C3	C4
	受試者	姓名	閱讀成績	
1	S01	陳大明	58	
2	S02		67	
3	S03		57	
4	S04		45	
5	S05		85	

　　直行編號 C3「閱讀成績」變項屬性為數值，因為數值資料以文字變項屬性也可以輸入，研究者將「閱讀成績」變項屬性由「數值」改為「文字」屬性也可以完整呈現各樣本的測量值，只是文字的變項無法進行數字運算及平均數的差異檢定。

	C1-T	C2-T	C3	C4
	受試者	姓名	閱讀成績	
1	S01	陳大明	58	
2	S02	蘇小太	67	
3	S03	林正雄	57	
4	S04	王石化	45	
5	S05	吳堂志	85	

Worksheet 1 ***

　　不論是文字變項或數值變項，均可以改變變項屬性，若文字變項本身不具有數字的形式，轉變為數值變項屬性時，無法進行資料型態的變換，文字變項中的資料檔轉換為數值變項後，會變為遺漏值，資料檔儲存格會以*符號取代。

　　文字變項轉換為數值變項的操作：執行功能表列「Data」(資料) /「Change Data Type」(改變資料型態) /「Numeric to Text」(數值轉變為文字) 程序，或「Data」(資料) /「Change Data Type」(改變資料型態) /「Text to Numeric」(文字轉變為數值)，前者在於將數值變項轉換為文字變項，後者在於將文字變項轉換為數值變項。

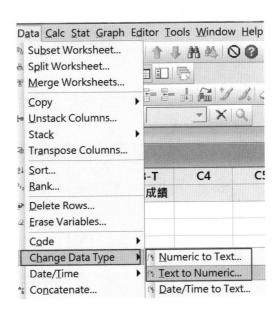

文字轉換為數值變項視窗界面，為將受試者變項 (直行編號 C1) 轉換為文字變項，將新文字變項儲存在直行編號 C4。從變數清單中選入文字變項「C1 受試者」至「Change text columns:」(改變文字直行) 下方框中，「Store numeric columns in:」(儲存數值直行) 下方框鍵入直行編號「C4」，表示轉換後的資料檔儲存在直行編號「C4」欄。

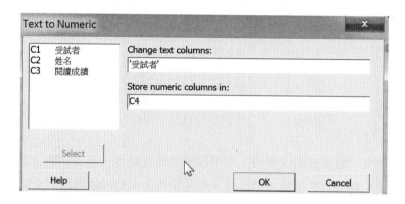

由於原「受試者」變項中的文字儲存格資料：S01、S02、S03、S04、S05 無法轉換為數值資料，轉換視窗中按下「OK」鈕，會出現「Error」錯誤提示視窗，按「Cancel」鈕後，可關閉錯誤提示視窗。

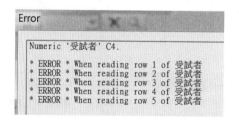

編號 C4 直行對應的的儲存格均以遺漏值「＊」符號顯示，表示原文字變項欄資料檔無法轉換為數值變項。

·	C1-T	C2-T	C3	C4
	受試者	姓名	閱讀成績	
1	S01	陳大明	58	＊
2	S02	蘇小太	67	＊
3	S03	林正雄	57	＊
4	S04	王石化	45	＊
5	S05	吳堂志	85	＊

　　數值轉換為文字對話視窗中，在於將「C3 閱讀成績」轉換為文字變項，轉換後的變項欄資料儲存在編號 C5 直行。從變數清單中選取「C3 閱讀成績」至「Change numeric columns:」(改變數值直行)下方框內，「Store text columns in:」(儲存文字直行) 下方框中鍵入「C5」，按「OK」鈕。

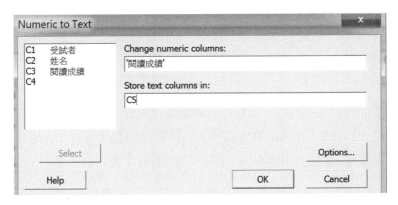

　　工作表中之直行 C3 與直行 C5 儲存格的資料相同，但二個變項欄的屬性不同，直行 C3 變項欄屬性為數值、直行 C5 變項欄屬性為文字，因而其直行編號的符號為「C5-T」。變項屬性為文字型態，無法求出其描述性統計量，也無法進行各種母數或無母數的檢定，變項屬性設定，除了資料檔有文字外，最好均設成「數值」型態。

.	C1-T	C2-T	C3	C4	C5-T
	受試者	姓名	閱讀成績		
1	S01	陳大明	58	*	58
2	S02	蘇小太	67	*	67
3	S03	林正雄	57	*	57
4	S04	王石化	45	*	45
5	S05	吳堂志	85	*	85

　　數值轉換為文字對話視窗中，在於將「C3 閱讀成績」轉換為文字變項，轉換後的變項欄資料還是儲存在「C3 閱讀成績」直行，轉換後的文字會覆蓋原始儲存格的資料。從變數清單中選取「C3 閱讀成績」至「Change numeric columns:」下方框內，變數清單中選取「C3 閱讀成績」至「Store text columns in:」下方框中，按「OK」鈕。

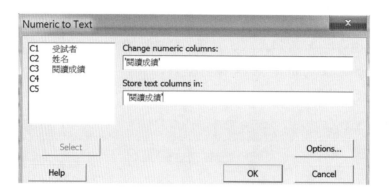

　　要於某個變項左邊增列一個直行，以便增列新的變數名稱，可以在第一橫列自動編號之 C1、C2、……細格中按一下，快速選取整個直行，此時，被選取的直行會反白顯示，如在 C1 儲存格中按一下左鍵，C1 直行會被選取。

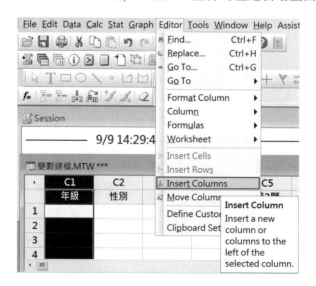

　　執行功能表「Editor」(編輯者) /「Insert Columns」(插入直行) 程序，程序提示語為「Insert a new column or columns to the left of the selected column.」(在被選取直行的左邊處插入一個新的直行)，可在 C1 直行的左邊新增空白的直行。

於 C1 直行新增一個空白欄，原變數直行所在欄的位置依序往後移動，「年級」變數由 C1 直行移至 C2 直行、「性別」變數由 C2 直行移至 C3 直行、「第1題」變數由 C3 直行移至 C4 直行、「第 2 題」變數由 C4 直行移至 C5 直行由、「第 3 題」變數由 C5 直行移至 C6 直行。

·	C1	C2	C3	C4	C5	C6	C7
		年級	性別	第1題	第2題	第3題	
1							
2							
3							
4							

表格左上角標示「變數建檔.MTW ***」

「Worksheet」工作表資料檔如果未存檔，執行功能表「File」(檔案) /「Save Current Worksheet」(儲存目前的工作表) 程序，或執行功能表「File」(檔案) /「Save Current Worksheet As」(另存目前的工作表) 程序，均會開啟「Save Worksheet As」(另存工作表) 對話視窗，資料檔可以存成 Worksheet 內定的檔案，檔案類型為「*.MTW」，也可以存成文字檔或試算表檔案「Excel (*.xls)」。範例中的檔案名稱為「data01」，檔案完整的名稱為「data01.MTW」，存檔類型為內定選項「Minitab」。

範例圖示，工作表左上角檔案名稱為「data01.MTW***」，右上角出現三個 *，表示此工作表為作用中的資料檔。

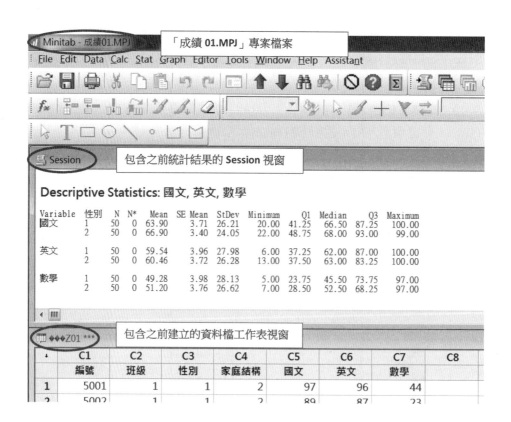

開啟專案 (Open Project) 程序，會開啟 Project 檔案 (檔案類型為*.MPJ)，包括此 Minitab 專案所包含的所有工作表資料檔，此外也會開啟原先存於「Session」視窗中的圖表、報表及相關統計量數，範例中開啟的專案檔案名稱為「成績 01.MPJ」。

執行功能表「File」(檔案)/「Open Project」(開啟檔案) 程序，可以開啟「Open Project」(開啟專案) 對話視窗，於搜尋位置 (I) 右的下拉式選單選取專案存放位置，選取標的專案檔案，檔案類型 (T) 為「Minitab Project (*.MPJ)」，按「開啟舊檔 (O)」鈕。

研究者如果於 Minitab 視窗中開啟專案，可再開啟工作表，執行功能表「File」(檔案)/「Open Worksheet」(開啟工作表) 程序，程序提示說明：「Open a copy of a Minitab worksheet, Excel spreadsheet, or text file.」，程序可以開啟「Open Worksheet」(開啟工作表) 對話視窗，於「搜尋位置 (I)」右邊的下拉式選單選取標的工作表存放的位置，檔案類型 (T) 內定為「Minitab (*.mtw; *.mpj)」，增列的工作表也可開啟試算表資料檔「Excel (*.xls; *.xlsx)」，或文字檔，選定標的檔案後，按「開啟舊檔 (O)」鈕。

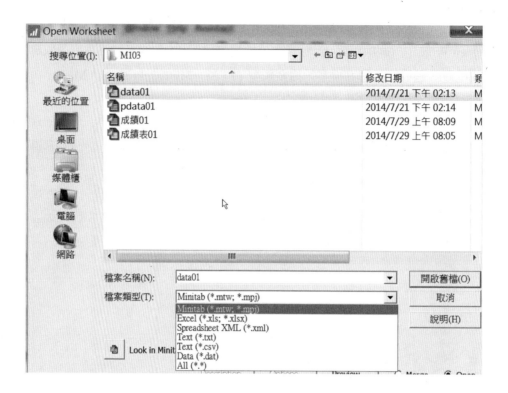

　　按「開啟舊檔 (O)」鈕後，由於之前已開啟專案檔，會出現 Minitab 對話小
視窗，詢問研究者是否要增列新的工作表資料檔內容於目前專案中 (A copy of the
content of this file will be added to the current project.)，以作為專案檔案中的一個
工作表 (筆者建議，除非進行資料檔合併，否則每個專案最好不要包含太多工作
表資料檔，工作表較少時，其操作程序比較單純，此外進行統計分析比較容易，
不用時常進行工作表資料檔的視窗切換)。

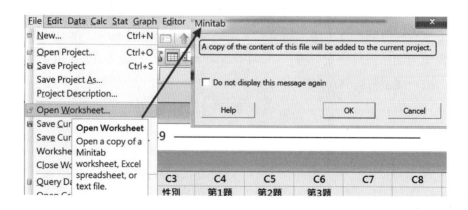

開啟新的專案或工作表操作為執行功能表「File」(檔案)/「New」(新
/空白) 程序，啟動「New」(新/空白) 對話視窗，視窗內包含二個選項：
「Minitab Worksheet」、「Minitab Project」，二個選項開啟的檔案類型分別為
「*.MTW」、「*.MPJ」，選取選項後按「OK」鈕，可以開啟新的工作表或新
的專案檔案。一般進行 Minitab 統計分析程序均會先開啟一個新的專案檔，再分
別從工作表中建立資料或匯入資料檔在工作表中，如果資料檔包含二個以上工作
表，再增列新的工作表 (Minitab Worksheet)，之後專案檔與每個工作表均加以存
檔，如此比較完整。

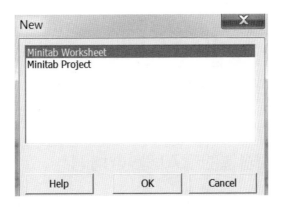

　　一個 Minitab 專案可能包含二個以上資料檔工作表，範例中按工具列「Show
Worksheets Folder」鈕，出現的說明文字「Show the worksheets folder (Ctrl + Alt
+ D)」，表示此工具列鈕可以呈現專案中工作表的資料夾型態，研究者可以於左
邊選單中選取不同的資料檔工作表進行修改、增補、變數的增刪等。

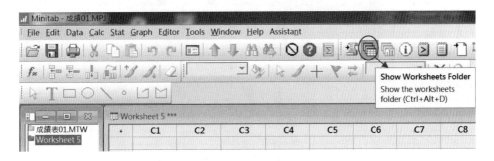

　　工作表資料管理對話視窗中，以「年級資料」專案而言，專案共包含「一年
級資料 .MTW」、「二年級資料 .MTW」、「三年級資料 .MTW」三個工作表，

在左邊工作表清單中連按滑鼠二下，可以快速開啟對應的資料檔工作表作為作用中的工作表 (進行目前統計分析的工作表)，被選取的工作表資料夾前的符號為綠色、未被選取的工作表資料夾前的符號為黃色。範例中視窗對應的標的工作表為「一年級資料 .MTW***」。

下圖範例中，視窗對應的標的工作表為「二年級資料 .MTW***」。

第三節　資料檔的滙入與變數增刪

　　工作表可以直接增刪、建入變數與資料外，也可以從外部的檔案匯入，常見的檔案格式為試算表格式檔案與文字檔格式檔案。試算表範例格式中第一列為變數名稱，第二列至第十一列為十位樣本資料。

	A	B	C	D	E	F	G
1	編號	班級	性別	家庭結構	國文	英文	數學
2	5001	1	1	2	97	96	44
3	5002	1	1	2	89	87	23
4	5003	1	1	1	20	12	36
5	5004	1	1	1	30	46	14
6	5005	1	1	2	65	50	43
7	5006	1	1	2	82	62	33
8	5007	1	1	1	35	30	89
9	5008	1	1	1	60	83	71
10	5009	1	1	2	88	100	97
11	5010	1	1	1	22	15	65

一、匯入試算表資料檔

　　試算表資料檔中第一列要增列變項名稱 (變項名稱可以為中文或英文，但變數間不能有空白鍵)，第二列開始為每位受試者填答的資料。資料檔的內容要以數值呈現，因為只有數值變項才能進行統計分析之差異檢定、相關或迴歸分析，包括母數檢定及各種無母數檢定。

	A	B	C	D	E	F	G	H
1	編號	班級	性別	家庭結構	國文	英文	數學	
2	5001	1	1	2	97	96	44	
3	5002	1	1	2	89	87	23	
4	5003	1	1	1	20	12	36	
5	5004	1	1	1	30	46	14	
6	5005	1	1	2	65	50	43	
7	5006	1	1	2	82	62	33	
8	5007	1	1	1	35	30	89	
9	5008	1	1	1	60	83	71	
10	5009	1	1	2	88	100	97	
11	5010	1	1	1	22	15	65	

　　開啟或建立一個新的專案後，執行功能表「File」(檔案) /「Open Worksheet」(開啟工作表) 程序，開啟「Open Worksheet」對話視窗，對話視窗下方的檔案類型 (T) 右方的下拉式選單選取「Excel (*.xls; *.xlsx)」選項，範例中選取的標的試算表檔案名稱為「成績 01 試算表檔」，選取檔案後，按「開啟舊檔 (O)」鈕。

在「Open Worksheet」(開啟工作表) 對話視窗中，按「Options」(選項) 按鈕，可以開啟「Open Worksheet：Options」(開啟工作表：選項) 次對話視窗，選項對話視窗可以設定變項名稱位在原先資料檔的第幾列，「Variable Names」(變項名稱) 名稱所在位置內定選項為「⊙Automatic」，表示自動選取，內定的選項通常是變數位在資料檔的最上方一列，研究者也可以改選「⊙Use row」(使用橫列) 選項，後面的方格中輸入 1，表示變項名稱的位置在資料檔的第一橫列。

「Open Worksheet：Options」(開啟工作表：選項) 次對話視窗中，「First Row of Data」(橫列資料第一列) 方盒直接選取內定選項「⊙Automatic」(自動)，若是原資料檔中有空白列，匯入至工作表中要將空白橫列刪除，可以勾選「☑Ignore blank data rows」(忽略空白資料列) 選項。

試算表變數欄不在第一列的範例如下，「人格特質量表」之樣本資料的試算表 Excel 的建檔資料型態中，第一列為空白、第二列為變數名稱、第三列為樣本填答的資料，第四筆樣本資料未輸入人口變項及題項數據，但已建立流水號 (此橫列樣本並非全是空白列，因為有流水號變項，匯入至工作表後，空白的儲存格會以遺漏值*取代)。

	A	B	C	D	E	F	G	H	I	J	K	L	M	N	O	P
1																
2	編號	性別	年級	排行	A1	A2	A3	A4	A5	A6	A7	A8	A9	A10	A11	A12
3	9001	1	2	1	1	3	4	5	4	3	2	3	4	5	5	4
4	9002	2	1	3	5	4	3	4	2	2	3	4	5	1	2	3
5	9003	1	1	2	3	2	1	3	4	4	3	2	2	1	2	2
6	9004															
7	9005	2	1	4	3	4	5	4	3	4	3	2	1	4	5	6

執行「File」(檔案) /「New」(空白全新) 程序，開啟新的專案檔後，工作表「Worksheet1***」為新的工作表。

執行「File」(檔案)/「Open Worksheet」(開啟工作表) 程序，開啟已建立的工作表，檔案類型選試算表格式：「Excel (*.xls; *.xlsx)」，選取要開啟的試算表檔案，範例為「人格特質」，按「Options」(選項) 鈕，開啟「Open Worksheet: Options」(開啟工作表：選項) 次對話視窗。

在「Open Worksheet: Options」(開啟工作表：選項) 次對話視窗中，「Variable Names」(變項名稱) 方盒中選取「⊙Use row:」(使用橫列) 選項，右邊方框輸入 2，表示變數欄位於試算表的第二列；「First Row of Data」(資料第一橫列) 方盒中選取「⊙Use row:」(使用橫列) 選項，右邊方框輸入 3，表示資料檔欄位於試算表的第三列，勾選「☑Ignore blank data rows」選項，按「OK」鈕，按「開啟舊檔」鈕。

專案中匯入工作表的資料檔如下，其中第四筆資料因為在試算表中的人口變項及題項數據未建入資料，匯入工作表後，空白的細格會以「＊」符號取代，若是原先流水編號「9004」也為空白，則因為整列資料均為空白，匯入工作表時，會將第四列空白資料列完全排除。

二、匯入文字檔

文字檔一般以記事本或文書編輯軟體建檔，由記事本或 WORD 建立的文字檔 (副檔名為*.TXT)，資料與資料間要以「Tab」鍵區隔，如單獨以空白鍵來分隔，變項無法與資料檔對應。

執行功能表「File」(檔案)/「Open Worksheet」(開啟工作表) 程序，開啟「Open Worksheet」(開啟工作表) 對話視窗，對話視窗下方的檔案類型 (T) 右方的下拉式選單選取「Text (*.txt)」，範例中選取的標的試算表檔案名稱為「成績 01 文字檔」，選取檔案後，按「開啟舊檔 (O)」鈕。

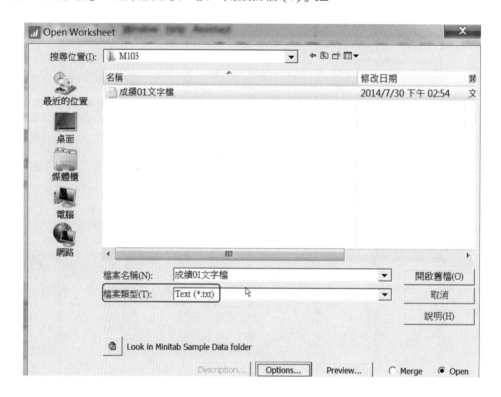

匯入文字檔至工作表後，工作表內定的檔名為「成績 01 文字檔 .txt***」。

	C1	C2	C3	C4	C5	C6	C7	C8
	編號	班級	性別	家庭結構	國文	英文	數學	
1	5001	1	1	2	97	96	44	
2	5002	1	1	2	89	87	23	
3	5003	1	1	1	20	12	36	
4	5004	1	1	1	30	46	14	
5	5005	1	1	2	65	50	43	
6	5006	1	1	2	82	62	33	
7	5007	1	1	1	35	30	89	
8	5008	1	1	1	60	83	71	
9	5009	1	1	2	88	100	97	
10	5010	1	1	1	22	15	65	

三、變項的增刪

就資料檔的建檔為例，研究者除了可在 Minitab 工作表中資料檔區域直接鍵入修改資料外，也可以利用試算表先鍵入資料，再利用「複製」／「貼上細格」功能，將試算表中的資料複製在 Minitab 工作表中的相關位置。

於試算表中選取要複製的資料檔範圍，按右鍵出現快顯功能表，選取「複製 (C)」選項，切換到 Minitab 視窗之 Worksheet 工作表中。

在 Worksheet 工作表視窗中，在要增列的細格中按右鍵，選取快顯功能表選項中的「Paste Cells」(貼上細格) 選項，即可將資料從試算表複製到 Minitab 中。

　　資料檔刪除時，選取要刪除的資料檔橫列，或標的範圍，選取快顯功能表選單中的「Delete Cells」(刪除細格) 選項，可將選取範圍的資料檔刪除。有關細格／儲存格增刪的操作，也可以執行功能表程序：「Edit」(編輯)/「Clear Cells」(清除細格)、「Edit」(編輯)/「Delete Cells」(刪除細格)、「Edit」(編輯)/「Copy Cells」(複製細格)、「Edit」(編輯)/「Cut Cells」(剪下細格)、「Edit」(編輯)/「Paste Cells」(貼上細格)。「Edit」(編輯)/「Clear Cells」(清除細格)、「Edit」(編輯)/「Delete Cells」(刪除細格) 的主要差別在於前者只將儲存格內的資料及變數清除，清除後的儲存格內容為空白，但直行編號不會變動；後者會將選取的直行編號欄一併刪除 (包括變數、直欄編號的數值)，刪除包含直行編號的變數欄後，直行變數欄後的工作表編號會變動。若是選取的範圍只是資料檔內容，未包含直行編號欄，則清除細格與刪除細格的功能相同，均是將選取範圍的數值刪除。

　　範例中點選樣本 9 至樣本 12 的橫列數據 (5009、5010、5011、5012 四筆)，執行刪除細格 (Delete Cells) 程序後，樣本編號 5009、5010、5011、5012 四筆樣本會從工作表資料檔中被移除，之後的樣本會向前自動遞補。

成績表01.MTW ***

	C1	C2	C3	C4	C5	C6	C7	C8
	編號	班級	性別	家庭結構	國文	英文	數學	
1	5001	1	1	2	97	96	44	
2	5002	1	1	2	89	87	23	
3	5003	1	1	1	20	12	36	
4	5004	1	1	1	30	46	14	
5	5005	1	1	1	65	50	43	
6	5006	1	1	2	82	62	33	
7	5007	1	1	1	35	30	89	
8	5008	1	1	1	60	83	71	
9	5013	1	2	2	96	28	48	
10	5014	1	2	1	28	32	29	
11	5015	1	2	1	59	63	36	

　　變數初步建檔完畢後，如要增列、刪除或移動變項間的前後位置，可以選取直欄變數，按右鍵選取快顯功能表中的對應選項，範例中為選取 C4 行「家庭結構」變數，於快顯功能表中選取「Insert Columns」(插入直行) 選項，則「家庭結構」變數前會增列一空白直行 (或直欄)，增列的空白變項直行編號為「C4」，家庭結構變項的直行編號自動調整為 C5。研究者也可以在 C4 儲存格按一下，選取 C4 直行，執行功能表列「Editor」(編輯者) /「Insert Columns」(插入直行) 程序，會於選取範圍直行的左邊新增一空白的直行。

成績表01.MTW ***

	C1	C2	C3	C4			C7
	編號	班級	性別	家庭			數學
1	5001	1	1		Undo Delete　Ctrl+Z	96	44
2	5002	1	1		Redo　Ctrl+Y	87	23
3	5003	1	1		Clear Cells　Delete	12	36
4	5004	1	1		Delete Cells	46	14
5	5005	1	1		Copy Cells　Ctrl+C	50	43
6	5006	1	1		Cut Cells　Ctrl+X	62	33
7	5007	1	1		Paste Cells　Ctrl+V	30	89
8	5008	1	1		Find...　Ctrl+F	83	71
9	5009	1	1		Replace...　Ctrl+H	00	97
10	5010	1	1		Format Column　▶	15	65
11	5011	1	2		Column　▶	63	53
12	5012	1	2		Formulas　▶	98	92
13	5013	1	2		Insert Cells	28	48
14	5014	1	2		Insert Rows	32	29
15	5015	1	2		Insert Columns	63	36
					Move Columns...		

　　當增列或刪除某個變項時,變項所在的直行編號會自動調整,範例中的國文、英文、數學變項的直行編號分別從 C5、C6、C7 依序調整為 C6、C7、C8。要將資料檔中空白的直行或變項欄刪除,選取要刪除的直行,執行功能表列「Data」/「Delete Cells」(刪除細格) 程序,可以將選取範圍的空白直行或變項欄所有資料刪除,直行變項及資料被刪除後,後面的變項與資料位置會依序向前遞補,如將 C4 直行刪除,則家庭結構、國文、英文、數學變項資料的欄編號依序從C5、C6、C7、C8 變為 C4、C5、C6、C7。如果研究者執行的功能表列程序是「Data」(資料) /「Clear Cells」(清除細格),則只會直接清除選取範圍直行內的變數及資料,欄變項的編號不會自動向前移動,被刪除的變項直行資料會成為空白。要刪除工作表資料檔中空白的直行 (沒有界定變數的直行) 最快的操作程序是執行功能表列「Data」(資料) /「Delete Cells」(刪除細格)。

成績表01.MTW ***							
C1	C2	C3	C4	C5	C6	C7	C8
編號	班級	性別		家庭結構	國文	英文	數學
5001	1	1		2	97	96	44
5002	1	1		2	89	87	23
5003	1	1		1	20	12	36
5004	1	1		1	30	46	14
5005	1	1		2	65	50	43
5006	1	1		2	82	62	33
5007	1	1		1	35	30	89
5008	1	1		1	60	83	71
5009	1	1		2	88	100	97
5010	1	1		1	22	15	65
5011	1	2		2	54	63	53
5012	1	2		2	97	98	92
5013	1	2		2	96	28	48
5014	1	2		1	28	32	29
5015	1	2		1	59	63	36

　　如果研究者要刪除變項及變項中的測量值,可執行功能表列「Data」(資料) /「Erase Variables」(刪除變項) 程序。以下列工作表為例,研究者要刪除的變項為直行 C4「社經地位」。

▦ 成績表01.MTW ***							
・	**C1**	**C2**	**C3**	**C4**	**C5**	**C6**	**C7**	**C8**
	編號	班級	性別	社經地位	家庭結構	國文	英文	數學
1	5001	1	1	1	2	97	96	44
2	5002	1	1	2	2	89	87	23
3	5003	1	1	3	1	20	12	36
4	5004	1	1	1	1	30	46	14
5	5005	1	1	2	2	65	50	43

　　執行功能表列「Data」(資料) /「Erase Variables」(刪除變項) 程序，開啟「Erase Variables」對話視窗。視窗中，左邊是變數清單，右邊是選入要刪除的變項，被選入方框變項的提示文字為「Columns, constants, and matrices to erase:」(要刪除的直行、常數及矩陣)。

　　滑鼠在「Columns, constants, and matrices to erase」下方格中按一下，選取變數清單中的「C4 社經地位」(被選取的變項會反白顯示)，按「Select」鈕，被選取的變項會自動移入右邊的方框中，訊息為「'社經地位'」，按「OK」(確定) 鈕。

執行變項刪除程序之新工作表如下，C4 直行變項及變項下的測量值全部變成空白，後面變項的直行編碼沒有變動。此功能與選取原先 C4 直行，執行功能表列「Data」/「Clear Cells」(清除細格) 程序操作相同，清除細格的功能可以清除被選取範圍的所有細格中的資料。

成績表01.MTW ***							
·	C1	C2	C3	C4	C5	C6	C7	C8
	編號	班級	性別		家庭結構	國文	英文	數學
1	5001	1	1		2	97	96	44
2	5002	1	1		2	89	87	23
3	5003	1	1		1	20	12	36
4	5004	1	1		1	30	46	14
5	5005	1	1		2	65	50	43

四、直行變項的變動

選取變數所在直行範圍，再選取快顯功能表選單中的「Move Columns」(移動直行) 選項 (或執行功能表列「Editor」/「Move Columns」程序)，會開啟「Move Columns」(移動直行) 對話視窗，視窗內有三個選項「Before column C1」、(移到直行 C1 的前面)、「After last column in use」(移到使用中變數的最後面)、「Before column」(資料檔某個變數欄之前)，範例中選取的選項為「⊙Before column」。選取「⊙Before column」選項時，若是於工作表中沒有選

取直行變數欄，則會直接增列一個空白行於選取變數前面，

	C1	C2	C3	C4
	編號	班級	性別	
1	5001	1	1	
2	5002	1	1	
3	5003	1	1	
4	5004	1	1	
5	5005	1	1	
6	5006	1	1	
7	5007	1	1	
8	5008	1	1	
9	5009	1	1	
10	5010	1	1	
11	5011	1	2	
12	5012	1	2	

Move Columns

Move Selected Columns

○ Before column C1

○ After last column in use

◉ Before column　C1　編號
　　　　　　　　　C2　班級
　　　　　　　　　C3　性別
　　　　　　　　　C6　國文
　　　　　　　　　C7　英文
　　　　　　　　　C8　數學

Help　　OK　　Cancel

在人口變項次序排列中，研究者想把 C4「家庭結構」變數欄向前移動到 C3「性別」變數欄之前，滑鼠在「C4」儲存格按一下，以點選 C4「家庭結構」變數欄，執行功能表列「Editor」(編輯者) /「Move Columns」(移動直行) 程序，在「Move Columns」(移動直行) 對話視窗中，選取「◉Before column」選項，因為原先於工作表中選取的變數欄為 C4「家庭結構」，所以「◉Before column」右方框中的變數清單就沒有 C4「家庭結構」變數，此時若是研究者沒有選取一個變數欄，直接按「OK」鈕，Minitab 會出現警告視窗。

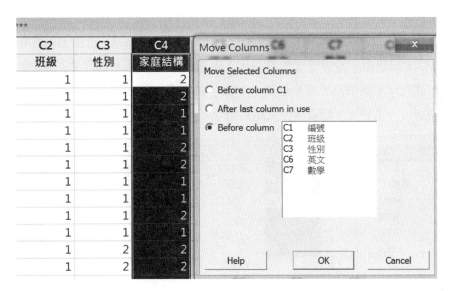

Minitab 出現的警告視窗提示語為「Choose a column.」(請選擇一直行)，按「確定」鈕，關閉提示視窗。

從「Move Columns」對話視窗中的方框變數中，選取 C3「性別」變數欄，按「OK」鈕。視窗界面由於選取的直行變項為「C4 家庭結構」，對話視窗的變數清單中，被選取的直行變項「C4 家庭結構」就不會出現在選單內。

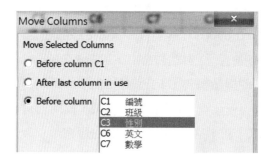

工作表中的變項順序顯示：「家庭結構」變數欄 (C3) 已移至「性別」變數欄 (C4) 的前面，原先工作表直行 C2 變項為「班級」、直行 C3 變項為「性別」、直行 C4 變項為「家庭結構」；變項位置變更後，新工作表直行 C2 變項為「班級」、直行 C3 變項為「家庭結構」、直行 C4 變項為「性別」。

成績表01.MTW ***							
.	C1	C2	C3	C4	C5	C6	C7	C8
	編號	班級	家庭結構	性別	國文	英文	數學	
1	5001	1	2	1	97	96	44	
2	5002	1	2	1	89	87	23	
3	5003	1	1	1	20	12	36	
4	5004	1	1	1	30	46	14	

　　下列「成績表 01.MTW＊＊＊」工作表中，研究者想把「班級」、「性別」、「家庭結構」三個人口變項移到資料檔的最後面，滑鼠在 C2 儲存格按一下，按住左鍵不放拉曳至 C4 儲存格以選取 C2 至 C4 三個直行的資料。

成績表01.MTW ＊＊＊						
C1	C2	C3	C4	C5	C6	C7
編號	班級	性別	家庭結構	國文	英文	數學
1　5001	1	1	2	97	96	44
2　5002	1	1	2	89	87	23
3　5003	1	1	1	20	12	36

　　執行功能表列「Editor」/「Move Columns」程序)，開啟「Move Columns」對話視窗，「Move Selected Columns」方盒中勾選「⊙After last column in use」(移到使用中工作表的最後直行處)，按「OK」鈕。

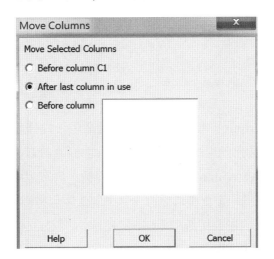

　　新的工作表中，「班級」、「性別」、「家庭結構」三個變項已移至資料檔的最後面，新的變項欄編碼位置為C5、C6、C7。

成績表01.MTW ＊＊＊						
C1	C2	C3	C4	C5	C6	C7
編號	國文	英文	數學	班級	性別	家庭結構
1　5001	97	96	44	1	1	2
2　5002	89	87	23	1	1	2
3　5003	20	12	36	1	1	1

五、對話視窗的操作

統計分析變項的選取時，要先在標的空格內按一下，之後再於變數清單中選取一個或多個變項，變項選取後，按「Select」鈕，可將選取的變項，從變數清單中移往目標變項的方框中。

範例操作中以執行功能表「Stat」(統計) /「Basic Statistics」(基本統計) /「Display Descriptive Statistics」(顯示描述性統計) 程序為例，開啟對應功能表選項的對話視窗，可以求出變數的描述性統計量。

Stat	Graph	Editor	Tools	Window	Help	Assistant
Basic Statistics ▶				Display Descriptive Statistics...		
Regression ▶				Store Descriptive Statistics...		
ANOVA ▶				Graphical Summary...		
DOE ▶				1-Sample Z...		
Control Charts ▶				1-Sample t...		
Quality Tools ▶				2-Sample t...		
Reliability/Survival ▶				Paired t...		

「Display Descriptive Statistics」對話視窗中，左邊變項為變數清單，右邊「Variables:」為研究者想統計分析之變數 (功能為統計分析變數的描述性統計量)，「By variables(optional):」方框中的變數，研究者可以視需要選取，但「Variables:」下方框處一定要選取變數，否則無法求目標變項的描述性統計量。每個分析視窗會有三個主要按鈕：「OK」(確定)、「Cancel」(取消)、「Help」(求助)，按下「OK」鈕即可立即執行視窗的功能。除了這三個按鈕後，每個視窗會根據其屬性，增列對應的次功能按鈕，範例中描述性統計量的次功能按鈕包括「Statistics」(統計量的選擇)、「Graphs」(直方圖圖形的繪製)。

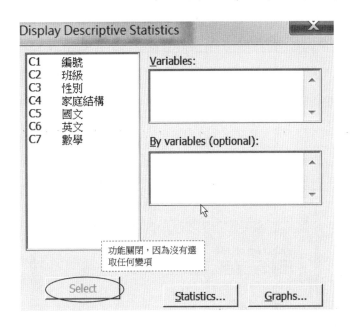

未於變數清單中選取任何變數，「Select」(選擇) 鈕的顏色為灰色，表示目前變數選取的功能關閉，選取鈕的功能無法使用。當研究者於變數清單中選取一個以上變項後，「Select」(選擇) 鈕的顏色由灰色變為黑色，表示「Select」(選擇) 鈕的功能可以使用，此時點選「Select」(選擇) 鈕，可將選取的變項移往之前點選的方框內。

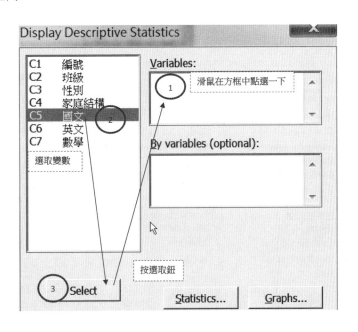

「Display Descriptive Statistics」(顯示描述性統計量) 對話視窗中，按「Graphs」(圖形) 鈕，可以開啟「Display Descriptive Statistics：Graphs」(顯示描述性統計量：圖形) 次對話視窗，視窗內共有四個選項，範例為勾選第二個選項：☑Histogram of data, with normal curve」，可繪製標的變數的直方圖及增列常態曲線圖。

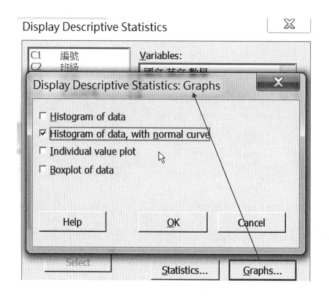

在「Display Descriptive Statistics」對話視窗中，按「Statistics」(統計量) 鈕，可以開啟「Display Descriptive Statistics：Statistics」(顯示描述性統計量：統計量) 次對話視窗，次對話視窗中，研究者可以勾選想要呈現的各種統計量量數。

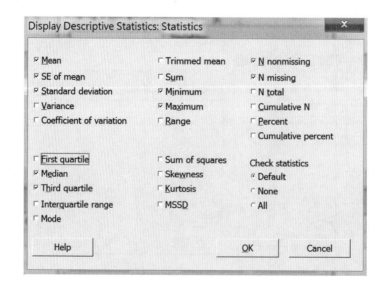

在右邊「Variables:」下的方框中按一下滑鼠，於變數清單中選取變項「C5 國文」，按「Select」鈕，「國文」變項會移入「Variables:」下的方框中，選取 國文變項後，如要再選取「英文」變數，於變數清單中改選「C6 英文」變項， 重複相同操作程序。

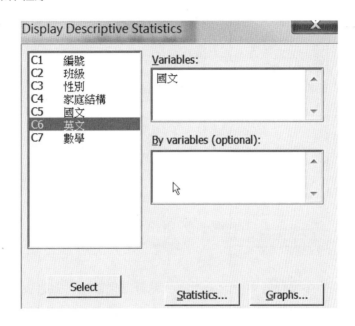

在變數清單中分別選取國文變項、英文變項、數學變項選入右邊 「Variables」下方框中後，方框中的資訊為「國文　英文　數學」。如果研究者 同時於變數清單中選取「國文、英文、數學」三個變項，則右邊「Variables」 下方框中的資訊為「國文-數學」。範例圖示中增列將「性別」變項選入「By variables (optional)」下方框中，其作用在於依照受試者性別，分別統計國文、英 文、數學三個變項的描述性統計量。

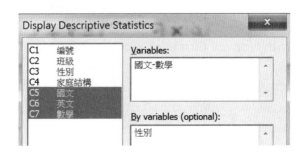

下圖為分開選取標的變項至「Variables:」下方框中的視窗界面,逐一選取個別變項,每個變項均會出現於對應的方框中。

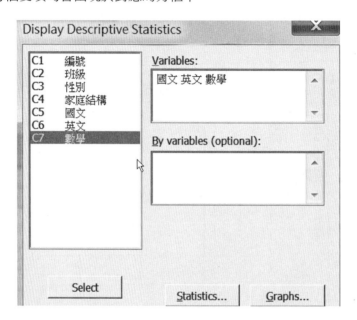

Minitab 視窗中執行各種統計分析後,執行結果或執行對應說明文字會出現於「Session」對話視窗中,範例中為執行國文、英文、數學三個變數的描述性統計結果。其中包含變項的有效樣本、平均數、平均數的標準誤、標準差、最小值、第 1 四分位數、中位數、第 3 四分位數、最大值。

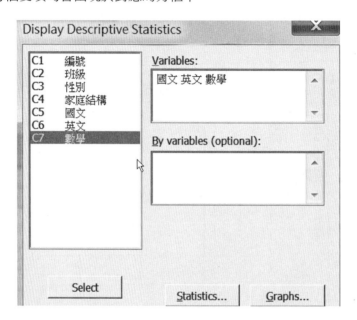

　　下圖為點選圖形鈕，於「Display Descriptive Statistics：Graphs」(顯示描述性統計量：圖形) 次對話視窗中勾選「☑Histogram of data, with normal curve」(附有常態曲線的直方圖) 選項之圖形範例選項繪製的圖形為「國文」變項測量值的直方圖，曲線為常態曲線圖。

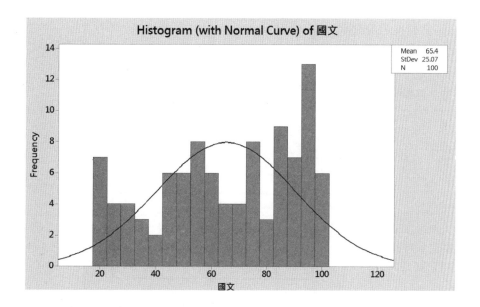

　　Minitab 的操作與資料建檔過程，可以簡易以下列流程圖表示：

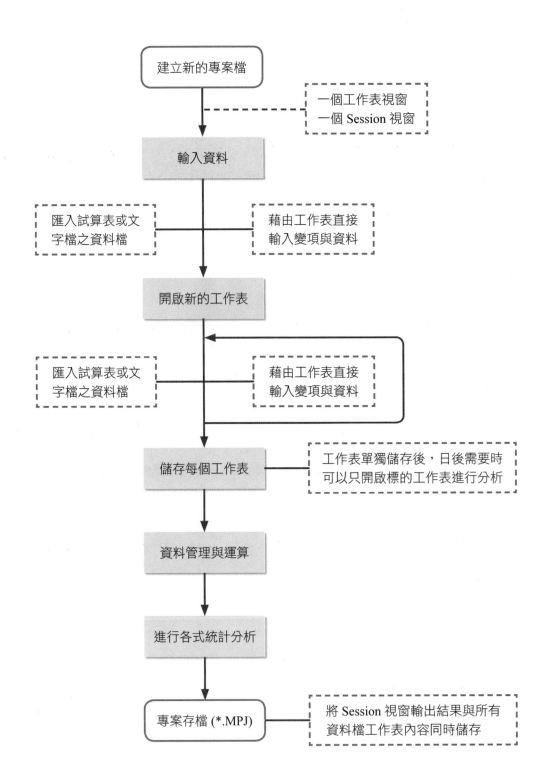

建立新的專案檔

一個工作表視窗
一個 Session 視窗

輸入資料

匯入試算表或文字檔之資料檔

藉由工作表直接輸入變項與資料

開啟新的工作表

匯入試算表或文字檔之資料檔

藉由工作表直接輸入變項與資料

儲存每個工作表

工作表單獨儲存後，日後需要時可以只開啟標的工作表進行分析

資料管理與運算

進行各式統計分析

專案存檔 (*.MPJ)

將 Session 視窗輸出結果與所有資料檔工作表內容同時儲存

CHAPTER 2

資料檔的管理

　　一般資料檔的建立都是根據受試者填答的問卷資料或是研究者搜集的原始測量值輸入，有些問卷有反向題或要以向度 (構面或因子) 作為統計分析的標的變數，原始資料檔就要進行重新編碼或指標變項的加總；再如部分統計分析程序只要篩選某些特定或符合條件的觀察值進行標的資料檔，就要進行資料檔的選取。Minitab 的專案可以同時包含一個以上工作表，每個工作表都有其獨立性，都是獨立的視窗，工作表太多會影響統計分析的程序，因而研究者可以將要進行某些假設檢定或同質性的資料檔存成在相同的工作表中，這樣操作比較方便。

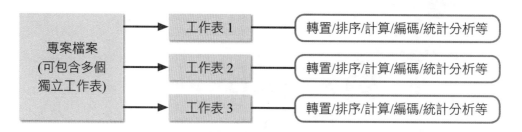

第一節　資料檔的轉置

　　資料檔的轉置 (transpose) 程序可以把變數的橫列資料變為直行變數，而直行變數轉為橫列的資料，此種直行與橫列資料的轉換稱為轉置。

　　範例資料檔為十位學生的的成績資料，每一橫列為一位受試者，包括學生的「編號」、「班級」、「性別」、「家庭結構」、「國文」分數、「英文」分數、「數學」分數、「物理」分數等。

轉置前資料檔.MTW ***

·	C1 編號	C2 班級	C3 性別	C4 家庭結構	C5 國文	C6 英文	C7 數學	C8 物理
1	5001	1	1	2	97	96	44	67
2	5002	1	1	2	89	87	23	74
3	5003	1	1	1	20	12	36	66
4	5004	1	1	1	30	46	14	56
5	5005	1	1	2	65	50	43	78
6	5006	1	1	2	82	62	33	83
7	5007	1	1	1	35	30	89	34
8	5008	1	1	1	60	83	71	68
9	5009	1	1	2	88	100	97	81
10	5010	1	1	1	22	15	65	47

執行功能表「Data」(資料) /「Transpose Columns」(轉置直行) 程序，程序提示說明文字小視窗為「Rearrange data so that columns become rows and rows become columns.」(重新排列資料，將直行變為橫列、橫列變為直行)，程序可以開啟「Transpose Columns」(轉置直行) 對話視窗。

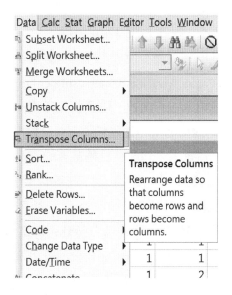

範例轉置程序，只有使用四科成績，學生人口變項不納入，在「Transpose Columns」(轉置直行) 對話視窗中的「Transpose the following columns:」(轉置下列直行) 提示語下的方框中點選一下，再選取變數清單的國文、英文、數學、物理四個變項。

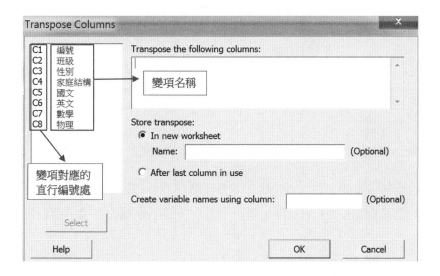

　　研究者可以分開選取變數清單中的標的變項，並分別按「Select」(選擇)鈕，或是同時選取四個科目分數變數，按「Select」鈕，均可以將國文、英文、數學、物理四個變項選入「Transpose the following columns:」提示語下的方框中，單一變數選入時，方框內的訊息為「'國文' '英文' '數學' '物理'」(變數名稱前後以單引號括起來)；四個變數一次選入時，方框內的訊息為「'國文'－'物理'」，同時選取標的變項至對應方框內的訊息為「'第一個變項'－'最後一個變項'」，或是「第一個變項－最後一個變項」(某些程序方框訊息被選取的變項不會增列單引號)。在「Create variable names using column:」(使用直行新增為變項名稱) 提示語右的方框中選入「編號」變項，表示直行的變數以原學生的「編號」為轉置後工作表的新變項名稱，並重新排列資料檔。「Store transpose:」(轉置後資料的儲存格式) 方盒選單，功能在於轉置後的資料檔要儲存在新的工作表或目前資料檔工作表的最後面，一般都是儲存在新的工作表，範例中選取「⊙In new worksheet」(新工作表)；工作表名稱「Name:」可輸入轉置後新工作表的檔名，若是研究者沒有鍵入，Minitab 自動以「Worksheet X***」命名。「After last column in use」選項為轉置的變數資料儲存在目前資料檔的最後面，此種格式型態與原資料檔格式會混淆，建議研究者不要採用此種方法。

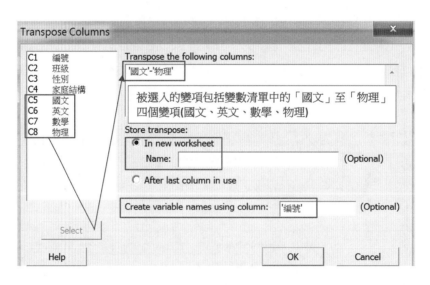

　　出現變數清單的主對話視窗中，若要同時選取多個分開的變項時，第二個變項以後的選取要加按「Ctrl」鍵；要一次選取多個不分離的變項，選取最後一個

變項時要加按「⇧Shift」鍵，Minitab 對話視窗中之變項的選取方法與檔案總管選取變項的方法相同。

　　逐一從變數清單將變項選入「Transpose the following columns:」下方框中，被選入的變數本身會以單引號 (') 括起來，以免和其他變項混淆 (某些主對話視窗被選入方框內的變項，不會增列單引號 (')，而是直接以空白隔開)。

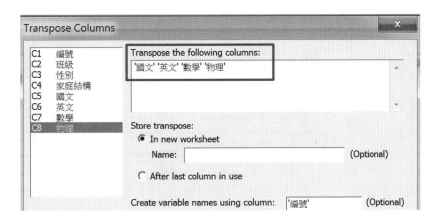

　　按「OK」(確定) 鈕後，轉置前後的工作表資料檔內容如下：轉置後工作表第一直行變項名稱內定為「Labels」，變項屬性為文字 (C1-T)(因為 C1 變項直行的內容為國文、英文、數學、物理文字資料，所以變項屬性格式為文字)，餘十個變項名稱分別為 5001 至 5010 (原學生直行 C1「編號」變項的細格測量值或數據)。

轉置前資料檔.MTW

	C1	C2	C3	C4	C5	C6	C7	C8	C9	C10	C11
	編號	班級	性別	家庭結構	國文	英文	數學	物理			
1	5001	1	1	2	97	96	44	67			
2	5002	1	1	2	89	87	23	74			

Worksheet 4 ***

	C1-T	C2	C3	C4	C5	C6	C7	C8	C9	C10	C11
	Labels	5001	5002	5003	5004	5005	5006	5007	5008	5009	5010
1	國文	97	89	20	30	65	82	35	60	88	22
2	英文	96	87	12	46	50	62	30	83	100	15
3	數學	44	23	36	14	43	33	89	71	97	65
4	物理	67	74	66	56	78	83	34	68	81	47

　　若是於「Transpose Columns」(轉置直行) 對話視窗中，「Create variable names using column:」提示語右的方框中沒有選入任一變數，則轉置後變數列

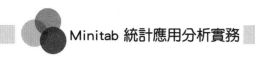
為空白橫列。範例中選入「Transpose the following columns:」提示語下的方框中的變項為工作表的所有變數,方框內的訊息為「'編號'－'物理'」,「Create variable names using column:」選項沒有選取任何變項。

轉置後工作表的第二橫列變數儲存格為空白,C1 直行內定的變數欄名稱為「Labels」,由於轉置程序中,「Create variable names using column:」選項沒有選取任何變項,表示轉置後的工作表沒有使用到轉置前的變項之數值內容作為變項名稱,因而工作表第二橫列之變項細格均為空白。

	C1-T	C2	C3	C4	C5	C6	C7	C8	C9	C10	C11
	Labels										
1	編號	5001	5002	5003	5004	5005	5006	5007	5008	5009	5010
2	班級	1	1	1	1	1	1	1	1	1	1
3	性別	1	1	1	1	1	1	1	1	1	1
4	家庭結構	2	2	1	1	2	2	1	1	2	1
5	國文	97	89	20	30	65	82	35	60	88	22
6	英文	96	87	12	46	50	62	30	83	100	15
7	數學	44	23	36	14	43	33	89	71	97	65
8	物理	67	74	66	56	78	83	34	68	81	47

● 第二節 連續變項的加總與平均

連續變項 (包括等距或比率尺度變數) 要進行各種數學運算時,包括加、減、乘、除及邏輯運算等,可以執行功能表列「Calc」(計算) /「Calculator」(計算器) 程序,開啟「Calculator」(計算器) 對話視窗。

　　成績工作表中，直行 C8 變數欄名稱為「總和」、直行 C9 變數欄名稱為「平均」。

	C1	C2	C3	C4	C5	C6	C7	C8	C9	C10
	編號	班級	性別	家庭結構	國文	英文	數學	總和	平均	
1	5001	1	1	2	97	96	44			
2	5002	1	1	2	89	87	23			
3	5003	1	1	1	20	12	36			

　　「Calculator」(計算器) 對話視窗中，「Store result in variable :」(儲存計算結果變項) 右邊方框為運算結果儲存的直行編號 (C1、C2、……) 或做為新測量值的變數名稱 (目標變項)，作為運算結果的目標變項，其變數名稱最好於工作表中將新變項名稱先鍵入，若工作表中沒有對應的目標變數名稱，新目標變項會自動置放於工作表資料檔最後面；「Expression:」(運算式) 下方框為數學運算式或邏輯運算式，視窗中間為小算盤。

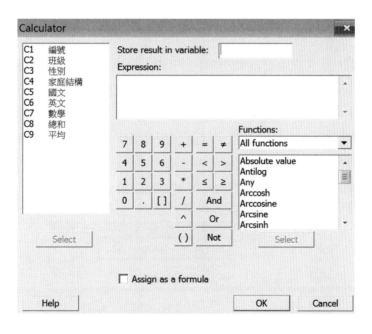

　　範例中程序在於求出每位受試者國文、英文、數學三科的平均成績，並將平均成績作為一新變數，儲存於原先工作表資料檔中。在「Store result in variable:」右邊的方框中選取新目標變項名稱，範例為原先於直行 C9 建立的新變數「平均」(如果研究者未先於資料檔中建立「平均」新變數，可以直接輸入

新目標變項要置放的欄位，如「C9」，研究者直接鍵入 C9，表示新變項會儲存於 C9 直行，但新變數名稱為空白，之後於工作表中的 C9 變數細格中再重新鍵入變數名稱)；在左邊變數清單中選取變數至右邊「Expression」(運算式) 下方框中，再選取或鍵入「＋」號及數學運算式，範例中為「('國文'＋'英文'＋'數學')/3」。

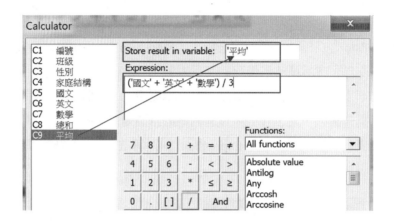

　　研究者雖在工作表中直行 C9 增列「平均」變項，在「Calculator」對話視窗中的「Store result in variable:」右方框中也可以直接輸入「C9」直行編號，以儲存運算結果，「平均」變數雖已經建立，回到工作表中還可以變更原變數名稱。Minitab 軟體中運算後的結果數值可以儲存在變項欄 (已增列變數名稱) 或直行編號，為避免變項名稱與直行編號欄產生混淆，將原始測量值覆蓋，工作表中的變項最好不用使用 C1、C2、……等直行編號作為變數名稱。

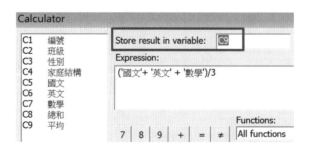

　　利用「Calculator」(計算器) 對話視窗，求出每位受試者國文、英文、數學三科的總分，並將三科總分儲存在直行 C8 欄 (如果 C8 欄的細格有測量值，則運算後的新數值會覆蓋原來的測量值)。

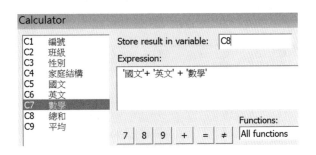

Minitab 的直行編號變數欄中，鍵入 C01 與 C1 是相同的，鍵入 C08 與 C8 是相同的，若變項列沒有界定，則目標變項處鍵入 C1、C2、……、C9 與鍵入 C01、C02、……、C09 是相同的，均是將運算式計算所得的測量值儲存在研究者鍵入的直行編號欄，範例視窗中，「Store result in variable:」(儲存結果在變項欄中) 右方框鍵入「C08」，由於變數清單中沒有 C08，表示其代表的是目標變項所在的直行編號 C8，直行編號 C8 欄會儲存每位受試者三科的總分測量值。

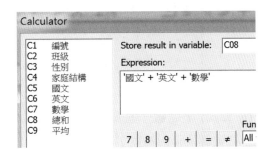

增列受試者國文、英文、數學三科「總和」與三科「平均」變數的工作表如下：

	C1	C2	C3	C4	C5	C6	C7	C8	C9	C10
	編號	班級	性別	家庭結構	國文	英文	數學	總和	平均	
12	5012	1	2	2	97	98	92	287	95.6667	
13	5013	1	2	2	96	28	48	172	57.3333	
14	5014	1	2	1	28	32	29	89	29.6667	
15	5015	1	2	1	59	63	36	158	52.6667	

原工作表的資料檔變數直欄編號 C10 以後為空白，沒有變項也沒有測量值，進行國文、英文、數學三科平均的加權運算，其中國文與數學二科各佔 30%、英文一科佔 40%，加權後的新測量值之目標變項為「加權平均」，由於原工作表中尚未建立「加權平均」變項，新的目標變項會置放在工作表資料檔的最

後面，即編號 C10 直行處。

C7	C8	C9	C10	C11
數學	總和	平均		
43	158	52.67		

Calculator

C1 編號	Store result in variable: 加權平均
C2 班級	
C3 性別	Expression:
C4 家庭結構	'國文' * 0.3+'英文'*0.4+'數學' * 0.3
C5 國文	
C6 英文	
C7 數學	
C8 總和	
C9 平均	Functions:

工作表中編號 C10 直行的變項名稱為「加權平均」，變項中的測量值為每位受試者三科加權後的分數。

三科成績資料檔.MTW ***

·	C1	C2	C3	C4	C5	C6	C7	C8	C9	C10
	編號	班級	性別	家庭結構	國文	英文	數學	總和	平均	加權平均
1	5001	1	1	2	97	96	44	237	79.00	80.7
2	5002	1	1	2	89	87	23	199	66.33	68.4
3	5003	1	1	1	20	12	36	68	22.67	21.6

「Expression:」(運算式) 下的數學運算式或邏輯運算式有錯誤，如缺少括號、缺少單引號、半字符號鍵入全形符號等，按「OK」鈕後，會出現「Error」對話視窗 (範例的數學運算式中，國文變數少一個右邊的單引號)。

「Error」對話視窗會提示錯誤之處「Undefined label at S (Use double quotes to enclose a text string.)」，因為運算式有錯誤，無法完成運算程序 (Completion of computation impossible.)。此時，研究者可以直接按左下方「Re-edit Last Dialog」鈕，重新編輯之前的對話視窗內容，最近的對話視窗為「Calculator」(計算器)視窗，因而可以直接開啟「Calculator」(計算器) 對話視窗加以編修或更改錯誤的地方。為避免變項名稱鍵入錯誤，運算式中的「標的變項」最好直接從變數清單中選取，不要以鍵入方式增列，這樣的錯誤率會較少。

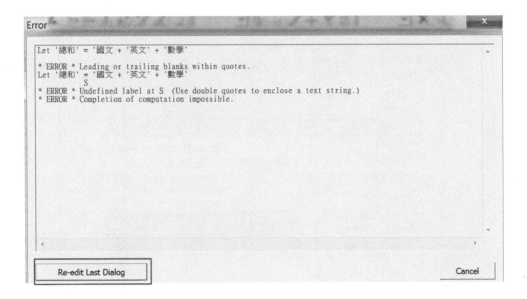

　　若是將半形符號誤改為全形符號，如國文加權與英文加權的加號誤打為全形字：「'國文' * 0.3＋'英文'*0.4＋'數學' * 0.3」，「Calculator」(計算器) 主對話視窗中按下「OK」鈕，會出現下列的錯誤對話視窗，視窗告知「X」處對應的全形符號「＋」是一個不合法的符號，由於運算式有不合法的符號，無法完成運算式的計算程序 (全形字無法進行四則運算)。

Let '加權平均'='國文' * 0.3＋'英文'*0.4＋'數學' * 0.3
Let '加權平均'='國文' * 0.3＋'英文'*0.4＋'數學' * 0.3
　　　　　　　　　　　X
* ERROR * Illegal symbol at X
* ERROR * Completion of computation impossible.

直行 C9 變數「平均」欄的小數位數內定選項為到小數第四位，研究者如要更改直行連續變數的小數位數，執行功能表「Editor」(編輯者) /「Format Column」(格式化直行) /「Numeric」(數值) 程序，提示說明文字為「Format Numeric Column: Specify the format for one or more columns of numeric data.」(界定一個或多數數值資料的格式型態)，程序可以開啟「Numeric Format for C9 (平均)」對話視窗。

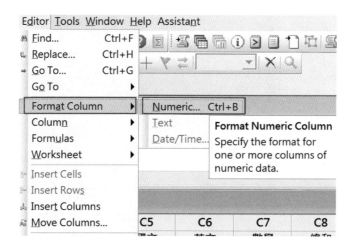

由於只有選取 C9 直行，對話視窗為「Numeric Format for C9 (平均)」，內定的選項為「⊙Automatic」(自動)，選項的小數位數為四位小數，範例中重新選取選項為「⊙Fixed decimal」(固定小數位數)，在「Decimal places:」(小數點小數位數) 右的方框中輸入或調整小數位數的數值為「2」，表示「平均」直欄的變數小數點界定為二位小數。

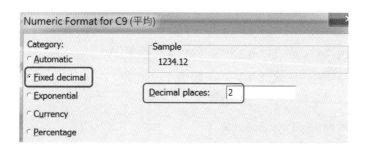

設定數值呈現的格式時，若是選取的二個以上的直行變數欄，則對話視窗的

66

標題為「Numeric Format for Selected Columns」(選擇直行的數值格式)，範例中為將「總和」變數與「平均」變數的數值改為百分比格式呈現，百分比小數位數為 1 位。

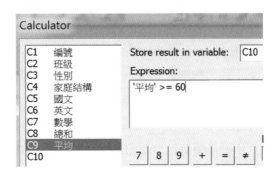

Numeric Format for Selected Columns
Category:
○ Automatic
○ Fixed decimal
○ Exponential
○ Currency
○ Percentage　(百分比)

Sample
123412.3%

Decimal places: 1

總和與平均變項欄改以百分比呈現的工作表資料檔如下：

	C1	C2	C3	C4	C5	C6	C7	C8	C9	C10
	編號	班級	性別	家庭結構	國文	英文	數學	總和	平均	
12	5012	1	2	2	97	98	92	28700.0%	9566.7%	
13	5013	1	2	2	96	28	48	17200.0%	5733.3%	
14	5014	1	2	1	28	32	29	8900.0%	2966.7%	
15	5015	1	2	1	59	63	36	15800.0%	5266.7%	

「Expression:」下的運算式若是為邏輯運算式，則邏輯運算式結果為符合條件者變數欄的水準數值為 1、不符合條件者變數欄的水準數值為 0，範例中的邏輯運算式為「'平均' >＝60」，表示變項「平均」欄的測量值大於或等於 60 分者，C10 直行變數欄的水準數值編碼為 1、「平均」欄的測量值小於 60 分者，C10 直行變數欄的水準數值編碼為 0。

Calculator

C1	編號
C2	班級
C3	性別
C4	家庭結構
C5	國文
C6	英文
C7	數學
C8	總和
C9	平均
C10	

Store result in variable: C10
Expression:
'平均' >= 60

7　8　9　+　=　≠

邏輯運算式結果如下，直行 C10 為新變數欄，當「平均」變數欄的分數大

於或等於 60，則 C10 變數欄的測量值為 1；當「平均」變數欄的分數小於 60，則 C10 變數欄的測量值為 0，C10 直行變數為二分類別變項，水準數值不是 0 就是 1，水準數值 1 是符合邏輯運算式結果的樣本 (事件發生結果)、水準數值 0 是未符合邏輯運算式結果的樣本 (事件未發生的結果)。

·	C1	C2	C3	C4	C5	C6	C7	C8	C9	C10	C11
	編號	班級	性別	家庭結構	國文	英文	數學	總和	平均		
1	5001	1	1	2	97	96	44	237	79.00	1	
2	5002	1	1	2	89	87	23	199	66.33	1	
3	5003	1	1	1	20	12	36	68	22.67	0	
4	5004	1	1	1	30	46	14	90	30.00	0	

第三節　資料檔排序

　　資料檔可依一個或一個以上變項進行排序，排序時可指定哪些變數要一起變動，未被選取要排序的直行，其變數欄的測量值不會納入排序中。執行功能表「Data」(資料) /「Sort」(排序) 程序，開啟「Sort」對話視窗。對話視窗中最多可以指定依四個變數排序 (By column:)，每個變項的排序內定為遞增，選項為「□Descending」，當研究者未勾選遞減 (Descending) 選項，表示新資料檔是遞增排序 (測量值由小至大排列)，勾選「☑Descending」選項，表示新資料檔是依標的變數作遞減排序 (測量值由大到小排列)。範例如：

1. 「By column:」總分／「□Descending」：表示變數依受試者總分高低進行遞增排序 (依測量值或分數值從小到大排序)。

2. 「By column:」總分／「☑Descending」：表示變數依受試者總分高低進行遞減排序 (依測量值或分數值從大至小排序)。

3. 「By column:」總分／「□Descending」、「By column:」數學／「□Descending」：表示變數依受試者總分高低進行遞增排序，總分相同的受試者再依數學分數高低進行遞增排序。

4. 「By column:」總分／「☑Descending」、「By column:」數學／「☑Descending」：表示變數依受試者總分高低進行遞減排序，總分相同的受試者再依數學分數高低進行遞減排序。

　　「Sort」對話視窗的右下方為排序的新資料檔儲存的方式，「Store sorted data in:」(儲存排序後的資料) 方盒有三個選項：儲存於新的工作表 (⊙New worksheet)、儲存於原始變項 (未排序前) 所在的直行 (⊙Original column(s))，儲存目前作用中工作表的其他直行 (⊙Column(s) of current worksheet:)。

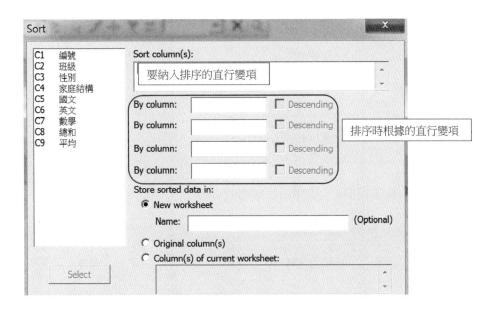

　　範例中選取所有變數清單的變項至「Sort column(s):」(排序直行) 下的方框中，先於變數清單中選取所有變項，再按「Select」(選擇) 鈕，「Sort column(s):」下方框的內容訊息為「'編號'-'平均'」；再將 C9 直行「平均」變項選入第一個「By column:」右的方框中，勾選「☑Descending」(表示資料檔依受試者總平均成績進行遞減排列)；次將 C7 直行「數學」變項選入第二個「By column:」右的方框中，勾選「☑Descending」(表示資料檔先依受試者總平均成績進行遞減排列，當受試者總平均相同時，再依數學分數進行遞減排列)。「Store sorted data in:」(儲存排序後資料檔) 方盒中選取「⊙New worksheet」選項 (排序後的資料檔儲存在新的工作表)，「Name:」(名稱) 右邊方框中輸入排序後新工作表的名稱，範例為「排序後成績檔」。

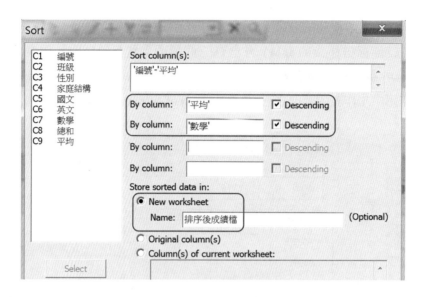

按「OK」(確定) 鈕後，排序後成績檔的資料如下：

	C1	C2	C3	C4	C5	C6	C7	C8	C9
	編號	班級	性別	家庭結構	國文	英文	數學	總和	平均
1	5012	1	2	2	97	98	92	287	95.67
2	5009	1	1	2	88	100	97	285	95.00
3	5027	2	1	2	95	90	96	281	93.67
4	5060	3	2	2	97	75	95	267	89.00
5	5077	4	2	2	97	88	81	266	88.67
6	5042	3	1	2	97	87	76	260	86.67
7	5059	3	2	1	96	100	63	259	86.33
8	5097	5	2	2	99	93	65	257	85.67
9	5026	2	1	2	88	91	77	256	85.33
10	5079	4	2	2	99	90	67	256	85.33
11	5068	4	1	2	86	78	91	255	85.00
12	5053	3	2	2	83	76	94	253	84.33

　　當進行量表的項目分析或試題分析時，需根據量表總分或受試者的分數進行排序，以求得所有樣本在量表得分之前後 27% 的臨界點，以進行高低二組的分組，得分前 27% 的樣本為高分群、得分後 27% 的樣本為低分群，之後再進行高低二組在題項平均數的差異檢定，或是題項答對百分比的差異，操作程序要找出前後 27% 的臨界點分數或測量值，就要使用到「排序」功能。此後，要將某個連續變項 (如學生學習壓力) 依樣本在量表得分轉換為間斷變項 (如高學習壓力組、中學習壓力組、低學習壓力組)，也要使用「排序」功能才能找出分組臨界

點的分數，否則無法進行變項尺度的轉換。

　　若是資料檔的資料要先依受試者總平均進行遞增排序，總平均相同時再依數學分數進行遞增排序，「Sort」對話視窗中，二個排序變項為「'平均'」、「'數學'」，「By column」後的遞減選項不要勾選「□Descending」，取消勾選「□Descending」選項，對應的排序型態是「遞增」。排序後新工作表名稱 (Name) 沒有界定，Minitab 會以內定工作表的命名為新工作表名稱 (Worksheet X)。

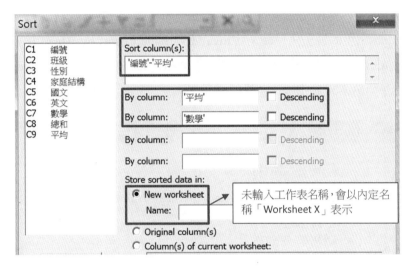

　　資料檔工作表依「平均」、「數學」變數測量值進行遞增排序後的新工作表如下：

	C1	C2	C3	C4	C5	C6	C7	C8	C9	C10
	編號	班級	性別	家庭結構	國文	英文	數學	總和	平均	
1	5046	3	1	1	20	15	13	48	16.00	
2	5051	3	2	2	22	19	11	52	17.33	
3	5085	5	1	1	26	25	6	57	19.00	
4	5003	1	1	1	20	12	36	68	22.67	
5	5084	5	1	2	22	31	19	72	24.00	
6	5055	3	2	1	35	33	10	78	26.00	
7	5025	2	1	1	48	6	24	78	26.00	
8	5014	1	2	1	28	32	29	89	29.67	

　　「Sort」對話視窗中，「By column:」對應的排序方框只能選入一個變項，若是研究者已選入一個變項 (已選入 '數學')，再選入第二個變數時 ('英文' 變

項)，Minitab 會出現警告訊息。

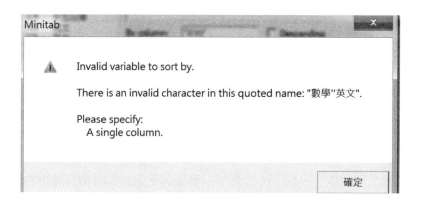

Minitab 出現的警告訊息視窗「Invalid variable to sort by. There is an invalid character in this quoted name: '數學' '英文'. Please specify: A single column.」，視窗內容提示研究者只能選取一個直行變數。

第四節　資料等級化

資料等級化 (rank) 可以將計量變數加以排名，等級化排名時，內定選項會將測量值 (分數) 最低的受試者等級設為 1、次低者等級設為 2。

執行功能表「Data」(資料) /「Rank」(等級) 程序，開啟「Rank」(等級) 對話視窗。

在「Rank data in:」(等級資料在) 右邊方框中選入要根據哪個變項的測量值進行等級化處理 (排名)，範例中為受試者三個科目的「平均」變數；「Store ranks in:」(儲存等級在) 右邊方框中將要增列的等級變數儲存在那個直行上，變

數清單中使用的直行到 C9，因而可將等級變數儲存在「C10」直行編號，方框中鍵入「C10」。

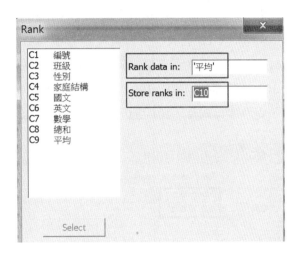

按「OK」鈕後，「C10」直行的數值為根據「平均」變數測量值大小轉換為等級的數值 (屬性為次序尺度，應用時可視為等距尺度，次序也可以求出平均等級測量值)，「C10」直行下的細格為空白，因為尚未增列此直行的變項名稱，研究者可於細格中按一下，增列變項名稱：「原等級」，直行 C10 變數欄的小數位數為 1 位。

	C1	C2	C3	C4	C5	C6	C7	C8	C9	C10
	編號	班級	性別	家庭結構	國文	英文	數學	總和	平均	
1	5012	1	2	2	97	98	92	287	95.67	100.0
2	5009	1	1	2	88	100	97	285	95.00	99.0
3	5027	2	1	2	95	90	96	281	93.67	98.0
4	5060	3	2	2	97	75	95	267	89.00	97.0
5	5077	4	2	2	97	88	81	266	88.67	96.0
6	5042	3	1	2	97	87	76	260	86.67	95.0
7	5059	3	2	1	96	100	63	259	86.33	94.0
8	5097	5	2	2	99	93	65	257	85.67	93.0
9	5026	2	1	2	88	91	77	256	85.33	91.5
10	5079	4	2	2	99	90	67	256	85.33	91.5

等級化後資料檔中，平均變項分數最高受試者的編號 5012 (平均分數為 95.67) 排名為 100 (N＝100)，次高者為編號 5009 的受試者，平均排名為 99，Minitab 的等級排名採用無母數統計的方法，將測量值分數最低者的等級界定為 1，次低者界定為 2。此種等級排名結果與一般的成績排序不同，研究者如果要

改為傳統的排名方法，可藉用「Calculator」(計算器) 視窗，進行排名的轉換。

執行功能表「Calc」(計算) /「Calculator」(計算器) 程序，開啟「Calculator」(計算器) 對話視窗，「Store result in variable:」(儲存結果在變項欄) 右邊方框選入變項「C11 名次」，或直接鍵入增列名次變項的直行編號「C11」，「Expression:」運算式下方框中鍵入「101-」(因為有效樣本數 N＝100，101＝N＋1，101 減最高分的等級 100，名次等於 1)；次再從變數清單中選入「原等級」變數，完整運算式為「101-'原等級'」，按「OK」(確定) 鈕。

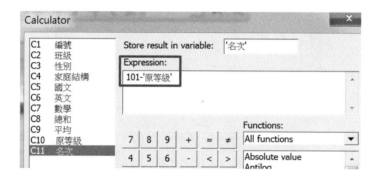

將原等級變項進行數學運算式轉換後的資料檔，「名次」變項直行的排名為從最高到最低排列，測量值或分數最高者名次為 1，次高者為 2，同分者根據原排名的數值加以平均，如編號 5026、5079 的平均分數均為 85.33，原等級為91.5，排名為 9.5，9.5＝(9＋10)÷2。

.	C1	C2	C3	C4	C5	C6	C7	C8	C9	C10	C11
	編號	班級	性別	家庭結構	國文	英文	數學	總和	平均	原等級	名次
1	5012	1	2	2	97	98	92	287	95.67	100.0	1.0
2	5009	1	1	2	88	100	97	285	95.00	99.0	2.0
3	5027	2	1	2	95	90	96	281	93.67	98.0	3.0
4	5060	3	2	2	97	75	95	267	89.00	97.0	4.0
5	5077	4	2	2	97	88	81	266	88.67	96.0	5.0
6	5042	3	1	2	97	87	76	260	86.67	95.0	6.0
7	5059	3	2	1	96	100	63	259	86.33	94.0	7.0
8	5097	5	2	2	99	93	65	257	85.67	93.0	8.0
9	5026	2	1	2	88	91	77	256	85.33	91.5	9.5
10	5079	4	2	2	99	90	67	256	85.33	91.5	9.5
11	5068	4	1	2	86	78	91	255	85.00	90.0	11.0

 **第五節　編碼**

重新編碼在於將反向題重新計分，或是將人口變項的水準數值重新界定合

併，或是將計量變項加以分組，即將等距或比率變數轉換為間斷變項，範例中為依學生數學分數的高低，將學生加以分組，五個組別分別為「90-100」、「80-89」、「70-79」、「60-69」、「0-59」，五個組距的水準編碼分別為 1、2、3、4、5。

　　執行功能表「Data」(資料) /「Code」(編碼) /「Numeric to Numeric」(數值轉換為數值) 程序，開啟「Code: Numeric to Numeric」(編碼：數值轉換為數值) 對話視窗。

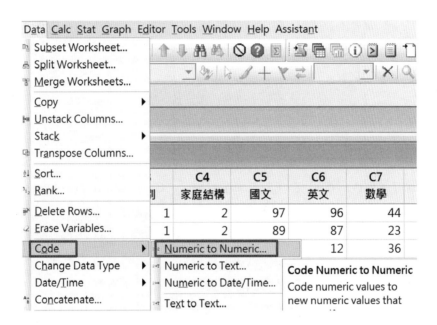

　　程序提示語：「Code numeric values to new numeric values that you specify.」(將數值編碼為研究者界定的新數值)。「Code: Numeric to Numeric」(編碼：數值轉換為數值) 主對話視窗，左邊為工作表的變數清單，右邊「Code data from columns:」下方框選入要重新編碼的原始變項、「Store coded data in columns:」下方框是儲存新編碼後變數要存放的位置直行，如 C10、C20；「Original values (eg, 1:4 12):」下方框是界定原始變項的測量值或分數 (範圍或個別數值均可以)、「New:」下方框是界定新變項的水準數值或文字變項。

範例中從變數清單選入「C7 數學」變項至「Code data from columns:」下的方框中，表示根據「數學」變項直行測量值進行重新編碼。

「Store coded data in columns:」下的方框鍵入「C10」或 C10 以後的變項所在直行，「C10」表示新的編碼變數將儲存於資料檔編號 C10 直行，方框中如鍵入「C11」，表示新的編碼變數將儲存於資料檔編號 C11 直行。

「Original values:」下方框為原始數學變項的數值，可以是單一數值，數值範圍，數值範圍的界定語法為「測量值 1:測量值 2」(範圍數值中間以半形冒號:分開)，多種界定以空白鍵隔開，如研究者界定原始數值為 0、3-6，原始數值的鍵入型態為：「0　3:6」；對應的「New:」下方框為重新編碼的新數值或文字(研究者重新編碼最好選取 Numeric to Numeric 選項，對之後的統計分析比較方便，除了特別目的，才要選取 Numeric to Text 選項，將數值變項編碼為文字變數)。原始數值與對應的重新編碼，分別輸入以下數據：

「Original values:」(原始數值)	「New:」(新數值)
90:100	1
80:89	2
70:79	3
60:69	4
0:59	5

從變數清單選取「C7　數學」變項至「Code data from columns:」下的方框中，方框內訊息為「'數學'」。

按「OK」鈕，編號直行 C10 重新編碼的水準數值介於 1 至 5 間，於工作表中將細格的變數名稱界定為「數學組別」，C10 直行「數學組別」變數欄的測量值最小值為 1、最大值為 5。

	C1	C2	C3	C4	C5	C6	C7	C8	C9	C10
	編號	班級	性別	家庭結構	國文	英文	數學	總和	平均	數學組別
6	5006	1	1	2	82	62	33	177	59.00	5
7	5007	1	1	1	35	30	89	154	51.33	2
8	5008	1	1	1	60	83	71	214	71.33	3
9	5009	1	1	2	88	100	97	285	95.00	1
10	5010	1	1	1	22	15	65	102	34.00	4
11	5011	1	2	2	54	63	53	170	56.67	5

數值轉換為文字的操作步驟與數值轉換為數值的操作方法類似,執行功能表「Data」(資料) /「Code」(編碼) /「Numeric to Text」(數值轉換為文字) 程序,開啟「Code: Numeric to Text」(編碼:數值轉換為文字) 對話視窗。

範例視窗界面為根據「數學」變項的測量值,新增一個編碼變項,編碼後測量值對應的文字儲存在編號直行 C13 欄中,數值與文字對應的關係如下:

「Original values:」(原始數值)	「New:」(新數值)
90:100	A
80:89	B
70:79	C
60:69	D
0:59	E

由於編號直行 C13 欄各樣本細格為文字,因而執行編碼程序後,工作表中的編號直行 C13 欄會自動變為文字型態,直行編號為「C13-T」。

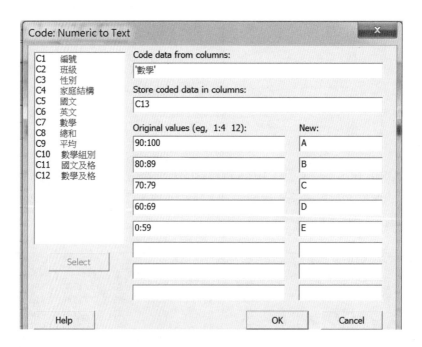

工作表編號直行「C13-T」的變項名稱設定為「數學等第」，變項欄中的細格內容有五種文字等第型態：A、B、C、D、E。

.	C1	C2	C3	C4	C5	C6	C7	C8	C9	C10	C11	C12	C13-T
	編號	班級	性別	家庭結構	國文	英文	數學	總和	平均	數學組別	國文及格	數學及格	數學等第
7	5007	1	1	1	35	30	89	154	51.33	2	0	1	B
8	5008	1	1	1	60	83	71	214	71.33	3	1	1	C
9	5009	1	1	2	88	100	97	285	95.00	1	1	1	A
10	5010	1	1	1	22	15	65	102	34.00	4	0	1	D
11	5011	1	2	2	54	63	53	170	56.67	5	0	0	E
12	5012	1	2	2	97	98	92	287	95.67	1	1	1	A

月考成績資料檔.MTW ***

如果研究者要根據受試者的國文成績分數，將學生分為二組：分數大於或等於 60 分者為及格組，水準數值編碼為 1；分數小於 60 分者為不及格組，水準數值編碼為 0，並將新編碼的變項水準數值置放在 C11 直行，「Code: Numeric to Numeric」對話視窗的操作界面如下：

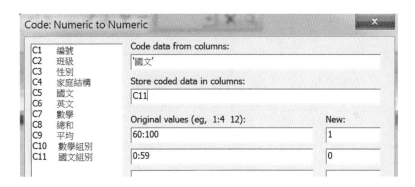

原始數值與對應的重新編碼後，數據如下表：

「Original values:」(原始數值)	「New:」(新數值)
60:100	1
0:59	0

除了對單一變項進行編碼外，也可以對工作表中的二個以上變項進行編碼，由於有二個以上變項，因而編碼後水準數值要分別儲存在不同的直行編號，由於選取二個原始變數，對應儲存編碼後資料要界定二個直行編號；若是選取三個變數，對應儲存編碼後資料要界定三個直行編號，直行編號間要以空白鍵隔開，如

「C11 C12」、「C13 C14 C20」。

　　視窗範例中，同時對國文、數學二個直行變項的測量值進行編碼，從變數清單分別選取「國文」、「數學」二個變項至「Code data from columns:」下方框中，方框內訊息為「'國文' '數學'」，「Store coded data in columns:」下方框分別鍵入 C11、C12 (C11 與 C12 直行編碼要以空白鍵隔開)，方框內格式型態為「C11 C12」。

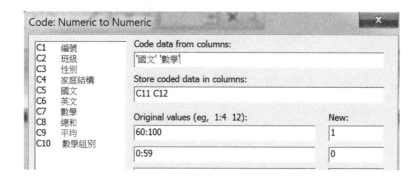

　　依國文、數學二個分數重新編碼成不同變數，增列的二個新變項命名為「國文及格」、「數學及格」，「國文及格」、「數學及格」二個變數分別存放在 C11、C12 直行，水準數值 1 表示及格樣本、水準數值 0 表示不及格樣本。

	C1	C2	C3	C4	C5	C6	C7	C8	C9	C10	C11	C12
	編號	班級	性別	家庭結構	國文	英文	數學	總和	平均	數學組別	國文及格	數學及格
1	5001	1	1	2	97	96	44	237	79.00	5	1	0
2	5002	1	1	2	89	87	23	199	66.33	5	1	0
3	5003	1	1	1	20	12	36	68	22.67	5	0	0
4	5004	1	1	1	30	46	14	90	30.00	5	0	0
5	5005	1	1	2	65	50	43	158	52.67	5	1	0
6	5006	1	1	2	82	62	33	177	59.00	5	1	0
7	5007	1	1	1	35	30	89	154	51.33	2	0	1
8	5008	1	1	1	60	83	71	214	71.33	3	1	1

　　「Code: Numeric to Numeric」對話視窗中，「Code data from columns:」下方框中的原始編碼變項若與「Store coded data in columns:」下方框中的儲存變項相同，表示編碼成同一變項，編碼後的新變項與原始變項相同，編碼後新變項的測量值會直接覆蓋原始變項的測量值，原始變項與編碼後新變項置放在同一直欄的情況，通常是用於反向題的反向計分，如果不是反向題的反向計分，編碼後新變項的直行編號最好和原始變項直欄編號不同，以保留原始變項的數據或測量值。

　　編碼後工作表中的國文變項欄與數學變項欄的細格測量值不是 1 就是 0，編碼後新變項的測量值已直接覆蓋原始變項的測量值。

·	C1	C2	C3	C4	C5	C6	C7	C8	C9	C10	C11	C12	C13-T
	編號	班級	性別	家庭結構	國文	英文	數學	總和	平均	數學組別	國文及格	數學及格	數學等第
7	5007	1	1	1	0	30	1	154	51.33	2	0	1	B
8	5008	1	1	1	1	83	1	214	71.33	3	1	1	C
9	5009	1	1	2	1	100	1	285	95.00	1	1	1	A
10	5010	1	1	1	0	15	1	102	34.00	4	0	1	D
11	5011	1	2	2	0	63	0	170	56.67	5	0	0	E

　　「Code: Numeric to Numeric」對話視窗，「Code data from columns:」下方框中的原始變項個數與「Store coded data in columns:」下方框編碼後新變數直行欄個數必須相同，若是二者無法一一對應，則按「OK」鈕時會出現錯誤訊息。範例中，原始編碼的變項數有二個「'國文' '數學'」，但編碼後新變項的直行個數只有一個「C11」，數學編碼後的新變項沒有界定要儲存的直行位置。

　　於「Code: Numeric to Numeric」對話視窗中按「OK」鈕後，會出現錯誤對

話視窗，Minitab 出現的錯誤對話視窗如下：「Use the same number of : output variables(s) /input variable(s)」，視窗訊息提示使用者輸入的變項個數與輸出的變項個數要相同。

界面視窗中，原始編碼的變項數有二個「'國文' '數學'」，編碼後新變項的直行個數有三個「C11」、「C12」、「C13」，編碼配對的變項與儲存直行編號分別為「國文變項 C11」、「數學變項 C12」，直行編號 C13 沒有對應的編碼變項，當儲存編碼後，直行個數多於被選入要進行編碼變項個數，按「OK」鈕，也會出現上述錯誤訊息。

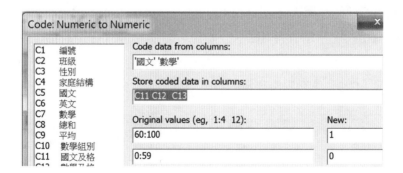

執行功能表「Stat」(統計) /「Tables」(表格) /「Tally Individual Variables」(計數個人變項) 程序，可以求出各變項的次數分配表。

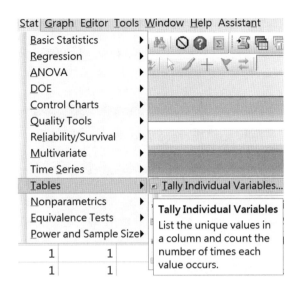

在「Tally Individual Variables」(計數個人變項) 對話視窗中，從變數清單中選取「數學組別」至「Variables:」(變項) 下方框中；「Display」(顯示) 方盒中勾選「☑Counts」(次數)、「☑Percents」(百分比)、「☑Cumulative counts」(累積次數)、「☑Cumulative Percents」(累積百分比)，按「OK」確定鈕。

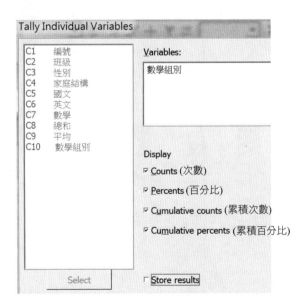

「Session」視窗呈現的數學組別變項次數分配表，五個水準的次數分別為 12、5、12、12、59，N 的總數為 100；百分比分別為 12.00%、5.00%、

12.00%、12.00%、59.00%；累積次數 (累積人次) 分別為 12、17、29、41、100，累積次數百分比 (CumPct 欄) 為分別 12.00、17.00%、29.00%、41.00%、100.00%。

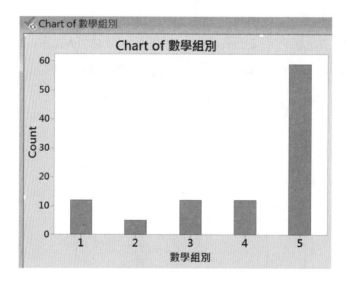

「數學組別」變數藉由執行功能表「Graph」/「Bar Chart」(長條圖) 程序，繪製之五個水準群組個數的長條圖如下 (根據 Count 欄次數繪製)：

數學組別五個水準數值群組累積之長條圖如下 (根據 CumCnt 欄之累積次數繪製)：

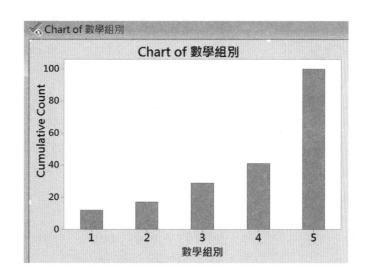

「數學組別」間斷變項的圓餅圖如下，圓餅圖的求法：執行功能表列「Graph」(圖形) /「Pie Chart」(圓餅圖) 程序。圓餅圖中各水準數值比例區域指向的數值中，第一個為次數、第二個為百分比。

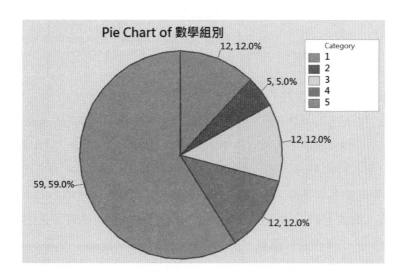

● 第六節　堆疊與非堆疊

資料非堆疊 (unstack) 的功能在於將變項相同水準的受試者聚合在同一直行；相對的，資料堆疊 (stack) 的作用在於將一個變項中各分開水準的受試者整

合在同一個變數之下，變數中的水準為原先分開水準的變項，如研究者測量十五位一至三年學生的學習壓力，鍵入時以一年級、二年級、三年級三個水準分別鍵入在三個直行，若是研究者要將三直行的資料檔整合為二個變項，一為「年級」(因子變項，水準數值 1 表示一年級、水準數值 2 表示二年級、水準數值 3 表示三年級)、二為「學習壓力」變項，變項屬性為檢定變數，可使用堆疊的功能，當然研究者也可以藉用細格的複製與貼上功能，完成堆疊執行的程序。

執行功能表「Data」(資料) /「Stack」(堆疊) /「Columns」(直行) 程序，開啟功能表「Stack Columns」(堆疊直行) 對話視窗。

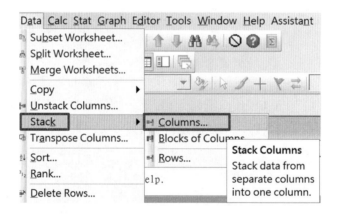

從變數清單中分別選取「C1 一年級」、「C2 二年級」、C3 三年級」三個變項，按「Select」(選擇) 鈕，將變項選入「Stack the following columns:」(堆疊下列直行) 下的方框中，方框中的訊息為「'一年級' '二年級' '三年級'」(變項本身以一組單引號包圍)。選取「⊙Column of current worksheet:」(目前工作表直行) 選項，對應的右方框鍵入「C4」，表示將原先年級水準變項中的測量值置放於工作表直行編號 C4，「Store subscripts in:」對應的右方框鍵入「C5」，表示年級變項增列於工作表直行編號 C5，勾選選項「Use variable names in subscript column」，表示 C5 直行變項中的水準為原先年級水準變項：一年級、二年級、三年級，最後按「OK」鈕，可進行資料堆疊 (研究者如要將堆疊後的資料檔存於新的工作表，則改選「⊙New worksheet」選項即可)。

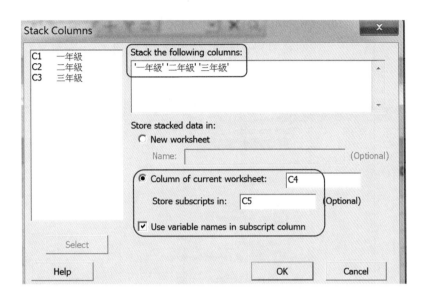

工作表中直行編號 C4 為「學習壓力」的測量值，直行編號 C5 為堆疊的變項，變項屬性為文字，直行編號格式為「C5－T」，三種型態為一年級、二年級、三年級 (學習壓力、年級的變項名稱為執行堆疊程序後，再於工作表中直接鍵入增列)。

→	C1	C2	C3	C4	C5-T
	一年級	二年級	三年級	學習壓力	年級
1	4	5	8	4	一年級
2	2	6	9	2	一年級
3	1	8	10	1	一年級
4	3	7	10	3	一年級
5	5	9	9	5	一年級
6				5	二年級
7				6	二年級
8				8	二年級
9				7	二年級
10				9	二年級
11				8	三年級
12				9	三年級
13				10	三年級
14				10	三年級
15				9	三年級

「Stack Columns」(堆疊直行) 對話視窗中，如果沒有勾選選項「□Use

variable names in subscript column」，則資料堆疊時，因子變項「年級」(C5 直行) 的水準數值會依照原始變項的次序給予水準數值 1、2、3，編號直行 C5 變項欄屬性為「數值」。

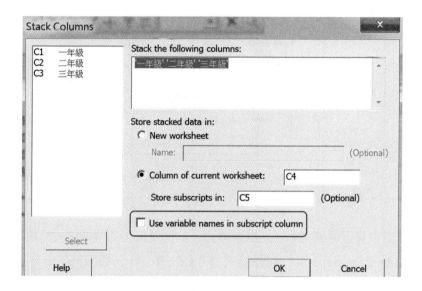

C4 直行變項中的測量值為受試者在學習壓力感受的分數，C5 直行變項為三分類別變項，水準數值 1 表示一年級、水準數值 2 表示二年級、水準數值 3 表示三年級 (直行 C4、C5 變數欄細格，研究者要自行鍵入)，直行編號 C4 的變項名稱可設為「學習壓力」、直行編號 C5 的變項名稱可設為「年級」，「年級」變項為三分類別變項。

	C1	C2	C3	C4	C5
	一年級	二年級	三年級		
1	4	5	8	4	1
2	2	6	9	2	1
3	1	8	10	1	1
4	3	7	10	3	1
5	5	9	9	5	1
6				5	2
7				6	2
8				8	2
9				7	2
10				9	2
11				8	3
12				9	3
13				10	3
14				10	3
15				9	3

　　非資料堆疊的操作程序如下：執行功能表「Data」(資料) /「Unstack」(非堆疊) /「Columns」(直行) 程序，開啟功能表「Unstack Columns」(非堆疊直行) 對話視窗。

　　在「Unstack the data in：」右方框中從變數清單選入「C4 學習壓力」變項；將「C5 年級」變項選入「Using subscripts in:」右方框中，表示要在年級變項中，依一年級、二年級、三年級三個群組將學習壓力測量值分開儲存在不同直行。「Store unstacked data:」方盒選項選取「◉In new worksheet」(新工作表)，新工作表名稱為「非堆疊資料檔」，勾選選項「☑Name the columns containing the unstacked data」，表示新的變項名稱包含非堆疊資料之原始變項 (學習壓力)，按「OK」鈕，工作表中三個新變項名稱為「學習壓力_一年級」、「學習壓力_二年級」、「學習壓力_三年級」。

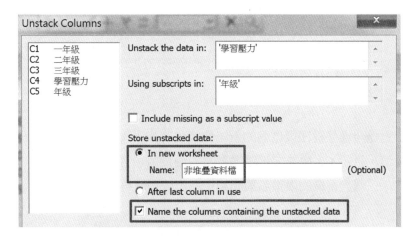

　　三個年級之學習壓力測量值非堆疊資料新的工作表如下：

▦ 非堆疊資料檔.MTW ***

	C1	C2	C3
	學習壓力_一年級	學習壓力_二年級	學習壓力_三年級
1	4	5	8
2	2	6	9
3	1	8	10
4	3	7	10
5	5	9	9

　　「Unstack Columns」(非堆疊直行) 對話視窗中，若是未勾選選項「□Name

the columns containing the unstacked data」，則非堆疊程序增列的資料檔之變項名稱是空白的，選取「⊙In new worksheet」選項，但未鍵入新工作表名稱，則非堆疊後的資料檔工作表檔名以內定名稱出現：「Worksheet X」。

Unstack Columns

C1	一年級	Unstack the data in:	'學習壓力'
C2	二年級		
C3	三年級		
C4	學習壓力	Using subscripts in:	'年級'
C5	年級		

☐ Include missing as a subscript value

Store unstacked data:
◉ In new worksheet
    Name: _____ (Optional)
○ After last column in use
☐ Name the columns containing the unstacked data

Select

執行上述非堆疊程序後增列的新工作表內容如下：直行 C1 欄為一年級學習壓力測量值、直行 C2 欄為二年級學習壓力測量值、直行 C3 欄為三年級學習壓力測量值，三個直行欄的變數名稱回到工作表視窗時再增列鍵入。

Worksheet 3 ***

·	C1	C2	C3	C4
1	4	5	8	
2	2	6	9	
3	1	8	10	
4	3	7	10	
5	5	9	9	

堆疊與非堆疊的程序也可以藉由細格的複製與貼上完成，此部分的操作與試算表中之儲存格複製或移動步驟相同。

第七節　子工作表

子工作表 (sub worksheet) 的功能在於根據研究者界定的條件，將符合條件的受試者篩選出來，由於篩選出的新受試者是由原工作表資料檔中抽取而得，所以是原工作表的子工作表。如研究者資料搜集樣本中包括單親家庭、完整家庭、隔代教養家庭，統計分析要單獨探究隔代教養家庭學生樣本，研究者可以從原始資料檔中，只選取隔代教養家庭群組學生進行分析；另外在學生學業成就的相關因素探討中，研究者要對學業成就低於平均數 (均標) 的學生群組進行分析，可以只篩選學業就低於平均數 (均標) 的樣本群體，被篩選出來的樣本群組是原工作表資料檔中的一部分樣本，因為稱為子資料檔工作表。

執行功能表「Data」(資料) /「Subset Worksheet」(子集工作表) 程序，開啟「Subset Worksheet」(子集工作表) 對話視窗。「Name of the New Worksheet」(新工作表名稱) 方盒中的工作表資料檔名 (Name) 研究者可鍵入或保留空白，範例的子工作表名稱為「選取樣本」，方盒在界定新子工作表的工作表名稱，若是沒有界定，則以內定的工作表名稱命名；「Include or Exclude」方盒內定的選項為「⊙Specify which rows to include」(一般多使用此選項)；「Specify Which Rows to Include」方盒中，內定選項為「⊙Rows that match」(一般多使用此選項)，按其右邊鈕「Condition...」(篩選條件)，開啟「Subset Worksheet: Condition」(子集工作表：條件) 次對話視窗。

　　「Subset Worksheet: Condition」(子集工作表：條件) 次對話視窗主要在界定子工作表篩選的條件，在變數清單右邊「Condition:」(條件) 下方框中按一下，從變數清單中選取「C3　性別」變項，鍵入「＝1」、從計算機界面中按「And」鈕，再從變數清單中選入「C4　家庭結構」，鍵入「＝2」，方框內的訊息為「'性別'＝1 And '家庭結構'＝2」，表示選取樣本設定的條件為「性別變數水準數值等於 1 且家庭結構變數水準數值等於 2」的受試者，性別變數為二分類別變項，水準數值 1 為男生、2 為女生；家庭結構變數為二分類別變項，水準數值 1 為完整家庭、2 為單親家庭，因而「'性別'＝1 And '家庭結構'＝2」條件設定，即選取性別為「男生」且是「單親家庭」的受試者。

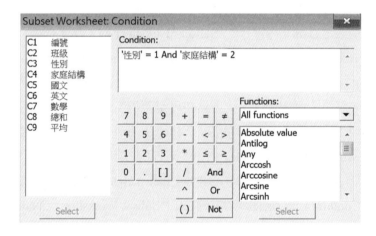

　　按「OK」鈕後，子工作表「選取樣本***」的受試者中，性別變項水準數值均為 1 且家庭結構變項水準數值均為 2。

選取樣本 ***	C1	C2	C3	C4	C5	C6	C7	C8	C9
↓	編號	班級	性別	家庭結構	國文	英文	數學	總和	平均
1	5001	1	1	2	97	96	44	237	79.00
2	5002	1	1	2	89	87	23	199	66.33
3	5005	1	1	2	65	50	43	158	52.67
4	5006	1	1	2	82	62	33	177	59.00
5	5009	1	1	2	88	100	97	285	95.00
6	5021	2	1	2	68	39	5	112	37.33
7	5022	2	1	2	61	42	90	193	64.33
8	5023	2	1	2	84	86	19	189	63.00

　　下面視窗界面為選取國文、英文、數學三科成績均小於 60 分的受試者，新子工作表的名稱為「三科不及格樣本」，條件設定為「'國文' < 60 And '英文' < 60 And '數學' < 60」。

　　子工作表「三科不及格樣本***」的受試者中，國文、英文、數學的測量值 (或分數) 均小於 60 分。

·	C1	C2	C3	C4	C5	C6	C7	C8	C9
	編號	班級	性別	家庭結構	國文	英文	數學	總和	平均
1	5003	1	1	1	20	12	36	68	22.67
2	5004	1	1	1	30	46	14	90	30.00
3	5014	1	2	1	28	32	29	89	29.67
4	5025	2	1	1	48	6	24	78	26.00
5	5032	2	2	1	26	32	48	106	35.33
6	5038	2	2	1	54	30	17	101	33.67
7	5046	3	1	1	20	15	13	48	16.00

　　範例子工作表篩選條件為「('性別'＝2 And '家庭結構'＝1) Or '平均' ＞＝ 85」，條件意涵為選取性別水準數值編碼為 2 (女生) 且家庭結構水準編碼為 1 (單親家庭) 的樣本群組 (性別為女生且家庭結構屬單親家庭者)，或是平均數大於等於 85 分的樣本群組。

「Subset Worksheet」(子集工作表) 對話視窗中，「Name of the New Worksheet」(新工作表名稱) 方盒中的新工作表名稱 (Name) 未界定，新的子工作表檔名為「Subset of 原工作表檔名」，範例中，原工作表檔名為「月考成績資料檔」，條件篩選後的新子工作表的檔名為「Subset of 月考成績資料檔 .MTW***」。

·	C1	C2	C3	C4	C5	C6	C7	C8	C9	C10
	編號	班級	性別	家庭結構	國文	英文	數學	總和	平均	
1	5009	1	1	2	88	100	97	285	95.00	
2	5012	1	2	2	97	98	92	287	95.67	
3	5014	1	2	1	28	32	29	89	29.67	
4	5015	1	2	1	59	63	36	158	52.67	
5	5016	1	2	1	48	15	65	128	42.67	
6	5019	1	2	1	49	73	92	214	71.33	
7	5020	1	2	1	26	24	94	144	48.00	
8	5026	2	1	2	88	91	77	256	85.33	

「Subset Worksheet」(子集工作表) 主對話視窗除設定條件選取資料樣本外，也可以直接挑出指定的樣本數作為子集工作表，如原「月考成績資料檔 .MTW」工作表的有效樣本數共有 100 位，研究者想選取其中的第 11 筆樣本資料至第 15 筆樣本資料 (編號 5011 至 5015) 作為子集工作表，於「Subset Worksheet」(子集工作表) 主對話視窗中，改選「⊙Row numbers」(橫列數) 選項，其後方框鍵入「11:15」，按「OK」鈕。

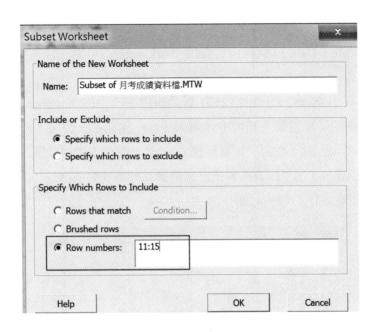

「Subset of 月考成績資料檔 .MTW」子集工作表中的資料檔為原工作表中的第 11 筆至第 15 筆樣本資料，樣本編號從 5011 至 5015。

	C1	C2	C3	C4	C5	C6	C7	C8	C9	C10
	編號	班級	性別	家庭結構	國文	英文	數學	總和	平均	
1	5011	1	2	2	54	63	53	170	56.67	
2	5012	1	2	2	97	98	92	287	95.67	
3	5013	1	2	2	96	28	48	172	57.33	
4	5014	1	2	1	28	32	29	89	29.67	
5	5015	1	2	1	59	63	36	158	52.67	

第八節　分割工作表

分割工作表 (Split Worksheet) 可以根據研究者選定的間斷變數，依間斷變數的水準數值將工作表資料檔加以分割成子工作表。如依性別變項，將原工作表分割為男生群體工作表、女生群體工作表；樣本社經地位為三分類別變項，1、2、3 三個水準數值分別表示為高社經地位群組、中社經地位群組、低社經地位群組，分割工作表的變項若為「社經地位」變數，則原工作表可以被分割為三個子工作表：高社經地位樣本群組工作表、中社經地位樣本群組工作表、低社經地位

樣本群組工作表

執行功能表「Data」(資料) /「Split Worksheet」(分割工作表) 程序，開啟「Split Worksheet」(分割工作表) 對話視窗。

「Split Worksheet」(分割工作表) 對話視窗中，「By variables:」下的方框為工作表分割的間斷變數，範例中先選入「C3　性別」、再選入「C4　家庭結構」，方框內訊息為「'性別' '家庭結構'」，表示工作表依據性別二分類別變項分為二個工作表，二個工作表各再依家庭結構二分類別變項細分為二個工作表，分割後的工作表共有 2×2＝4 個。

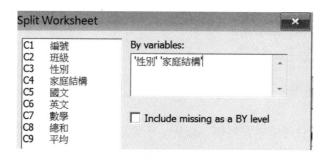

分割後增列的四個新工作表，其變項與水準數值分別為：

1. 性別＝1，家庭結構＝1 (男生 & 完整家庭的受試者)
2. 性別＝1，家庭結構＝2 (男生 & 單親家庭的受試者)
3. 性別＝2，家庭結構＝1 (女生 & 完整家庭的受試者)
4. 性別＝2，家庭結構＝2 (女生 & 單親家庭的受試者)

資料檔工作表分割的架構圖如下：

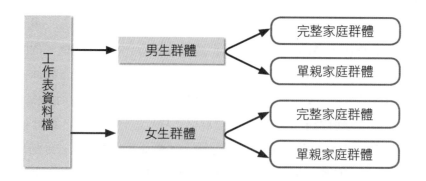

	C1	C2	C3	C4	C5	C6	C7	C8	C9
	編號	班級	性別	家庭結構	國文	英文	數學	總和	平均
1	5011	1	2	2	54	63	53	170	56.67
2	5012	1	2	2	97	98	92	287	95.67
3	5013	1	2	2	96	28	48	172	57.33

月考成績資料檔.MTW(性別 = 1, 家庭結構 = 1)
月考成績資料檔.MTW(性別 = 1, 家庭結構 = 2)
月考成績資料檔.MTW(性別 = 2, 家庭結構 = 1)
月考成績資料檔.MTW(性別 = 2, 家庭結構 = 2) ***

　　原始工作表有五個班級的學生資料 (班級變項的水準數值為 1、2、3、4、5)，研究者分割工作表時，依據的間斷變項為「班級」，表示依據「班級」變項將資料檔分割，「Split Worksheet」(分割工作表) 對話視窗中，從變數清單選取「C2 班級」變項至「By variables:」下方框內，方框內訊息為「'班級'」。

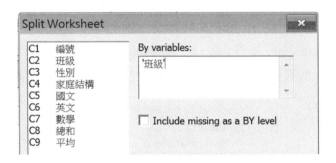

　　分割後的五個子工作表檔名為「原始檔名 .MTW (變數名稱＝水準數值)」，範例中，原始工作表檔名為「月考成績資料檔 .MTW」，分割後五個子工作表檔名分別為「月考成績資料檔 .MTW (班級＝1)」、「月考成績資料檔 .MTW (班級＝2)」、「月考成績資料檔 .MTW (班級＝3)」、「月考成績資料檔 .MTW (班級＝4)」、「月考成績資料檔 .MTW (班級＝5)***」(此工作表為標的資料檔)，研究者若要切換標的工作表，直接在工作表視窗中點選即可，被點選的子工作表檔名會自動增列「***」符號區別。

	C1	C2	C3	C4	C5	C6	C7	C8	C9	C10
	編號	班級	性別	家庭結構	國文	英文	數學	總和	平均	
1	5001	1	1	2	97	96	44	237	79.00	

月考成績資料檔.MTW(班級 = 1)

	C1	C2	C3	C4	C5	C6	C7	C8	C9	C10
	編號	班級	性別	家庭結構	國文	英文	數學	總和	平均	
1	5021	2	1	2	68	39	5	112	37.33	

月考成績資料檔.MTW(班級 = 2)

月考成績資料檔.MTW(班級 = 3)

月考成績資料檔.MTW(班級 = 4)

月考成績資料檔.MTW(班級 = 5) ***

	C1	C2	C3	C4	C5	C6	C7	C8	C9	C10
	編號	班級	性別	家庭結構	國文	英文	數學	總和	平均	
1	5081	5	1	1	44	47	73	164	54.67	

第九節　橫列統計量

　　工作表資料檔如要求出每位受試者在計量變項的加總、平均或其餘統計量，可以執行「Calc」(計算) /「Row Statistics」(橫列統計量) 程序，程序提示語為「Calculate statistics for rows of data across multiple columns.」(計算多個直行的橫列資料統計量)，程序會開啟「Row Statistics」(橫列統計量) 對話視窗。

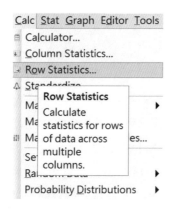

　　「Row Statistics」(橫列統計量) 對話視窗中，「Input variables:」下方框為每位受試者要納入運算的計量變項、「Store result in:」右方框為每位受試者運算後的統計量要存放的直行編號。「Statistic」方盒中的統計量有：Sum (總和)、Mean (平均數)、Standard deviation (標準差)、Minimum (最小值)、Maximum (最大值)、Range (全距)、Median (中位數)、Sum of square (平方和)、N total (全部總

變項個數)、N nonmissing (沒有遺漏值的變數個數)、N missing (有遺漏值的變數
個數)，內定的選項為「⊙Sum」。

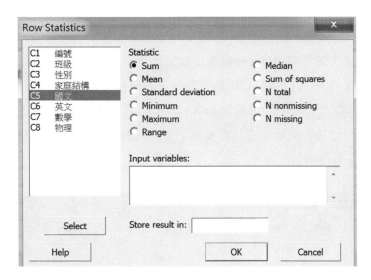

範例為計算每位受試者國文、英文、數學、物理四科的平均成績，開
啟「Row Statistics」(橫列統計量) 對話視窗，從左邊變數清單中分別選取
「C5 國文」、「C6 英文」、「C7 數學」、「C8 物理」四個變項至「Input
variables:」(輸入變項) 下方框內，方框內訊息為「'國文' '英文' '數學' '物
理'」；「Store result in:」(儲存結果在) 右方框鍵入「C9」(因為工作表資料檔直
行編號使用到C8)，「Statistic」方盒中選「⊙Mean」，按「OK」(確定) 鈕。

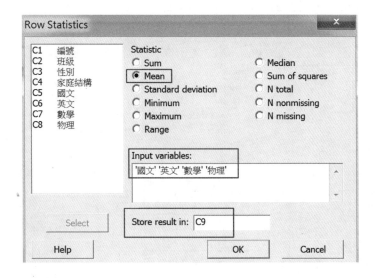

　　每位受試者在國文、英文、數學、物理四科分數的平均統計量儲存在受試者所在橫列與 C9 直行交叉的細格，於工作表直行 C9 變項細格增列變數名稱「科目平均」。其中第二筆資料的受試者英文成績為遺漏值 (沒有英文成績資料)，進行統計量運算時，會以三科 (N＝3) 作為有效變數個數；第三筆資料的受試者英文成績、數學成績為遺漏值 (沒有英文成績與數學成績資料)，進行統計量運算時，會以二科 (N＝2) 作為有效變數個數。遺漏值和數值為 0 在進行統計量運算時會得到不同結果，變項的測量值為 0，表示數值分數等於 0，因而變項個數還是 1 個，若是變項的測量值設為遺漏值 (*)，則運算時，遺漏值的儲存格不會納入統計分析，變項個數不算。

	C1	C2	C3	C4	C5	C6	C7	C8	C9
↓	編號	班級	性別	家庭結構	國文	英文	數學	物理	科目平均
1	5001	1	1	2	97	96	44	72	77.25
2	5002	1	1	2	89	*	23	65	59.00
3	5003	1	1	1	20	*	*	71	45.50
4	5004	1	1	1	30	46	14	51	35.25
5	5005	1	1	2	65	50	43	78	59.00

四科成績資料檔.MTW ***

　　範例為計算每位受試者國文、英文、數學、物理四科成績的科目數 (未缺考的科目)，開啟「Row Statistics」對話視窗，從左邊變數清單中分別選取「國文」、「英文」、「數學」、「物理」四個變項至「Input variables:」下方框內；「Store result in:」右方框鍵入「C10」(因為工作表資料檔直行編號使用到 C9)，「Statistic」方盒中選「⊙N nonmissing」，按「OK」(確定) 鈕。

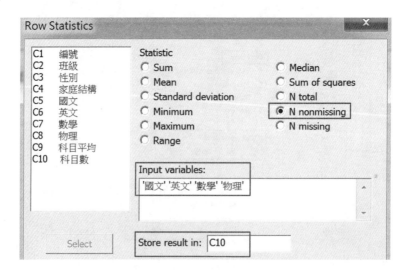

　　直行 C10「科目數」變項欄顯示：第二筆的科目數為 3，表示有一科沒有成績 (有一個變項為遺漏值)；第三筆的科目數為 2，表示有二科沒有成績 (有二個變項為遺漏值)。

四科成績資料檔.MTW ***									
·	C1	C2	C3	C4	C5	C6	C7	C8	C9	C10
	編號	班級	性別	家庭結構	國文	英文	數學	物理	科目平均	科目數
1	5001	1	1	2	97	96	44	72	77.25	4
2	5002	1	1	2	89	*	23	65	59.00	3
3	5003	1	1	1	20	*	*	71	45.50	2
4	5004	1	1	1	30	46	14	51	35.25	4

　　橫列統計量的操作，可以快速進行量表中各向度的加總或各向之單題平均數的運算，此部分操作在量表的實際應用，後面章節中會有詳細的範例說明。

CHAPTER 3

問卷資料
的轉換與
處理

統計分析的研究工具，常使用來搜集資料的研究工具為「問卷」，一份問卷除了人口變項 (背景變項) 外，通常會包括二至四種不同的量表或測驗，測量指標題項除了正向題外，有時研究者也會編製反向題，由於正向題與反向題的描述用語是不同方向，因而計分時必須把反向題反向計分，以便各指標變項表示之測量值高低的方向有一致性，如同一量表中各指標題項的分數愈高，表示學生的滿意度愈高；各指標題項的分數愈高，表示學生感受的學習壓力愈低。

問卷的分析型態包括二種，第一種為逐題分析，逐題分析使用較多的統計分析方法為次數分配及描述性統計量，其中又以次數分配使用的情況較為常見，次數分配在於統計題項中各選項被受試者勾選的次數及百分比；第二種為量表構面／向度／因子／層面的探究，量表的構面為量表中數個題項的加總分數或平均值，此種構面常是一種潛在的心理特質或感受態度，構面變數可以進行現況探究與檢定，以結構方程模式的觀點而言，指標題項為觀察變項、構面為無法觀察變項 (或稱潛在變項)，量表構面變數的形成要經由輸入題項的加總程序。構面題項要加總之前，題項若有反向題要先經由反向計分，才能使題項界定的操作型定義一致，如各題項的分數愈高，表示受試者感受的服務滿意度愈高，因為唯有題項測量值表達的構念方向一致，題項加總後構面所代表的潛在特質，才能界定其操作型定義。

第一節　人口變項的次數分配

在一份企業組織知識管理調查問卷中，有效樣本數為 110 位組織員工，受試者人口變項 (基本資料) 有三個：「性別」變項，水準數值 1 為男生、水準數值 2 為女生；「教育程度」變項，水準數值 1 為國小群體、水準數值 2 為國中群體、水準數值 3 為高中職群體、水準數值 4 為專科大學群體、水準數值 5 為研究所群體；「服務年資」變項，水準數值 1 為服務「5 年以下」、水準數值 2 為「6-10 年」、水準數值 3 為「11-15 年」、水準數值 4 為「16-20 年」、水準數值 5 為「21 年以上」。知識管理量表經預試效度分析，建構效度包含二個層面 (構念)，因素一包含題項 1 至題項 6，因素命名為「知識獲取」；因素二包含題項 7 至題項 10，因素命名為「知識流通」，題項 1 至題項 10 所測量的特質，共同因素稱為「知識管理」。10 題知識管理量表題項中，有二題反向題：第 2 題與第 5

題。

　　上述知識管理調查問卷包含二大部分，第一部分為樣本的基本資料 (人口變項或背景變項)，第二部分為包含 10 個題項的知識管理量表。資料檔的變項編碼如下：

	C1-T	C2	C3	C4	C5	C6	C7	C8	C9	C10	C11	C12	C13	C14
	編號	性別	教育程度	服務年資	A1	A2 (反)	A3	A4	A5 (反)	A6	A7	A8	A9	A10
1	01	1	1	5	5	5	5	2	5	5	3	3	5	5
2	02	1	1	5	5	4	5	2	4	4	4	2	3	5

企業組織知識管理調查問卷

一、基本資料

1.我的性別：□1 男生　　□2 女生

2.我的教育程度：□1 國小　□2 國中　□3 高中職　□4 專科大學　□5 研究所

3.我的服務年資：□5 年以下　□6-10 年　□11-15 年　□16-20 年　□21 年以上

二、知識管理

	完全不同意	少部分同意	一半同意	大部分同意	完全同意
01.我覺得公司常請專家學者來授課或派員到外界接受訓練。	□	□	□	□	□
02.我覺得公司未設置各種知識庫或書面資料等供員工學習。	□	□	□	□	□
03.我覺得公司常透過教育訓練方式傳授工作的知能與技術。	□	□	□	□	□

04.我覺得公司員工常會把經驗心得用口語、書面、實　□　□　□　□　□
　　做表達。

05.我覺得公司不會注重資料的蒐集、分類與儲存。　　□　□　□　□　□

06.我覺得公司員工善用資訊科技尋找工作相關知識。　□　□　□　□　□

07.我覺得公司員工常會將所獲得的知識在工作中嘗　　□　□　□　□　□
　　試。

08.我覺得公司員工常用電腦設備與網路系統傳遞內部　□　□　□　□　□
　　資訊。

09.我覺得公司能建置多元溝通管道來與員工或外界傳　□　□　□　□　□
　　遞資訊。

10.我覺得公司經常採用各種不同的方法改善工作的流　□　□　□　□　□
　　程。

(修改自吳明隆 (2014)，SPSS 問卷統計分析實務，台北：五南)

　　　110 位樣本於 Minitab 工作表中的部分數據如下，使用的編號直行從 C1 至 C14，編號直行從 C1 變項欄屬性為文字，其餘變項欄屬性均為數值。

	C1-T	C2	C3	C4	C5	C6	C7	C8	C9	C10	C11	C12	C13	C14	C15
	編號	性別	教育程度	服務年資	A1	A2	A3	A4	A5	A6	A7	A8	A9	A10	
86	86	1	3	2	3	2	3	1	2	4	4	3	5	2	
87	87	1	4	2	3	2	1	1	2	5	5	4	4	4	
88	88	1	4	2	3	1	2	2	3	5	4	5	3	5	
89	89	1	4	2	4	1	2	2	4	5	5	4	2	2	
90	90	1	4	2	4	1	2	2	4	5	3	4	2	1	

　　　求出人口變項中之受試者性別、教育程度、服務年資變數的次數分配表，以了解人口變項中各水準數值群體的人次及比例。

　　　執行功能表「Stat」(統計) /「Tables」(表) /「Tally Individual Variables」(計數個人變項) 程序，可以求出各變項的次數分配表，程序開啟「Tally Individual Variables」(計數個人變項) 對話視窗。

在「Tally Individual Variables」(計數個人變項) 對話視窗中，於「Variables:」(變項) 提示語下的方框中按一下滑鼠，從變數清單中選取「C2　性別」、「C3　教育程度」、「C4　服務年資」三個人口變項，按「Select」(選擇) 鈕，將三個人口變項選入「Variables:」(變項) 下方框內，方框內訊息為「性別-服務年資」；「Display」(顯示) 方盒中勾選「☑Counts」(次數)、「☑Percents」(百分比)、「☑Cumulative counts」(累積次數)、「☑Cumulative percents」(累積百分比)，按「OK」確定鈕。

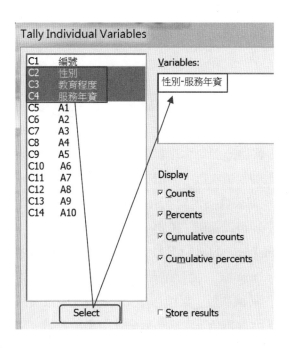

　　三個人口變項的次數分配情況如下：就性別變項而言，男生 (水準數值編碼為 1)、女生 (水準數值編碼為 2) 的人次各為 67、43，百分比分別為 60.91%、39.09%。就教育程度變項而言，五個水準數值的次數分別為 5、28、34、39、4 (1 至 5 變數水準數值分別表示國小、國中、高中職、專科大學、研究所五個群體)，佔有效樣本 (N＝110) 的百分比分別為 4.55%、25.45%、30.91%、35.45%、3.64%。

　　就服務年資變項而言，五個水準數值的次數分別為 22、26、30、26、6 (1 至 5 變數水準數值分別表示 5 年以下、6-10 年、11-15 年、16-20 年、21 年以上五個群體)，有效樣本數 N 等於 110，五個群組的次數佔有效樣本數的百分比分別為 20.00%、23.64%、27.27%、23.64%、5.45%。

```
Tally for Discrete Variables: 性別, 教育程度, 服務年資

性別   Count  Percent  CumCnt  CumPct      教育
  1      67    60.91      67   60.91      程度   Count  Percent  CumCnt  CumPct
  2      43    39.09     110  100.00        1       5     4.55       5    4.55
N=      110                                 2      28    25.45      33   30.00
                                            3      34    30.91      67   60.91
                                            4      39    35.45     106   96.36
                                            5       4     3.64     110  100.00
                                          N=      110
服務
年資   Count  Percent  CumCnt  CumPct
  1      22    20.00      22   20.00
  2      26    23.64      48   43.64
  3      30    27.27      78   70.91
  4      26    23.64     104   94.55
  5       6     5.45     110  100.00
N=      110

* NOTE * Command cancelled.
```

　　Session 輸出的報表中的第一橫列「Count」、「Percent」、「CumCnt」、「CumPct」對應的意涵分別為水準數值群組的次數、次數佔有效樣本的百分比、各水準數值次數的累積次數、累積次數佔有效樣本的百分比 (累積百分比)。統計分析結果文字或圖表會出現於「Session」視窗中，若是圖形，會以獨立小視窗呈現，每個圖形均可以編輯、美化、儲存。

　　「Tally Individual Variables」(計數個人變項) 對話視窗中，如果研究者於視窗下方勾選「☑Store results」(儲存結果) 選項，可將統計分析的結果 (研究者勾選的次數、百分比、累積次數、累積百分比) 以內定變數加以儲存。就性別變項的次數分配表而言，水準數值、次數、百分比、累積次數、累積百分比分別以變

數 Tally1、Tally2、Tally3、Tally4、Tally5 將結果分析結果儲存參數值，儲存的編號直行分別從 C15 至 C19 (編號直行 C1 至 C14 已使用，儲存結果變項從資料檔後面空白的編號直行開始)；「教育程度」變數次數分配表之統計分析結果儲存的直行分別從 C20 至 C24；「服務年資」變數次數分配表之統計分析結果儲存的直行分別從 C25 至 C29。儲存在工作表的百分比小數位數至小數第四位，以性別變數之次數百分比「Tally3」欄的數值為例，二個樣本的百分比量數分別為 60.9091、39.0939，表示的是二個水準數值群體佔總樣本人次的 60.9091%、39.0939%。

	C15	C16	C17	C18	C19	C20	C21	C22	C23	C24	C25	C26	C27
	Tally1	Tally2	Tally3	Tally4	Tally5	Tally6	Tally7	Tally8	Tally9	Tally10	Tally11	Tally12	Tally13
1	1	67	60.9091	67	60.909	1	5	4.5455	5	4.545	1	22	20.0000
2	2	43	39.0909	110	100.000	2	28	25.4545	33	30.000	2	26	23.6364
3						3	34	30.9091	67	60.909	3	30	27.2727
4						4	39	35.4545	106	96.364	4	26	23.6364
5	性別變項的次數分配					5	4	3.6364	110	100.000	5	6	5.4545

教育程度變項的次數分配　　服務年資變項的次數分配

如果研究者要更改工作表中百分比欄及累積百分比欄的小數位數，可以選取要修改的直行變數欄，執行功能表列「Editor」(編輯者) /「Format Column」(格式化直行) /「Numeric」(數值) 程序，視窗中選取「Fixed decimal」(固定小數) 選項，設定小數位數為 2 位。

量表01 ***															
	C15	C16	C17	C18	C19	C20	C21	C22	C23	C24	C25	C26	C27	C28	C29
	Tally1	Tally2	Tally3	Tally4	Tally5	Tally6	Tally7	Tally8	Tally9	Tally10	Tally11	Tally12	Tally13	Tally14	Tally15
1	1	67	60.91	67	60.91	1	5	4.55	5	4.55	1	22	20.00	22	20.00
2	2	43	39.09	110	100.00	2	28	25.45	33	30.00	2	26	23.64	48	43.64
3						3	34	30.91	67	60.91	3	30	27.27	78	70.91
4						4	39	35.45	106	96.36	4	26	23.64	104	94.55
5						5	4	3.64	110	100.00	5	6	5.45	110	100.00

第二節　重新編碼

編碼 (Code) 在問卷量表應用中，一般是人口變項組別次數的合併及題項反向題的反向計分，或是某個連續變數 (計量變項) 依絕對分組或相對分組分成高、中、低的組別，以進行假設檢定。在項目分析或試題分析程序，可以根據受試者量表的得分或分數，將前後 27% 的受試者加以分組，進行高低二組在題

項平均數的差異 (臨界比值)，或是高低二組在題項答對百分比的差異 (鑑別度)。範例中有效樣本數共 110 位，教育程度五個水準組別人次分別 5、28、34、39、4，其中水準數值 1「國小」群體與水準數值 5「研究所」群體的人次過少，進行變異數分析時，無法符合組別人數最少為 15 的假定，研究者如要進行不同教育程度受試者在知識管理感受或在其他變項的差異檢定時，最好把水準數值群體合併，合併後的群組編碼與原始群組碼對應如下：

原始水準數值	水準數值群組	次數	重新編碼的水準數值	新水準數值的群體	編碼原始→新值	新水準數值的次數
1	國小	5	1	國中以下	1→1	33
2	國中	28	1	國中以下	2→1	
3	高中職	34	2	高中職	3→2	34
4	專科大學	39	3	專科以上	4→3	43
5	研究所	4	3	專科以上	5→3	

　　執行功能表「Data」(資料) /「Code」(編碼) /「Numeric to Numeric」(數值轉換為數值) 程序，開啟「Code: Numeric to Numeric」(編碼：數值轉換為數值) 對話視窗。

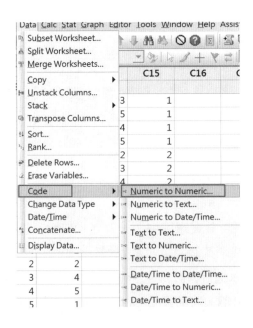

Code 選項的次選項包括各種變項屬性 (Numeric、Text、Data) 的編碼，問卷統計分析中，最常使用者為「Numeric to Numeric」(數值轉換為數值)、「Numeric to Text」(數值轉換為文字)、「Text to Numeric」(文字轉換為數值)，由於數值編碼較適合進行各項統計分析，因而編碼使用時建議研究者選用「Numeric to Numeric」(數值轉換為數值) 選項。次選項中「Numeric to Data/Time」(數值轉換為日期／時間)、「Text to Data/Time」(文字轉換為日期／時間) 分別表示數值編碼為日期／時間、文字編碼為日期／時間。

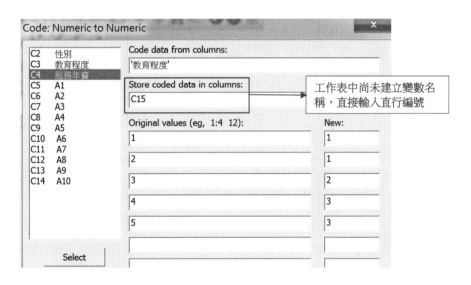

　　從變數清單中選入「C3　教育程度」變項至「Code data from columns:」下的方框中，被選入的變項訊息為：「'教育程度'」，表示根據「教育程度」變項直行之測量值進行重新編碼。

　　「Store coded data in columns:」下的方框鍵入「C15」或 C15 以後的變項所在直行 (因為變數清單的直行編號使用到 C14，C15 直行以後的編號尚未使用，新的編碼變數可以儲存在 C15 直行以後的任一欄)，「C15」表示新的編碼變數將儲存於資料檔 C15 直行，新編碼的變數欄如果是工作表中已輸入資料的直行變數欄，則新編碼的數值會將原先的細格測量值覆蓋，新編碼的直行變數欄界定與原工作表中之直行工作表變數欄相同，通常用於反向題反向計分，其目的在於覆蓋原反向題變數欄之測量值，以得到正確的測量值，若不是反向題重新計分，編碼後的新變數欄最好是工作表中尚未使用的空白的直行編號，如此，可保留原始變數欄的測量值，作為日後的進一步分析。研究者之前若於工作表資料檔 C15

直行增列變數欄名稱:「合併教育程度」,則「Store coded data in columns:」下方框的直行編號也可以直接從變數清單中直接選入「合併教育程度」,二者的結果相同,均是將重新編碼的水準數值儲存在 C15 直行一欄。

「Original values:」(原始數值) 下方框為原始教育程度變項的數值,可以是單一數值,數值範圍,原始數值與對應的重新編碼分別輸入以下數據:

「Original values:」	「New:」
1	1
2	1
3	2
4	3
5	3

按「OK」鈕後,原工作表資料檔 C15 直行為教育程度 (編號直行 C3 的測量值) 水準數值重新編碼成不同變項的測量值。由於編碼視窗中只界定新變數直行測量值的存放位置 (C15),重新編碼成不同變項的新「變數」尚未界定,因而沒有變項名稱,範例中於 C15 直行變項橫列細格輸入編碼後的變數名稱「合併教育程度」,「合併教育程度」為三分類別變項,變項的水準數值介於 1 至 3 中間。

	C12	C13	C14	C15	C16	C17
	A8	A9	A10		工作表中鍵入新編碼的	
					變數名稱	
13	5	4	3	1		
14	5	5	5	1		
15	5	5	4	1		
16	5	5	5	1		
17	5	5	2	2		
18	5	4	3	2		
19	4	4	4	2		

範例為研究者先於 C15 直行的變數儲存格建立新的變項名稱「合併教育程度」,C15 直行只有變數名稱,變項下所有細格資料都是空白。

·	C8	C9	C10	C11	C12	C13	C14	C15	C16
	A4	A5	A6	A7	A8	A9	A10	合併教育程度	
1	2	1	5	3	3	5	5		
2	2	2	4	4	2	3	5		
3	2	2	3	3	5	4	4		
4	2	2	4	3	4	5	3		
5	2	3	5	2	5	5	2		

　　「Code: Numeric to Numeric」對話視窗，從左邊變數清單中選入「C3 教育程度」變項至「Code data from columns:」下的方框中，被選入的變項訊息為：「'教育程度'」；滑鼠在「Store coded data in columns:」下的方框中點選一下，再從左邊變數清單中選入「C15　合併教育程度」變項至「Store coded data in columns:」下的方框內，方框內訊息為「'合併教育程度'」。「Original values:」欄下第一列方框輸入數值「1」，對應「New:」欄下方框輸入數值「1」；「Original values:」欄下第二列方框輸入數值「2」，對應「New:」欄下方框輸入數值「1」；「Original values:」欄下第三列方框輸入數值「3」，對應「New:」欄下方框輸入數值「2」；「Original values:」欄下第四列方框輸入數值「4」，對應「New:」欄下方框輸入數值「3」；「Original values:」欄下第五列方框輸入數值「5」，對應「New:」欄下方框輸入數值「3」，按「OK」(確定) 鈕。

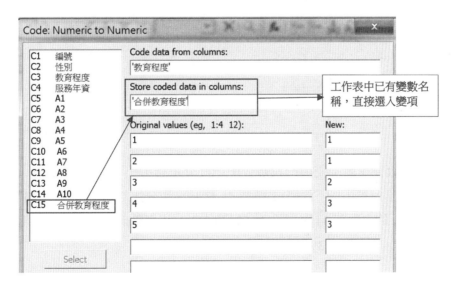

求出「合併教育程度」三分類別變項的次數分配表：

執行功能表「Stat」(統計) /「Tables」(表格) /「Tally Individual Variables」(計數個人變項) 程序，開啟「Tally Individual Variables」(計數個人變項) 對話視窗。

「Tally Individual Variables」(計數個人變項) 對話視窗中，在「Variables:」(變項) 提示語下的方框中按一下滑鼠，從左邊變數清單中選取「C15 合併教育程度」變項，按「Select」(選擇) 鈕，將標的變數選入「Variables:」(變項) 下方框內，方框內訊息為「合併教育程度」；「Display」(顯示) 方盒中勾選「☑Counts」(次數)、「☑Percents」(百分比)、「☑Cumulative counts」(累積次數)、「☑Cumulative percents」(累積百分比)，按「OK」確定鈕。

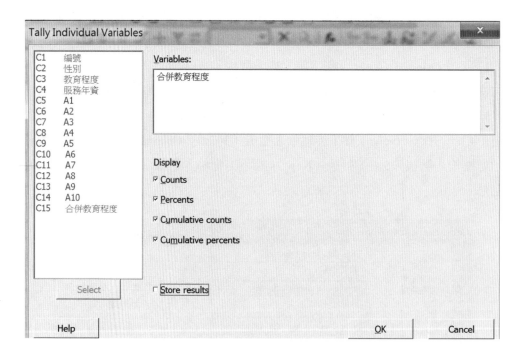

「合併教育程度」變項的次數分配統計分析結果出現於「Session」視窗內，水準數值 1 (國中以下群體) 的次數有 33 位、百分比為 30.00%，水準數值 2 (高中職群體) 的次數有 34位、百分比為 30.91%，水準數值 3 (專科以上群體) 的次數有 43 位、百分比為 39.09%。

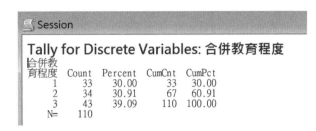

服務年資的編碼視窗中，原始直行編號 C4 變項為「服務年資」，選入「Code data from columns:」下方框的變項為「C4 服務年資」，選入後，出現的訊息變為「'服務年資'」，重新編碼後的新變項儲存在 C16 直行編號，「Store coded data in columns:」下方框鍵入的直行編號為「C16」，原始數值與對應的重新編碼分別輸入以下數據：

「Original values:」	合併前次數	「New:」	編碼數值	合併後次數
1 (5 年以下)	22	1 (5 年以下)	1→1	22
2 (6-10 年)	26	2 (6-10 年)	2→2	26
3 (11-15 年)	30	3 (11-15 年)	3→3	30
4 (16-20 年)	26	4 (16 年以上)	4→4	32
5 (21 年以上)	6	4 (16 年以上)	5→4	

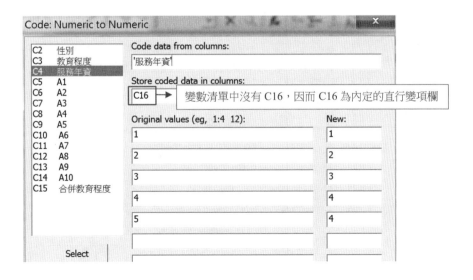

　　服務年資變項重新編碼後的直行 C16 新變數，範例命名為「合併服務年資」。重新編碼後的教育程度與服務年資的次數分配表，可以一起進行統計分析：

	C1-T	C2	C3	C4	C5	C6	C7	C8	C9	C10	C11	C12	C13	C14	C15	C16
	編號	性別	教育程度	服務年資	A1	A2	A3	A4	A5	A6	A7	A8	A9	A10	合併教育程度	合併服務年資
1	01	1	1	5	5	5	5	2	5	5	3	3	5	5	1	4
2	02	1	1	5	5	4	5	2	4	4	4	2	3	5	1	4
3	03	1	2	4	5	4	5	2	4	3	3	5	4	4	1	4
4	04	1	2	4	5	4	5	2	4	4	3	4	5	3	1	4
5	05	1	2	4	1	5	5	2	3	5	5	5	5	2	1	4

　　執行功能表「Stat」(統計) /「Tables」(表格) /「Tally Individual Variables」(計數個人變項) 程序，開啟「Tally Individual Variables」(計數個人變項) 對話視窗。

　　在「Tally Individual Variables」(計數個人變項) 對話視窗中，於「Variables:」(變項) 提示語下的方框中按一下滑鼠，從變數清單中選取「合併教育程度」、「合併服務年資」二個人口變項，按「Select」(選擇) 鈕，將二個人口變項選入變項下面方框內，「Variables:」(變項) 下面方框的變數訊息為「合併教育程度　合併服務年資」，被選入的變項間以空白鍵區分，變項本身間沒有增列單引號。「Display」(顯示) 方盒中勾選「☑Counts」(次數)、「☑Percents」(百分比)、「☑Cumulative counts」(累積次數)、「☑Cumulative percents」(累積百分比)，按「OK」確定鈕。

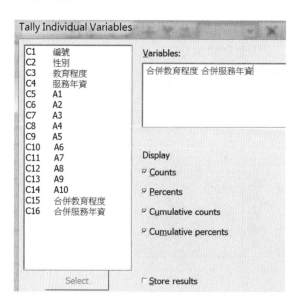

合併後二個人口變項的次數分配表如下：

Tally for Discrete Variables: 合併教育程度, 合併服務年資

合併教育程度	Count	Percent	CumCnt	CumPct		合併服務年資	Count	Percent	CumCnt	CumPct
1	33	30.00	33	30.00		1	22	20.00	22	20.00
2	34	30.91	67	60.91		2	26	23.64	48	43.64
3	43	39.09	110	100.00		3	30	27.27	78	70.91
N=	110					4	32	29.09	110	100.00
						N=	110			

「合併教育程度」三個水準群組的人數分別為 33、34、43，次數佔有效樣本 (N＝110) 的百分比分別為 30.00%、30.91%、39.09%。「合併服務年資」四個水準群組的人數分別為 22、26、30、32，次數佔有效樣本 (N＝110) 的百分比分別為 20.00%、23.64%、27.27%、29.09。一個變數的次數分配與二個以上變數的次數分配，在 Session 視窗內會分開呈現，次數分配的左上角會出現該類別變項的「變數名稱」，若是併排呈現結果，研究者不要看錯內容。工作表視窗界面中，C15 直行的變項為「合併教育程度」、C16 直行的變項為「合併服務年資」。

在「Tally Individual Variables」(計數個人變項) 主對話視窗中，被選入的標的變項自動以「空白鍵」將變數隔開，研究者若增列變項間的空白鍵的按鍵，不會影響執行結果，但若是將標的變項間的空白鍵刪除，則二個獨立的變項會合併為單一變項，執行程序會出現錯誤。

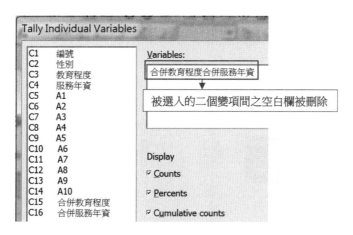

「Tally Individual Variables」(計數個人變項) 主對話視窗中按「OK」執行鈕，出現無效變項的的對話視窗「Invalid variable(s)」，對話視窗顯示：變數清

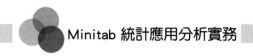

單中沒有「"合併教育程度合併服務年資"」變項名稱，被選取的變數間要以空白欄分開，最少的空白欄為一欄。

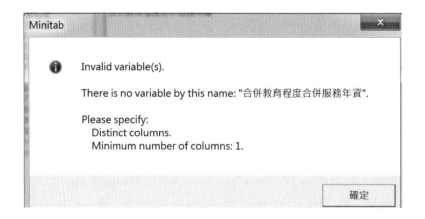

　　間斷變數除了求出各水準群組的次數分配表外，也可以配合長條圖或圓餅圖，以圖示呈現水準群組間的關係。範例合併教育程度 (三分類別變項) 與合併服務年資 (四分類別變項) 均為間斷變數，增列繪製二個變數的長條圖。

　　執行功能表「Graph」(圖) /「Bar Chart」(長條圖) 程序，開啟「Bar Charts」對話視窗，視窗對話中「Bars represent」(長條圖代表) 內定選項為「Counts of unique values」(每個水準數值的次數)，中間的長條圖選項有三個：Simple (簡單)、Cluster (群集)、Stack (堆疊)，內定選項為「Simple」(簡單)，按「OK」鈕，開啟「Bar Chart: Counts of unique values, Simple」次對話視窗。

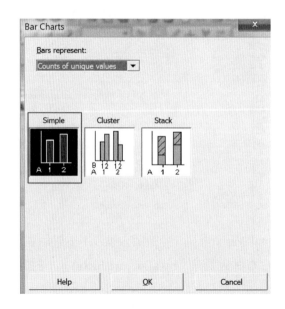

「Bar Chart: Counts of unique values, Simple」次對話視窗中，從左邊變數清單分別選取「C15 合併教育程度」、「C16 合併服務年資」至右邊「Categorical variables:」(類別變項) 下方框內，按「OK」鈕。

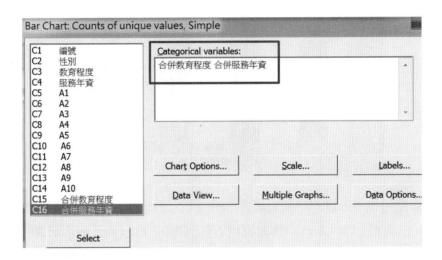

合併教育程度變項為三分類別變項，三個水準的次數統計以水準數值 3 最多，三個水準數值群體的次數分別為 33、34、43。Minitab 圖形功能列繪製的圖形均以獨立視窗呈現，視窗內可包含單一變項圖形，或是多個圖形，每個視窗圖形可以存檔與編輯。

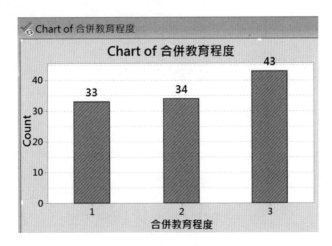

合併服務年資變項為四分類別變項，四個水準的次數統計以水準數值 4 最多，四個水準數值群體的次數分別為 22、26、30、32。

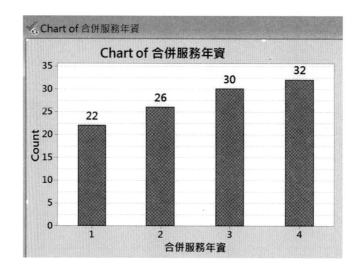

間斷變項也可以以圓餅圖表示各群組次數之百分比的大小，執行功能表列「Graph」(圖) /「Pie Chart」(圓餅圖) 程序，開啟「Pie Chart」(圓餅圖) 對話視窗。從變數清單中選取「C15 合併教育程度」、「C16 合併服務年資」至右邊「Categorical variables:」(類別變項) 下方框內，方框訊息為「合併教育程度-合併服務年資」，訊息表示變項數是一次選取，而非分開選取，按「Labels...」(標記) 鈕，開啟「Pie Chart: Labels」(圓餅圖：標記) 次對話視窗。

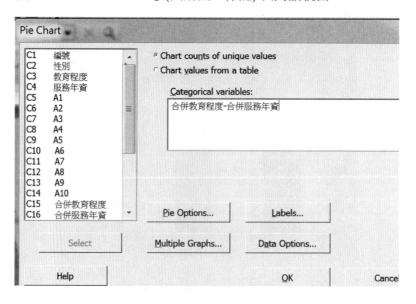

「Pie Chart: Labels」(圓餅圖：標記) 次對話視窗中，切換到「Slice Labels」

(比例區標記) 方盒，勾選「☑Category name」(類別名稱)、「☑Frequency」(次數)、「☑Percent」(百分比)、「☑Draw a line from label to slice」(描繪標記到比例區的直線) 四個選項。

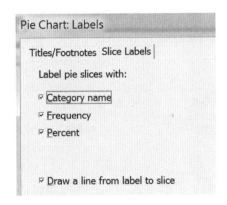

　　合併教育程度、合併服務年資二個類別變項由於一次選入「Pie Chart」(圓餅圖) 對話視窗，二個變項的圓餅圖呈現在同一視窗中。

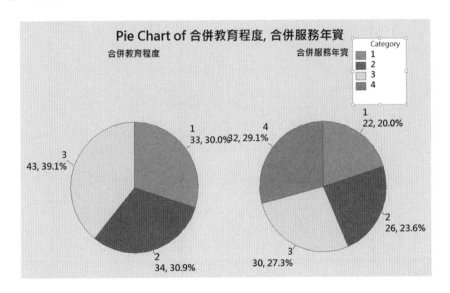

　　編輯圖形物件時，先點選要編輯的物件或區域，連按滑鼠二下可開啟物件或區域對應的編輯視窗。下圖為點選次數、百分比數值，連按滑鼠二下開啟的編輯視窗，視窗包括「Font」(字型設定)、「Alignment」(對齊)、「Show」(顯示)、「Leader Lines」(標題線) 四個方盒。

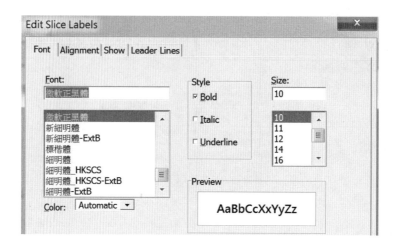

下圖為點選區域比例，連按滑鼠二下開啟的編輯視窗，視窗次對話盒包括「Attributes」(區域的屬性，包括背景與線條顏色與型態等)、「Options」(選項)、「Explode」(各比例區域散開程度)。

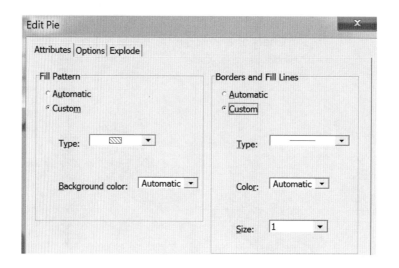

第三節　反向題反向計分

反向題的功能在於題項可於作為「效度題」或是「測謊題」，一份量表中最好有一至二題反向題，反向題如果作為效度題可以不計分，若是研究者要計分，必須加以重新編碼。

正向題鍵入測量值	實際測量值	反向題鍵入測量值	實際測量值
1	1	1	5
2	2	2	4
3	3	3	3
4	4	4	2
5	5	5	1

　　知識管理量表 10 個題項鍵入的數值，其中第 2 題、第 5 題未反向計分，根據受試者於問卷勾選的情況鍵入，勾選「完全不同意」選項者鍵入 1、勾選「少部分同意」選項者鍵入 2、勾選「一半同意」選項者鍵入 3、勾選「大部分同意」選項者鍵入 4、勾選「完全同意」選項者鍵入 5。下表為受試者原始勾選的情形，由於第 2 題 (A2) 與第 5 題 (A5) 為反向題，因而實際的測量值必須反向計分。

未反向量表.MTW ***										
▪	C2	C3	C4	C5	C6	C7	C8	C9	C10	C11	C12
	性別	教育程度	服務年資	A1	A2	A3	A4	A5	A6	A7	A8
55	2	4	1	5	4	5	1	2	5	2	5
56	1	1	5	5	1	5	2	1	5	3	3
57	1	1	5	5	2	5	2	2	4	4	2
58	1	2	4	5	2	5	2	2	3	3	5
59	1	2	4	5	2	5	2	2	4	3	4
60	1	2	4	1	1	5	2	3	5	2	5
61	1	2	4	4	2	5	2	2	4	3	4
62	1	2	4	4	2	5	2	2	5	4	4
63	1	2	4	4	2	5	2	2	3	4	3

　　知識管理量表建構念之「知識管理」的操作型定義為「受試者在知識管理量表的得分愈高，表示受試者知覺組織的知識管理做得愈好。」以正向題第 3 題而言：「03. 我覺得公司常透過教育訓練方式傳授工作的知能與技術」，受試者若勾選「非常同意」選項，受試者在此題項的測量值為 5，表示受試者感受組織在此題描述的知識獲取內容展現很好，由於第 2 題是反向敘述：「02. 我覺得公司未設置各種知識庫或書面資料等供員工學習」，受試者若勾選「非常不同意」，原先建檔數值為 1，但就組織在此題項的知識獲取展現，受試者也感受很好，因而受試者在此題勾選「非常不同意」的程度相當於在正向題勾選「非常同意」的

程度。反向題與正向題的數值對應關係如下：

	完全同意 5	大部分同意 4	一半同意 3	少部分同意 2	完全不同意 1
正向題	□	□	□	□	□
反向題	□	□	□	□	□

　　變項重新編碼成同一變數時 (變項位置在同一直行)，重新編碼的測量水準會覆蓋原始變項欄中的測量水準。範例中，選入「Code data from columns:」下方框的變項為「A2」(變項名稱) 或變數欄編號 C6 (新變項直行位置)，「Store coded data in columns:」下方框鍵入的直行也為「A2」，表示編碼為成同一變項，新編碼後的測量值會覆蓋舊的測量值，若是選入「Code data from columns:」下方框變項的直行變項位置編號與選入「Store coded data in columns:」下方框的直行變項位置編號不同，表示編碼為成不同變項，新編碼後的測量值不會覆蓋舊的測量值，新編碼後的測量值會於儲存在不同的直行變項欄。

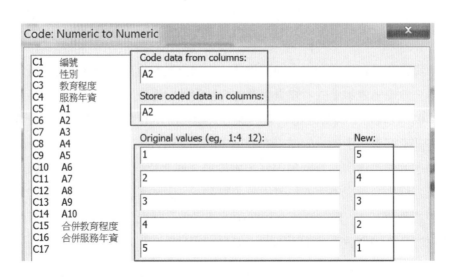

　　範例視窗界面中，「Code data from columns:」下方框選入 A2、A5 二個變項；「Store coded data in columns:」下方框鍵入「C18 C19」(直行位置變數欄編號或變項間要以空白鍵隔開)，表示要進行反向計分重新編碼的變項為 A2、A5，重新編碼後的新變項分別存放於直行編號 C18、C19，變項 A2 重新編碼的新變項水準測量值存放於 C18 直行、變項 A5 重新編碼的新變項水準測量值存放於 C19 直行，編碼變項與儲存編碼後變數欄的排列順序是一對一的對應關係。

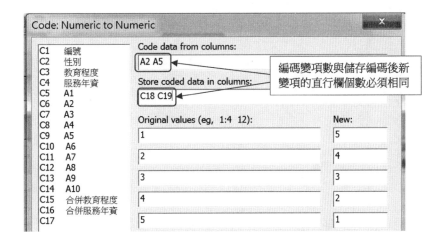

　　範例視窗中，重新編碼的變項為 A2、A5，重新編碼後測量值儲存的新變數也為 A2、A5，表示被選入重新編碼的變項為「C6　A2」、「C9　A5」，編碼後的新測量值儲存的位置為變項 A2 (直行 C6 編號之變數欄)、A5 (直行 C9 編號之變數欄)。

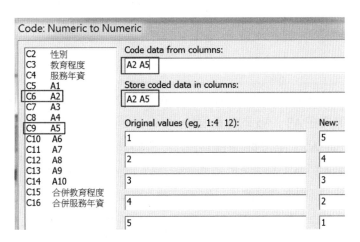

視窗界面為將重新編碼後的新測量值分別儲存在編號 C6 直行 (變項名稱為
A2) 與編號 C9 直行 (變項名稱為 A5)，「Store coded data in columns:」下方框分
別鍵入 C6、C9 (二個直行編號間要以空白鍵隔開)。

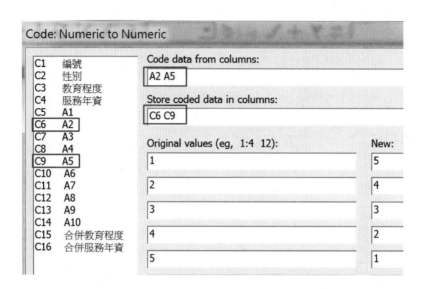

重新編碼後的工作表第 55 筆受試者至第 63 筆受試者的資料檔如下，變項
A2 (直行編號 C6)、A5 (直行編號 C9) 原始測量值已被新的編碼測量值覆蓋。

	C2	C3	C4	C5	C6	C7	C8	C9	C10	C11	C12	C13
	性別	教育程度	服務年資	A1	A2	A3	A4	A5	A6	A7	A8	A9
55	2	4	1	5	2	5	1	4	5	2	5	2
56	1	1	5	5	5	5	2	5	5	3	3	5
57	1	1	5	5	4	5	2	4	4	4	2	3
58	1	2	4	5	4	5	2	4	3	3	5	4
59	1	2	4	5	4	5	2	4	4	3	4	5
60	1	2	4	1	5	5	2	3	5	2	5	5
61	1	2	4	4	4	5	2	4	4	3	4	5
62	1	2	4	4	4	5	2	4	5	4	4	5
63	1	2	4	4	4	5	2	3	3	4	3	5

反向題反向計分後 (重新編碼後)，就第 2 題與第 5 題題項的測量值來看，第
55 位受試者原先在 A2、A5 的測量值為 4、2，反向計分後測量值為 2、4；第 56
位受試者原先在 A2、A5 的測量值為 1、1，反向計分後測量值為 5、5；第 63 位
受試者原先在 A2、A5 的測量值為 2、3，反向計分後測量值為 4、3。題項反向
題反向計分後，研究者最好將「工作表」與「專案」檔案均另存新檔，以保留原
始資料檔工作表的完整性，便於日後資料的檢核或其他統計分析之用。

第四節　向度的加總

知識管理量表的因素構念如下：

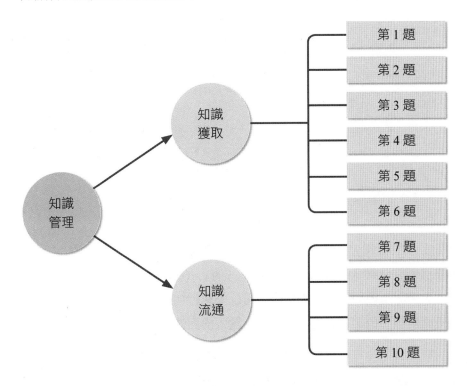

知識管理量表十個指標題項共反映二個潛在因素構念：知識獲取、知識流通，「知識獲取」向度內容包含第1題至第6題，「知識流通」向度內容包含第7題至第10題，統計分析時，若是未採用逐題分析，而是要以指標題項反映的潛在構念為變數，則「知識獲取」變項的測量值是第1題至第6題的加總，「知識流通」變項的測量值是第7題至第10題的加總，整體「知識管理」是第1題至第10題的加總。

知識管理量表總分及向度的加總，執行功能表「Calc」(計算) /「Calculator」(計算器) 程序，開啟「Calculator」(計算器) 對話視窗，「Store result in variable:」右邊方框鍵入「C17」，表示將總分的加總變項存放於C17直行；「Expression:」(運算式) 下方框中分別逐從變數清單選入 A1 至 A10，並以運算式「＋」串連，完整的運算式為：「'A1'＋'A2'＋'A3'＋'A4'＋'A5'＋'A6'

＋'A7'＋'A8'＋'A9'＋'A10'」。

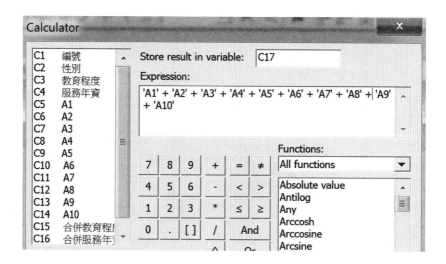

在工作表視窗中,將直行 C17 的變項欄細格鍵入「知識管理」,於直行 C18 變項細格處鍵入向度「知識獲取」、直行 C19 變項細格處鍵入向度「知識流通」,構面題項加總或平均程序,可以先執行加總或平均,再鍵入工作表中對應的構面變數名稱,或是先在工作表中鍵入構面變數名稱,再執行加總或平均程序。

-	C9	C10	C11	C12	C13	C14	C15	C16	C17	C18	C19	C20
	A5	A6	A7	A8	A9	A10	合併教育程度	合併服務年資	知識管理	知識獲取	知識流通	
1	5	5	3	3	5	5	1	4	43			
2	4	4	4	2	3	5	1	4	38			
3	4	3	3	5	4	4	1	4	39			

開啟「Calculator」(計算器) 對話視窗,從變數清單選入「C18 知識獲取」至「Store result in variable:」右的方框中,表示將運算式加總後的測量值存放在變項「知識獲取」中;「Expression:」運算式下方框中分別逐一從變數清單選入 A1 至 A6,並以運算式「＋」串連 (如果是研究者自行用鍵盤輸入,必須為半形字),完整的運算式為:「'A1'＋'A2'＋'A3'＋'A4'＋'A5'＋'A6'」。

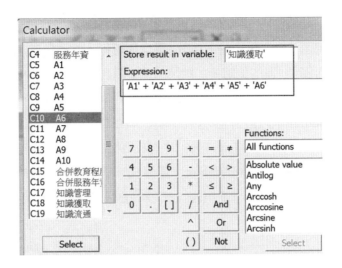

　　開啟「Calculator」(計算器) 對話視窗，從變數清單選入「C19　知識流通」
至「Store result in variable:」右的方框中，表示將運算式加總後的測量值存放在
變項「知識流通」中；「Expression:」運算式下方框中分別逐一從變數清單選
入 A7 至 A10，並以運算式「＋」串連，完整的運算式為：「'A7'＋'A8'＋'A9'
＋'A10'」。

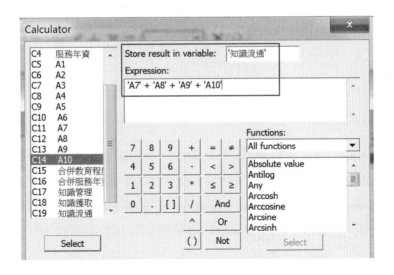

　　「知識獲取」變項的測量值是第 1 題至第 6 題的加總，若是知識獲取向度加
總後再除以題項數 6，則測量值表示的是每位受試者在「知識獲取」向度單題的
平均數 (平均每題得分的測量值)。「知識流通」變項的測量值是第 7 題至第 10

題的加總，若是知識流通向度加總後再除以題項數 4，則測量值表示的是每位受試者在「知識流通」向度單題的平均數 (平均每題得分的測量值)。整體「知識管理」是第 1 題至第 10 題的加總，加總後的測量值再除以題項數 10，則測量值表示的是每位受試者在整體知識流管理量表單題的平均得分 (單題平均數)。

開啟「Calculator」(計算器) 對話視窗，從變數清單選入「單題流通」至「Store result in variable:」右的方框中，表示將運算式加總後的測量值存放在變項「單題流通」中；「Expression:」運算式下方框中分別逐從變數清單選入 A7 至 A10，並以運算式「＋」串連，完整的運算式為：「('A7'＋'A8'＋'A9'＋'A10')/4」。

由於知識流通向度的變數已經增列，單題知識流通的運算式也可改為「知識流通」的分數除以題項數，「Expression」下的運算式為「'知識流通'/4」。

開啟「Calculator」(計算器) 對話視窗，從變數清單選入「單題管理」至「Store result in variable:」右的方框中，表示將運算式加總後的測量值存放在變項「單題管理」中；「Expression:」運算式下方框中從變數清單選入知識管理 10 題的加總變項，再鍵入「/10」，完整的運算式為：「'知識管理'/10」。

開啟「Calculator」(計算器) 對話視窗，從變數清單選入「單題獲取」至「Store result in variable:」右的方框中，表示將運算式加總後的測量值存放在變項「單題獲取」中；「Expression:」運算式下方框中從變數清單選入知識獲取 6 題的加總變項，再鍵入「/6」，完整的運算式為：「'知識獲取'/6」。如果直接用指標題項測量值求出每位受試者的單題平均得分，運算式為：「('A1'＋'A2'＋'A3'＋'A4'＋'A5'＋'A6')/6」

當研究者要更改直行變數數值的小數位數時，可以選取直行變項，按右鍵，選取「Format Column」(格式化直行) /「Numeric」(數值) 選項。

在「Numeric Format for Selected Columns」的對話視窗中，選取「⊙Fixed decimal」(固定小數) 選項，在「Decimal places:」(小數位數) 右方框中鍵入小數位數的個數，範例中鍵入 2，表示將小數點位數設定為小數第 2 位。

知識管理量表整體分數、二個向度加總分數、量表單題平均、向度單題平均的部分資料檔測量值如下，工作表中「C20 單題管理」、「C21 單題獲取」、「C22 單題流通」三個變項為受試者在潛在構念之單題平均得分，三個變項的數值介於 1-5 間。

-	C12	C13	C14	C15	C16	C17	C18	C19	C20	C21	C22
	A8	A9	A10	合併教育程度	合併服務年資	知識管理	知識獲取	知識流通	單題管理	單題獲取	單題流通
1	3	5	5	1	4	43	27	16	4.30	4.50	4.00
2	2	3	5	1	4	38	24	14	3.80	4.00	3.50
3	5	4	4	1	4	39	23	16	3.90	3.83	4.00
4	4	5	3	1	4	39	24	15	3.90	4.00	3.75
5	5	5	2	1	4	35	21	14	3.50	3.50	3.50

量表指標題項的加總或指標題項加總後的單題平均，除執行功能表「Calc」(計算) /「Calculator」(計算器) 程序外，更快速的方法可以執行功能表「Calc」(計算) /「Rows Statistics」(橫列統計量) 程序，開啟「Row Statistics」(橫列統計量) 對話視窗。

「知識獲取」向度包含題項 A1 至 A6，從左邊變數清單選取題項 A1 至 A6 至右邊「Input variables:」(輸入變項) 下方框內，方框內訊息為「A1-A6」；「Store result in:」(儲存結果在) 右邊方框輸入「C23」，表示橫列統計量結果儲存在直行 C23 欄，「Statistic」(統計量) 選項勾選「Mean」(平均數)，可以求出「知識獲取」向度的單題平均數 (如勾選 Sum，表示求出向度 6 題加總的分數)，按「OK」鈕。

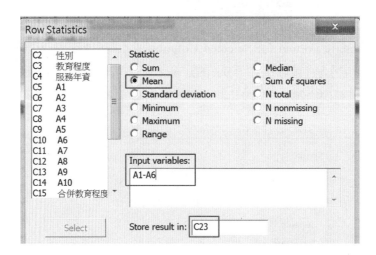

若是構面包含的題項數是跳題式的型態，則要逐題選取變項至「Input variables:」(輸入變項) 下方框內，從變數清單中逐一選取題項，選取題項後按「Select」(選擇) 鈕。

　　「知識流通」向度包含題項 A7 至 A10，從左邊變數清單選取題項 A7 至 A10 至右邊「Input variables:」(輸入變項) 下方框內，方框內訊息為「A7-A10」；「Store result in:」(儲存結果在) 右邊方框輸入「C24」，表示橫列統計量結果儲存在直行 C24 欄，「Statistic」選項勾選「⊙Mean」，可以求出「知識流通」向度的單題平均數 (如勾選 ⊙Sum，表示求向度的總分)，按「OK」鈕。

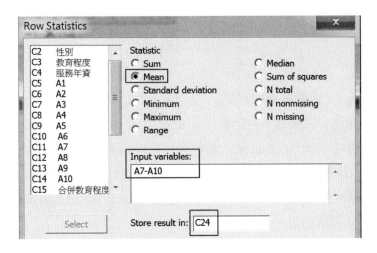

　　整體「知識管理」向度包含題項 A1 至 A10，從左邊變數清單選取題項 A1 至 A10 至右邊「Input variables:」(輸入變項) 下方框內，方框內訊息為「A1-A10」；「Store result in:」(儲存結果在) 右邊方框輸入「C25」，表示橫列統計量結果儲存在直行 C25 欄，「Statistic」選項勾選「 Mean」，可以求出整體「知識管理」向度的單題平均數 (如勾選 ⊙Sum，表示求量表的總分)，按「OK」鈕。

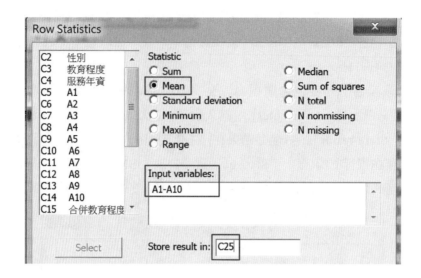

更改直行 C23 (知識獲取平均)、直行 C24 (知識流通平均)、直行 C25 (整體知識管理平均) 三欄的小數位數，在 C23 儲存格上按一下，按住左鍵移往至 C25，執行功能表列「Editor」(編輯者) /「Format Column」(格式化直行) /「Numeric」(數值) 程序，開啟「Numeric Format for Selected Columns」對話視窗，視窗中選取「⊙Fixed decimal」(固定小數) 選項，小數位數 (Decimal places:) 指定 2 位，按「OK」鈕。

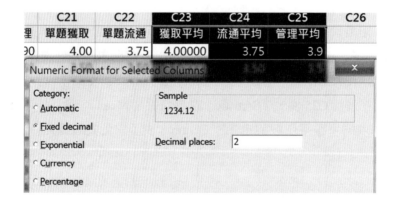

工作表中直行 C23 欄、C24 欄、C25 欄三欄的測量值即為受試者「知識獲取」向度單題平均分數、「知識流通」向度單題平均分數、「整體知識管理」單題平均分數。

	C15	C16	C17	C18	C19	C20	C21	C22	C23	C24	C25
	合併教育程度	合併服務年資	知識管理	知識獲取	知識流通	單題管理	單題獲取	單題流通	獲取平均	流通平均	管理平均
1	1	4	43	27	16	4.30	4.50	4.00	4.50	4.00	4.30
2	1	4	38	24	14	3.80	4.00	3.50	4.00	3.50	3.80
3	1	4	39	23	16	3.90	3.83	4.00	3.83	4.00	3.90
4	1	4	39	24	15	3.90	4.00	3.75	4.00	3.75	3.90
5	1	4	35	21	14	3.50	3.50	3.50	3.50	3.50	3.50

　　求出「知識獲取」向度總分時，從左邊變數清單逐一選取題項 A1 至 A6 至右邊「Input variables:」(輸入變項) 下方框內，方框內訊息為「A1 A2 A3 A4 A5 A6」(此種訊息為逐一將變數選入，當向度包含的題項變數沒有集中在一起時，變項要逐一選取)；「Store result in:」(儲存結果在) 右邊方框輸入「C26」，表示橫列統計量結果儲存在直行 C26 欄，「Statistic」(統計量) 選項勾選「⊙Sum」(總和)，按「OK」鈕。下面視窗界面求出知識管理總分、二個構面加總分數，操作程序分別採用逐一選取題項至「Input variables」(輸入變項) 下方框內，若是同一構面包含的題項集中在一起，則採用一次選取題項數至「Input variables」(輸入變項) 下方框內較為簡便。

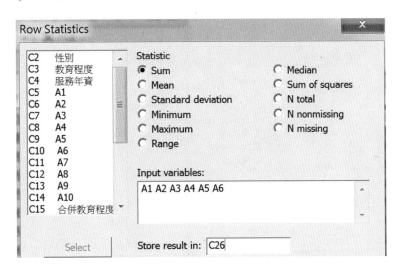

　　求出「知識流通」向度總分時，從左邊變數清單逐一選取題項 A7 至 A10 至右邊「Input variables:」下方框內，方框內訊息為「A7 A8 A9 A10」(逐一選入的變項間會自動以空白隔開)；「Store result in:」(儲存結果在) 右邊方框輸入「C27」，表示橫列統計量結果儲存在直行 C27 欄，「Statistic」(統計量) 方盒選取「⊙Sum」(總和) 選項，按「OK」鈕。

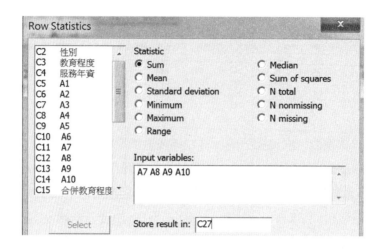

　　求出整體「知識管理」總分時，從左邊變數清單逐一選取題項 A1 至 A10 至右邊「Input variables:」(輸入變項) 下方框內，方框內訊息為「A1 A2 A3 A4 A5 A6 A7 A8 A9 A10」(逐一選入的變項間會自動以空白隔開)；「Store result in:」(儲存結果在) 右邊方框輸入「C28」，表示橫列統計量結果儲存在直行 C28 欄，「Statistic」(統計量) 方盒選取「⊙Sum」(總和) 選項，按「OK」鈕。

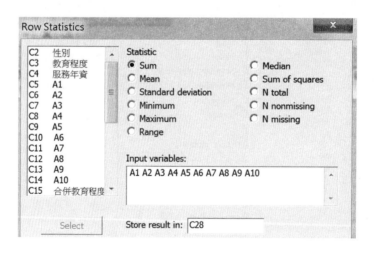

　　工作表中直行 C26 欄、C27 欄、C28 欄三欄的測量值即為受試者知識獲取向度總分 (第 1 題至第 6 題題項的加總)、知識流通向度總分 (第 7 題至第 10 題題項的加總)、整體知識管理總分 (第 1 題至第 10 題題項的加總)，而欄的變數名稱之後再增列鍵入。

	C17	C18	C19	C20	C21	C22	C23	C24	C25	C26	C27	C28
	知識管理	知識獲取	知識流通	單題管理	單題獲取	單題流通	獲取平均	流通平均	管理平均			
1	43	27	16	4.30	4.50	4.00	4.50	4.00	4.30	27	16	43
2	38	24	14	3.80	4.00	3.50	4.00	3.50	3.80	24	14	38
3	39	23	16	3.90	3.83	4.00	3.83	4.00	3.90	23	16	39
4	39	24	15	3.90	4.00	3.75	4.00	3.75	3.90	24	15	39
5	35	21	14	3.50	3.50	3.50	3.50	3.50	3.50	21	14	35

採用橫列統計量求出向度總分或向度單題平均得分時，執行功能表「Calc」(計算) /「Rows Statistics」(橫列統計量) 程序，在「Row Statistics」(橫列統計量) 對話視窗中，統計量數儲存的直行編號不能重複，即「Store result in:」(儲存結果在) 右方框輸入的直行編號「CX」不能重複，否則原來直行的測量值會被新變項的統計量覆蓋，每個統計量 (如總和、平均數) 要儲放在不同的直行編號，以不同的變數名稱命名。每位受試者之構面加總分數或構面單題平均分數的求法，採用「Calc」(計算) /「Rows Statistics」(橫列統計量) 程序較為簡易，因為操作主對話視窗中只要選取構面變項名稱，不用執行加總或平均運算式，只要從統計量方盒中選取對應的統計量數即可。

 ## 第五節　求出各題項與向度的描述性統計量

要求出計量變項 (連續變項) 的描述性統計量，其步驟為：

執行功能表列「Stat」(統計) /「Basic Statistics」(基本統計) /「Display Descriptive Statistics」(顯示描述性統計量) 程序，程序的提示說明語為「Summarize your data with descriptive statistics, such as the mean and the standard deviation, and display the results in the Session window.」(在 Session 視窗中摘要呈現資料的描述性統計量，如平均數、標準差)，程序可以開啟「Display Descriptive Statistics」(顯示描述性統計量) 對話視窗。

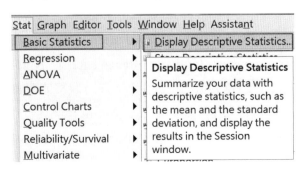

「Display Descriptive Statistics」(顯示描述性統計量) 對話視窗中,在「Variables:」(變項) 下方框中點選一下,從左邊變數清單選取十個指標題項 A1 至 A10,按「Select」(選擇) 鈕,將十個指標題項變數選至「Variables:」下方框內,方框內訊息為「A1-A10」,按「OK」(確定) 鈕。(如果研究者要進一步求出類別群組變項各水準數值群體之描述性統計量,則再將組別變項選入「By variables (optional):」下方框中)

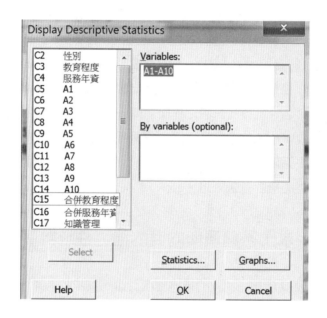

「Display Descriptive Statistics」(顯示描述性統計量) 對話視窗有二個選項鈕:「Statistics...」(統計量)、「Graphs...」(圖形),「Statistics...」(統計量) 鈕可讓研究者勾選要輸出的描述性統計量,「Graphs...」(圖形) 鈕可製計量變項的圖形。按「Statistics...」(統計量) 鈕可以開啟「Display Descriptive Statistics: Statistics」次對話視窗,視窗內提供的描述性統計量有:Mean (平均數)、SE of mean (平均數標準誤)、Standard deviation (標準差)、Variance (變異數)、Coefficient of variation (變異係數)、Trimmed mean (截尾平均數)、Sum (總和)、Minimum (最小值)、Maximum (最大值)、Range (全距)、N nonmissing (沒有遺漏值的個數)、N missing (遺漏值的個數)、N total (觀察值總個數)、Cumulative N (累積個數)、Percent (百分比)、Cumulative percent (累積百分比)、First quartile (第一四分位數)、Median (中位數)、Third quartile (第三四分位數)、Interquartile range (四分位數的全距，全距除以 2 為四分差：$Q = \dfrac{Q_3 - Q_1}{2}$)、Mode (眾數)、Sum of squares (平方和)、Skewness (偏態)、Kurtosis (峰度)、MSSD。

視窗內定選項為：「☑Mean (平均數)」、「☑SE of mean (平均數標準誤)」、「☑Standard deviation (標準差)」、「☑Minimum (最小值)」、「☑Maximum (最大值)」、「☑N nonmissing (沒有遺漏值的個數)」、「☑N missing (遺漏值的個數)」、「☑First quartile (第一四分位數)」、「☑Median (中位數)」、「☑Third quartile (第三四分位數)」。

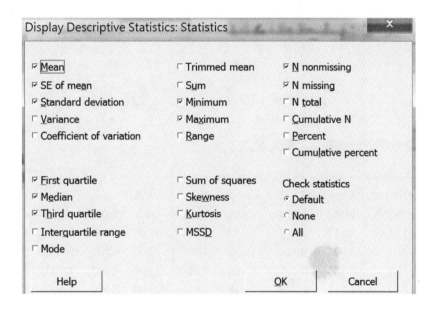

「First quartile」為第一個四分位數 Q_1，第一個四分位數是百分等級為 25 的百分位數，「Third quartile」為第三個四分位數 Q_3，第三個四分位數是百分等級為 75 的百分位數、中位數為第二位四分位數 Q_2。第三個四分位數與第一個四分位數的差異值為四分位距 (Interquartile range)：$IQR = Q_3 - Q_1$，四分位距的一半為四分差 (quartile deviation)：$Q = \dfrac{Q_3 - Q_1}{2}$，四分差與標準差量數型態一樣，都是表示群體個體間之離散的程度，是一種變異量數 (又稱分散量數)。「Coefficient of variation」(變異係數) 是一種相對差異量數，為群體的標準差與算術平均數的比值：$CV = \dfrac{SD}{M}$。全距 (Range) 係數為群體中個體最大量數值與最

小量數之差，「Skewness」(偏態係數) 用於衡量群體的測量值的分布情況，偏態係數 (g_1) 等於 0，表示樣本資料呈現常態分配 (左右對稱的分配)，偏態係數小於 0，表示樣本資料為左偏分配 (負偏分配)，偏態係數大於 0，表示樣本資料為右偏分配 (正偏分配)；「Kurtosis」(峰度係數 g_2) 表示的量數次數分配的高度情況，一般有三種情況：常態峰分配、高狹峰分配、低闊峰分配。

　　表示群體量數資料分散情形，最常使用的變異量數為變異數與標準差，母群體的變異數與標準差運算公式為：

$$\sigma^2 = \frac{\sum(X-\mu)^2}{N} \quad \sigma = \sqrt{\sigma^2} = \sqrt{\frac{\sum(X-\mu)^2}{N}}$$

　　推論統計程序中，以樣本變異數/標準差推估母群體變異數/標準差的運算公式為：

$$S^2 = \frac{\sum(X-M)^2}{n-1} \quad S = \sqrt{S^2} = \sqrt{\frac{\sum(X-M)^2}{n-1}}$$

　　十個題項的原始描述性統計量如下：

```
Descriptive Statistics: A1, A2, A3, A4, A5, A6, A7, A8, A9, A10
Variable N    N*   Mean    SE Mean  StDev   Minimum  Q1      Median  Q3      Maximum
A1       110  0    3.527   0.122    1.283   1.000    2.000   4.000   5.000   5.000
A2       110  0    3.891   0.104    1.095   1.000    4.000   4.000   5.000   5.000
A3       110  0    3.564   0.111    1.162   1.000    3.000   4.000   4.000   5.000
A4       110  0    2.618   0.128    1.348   1.000    2.000   2.000   3.000   5.000
A5       110  0    3.127   0.117    1.227   1.000    2.000   4.000   4.000   5.000
A6       110  0    3.8182  0.0915   0.9596  1.0000   3.0000  4.0000  5.0000  5.0000
A7       110  0    3.236   0.100    1.049   1.000    3.000   3.000   4.000   5.000
A8       110  0    4.127   0.108    1.134   1.000    3.000   5.000   5.000   5.000
A9       110  0    3.964   0.120    1.256   1.000    3.000   4.000   5.000   5.000
A10      110  0    3.364   0.135    1.412   1.000    2.000   3.000   5.000   5.000
```

　　表中 N 欄為「沒有遺漏值的個數」、N*欄為「有遺漏值的個數」。以第 1 題「我覺得公司常請專家學者來授課或派員到外界接受訓練。」為例，遺漏值的個數為 0、沒有遺漏值的有效樣本個數為 110，110 位受試者勾選的平均數為 3.527 (每位受試者的分數介於 1 至 5)、平均數標準誤為 0.122、標準差為 1.283、最小值為 1.000、第一個四分位數為 2.000、中位數為 4.000、第三個四分位數為

5.000，最大值為 5.000。

　　研究者若要求出知識管理量表總分、二個向度總分、整體知識管理與二個向度之單題平均得分之描述性統計量，操作同指標題項的選取，只是標的變數不同，目前要選取變項為：知識管理、知識獲取、知識流通、單題管理、單題獲取、單題流通。

　　開啟「Display Descriptive Statistics」(顯示描述性統計量) 對話視窗，從左邊變數清單中逐一選取變數：「知識管理」、「知識獲取」、「知識流通」、「單題管理」、「單題獲取」、「單題流通」，選取後分別按「Select」(選擇) 鈕，將選取變數移至「Variables:」(變項) 下方框中。

　　研究者也可以一次選取「C17 知識管理」、「C18 知識獲取」、「C19 知識流通」、「C20 單題管理」、「C21 單題獲取」、「C22 單題流通」六個變項，按「Select」(選擇) 鈕，將六個要分析的標的變項一次移至「Variables:」(變項) 下方框內。

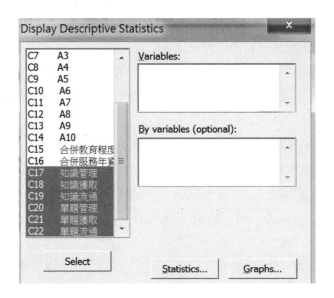

　　六個變項一次選入「Variables:」(變項) 下方框內，方框內的訊息為「知識管理-單題流通」(第一個變項名稱-最後一個變項名稱)。上述二種不同的選取變項方法，統計分析所得的統計量與格式是一樣的。

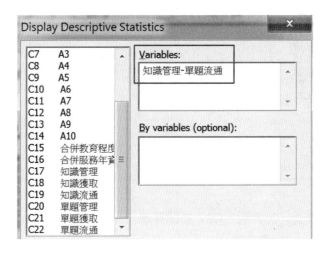

　　整體知識管理、知識獲取向度、知識流通向度、單題知識管理、單題知識獲取、單題知識流通六個變項的描述性統計量如下：

```
Results for: 已反向計分量表 .MTW
Descriptive Statistics: 知識管理, 知識獲取, 知識流通, 單題管理, 單題獲取, 單題流通
Variable    N   N*  Mean   SE Mean  StDev  Minimum   Q1     Median   Q3    Maximum
知識管理    110   0  35.236  0.352   3.695   27.000  33.000  35.000  38.000  43.000
知識獲取    110   0  20.545  0.243   2.547   15.000  19.000  21.000  22.000  27.000
知識流通    110   0  14.691  0.282   2.961    6.000  13.000  15.000  17.000  20.000
單題管理    110   0  3.5236  0.0352  0.3695   2.7000  3.3000  3.5000  3.8000  4.3000
單題獲取    110   0  3.4242  0.0405  0.4246   2.5000  3.1667  3.5000  3.6667  4.5000
單題流通    110   0  3.6727  0.0706  0.7402   1.5000  3.2500  3.7500  4.2500  5.0000
```

上述知識管理量表的描述性統計量，整理如下表：

變項名稱	題項數	平均數	標準差	單題平均數	程度	排序
知識獲取構面	6	20.55	2.55	3.42	中上	2
知識流通構面	4	14.69	2.96	3.67	中上	1
整體知識管理	10	35.24	3.70	3.52	中上	----------

五點量表中，若要分成五個等級，因最小值為 1、最大值為 5，全距為 5-1＝4，4 除以等級 5＝4÷5＝0.80，每個等級相差 0.80 分。

平均得分範圍	感受程度
1.00—1.80	低
1.81—2.60	中下
2.61—3.40	中等
3.41—4.20	中上
4.21—5.00	高

研究者如果要進一步統計分析，男生樣本群體、女生樣本群體在整體「知識管理」、「知識獲取」向度、「知識流通」向度的描述性統計量，只要增列「性別」變項至「By variables:」下方框中即可 (滑鼠在「By variables:」下方框中按一下，從變數清單中選取「性別」變項至方框內)。

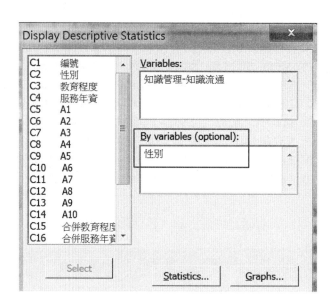

性別變項二個水準數值群體在整體「知識管理」、「知識獲取」向度、「知識流通」向度三個變項的描述性統計量如下：

Descriptive Statistics: 知識管理, 知識獲取, 知識流通

Variable	性別	N	N*	Mean	SE Mean	StDev	Minimum	Q1	Median	Q3	Maximum
知識管理	1	67	0	35.149	0.423	3.465	27.000	33.000	35.000	38.000	43.000
	2	43	0	35.372	0.620	4.065	29.000	32.000	35.000	39.000	43.000
知識獲取	1	67	0	20.358	0.307	2.515	16.000	19.000	20.000	22.000	27.000
	2	43	0	20.837	0.396	2.600	15.000	18.000	22.000	23.000	25.000
知識流通	1	67	0	14.791	0.359	2.936	6.000	13.000	15.000	17.000	19.000
	2	43	0	14.535	0.462	3.026	10.000	12.000	14.000	17.000	20.000

【綜合應用】--以「班級經營實踐程度」量表為例

「班級經營實踐程度」量表經內容效度與專家效度檢核，指標題項共有 20 題，包含四大構面(向度)，指標題項如下：

	班級的實踐程度				
	完全做到				較少做到
一、教學活動的經營					
1 能依課程需求使用適切的教具與教學媒體 [A01]	☐	☐	☐	☐	☐
2 能依學生學習特性與教材性質選擇適切的教學方法 [A02]	☐	☐	☐	☐	☐
3 能依學生的學習表現適時調整教學策略 [A03]	☐	☐	☐	☐	☐
4 能依實際需要選擇適切的評量方式 [A04]	☐	☐	☐	☐	☐
5 對學習低落學生能適時提供補救教學 [A05]	☐	☐	☐	☐	☐
二、學務活動的經營					
1 能指導學生共同建立有助於學習的班級規約 [B01]	☐	☐	☐	☐	☐
2 能定期檢核班級規約並公平一致落實執行 [B02]	☐	☐	☐	☐	☐
3 班級幹部的產生能兼顧學生意願與能力 [B03]	☐	☐	☐	☐	☐
4 配合學習活動培養學生正向的品德行為 [B04]	☐	☐	☐	☐	☐
5 能安排多元活動激發學生的優勢才能 [B05]	☐	☐	☐	☐	☐
三、輔導活動的經營					
1 能具備輔導知能並應用以落實班級教師初級輔導功能 [C01]	☐	☐	☐	☐	☐
2 能運用有效方法適時處理學生干擾學習活動的行為 [C02]	☐	☐	☐	☐	☐
3 能覺察並善用輔導策略有效輔導學生的偏差行為 [C03]	☐	☐	☐	☐	☐
4 能與家長密切配合有效輔導學生的不當行為 [C04]	☐	☐	☐	☐	☐
5 能知悉並善用學校輔導資源協助班級輔導工作 [C05]	☐	☐	☐	☐	☐
四、情境規劃的經營					
1 能依學生與教學需求安排適宜之學習情境 [D01]	☐	☐	☐	☐	☐
2 能依學生學習需求更換學生的班級座位 [D02]	☐	☐	☐	☐	☐
3 能依單元內容隨時更換教室佈置的素材 [D03]	☐	☐	☐	☐	☐
4 能營造友善、安全的班級氛圍 [D04]	☐	☐	☐	☐	☐
5 能適時應用學校設備或校園空間進行教學 [D05]	☐	☐	☐	☐	☐

Minitab 工作表中二十個指標的題項變數建檔格式型態如下，二十個指標題項對應的直行編號從 C1 至 C20。

	C1	C2	C3	C4	C5	C6	C7	C8	C9	C10	C11	C12	C13	C14	C15	C16	C17	C18	C19	C20	C21
	A01	A02	A03	A04	A05	B01	B02	B03	B04	B05	C01	C02	C03	C04	C05	D01	D02	D03	D04	D05	
1	5	5	5	5	5	5	5	5	5	5	5	5	5	5	5	5	5	5	5	5	
2	5	5	5	5	5	5	5	5	5	5	5	5	5	5	5	5	5	5	5	5	
3	5	5	5	5	4	5	5	5	5	5	5	5	5	5	5	5	5	5	5	5	
4	5	5	5	5	5	4	4	5	5	5	5	5	5	5	5	5	5	4	4	5	
5	4	4	5	4	5	5	4	5	5	5	5	5	5	5	5	5	5	5	5	5	

執行功能表「Calc」(計算) /「Rows Statistics」(橫列統計量) 程序，開啟「Row Statistics」(橫列統計量) 對話視窗。

「教學活動經營」向度包含題項 A01 至 A05，從左邊變數清單選取題項 A01 至 A05 至右邊「Input variables:」(輸入變項) 下方框內，方框內訊息為「A01-A05」；「Store result in:」(儲存結果) 右方框鍵入「C21」，表示橫列統計量結果儲存在直行 C21 欄，「Statistic」選項勾選「Mean」(平均數)，按「OK」鈕，表示每位受試者在「教學活動經營」構面五個題項加總的平均值儲存在 C21 直欄。

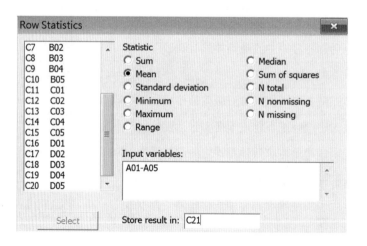

「Row Statistics」(橫列統計量) 對話視窗中，「學務活動經營」向度包含題項 B01 至 B05，從左邊變數清單選取題項 B01 至 B05 至右邊「Input variables:」(輸入變項) 下方框內，方框內訊息為「B01-B05」；「Store result in:」(儲存結果在) 右方框鍵入「C22」，表示橫列統計量結果儲存在直行 C22 欄，「Statistic」(統計量) 選項勾選「Mean」(平均數)，按「OK」鈕，表示每位受試者在「學務

活動經營」構面五個題項加總的平均值儲存在 C22 直欄。

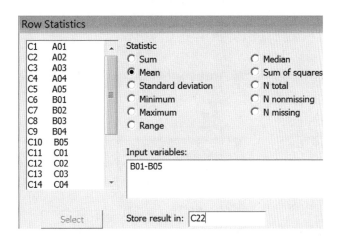

　　「Row Statistics」(橫列統計量) 對話視窗中，「輔導活動經營」向度包含題項 C01 至 C05，從左邊變數清單選取題項變項 C01 至 C05 至右邊「Input variables:」(輸入變項) 下方框內，方框內訊息為「‘C01’ - ‘C05’」；「Store result in:」(儲存結果在) 右方框鍵入「C23」，表示橫列統計量結果儲存在直行 C23 欄，「Statistic」(統計量) 選項勾選「 Mean」(平均數)，按「OK」鈕，表示每位受試者在「輔導活動經營」向度五個題項加總的平均值儲存在 C23 直欄。

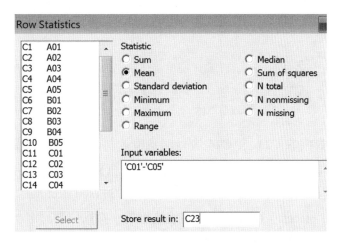

　　「Row Statistics」(橫列統計量) 對話視窗中，「情境規劃經營」向度包含題項 D01 至 D05，從左邊變數清單選取題項 D01 至 D05 至右邊「Input variables:」下方框內，方框內訊息為「D01-D05」；「Store result in:」(儲存結果在) 右方框

鍵入「C24」，表示橫列統計量結果儲存在直行 C24 欄，「Statistic」(統計量)
選項勾選「⊙Mean」(平均數)，按「OK」鈕，表示每位受試者在「情境規劃經
營」向度五個題項加總的平均值儲存在 C24 直欄。

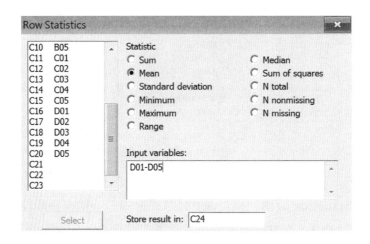

　　工作表中的 C21 至 C24 直行編號為受試者在「教學活動經營」、「學務活
動經營」、「輔導活動經營」、「情境規劃經營」四個向度之平均值儲存的變項
欄，測量值的範圍介於 1 至 5 中間。

　　四個向度測量值的小數位數為一位小數，進行向度單題平均值程序，儲存格
平均值的小數位數最好為小數第二位。

·	C8	C9	C10	C11	C12	C13	C14	C15	C16	C17	C18	C19	C20	C21	C22	C23	C24
	B03	B04	B05	C01	C02	C03	C04	C05	D01	D02	D03	D04	D05				
1	5	5	5	5	5	5	5	5	5	5	5	5	5	5.0	5.0	5.0	5.0
2	5	5	5	5	5	5	5	5	5	5	5	5	5	5.0	5.0	5.0	5.0
3	5	5	5	5	5	5	5	5	5	5	5	5	5	4.8	5.0	5.0	5.0

　　選取工作表中的 C21 至 C24 直行測量值，執行功能表「Editor」(編輯者)
/「Format Column」(格式化直行) /「Numeric」(數值) 程序，開啟「Numeric
Format for Selected Columns」對話視窗，選取「⊙Fixed decimal」(固定小數) 選
項，「Decimal places:」(小數位數) 右邊方框的小數點位數設定為 2，表示儲存
格測量值的小數位數二位。

將直行 C21 至直行 C24 儲存格測量值調整為小數二位的工作表資料檔格式型態如下，由於 C21、C22、C23、C24 四個直行編號變數細格尚未鍵入，變數橫列之變數名稱為空白。

	C9	C10	C11	C12	C13	C14	C15	C16	C17	C18	C19	C20	C21	C22	C23	C24	C25
	B04	B05	C01	C02	C03	C04	C05	D01	D02	D03	D04	D05					
1	5	5	5	5	5	5	5	5	5	5	5	5	5.00	5.00	5.00	5.00	
2	5	5	5	5	5	5	5	5	5	5	5	5	5.00	5.00	5.00	5.00	
3	5	5	5	5	5	5	5	5	5	5	5	5	4.80	5.00	5.00	5.00	
4	5	5	5	5	5	5	5	5	5	4	4	5	5.00	4.60	5.00	4.60	
5	5	5	5	5	5	5	5	5	5	5	5	5	4.40	4.80	5.00	5.00	

鍵入直行編號 C21、C22、C23、C24 四個變數欄儲存格之變數名稱，範例中分別為教學活動經營、學務活動經營、輔導活動經營、情境規劃經營，增列向度變數名稱後的工作表如下：

	C14	C15	C16	C17	C18	C19	C20	C21	C22	C23	C24	C25	C26
	C04	C05	D01	D02	D03	D04	D05	教學活動經營	學務活動經營	輔導活動經營	情境規劃經營		
1	5	5	5	5	5	5	5	5.00	5.00	5.00	5.00		
2	5	5	5	5	5	5	5	5.00	5.00	5.00	5.00		
3	5	5	5	5	5	5	5	4.80	5.00	5.00	5.00		
4	5	5	5	5	4	4	5	5.00	4.60	5.00	4.60		
5	5	5	5	5	5	5	5	4.40	4.80	5.00	5.00		

若是研究者要求出每位受試者在班級實踐程度量表二十個題項加總後的總分，統計量方盒直接選取「⊙Sum」選項，「Row Statistics」(橫列統計量) 對話視窗中，從左邊變數清單選取題項變數 A01 至 D05 (包括 A01 至 A05、B01 至 B05、C01 至 C05、D01 至 D05 共二十個變項) 至右邊「Input variables:」(輸入變項) 下方框內，方框內訊息為「A01-D05」；「Store result in:」(儲存結果於) 右方框內輸入「C25」，表示橫列統計量結果 (樣本在二十個題項的總分) 儲存在直行 C25 欄細格，「Statistic」(統計量) 選項勾選「⊙Sum」(總和)，按「OK」

鈕，程序可將每位受試者在二十個題項加總後的總分儲存在 C25 直欄對應的儲存格。

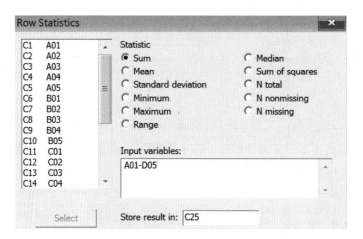

　　研究者要求出每位受試者在班級實踐程度量表二十個題項加總後的平均值，「Row Statistics」(橫列統計量) 對話視窗中，從左邊變數清單選取題項 A01 至 D05 (包括 A01 至 A05、B01 至 B05、C01 至 C05、D01 至 D05 共二十個題項變項) 至右邊「Input variables:」(輸入變項) 下方框內，方框內訊息為「A01-D05」；「Store result in:」(儲存結果在) 右方框輸入「C26」，表示橫列統計量結果儲存在編號直行 C26 欄，「Statistic」(統計量) 選項勾選「Mean」(平均數)，按「OK」鈕，程序可將每位受試者在二十個題項加總後的單題平均值儲存在 C26 直欄對應的儲存格。

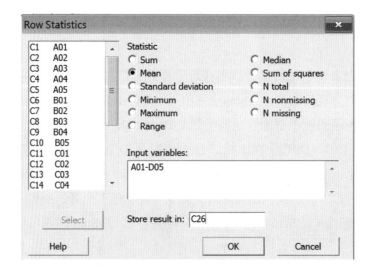

四個班級經營實踐程度向度的描述性統計如下：

Descriptive Statistics: 教學活動經營, 學務活動經營, 輔導活動經營, 情境規劃經營

Variable	N	N*	Mean	SE Mean	StDev	Minimum	Q1	Median	Q3	Maximum
教學活動經營	210	0	4.0257	0.0343	0.4976	2.8000	3.8000	4.0000	4.2000	5.0000
學務活動經營	210	0	4.1743	0.0343	0.4976	3.0000	3.8000	4.0000	4.6000	5.0000
輔導活動經營	210	0	4.1267	0.0364	0.5273	2.6000	3.9500	4.0000	4.4500	5.0000
情境規劃經營	210	0	4.0819	0.0389	0.5631	2.2000	3.8000	4.0000	4.6000	5.0000

教學活動經營、學務活動經營、輔導活動經營、情境規劃經營四個向度有效樣本數均為 210，210 位受試者在四個向度的單題平均值分別為 4.03、4.17、4.13、4.08，標準差分別為 0.50、0.50、0.53、0.56。

第六節　標準化分數

如果研究者搜集的數值資料間之測量單位不同，要進行數值變數間的比較或檢定，最好將原數值資料轉換為標準分數，常見的標準分數是 Z 分數 (Z score)，Z 分數是指原數值分數減去群組總平均數，再除以群組標準差，以數學公式表示為：$Z_i = \dfrac{X_i - \bar{M}}{SD}$，標準分數的意涵為樣本測量值與樣本平均數的差異值是樣本標準差的幾倍，其中 X_i 為群組中為 i 位受試者的測量值 (分數，$\bar{M}$ 為樣本群組的平均數，SD 為樣本群組的標準差，任何群組分數轉換為 Z 分數後，Z 分數的平均數為 0、變異數及標準差均為 1，因而不同單位、不同性質之測量值之量數要進行比較或檢定，可以將其轉換為 Z 分數。將 Z 分數進行直線轉換，轉換時採用平均數 50、標準差為 10 之轉換量數稱為 T 分數，T 分數的數學公式為：$T = 50 + 10 \times Z$。

範例為五個班級的國文成績的轉換，假設此國文成績是學生學期之成績，由於各班平時成績評定不同、教師要求標準不一，因而以學期成績高低進行班級學生之國文學習表現的比較並不客觀，若要進行各班學生國文學習成就的比較，最好以班級為單位，將國文成績轉為 Z 分數再轉換為 T 分數，心理教育測驗中，除根據據 Z 分數轉換為 T 分數外，也會轉換為其他分數，如比西量表分數 $= 100 + 16 \times Z$、魏氏智力量表分數 $= 100 + 15 \times Z$。

　　將五個班級分割，以建立五個班級獨立的工作表，每個子工作表只包括一個班級的測量值。執行功能表「Data」(資料) /「Split Worksheet」(分割工作表) 程序，開啟「Split Worksheet」(分割工作表) 對話視窗。視窗中從左邊變數清單中選取「班級」變項至右邊「By variables:」下方框中，按「OK」鈕。

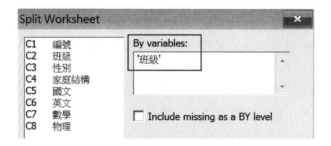

　　切換到第一個班級的工作表 (班級變項水準數值 = 1)，範例為「四科原始成績 .MTW (班級 = 1)***」，執行功能表列「Stat」(統計) /「Standardize」(標準化) 程序，程序提示語「Transform dissimilar columns of data so that they can be compared, or so that they can be combined and analyzed together.」(轉換不相似的直行資料，以便資料間可以進行比較，或相互組合以進行分析)，資料的轉換在於將直行變數資料轉換為平均數等於 0、標準差等於 1 的標準分數 Z。

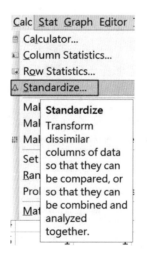

　　「Standardize」(標準化) 對話視窗，左邊為變數清單，「Input column(s):」(輸入變項) 方框內選入的變項為要進行轉換成標準分數的原始變數；「Store results in:」(儲存結果在) 方框內鍵入的為轉換後標準分數變數要存放的直行，可以是空白變數欄編號或新變項名稱。轉換選項公式為「⊙Subtract mean and divide by standard deviation」(數值減平均數後再除以標準差)，其餘選項有：「Subtract mean」(原變數測量值減平均數)、「⊙Divide by standard deviation」(原變數測量值除以標準差)、「⊙Subtract first value, then divide by second」(原變數測量值減掉界定的第一個數值，再除以界定的第二個數值)、「⊙Make range from start to end」(從輸入的起始值到結束值建立全距)。

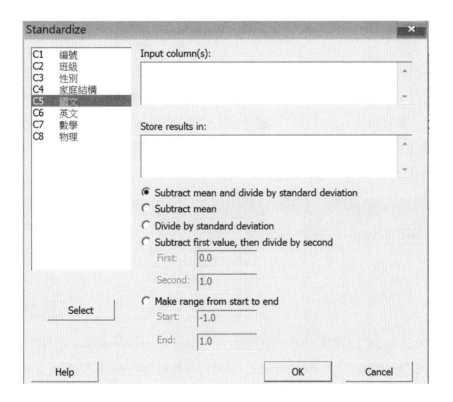

　　範例中求出國文分數的標準分數，從變數清單選取「C5 國文」至「Input column(s):」(輸入變項) 下方框內，方框內訊息為「'國文'」；「Store results in:」(儲存結果在) 下方框內鍵入直行編號「C9」，轉換公式選取內定「⊙Subtract mean and divide by standard deviation」選項 (數值減平均數後再除以標準差)，按「OK」鈕。

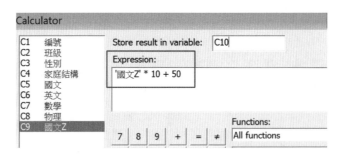

「四科原始成績 .MTW (班級 = 1)***」工作表直行編號中的測量值為 Z 分數，直行 C9 變數欄界定為「國文 Z」。上述國文成績轉換為標準分數程序只作用於「班級 = 1」工作表，其餘班級工作表並未同步進行轉換為標準分數，Minitab 所有的統計分析程序都只作用於標的工作表資料檔，無法一次完成專案中所有工作表的統計分析程序。

	C1	C2	C3	C4	C5	C6	C7	C8	C9
	編號	班級	性別	家庭結構	國文	英文	數學	物理	
1	5001	1	1	2	97	96	44	72	1.45142
2	5002	1	1	2	89	87	23	65	1.14825
3	5003	1	1	1	20	12	36	71	-1.46658
4	5004	1	1	1	30	46	14	51	-1.08762
5	5005	1	1	2	65	50	43	78	0.23874

「Calculator」(計算器) 對話視窗中，「Store result in variable:」右的方框鍵入直行編號「C10」，「Expression:」下方框運算式為「‘國文 Z’ * 10 + 50」(國文標準分數 × 10 + 50)，按「OK」鈕，轉換後的國文 T 分數測量值置放在直行 C10，變數另外界定為「國文 T」。

第一班五位學生國文的 Z 分數與 T 分數如下：

編號	班級	性別	家庭結構	國文	英文	數學	物理	國文 Z	國文 T
5001	1	1	2	97	96	44	72	1.45142	64.5142
5002	1	1	2	89	87	23	65	1.14825	61.4825
5003	1	1	1	20	12	36	71	-1.46658	35.3342
5004	1	1	1	30	46	14	51	-1.08762	39.1238
5005	1	1	2	65	50	43	78	0.23874	52.3874

「國文」變項 (原始測量值)、「國文 Z」變項 (國文變項的標準分數 Z 分數)、「國文 T」變項 (國文變項的 T 分數) 之描述性統計量如下：

```
Descriptive Statistics: 國文, 國文 Z, 國文 T
Variable   N   N*    Mean   SE Mean   StDev   Minimum      Q1    Median      Q3   Maximum
國文       20   0    58.70    5.90     26.39    20.00     31.25    59.50    86.50    97.00
國文 Z     20   0   -0.000   0.224     1.000    -1.467    -1.040    0.030    1.054    1.451
國文 T     20   0    50.00    2.24     10.00     35.33    39.60    50.30    60.54    64.51
```

20 位樣本在「國文」變項上，原始分數的平均數為 58.70、標準差為 26.39，「國文 Z」變項 (標準分數) 的平均數為 0.00、標準差為 1.00，「國文 T」變項 (國文 T 分數) 的平均數為 50.00、標準差為 10.00。

第七節　母體常態分配的檢定

如果樣本之變項為計量變數 (等距尺度或比率尺度，可以估算平均數統計量數的變項)，在隨機抽樣的情況下，多數應符合常態分配的假定 (normal distribution)，常態分配曲線是一條左右對稱的鐘形曲線。許多統計分析的假定之一下是樣本資料所在母群體要符合常態分配。

執行功能表「Stat」(統計) /「Basic Statistics」(基本統計) /「Normality Test...」(常態性檢定) 程序，可以開啟「Normality Test」(常態性檢定) 對話視窗。

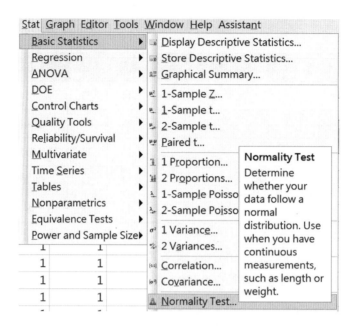

　　「Normality Test」(常態性檢定) 對話視窗中，左邊是變數清單，
「Variable:」右方框為要進行資料檔是否符合常態分配的變項名稱；「Test for
Normality」(常態性檢定) 方盒提供三種常態性檢定法：「Anderson-Darling」、
「Ryan-Joiner (Similar to Shapiro-Wilk)」、「Kolmogorov-Smirnov」(此方法一般
用於樣本群體是小樣本時)，內定的選項為「⊙Anderson-Darling」。

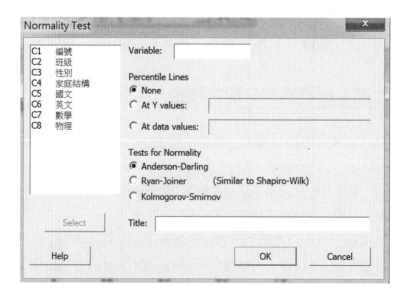

範例中為進行數學變項資料檔的常態分配檢定，從左邊變數清單中選取「C7 數學」變項至「Variable:」右方框內，方框內訊息為「'數學'」；常態性檢定方法 (Test for Normality) 選取內定之「⊙Anderson-Darling」，按「OK」(確定) 鈕。

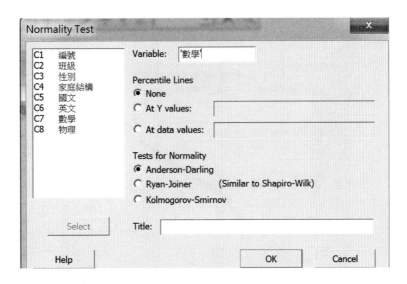

　　下圖為「Anderson-Darling」方法估計樣本所在母群體數學測量值是否符合常態分配假定的結果，有效樣本數為 100、平均數等於 50.24、標準差等於 27.26。

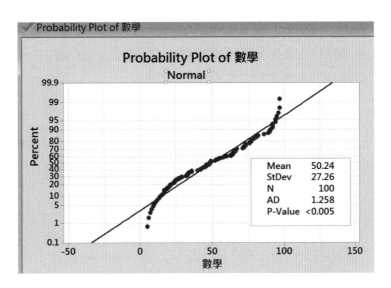

　　殘差的常態機率圖顯示，若是殘差資料沒有嚴重偏離直線，則表示原始資料符合常態分配的假定；相對的，如果殘差資料 (黑點) 的分布嚴重偏離直線，則表示原始資料沒有符合常態分配的假定。從常態分配檢定的統計量數判別，AD 統計量數為 1.258、顯著性機率值 $p < .005$，在顯著水準 α 等於 .05 下，達統計顯著水準，有足夠證據拒絕虛無假設 (資料結構 = 常態分配)，接受對立假設 (資料結構 ≠ 常態分配)，資料結構未符合常態分配假定。

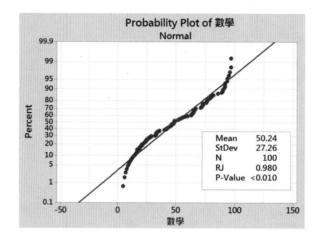

　　上圖為改為「Ryan-Joiner (Similar to Shapiro-Wilk)」估計法檢定資料檔常態分配結果。殘差的常態機率圖顯示，殘差資料 (黑點) 的分布嚴重偏離直線，表示原始資料無法符合常態分配的假定。從常態分配檢定的統計量數判別，RJ 統計量數為 0.980、顯著性機率值 $p < .010$，在顯著水準 α 等於 .05 下，達統計顯著水準，有足夠證據拒絕虛無假設 (資料結構 = 常態分配)，接受對立假設 (資料結構 ≠ 常態分配)，資料結構未符合常態分配假定。

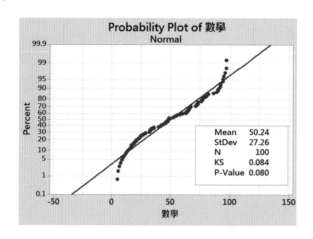

　　上圖為改為「Kolmogorov-Smirnov」估計法檢定資料檔常態分配結果。殘差的常態機率圖顯示，殘差資料 (黑點) 的分布嚴重偏離直線，表示原始資料無法符合常態分配的假定。從常態分配檢定的統計量數判別，KS 統計量數為 0.084、顯著性機率值 $p = 0.080 > .05$，在顯著水準 α 等於 .05 下，未達統計顯著水準，無法拒絕虛無假設 (資料結構 = 常態分配)，資料結構未違反常態分配假定。在顯著水準 α 等於 .05 或 .01 下，「Kolmogorov-Smirnov」估計法與「Anderson-Darling」、「Ryan-Joiner (Similar to Shapiro-Wilk)」二種常態分配估計法所得結果並不相同，因為「Kolmogorov-Smirnov」估計法一般多使用在較小樣本。當樣本數小於 50 且大於 30 時，常態分配可採用「Ryan-Joiner (Similar to Shapiro-Wilk)」估計法，當樣本數小於 30 時，採用「Kolmogorov-Smirnov」估計法；至於在大樣本情況下，採用「Anderson-Darling」估計法較能正確反映母群體的分配情形。

　　以下為根據樣本物理測量值 (分數) 推估母群體物理分數的分配情況是否符合常態分配的假定，「Normality Test」(常態性假定) 對話視窗中，左邊變數清單中選取的標的變項改為「物理」。

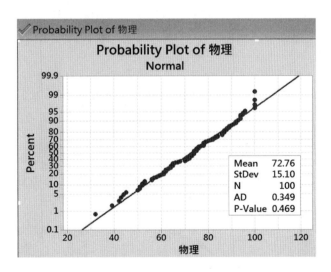

　　上圖為採用「Anderson-Darling;[AD]」估計法之圖表，殘差的常態機率圖顯示，殘差資料沒有嚴重偏離直線，表示原始資料符合常態分配的假定；AD 統計量數為 0.349、顯著性機率值 $p = 0.469 > .05$，在顯著水準 α 等於 .05 下，未達統計顯著水準，沒有足夠證據拒絕虛無假設 (資料結構 = 常態分配)，資料結構未違

反常態分配假定，即母群體物理測量值的分布情況呈常態。

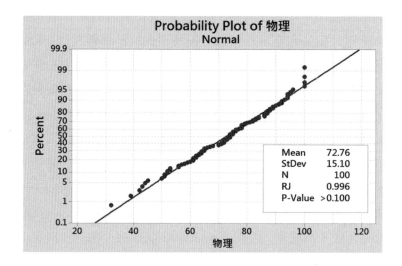

上圖為採用「Ryan-Joiner (Similar to Shapiro-Wilk)；[RJ]」估計法所得之結果圖表，殘差的常態機率圖顯示，殘差資料沒有嚴重偏離直線，表示原始資料符合常態分配的假定；RJ 統計量數為 0.996、顯著性機率值 $p > 0.100$，在顯著水準 α 等於 .05 下，未達統計顯著水準，沒有足夠證據拒絕虛無假設 (資料結構 = 常態分配)，資料結構未違反常態分配假定，即母群體物理測量值的分布情況呈常態。

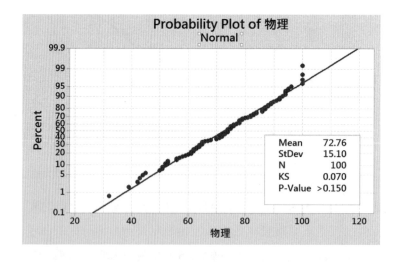

上圖為採用「Kolmogorov-Smirnov；[KS]」估計法之結果圖表，殘差的常態

機率圖顯示，殘差資料沒有嚴重偏離直線，表示原始資料符合常態分配的假定；KS 統計量數為 0.070、顯著性機率值 $p > .0.150$，在顯著水準 α 等於 .05 下，未達統計顯著水準，沒有足夠證據拒絕虛無假設 (資料結構＝常態分配)，資料結構未違反常態分配假定，即母群體物理測量值的分布情況呈常態。

第八節　連續變項的圖形繪製

Minitab 的圖形繪製功能相當豐富，研究者可以變項的尺度於研究論文中增列圖形，變項若為名義尺度或次序尺度之間斷變數，可繪製長條圖、圓餅圖；至於連續變項／計量變數可以繪製莖葉圖、直方圖、盒形圖等常見的圖形。

範例圖形的繪製以 100 位學生的英文成績測量值為數據，「英文」變數的描述性統計量如下：平均數 60.00、標準差 27.01、最小值為 6、最大值為 100.00，第一個四分位數為 38.25、第三個四分位數為 85.50。

```
Descriptive Statistics: 英文
Variable   N   N*   Mean   SE Mean   StDev   Minimum   Q1     Median   Q3     Maximum
英文       100  0    60.00  2.70      27.01   6.00      38.25  62.50    85.50  100.00
```

一、莖葉圖

執行功能表列「Graph」(圖形) /「Stem-and-Leaf」(莖葉圖) 程序，開啟「Stem-and-Leaf」(莖葉圖) 對話視窗。

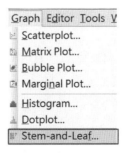

在「Stem-and-Leaf」(莖葉圖) 對話視窗中，從左邊變數清單選取「C6　英文」變項至右邊「Graph variables:」(圖形變項) 下方框內，方框內訊息為「英

文」，按「OK」鈕。如果研究者要增列間斷變數各水準群組之英文成績莖葉圖的繪製，再從變數清單中選入類別變項至「By variable:」右方框內。

```
100 位學生之英文變數測量值的莖葉圖如下：
Stem-and-leaf of 英文  N = 100
Leaf Unit = 1.0
 2       0      67
 8       1      235559
16       2      01455668
27       3      00122235899
40       4      2222235556788
45       5      00678
(10)     6      0022233335
45       7      133455667889
33       8      022233446677788
18       9      0000001223466788
 2      10      00
```

第一行之莖 (十位數) 為 0、葉之測量值 6、7 的各有一位；第二行之莖 (十位數) 為 10、葉之測量值為 235559，表示測量值 12、13、19 的樣本各有一位、測量值為 15 的樣本有三位。莖葉圖中的第一行數值，為各組距從上、下起算之累積次數至中位數列，英文變數的中位數為 62.50，莖之數值為 6 (十位數為 60) 的個數有 10 位、中位數以下的個數有 45 位、中位數以上的個數有 45 位，樣本總個數等於 100。

二、直方圖

執行功能表列「Graph」(圖形) /「Histogram」(直方圖) 程序，開啟「Histograms」(直方圖) 對話視窗。在「Histograms」(直方圖) 對話視窗中，點選增列適配常態曲線的直方圖「With Fit」選項，按「OK」鈕。

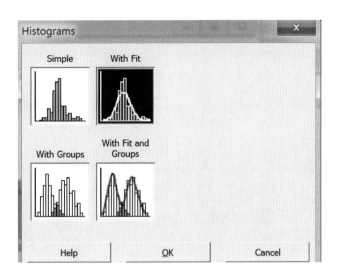

在「Histogram: With Fit」次對話視窗中，從左邊變數清單選取「C6　英文」變項至右邊「Graph variables:」(圖形變項) 下方框內，按「OK」鈕。

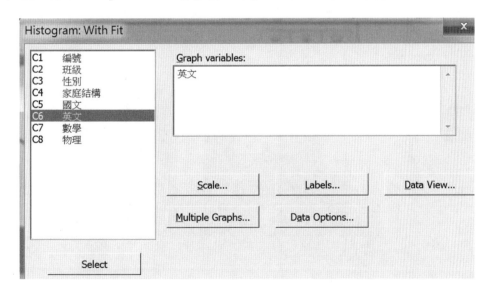

100 位學生之次數分配直方圖如下：

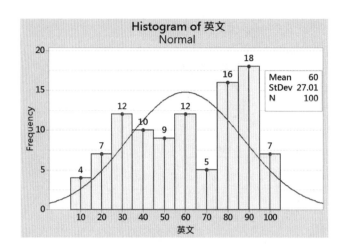

「Histograms」(直方圖) 對話視窗中,「Simple」選項與「With Fit」選項的差別在於後者之直方圖增列常態分配曲線,「Simple」選項沒有,選項功能只單純繪製被選入變項的直方圖。「Simple」選項繪製之直方圖如下:

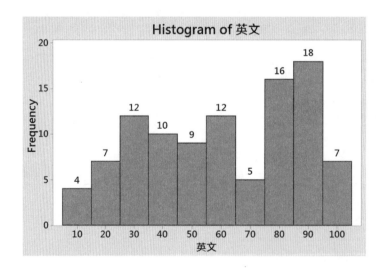

多群組的直方圖繪製以「性別」類別變項在「物理」變項測量值之直方圖為例,選取圖形變項方框的變數為「物理」,選入「Categorical variables for grouping (0-3):」下方框的變項為「性別」,按「Multiple Graphs...」鈕,開啟「Histogram: Multiple Graphs」次對話視窗。

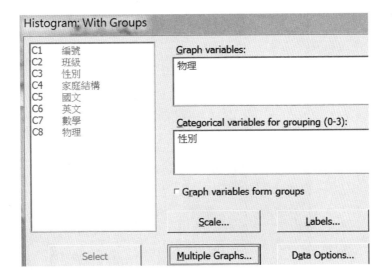

　　開啟「Histogram: Multiple Graphs」(直方圖：多圖形) 次對話視窗中，切換到「By Variables」方盒，從變數清單中選取「性別」變項至「By variables with groups in separate panels:」下方框內。

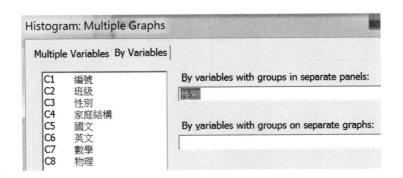

　　性別變項二個水準數值群體在物理變項測量值的直方圖如下 (一個視窗可以同時呈現各群體的直方圖)。

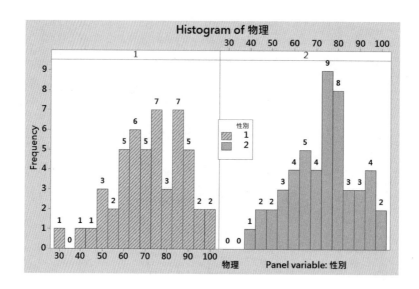

三、盒形圖

盒形圖中的箱形圖示包含第三個四分位數至第一個四分數位，圖形對應的統計量如下：

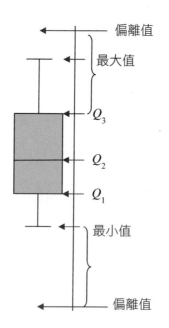

在盒形圖中箱形的上下兩邊分別為第三四分位數 Q_3、第一四分位數 Q_1，箱形包含了中間 50% 的數據 $(Q_3 - Q_1)$，箱形中的水平線條為中位數 Q_2，中位數的線條將箱形中的資料分成二部份。如果中位數約在箱形中間位置，而上、下二條的盒鬚線長度大約相等，表示資料分佈為常態分配，如果中位數偏向上面第三四分位數 Q_3 處，且上邊 (上限) 的盒鬚線長度較下邊 (下限) 盒鬚線長度為短，表示資料分佈為負偏態，觀察值的分數集中在高分處；相反的中位數偏向下處第一四分位數 Q_1 處，且上邊 (上限) 的盒鬚線長度較下邊 (下限) 盒鬚線長度為長，表示資料分佈為正偏態，觀察值的分數集中在低分處。觀察值的位置點若位於盒長之 1.5 倍以上 (1.5 × 四分位距) 則稱為偏離值 (outlier)，觀察值的位置點若位於盒長之 3 倍以上 (3 × 四分位距) 則稱為極端值 (extreme value)(吳明隆，2014)。

　　執行功能表列「Graph」(圖形) /「Boxplot」(盒形圖/箱形圖) 程序，開啟「Boxplots」對話視窗。在「Boxplots」(盒形圖) 對話視窗中，點選群組之盒形圖「With Groups」選項，按「OK」鈕。

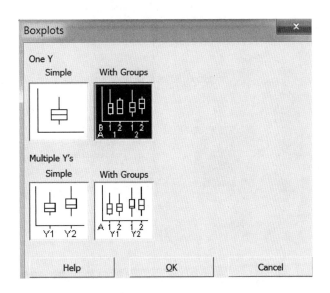

　　在「Boxplot: One Y, With Groups」次對話視窗中，從左邊變數清單選取「C6 英文」變項至右邊「Graph variables:」(圖形變項) 下方框內，從左邊變數清單選取「C4 家庭結構」變項至右邊「Categorical variables for grouping:」(分組之類別變項) 下方框內，按「OK」鈕。

Boxplot: One Y, With Groups

C1　編號	Graph variables:
C2　班級	
C3　性別	英文
C4　家庭結構	
C5　國文	
C6　英文	
C7　數學	Categorical variables for grouping (1-4, outermost first):
C8　物理	家庭結構

Scale...　　Labels...　　Data View...

Select　　Multiple Graphs...　　Data Options...

增列「家庭結構」變項至分群之類別變項方框內，目的在於分別繪製單親家庭群體、完整家庭群體的盒形圖。

以「家庭結構」變項為群組變數，二個水準數值群體在英文科測量值的盒形圖如下：

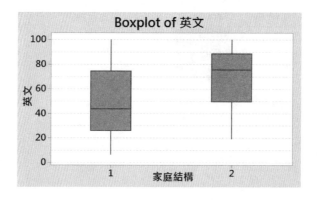

從分組盒形圖可以看出，水準數值 2 之完整家庭的第一個四分位數、中位數、第三個四分數均大於水準數值 1 之單親家庭。單親家庭群體盒形圖之箱形上面盒鬚長度較下面盒鬚長度長，表示 42 位測量值中高於平均數的人數較少；完整家庭群體盒形圖之箱形上面盒鬚長度較下面盒鬚長度短，表示 58 位測量值中高於平均數數的人數較多。

家庭結構二個水準數值群體之莖葉圖如下：

Stem-and-Leaf Display: 英文
〔單親家庭〕
Stem-and-leaf of 英文　家庭結構 = 1　N = 42
Leaf Unit = 1.0

```
 2      0       67
 7      1       23555
11      2       4556
19      3       00222358
(7)     4       2255567
16      5       068
13      6       03
11      7       39
 9      8       23368
 4      9       027
 1     10       0
```

〔完整家庭〕
Stem-and-leaf of 英文　家庭結構 = 2　N = 58
Leaf Unit = 1.0

```
 1      1       9
 5      2       0168
 8      3       199
14      4       222388
16      5       07
24      6       02223335
(10)    7       1345566788
24      8       0224467778
14      9       0000012346688
 1     10       0
```

　　就完整家庭群體 (家庭結構 = 2) 而言，70 分以上的樣本數共有 10 + 24 = 34 位，有效樣本數 58 位，平均數為 69.02，因而群體中測量值高於平均數的樣本數較多。就單親家庭群體 (家庭結構 = 1) 而言，英文分數 47 分以下的樣本數有 19 + 7 = 26，群體有效樣本數有 42 位、平均數為 47.55，可見群體樣本中英文科分數低於平均數者較多。

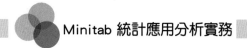

Variable	家庭 結構	N	N*	Mean	SE Mean	StDev	Minimum	Q1	Median	Q3	Maximum
英文	1	42	0	47.55	4.24	27.47	6.00	25.75	43.50	74.50	100.00
	2	58	0	69.02	3.02	22.97	19.00	49.50	75.50	88.50	100.00

Descriptive Statistics: 英文

在「Boxplots」(盒形圖) 對話視窗中,若點選「Simple」(簡單) 選項,則繪製的盒形圖包括所有樣本測量值的數據,100 位學生之英文科測量值繪製的盒形圖如下:

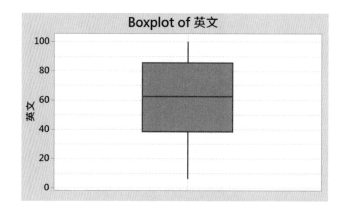

全體樣本之英文成績的分佈情況十分接近常態分配,中位數約在箱形中間位置,但因上邊 (上限) 的盒鬚線長度較下邊 (下限) 盒鬚線長度為短,表示資料分佈為負偏態,觀察值的分數集中在高分處,樣本個體中高分者較多。

其他圖形的繪製均可以從功能表列「Graph」搜尋到適合的圖形繪製程序,如時間序列圖的繪製、3D 圖形繪製等。範例之時間序列圖為大學新生四個月學習焦慮的變化情況,從圖中可以明顯看出,大學新生隨著月份增加,學習焦慮感明顯下降。

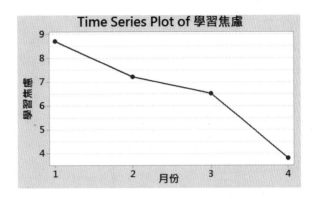

　　下圖繪製的圖形為 100 位樣本學生之物理科分數的機率圖，機率圖也可作為連續變項的常態性檢定。

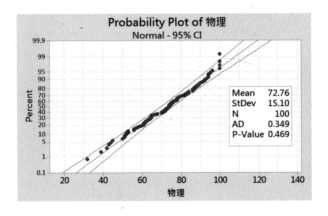

　　下圖為 3D 散佈圖，Z 軸變項為物理、Y 軸變項為班級、X 軸變項為性別

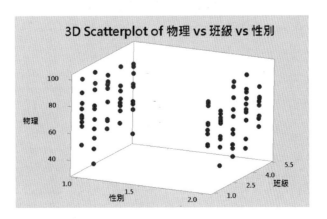

「3D Scatterplot: Simple」(3D 散佈圖：簡單) 對話視窗中，Z 軸變項為物理、Y 軸變項為班級、X 軸變項為性別。

抽樣分配與圖形

推論統計中常見的抽樣分配為常態分配 (normal distribution)、卡方分配 (chi-square distribution)、F 分配、t 分配，四個分配型態對應的假設檢定法分別為 Z 考驗、χ^2 考驗、F 考驗、t 考驗。

第一節　抽樣分配

一般常態分配的表示式為 N(μ, σ^2)，當常態分配的平均數等於 0、變異數等於 1 的分配稱為 z 分配，根據大數法則與中央極限定理，當抽樣之樣本數夠大時，樣本平均數的抽樣分配會呈常態分配，無數個樣本平均數的平均值會接近母體的平均值，樣本平均數的標準差 (又稱樣本平均數的標準誤) 等於母體標準差除以樣本大小的平方根：$\sigma_x = \dfrac{\sigma}{\sqrt{N}} = SE_{\bar{x}}$。

z 分配的特性：期望值等於 0、變異數等於 1、偏態係數為 0、峰度係數為 0；分配曲線是一條左右對稱的鐘形曲線，平均數等於 0 時，曲線高度為 0.3989，是分配曲線的最高點。平均數上下一個標準差所佔的曲線面積比例為 68.26%、平均數上下二個標準差所佔的曲線面積比例為 95.44%、平均數上下三個標準差所佔的曲線面積比例為 99.72%。

z 分配延伸的假設考驗為 Z 考驗，Z 考驗的適用時機如：單一母體平均數差異檢定時，若是母體 σ (標準差) 已知，或是母體 σ 未知，但抽樣樣本數是大樣本情況下，採用 Z 考驗進行假設檢定；兩個母體平均數間差異檢定時，兩個母體標準差 (σ_1、σ_2) 已知，或是兩個母體標準差 (σ_1、σ_2) 未知，但抽樣樣本數是大樣本情況下，採用 Z 考驗進行兩個母體平均數差異值是否等於 0 的假設檢定；單一母體比例檢定，或是二個母體比例值是否相等的差異檢定、兩個相關係數的差異性檢定等，都可使用 Z 考驗。

卡方分配的定義式為 $\chi^2 = \sum Z_i^2 = \sum_{i=1}^{n} \left(\dfrac{X_i - \mu}{\sigma} \right)^2$，卡方分配的自由度 df 等於 n，當自由度等於 1 時，$\chi^2 = Z^2 = \left(\dfrac{X_i - \mu}{\sigma} \right)^2$，由於卡方分配運算式是平方值的加總，所以卡方統計值正值，卡方分配呈右偏態分配，當自由度愈大時，右偏態程度愈小，自由度趨近於無限大時，卡方分配會接近常態分配。卡方統計量具有加法性，二個獨立卡方統計量 χ_1^2、χ_2^2，自由度分別為 $df_1 = n_1$、$df_2 = n_2$，二

個獨立卡方統計量相加之統計量 $\chi_1^2 + \chi_2^2$，是符應自由度為 $df_1 + df_2 (df = n_1 + n_2)$ 的卡方分配。在推論統計程序中，由於母體平均數 μ 無從得知，因而常以樣本平均數 $\bar{X}$ 取代母體平均數，取代公式為：$\chi^2 = \sum_{i=1}^{n} \left(\frac{X_i - \bar{X}}{\sigma} \right)^2 = \frac{(n-1)\hat{s}^2}{\sigma^2} = \chi_{(n-1)}^2$，推論統計的自由度為 n－1。$\chi^2$ 分配延伸的 χ^2 考驗一般使用在次數及百分比的差異檢定，如適合度檢定、百分比同質性考驗、比例改變的顯著性考驗；在模型適配度的考驗方面，要考驗理論模型演算導出的共變異數矩陣與樣本資料估計所得的共變異數矩陣間是否相等，也採用 χ^2 考驗法，只是 χ^2 考驗法的 χ^2 統計量大小，很容易受到樣本觀察值多寡影響。

　　F 統計與 F 分配常被使用於檢定二個母群變異數的假設考驗，或是三個以上母體平均數間差異的整體檢定。F 隨機變數由卡方隨機變數推導而來，其定義如下：如有二個獨立的卡方統計量 $\chi_{(v1)}^2$、$\chi_{(v2)}^2$，其自由度分為 v_1、v_2，則二個卡方隨機變項與其自由度相除後的比值稱為「F 隨機變項」(F random variable)：
$F = \frac{\chi_{(v1)}^2 / v_1}{\chi_{(v2)}^2 / v_2}$。F 分配統計量重要性質如下 (吳明隆，2012)：

1. F 分配的期望值 (平均數) 與變異數為：
$$E(F) = \frac{v_2}{v_2 - 2}，(v_2 \geq 2)、Var(F) = \frac{2v_2^2(v_1 + v_2 - 2)}{v_1(v_2 - 2)^2(v_2 - 4)}，(v_2 \geq 4)$$

2. F 統計量值恒為正數 (不可能為負值)，所以其隨機變數值範圍介於 0 至 ∞ 之間，最小值為 0。

3. 當自由度 v_2 趨近無限大 (∞) 時，$E(F) = \frac{v_2}{v_2 - 2} \fallingdotseq 1$，故 F 分配的中心位置乃在 1 附近，F 分配的中心位置不隨自由度的增大而右移，自由度小時，F 分配呈現正偏態，自由度愈大，愈接近於常態分配。

4. F 分配為右偏分配，v_1、v_2 分別為分子自由度與分母自由度，當 v_1、v_2 其中有一個不同時，F 分配曲線就不一樣，當分子自由度與分母自由度趨近於無限大時，F 分配曲線會接近常態分配。

5. 當分子自由度趨近於無限大、分母自由度等於 1，F 統計量平方根的倒數 $\frac{1}{\sqrt{F}}$ 之分配會為標準常態分配；相反的，當分子自由度等於 1、分母自由度趨近於無限大、F 統計量平方根 $\sqrt{F}$ 會為標準常態分配。

6. 若有二個變異數相等的常態分配母群：$\sigma_1^2 = \sigma_2^2$ (並非假定二個母群的平均數相等)，從二個母群中隨機抽取大小 n_1、n_2 的樣本，抽樣樣本可以估計母群變異數的不偏估計值，不偏估計值分別為 $\hat{\sigma}_1^2$、σ_2^2，其自由度分別為 $v_1 = n_1 - 1$、$v_2 = n_2 - 1$，由於 $v = n - 1$ 時，$\chi_{(v)}^2 = v\hat{\sigma}^2 / \sigma^2$，$\sigma_1^2$、$\sigma_2^2$ 可以被分別表示為：$\hat{\sigma}_1^2 = \dfrac{\sigma_1^2 \chi_{(v1)}^2}{v_1}$、$\sigma_2^2 = \dfrac{\sigma_2^2 \chi_{(v2)}^2}{v_2}$，因為 $\sigma_1^2 = \sigma_2^2$，二個樣本變異數的比值等於下式：$\dfrac{\hat{\sigma}_1^2}{\hat{\sigma}_2^2} = \dfrac{\sigma_1^2 \chi_{(v1)}^2 / v_1}{\sigma_2^2 \chi_{(v2)}^2 / v_2} = \dfrac{\chi_{(v1)}^2 / v_1}{\chi_{(v2)}^2 / v_2} = F_{(v1,v2)}$，此比值即為 F 統計量。F 的抽樣分配是一個有自由度 v_1、v_2 的 F 分配。

t 分配之 t 隨機變數由 z 分數推導延伸而來，將 z 分數與卡方隨機變數定義為如下的關係，即為單一樣本 t 統計量 (one-sample t statistic)：$t = \dfrac{z}{\sqrt{\dfrac{\chi_{(n-1)}^2}{n-1}}}$，z 與 χ^2 是互為獨立的，$n - 1$ 為自由度 (v)，t 統計量的分母項是卡方隨機變項與其自由度的比值再開根號，而分子項是標準化常態隨機變項。t 分配具對稱性且以 $t = 0$ 為對稱軸，其隨機變數值範圍介於 $-\infty$ 至 ∞ 之間，當自由度愈大，t 分配的形狀愈接近於標準化常態分配，此時變異數愈接近 1，如果樣本數 (n) 大於 30 以上時，t 分配可視為常態分配；而當自由度愈小時，常態分配的形狀愈分散扁平。t 分配的期望值 (平均數) 與變異數如下：$E(t) = 0$、$Var(t) = \dfrac{n-1}{n-3} = \dfrac{v}{v-2}$，($v > 2$)。

t 分配類似常態分配，平均數為 0，變異數接近為 1，外表是對稱鐘形曲線，t 分配曲線變化隨著自由度而改變，當自由度增加到無限大時，t 分配等於常態分配，變異數等於 1，因而樣本的大小直接左右 t 分配曲線形狀，小樣本的檢定如果採用常態分配模式 (Z 考驗)，很容易拒絕虛無假設，達到顯著水準，此時最好採用 t 分配模式檢定。若隨機變項 t，其自由度為 v (= $n - 1$)，則 t 統計量的平方為：$t^2 = \dfrac{z^2}{\dfrac{\chi_{n-1}^2}{n-1}} = \dfrac{\chi_{(1)}^2 / 1}{\chi_{n-1}^2 / (n-1)} = F_{(1,v2)}$。進行單一母體平均數的差異檢定或二個母體平均數間的差異檢定時，若是母體的標準準未知，則多數會採用 t 考驗進行假設檢定，其中常見的如單一樣本 t 檢定、相依樣本 t 檢定、獨立樣本 t 檢

定。此外，變異數分析之多重事後比較，或是個別預測迴歸係數之顯著性檢定，也是採用 t 考驗進行估計。

第二節　抽樣分配機率圖的繪製

藉由 Minitab 之功能表圖形 (Graph) 可以很快速的繪製各種抽樣分配之機率分配圖。

執行功能表列「Graph」(圖形) /「Probability Distribution Plot」(機率分配圖) 程序，可以開啟「Probability Distribution Plot」(機率分配圖) 對話視窗。

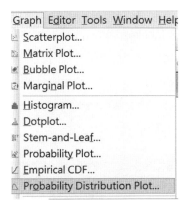

「Probability Distribution Plot」(機率分配圖) 對話視窗中，提供四種機率分配圖的圖形選項：View Single (單一機率分配圖曲線)、Vary Parameters (變動參數圖)、Two Distributions (二種機率分配圖)、View Probability (單一機率分配圖)。範例中點選「View Single」圖示鈕，按「OK」鈕，開啟「Probability Distribution Plot:View Single」次對話視窗。

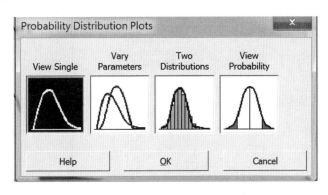

　　「Probability Distribution Plot:View Single」次對話視窗中，右邊「Distribution」(分配) 下拉曳選項選取「Normal」(常態)、常態分配選項內定的平均數為 0、標準差為 1，表示機率分配圖曲線為常態分配曲線。

　　「Distribution」(分配) 下拉曳選單包括理理統計學所介紹的各種分配，如二項分配 (Binomial distribution)、卡方分配、幾何分配 (Geometric distribution)、超幾何分配 (Hypergeometric distribution)、卜瓦松分配 (Poisson distribution)、邏輯斯分配 (Logistic distribution)、負二項分配 (Negative binomial distribution)、常態分配 (Normal)、F 分配、t 分配等。

　　常態分配曲線圖如下：

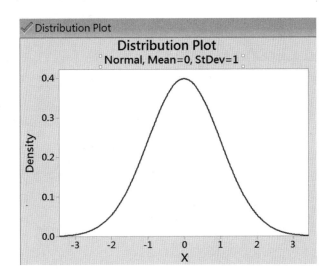

　　常態分配曲線圖乃以平均數 0 為中心軸，左右對稱的鐘形曲線，曲線下的面積為 100%，正負三個標準差 $[-3\sigma, +3\sigma]$，包含的面積約為 99.72%，表示資料結構若呈常態分配，樣本測量值約有 99.72% 的機會發生在正負三個標準差之中。

　　「Probability Distribution Plot」(機率分配圖) 對話視窗中，若點選「View Probability」圖示鈕，按「OK」鈕，可以開啟「Probability Distribution Plot:View Probability」次對話視窗。此時，次對話視窗有二個方盒鈕：「Distribution」(分配)、「Shaded Area」(陰影區域)，「Distribution」對話盒可以選取機率分配的型態及設定相關參數「Shaded Area」(陰影區域) 對話盒可以設定陰影區域的呈現圖示。

　　「Define Shaded Area By」方盒有二個選項：一為「⊙Probability」(機率)、「X Value」(X 數值)，內定選項為根據機率值繪製陰影區域，另一選項為根據統計量數 X 數值繪製陰影區域，「Probability:」(機率) 下的數值內定為 0.05，表示顯著水準 α 定為 0.05，信心水準為 95.0%。四種陰影區域圖示鈕包括單側右尾檢定 (Right Tail)、單側左尾檢定 (Left Tail)、雙尾檢定 (Both Tails)、繪製中間陰影 (Middle)，視窗界面為點選雙尾檢定圖示鈕。

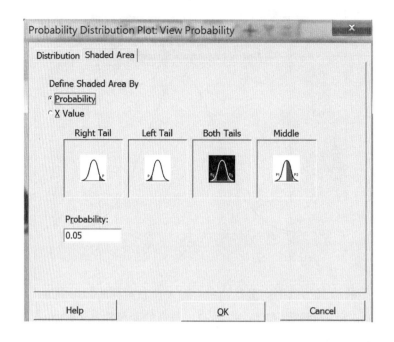

「Probability Distribution Plot」對話視窗中，若點選「View Probability」圖示鈕，按「OK」鈕，可開啟「Probability Distribution Plot:View Probability」次對話視窗。

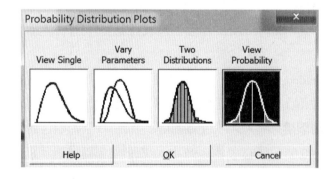

「Probability Distribution Plot: View Probability」次對話視窗中點選「Left Tail」(單尾左側考驗) 圖示鈕，圖示鈕功能可以繪製常態分配曲線，曲線中增列顯著水準 α 等於 0.05 下的陰影區域，及對應臨界值的 Z 值統計量。

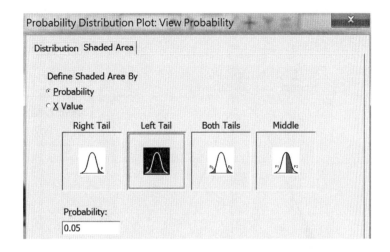

常態分配之單尾左側檢定之機率分配圖如下：

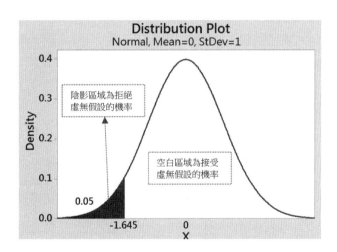

　　顯著水準 0.05 情況下，陰影區域 (落入拒絕虛無假設區域) 與空白區域 (落入接受虛無假設區域) 的臨界統計量為 −1.645，當根據樣本資料估算所得的 Z 值統計量小於 −1.645 (統計量絕對值大於 1.645)，則落入拒絕區／拒絕域 (陰影區域)，結果為虛無假設的機率很低，有足夠證據拒絕虛無假設，此時對應的顯著性 p 值<0.05。相對的，若是根據樣本資料估算所得的 Z 值統計量大於 −1.645 (統計量絕對值小於 1.645)，則未落入陰影區域，反而落入空白區域之接受區／接受域，出現虛無假設的可能性很高，此時對應的顯著性 p 值≧0.05。

　　機率分配圖中若要改變圖形的大小，把滑鼠移到圖形的方形四角，會出現一

個互為 90 度角的雙箭號 (方向指向左上、右下、右上、左下)，按住此符號可以
調整圖形方框大小。

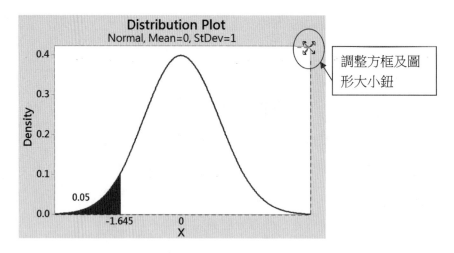

互為 90 度角的雙箭號鈕 (方向指向上、下、左、右) 在圖形的中間，按住此
符號可移動圖形的位置。

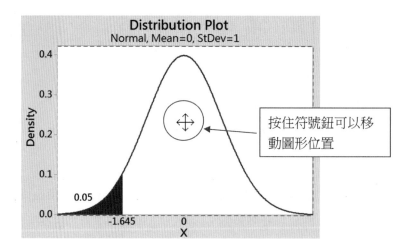

「Probability Distribution Plot: View Probability」次對話視窗點選單側右尾考
驗或單側右尾檢定 (Right Tail) 圖示鈕選項的常態分配機率圖如下：

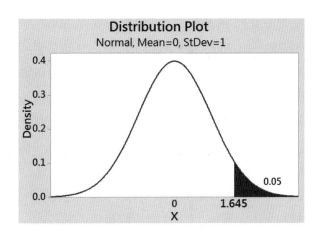

　　在顯著水準 α 等於 0.05 情況下，單側右尾檢定的臨界值為 +1.645，當假設檢定估計出來的 Z 值統計量大於 1.645 時，則落入拒絕區 (陰影區域)，統計結果為虛無假設的機率很低，有足夠證據拒絕虛無假設，此時統計量對應的顯著性 p 值 <0.05；相對的，檢定估計出來的 Z 值統計量小於 1.645 時，則落入接受區 (不是陰影區域)，統計結果為虛無假設的可能性很高，應接受虛無假設，此時統計量對應的顯著性 p 值會 $\geq$ 0.05。

　　「Probability Distribution Plot: View Probability」次對話視窗點選雙尾考驗 (Both Tails) 圖示鈕選項的常態分配機率圖如下：

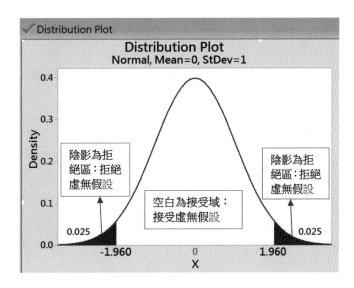

在顯著水準 α 等於 0.05 情況下，兩側陰影區域的面積各為 2.5%，雙尾檢定的臨界值分別為 −1.960、+1.960，當假設檢定估計出來的 Z 值統計量大於 +1.960 時，或小於 −1.960，則落入拒絕區 (陰影區域)，統計結果為虛無假設的機率很低，有足夠證據拒絕虛無假設，此時統計量對應的顯著性 p 值 <0.05；相對的，檢定估計出來的 Z 值統計量小於 1.960，或大於 −1.960，則落入中間空白區域之接受區 (不是陰影區域)，統計結果為虛無假設的可能性很高，應接受虛無假設，此時統計量對應的顯著性 p 值會 ≧0.05。

雙側考驗時，左右兩側陰影面積各佔 0.025，單側考驗時，單一端陰影面積佔 0.05，雙側考驗對應的臨界值 (Z 值) 離平均數中心點較遠，臨界值的絕對值較大，由於單側考驗臨界值的絕對值較小，因而設定相同的 0.05 顯著水準情況下，單側考驗較雙側考驗時之樣本統計量較容易落入拒絕區，以樣本統計量 Z 值等於 1.800 為例，單尾右側考驗的臨界值為 +1.645、雙尾考驗時兩側臨界值分別為 −1.960、+1.960，在單尾右側考驗程序中，樣本統計量 Z 值大於 +1.645，落入拒絕區，應拒絕虛無假設；在雙尾考驗程序中，樣本統計量 Z 值小於 +1.960，未落入拒絕區，沒有足夠證據可以拒絕虛無假設。可見當設定相同顯著水準時，單尾考驗程序較容易達到統計顯著水準，而得出拒絕虛無假設、對立假設得到支持的結論 (t 考驗之 t 統計量也是如此)。

「Probability Distribution Plot: View Probability」次對話視窗中，「Shaded Area」(陰影區域) 方盒，點選「Middle」(中間) 圖示鈕，圖示鈕功能可以繪製界定的機率值中的陰影區域圖，範例中「Probability 1:」(機率 1) 下方框輸入 0.05、「Probability 2:」(機率 2) 下方框輸入 0.50，表示陰影區域為機率 0.05 至 0.50 中間的部分。

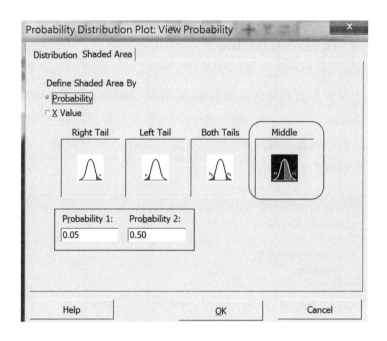

常態分配情況下，機率值在 0.05 至 0.50 間之陰影區域圖如下：

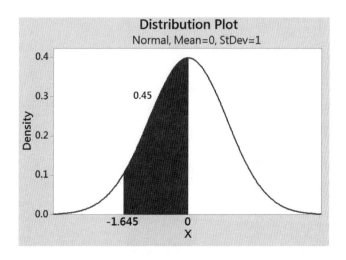

　　機率值 0.05 對應的 X 值為 −1.645、機率值 0.50 對應的 X 值為 0，中間陰影部分的面積為佔曲線下總面積的 45%。以平均數 0 為中心軸，中心軸左右二側曲線下的面積各佔 50% (0.500)。

「Probability Distribution Plot: View Probability」次對話視窗中,「Shaded Area」方盒,「Define Shaded Area By」(界定陰影區域) 的選項有二種:一為「⊙Probability」(此為內定選項)、一為「X Value」,前者在於界定陰影區域的機率值大小,後者在於直接界定臨界值 X 數值,範例中改選「⊙X Value」選項,點選「Middle」(中間) 圖示鈕,圖示鈕功能可以根據二個界定數的 X 橫軸數值來繪製陰影區域圖。視窗界面中,「X value1:」下方框輸入 –1.645、「X value 2:」下方框輸入 1.645,按「OK」鈕。

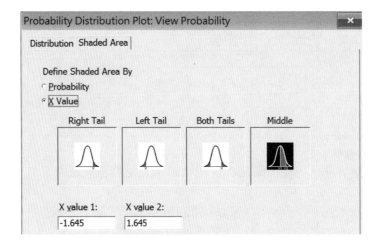

常態分配曲線圖中,左邊臨界點之標準分數值為 –1.645、右邊臨界點之標準分數值為 1.645,中間包含的曲線下面積剛好為 90.0%。兩側臨界值外的空白區域機率各佔 5%。

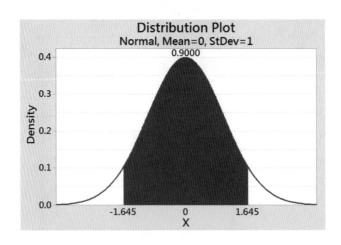

　　「Probability Distribution Plot: View Probability」次對話視窗中，「Shaded Area」方盒，「Define Shaded Area By」(界定陰影區域) 選項選取「 X Value」，點選「Middle」(中間) 圖示鈕，「X value1:」下方框輸入 −1.960、「X value 2:」下方框輸入 1.960，按「OK」鈕。

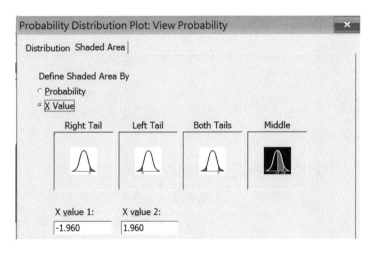

　　常態分配曲線圖中，左邊臨界點之標準分數值為 −1.960、右邊臨界點之標準分數值為 1.960，中間包含的曲線下面積剛好為 95.0% (中間陰影區域)。兩側臨界值外的空白區域機率各佔 2.5%。

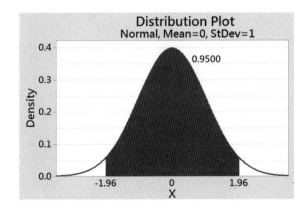

一、t 分配的機率分配圖

　　「Probability Distribution Plot: View Single」次對話視窗中，「Distribution:」(分配) 下方框的分配型態選取「t」分配，對應的選項為「Degrees of freedom:」

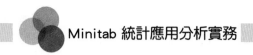

(自由度)，選項為 t 分配的自由度，不同自由度，t 分配的曲線型態便不同，範例中的自由度輸入 20。

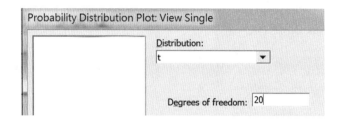

自由度等於 20 的 t 分配之機率分配曲線如下，當自由度愈大時，t 分配曲線十分接近常態分配曲線。

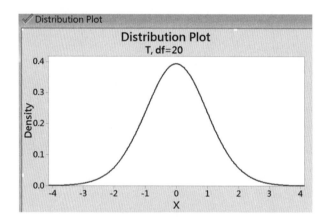

「Probability Distribution Plot: View Probability」次對話視窗中，「Shaded Area」(陰影區域) 方盒，點選「Both Tails」圖示鈕 (雙尾檢定)，表示繪製自由度等於 20，顯著水準 α 等於 0.05 之 t 分配雙尾檢定機率分配圖。

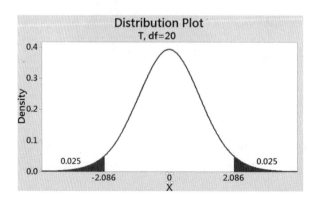

　　自由度等於 20，顯著水準 α 等於 0.05 之 t 分配雙尾檢定機率分配圖顯示，兩端陰影區域的臨界點分別 −2.086、2.086，表示根據樣本資料估算所得的 t 值統計量絕對值大於 2.086，統計量才會落入拒絕區 (陰影區域之內)，此時結果為虛無假設的機率不高，應拒絕虛無假設，對應的顯著性 p 值為 p<.05；相對的，根據樣本資料估算所得的 t 值統計量絕對值小於 2.086，統計量不會落入拒絕區，會直接落入空白區域之內，此時結果為虛無假設的可能性很高，應接受虛無假設，對應的顯著性 p 值為 p≧.05。

　　「Probability Distribution Plot: View Probability」次對話視窗中，「Shaded Area」(陰影區域) 方盒，點選「Right Tail」圖示鈕 (單尾右側檢定)，表示繪製自由度等於 20，顯著水準 α 等於 0.05 之 t 分配之單尾右側檢定機率分配圖。

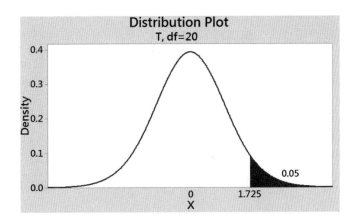

　　自由度等於 20，顯著水準 α 等於 0.05 之 t 分配單尾右側檢定機率分配圖顯示，右端陰影區域的臨界點為 1.725，表示根據樣本資料估算所得的 t 值統計量大於 1.725，統計量會落入拒絕區(陰影區域之內)，此結果表示為虛無假設的機率不高，應拒絕虛無假設 (陰影區域又稱拒絕域)，對應的顯著性 p 值為 p<.05；相對的，根據樣本資料估算所得的 t 值統計量大於 1.725，統計量不會落入陰影區域 (拒絕區)，會直接落入空白區域 (接受域) 之內，此時結果為虛無假設的可能性很高，應接受虛無假設，對應的顯著性 p 值為 p≧.05。

　　「Probability Distribution Plot: View Probability」次對話視窗中，「Shaded Area」(陰影區域) 方盒，點選「Left Tail」圖示鈕 (單尾左側檢定)，表示繪製自由度等於 20，顯著水準 α 等於 0.05 之 t 分配之單尾左側檢定機率分配圖。

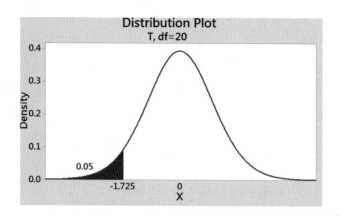

　　自由度等於 20，顯著水準 α 等於 0.05 之 t 分配單尾左側檢定機率分配圖顯示，左端陰影區域的臨界點為 1.725，表示根據樣本資料估算所得的 t 值統計量小於 −1.725，統計量會落入拒絕區 (陰影區域之內)，此結果表示為虛無假設的機率不高，應拒絕虛無假設 (陰影區域又稱拒絕域)，對應的顯著性 p 值為 p<.05；相對的，根據樣本資料估算所得的 t 值統計量大於 −1.725，統計量不會落入陰影區域 (拒絕區)，會直接落入空白區域 (接受域) 之內，此時結果為虛無假設的可能性很高，應接受虛無假設，對應的顯著性 p 值為 p≧.05。

　　若要繪製卡方分配圖，「Distribution」分配下拉式選單選取「Chi-Square」(卡方) 選項，並輸入卡方分配的自由度，範圍為繪製自由度等於 10 的卡方分配機率圖。

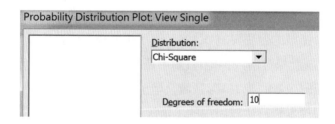

　　自由度等於 10 的卡方分配機率圖如下，χ^2 分配最小統計量為 0，統計量數不可能為負值。

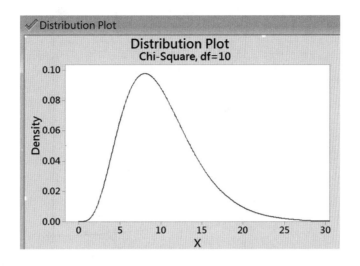

二、F分配

　　F 分配曲線型態隨分子自由度與分母自由度的數值大小而改變，要繪製 F 分配之機率分配圖必須界定分子的自由與分母自由度。

　　「Probability Distribution Plot: View Single」次對話視窗中，「Distribution:」(分配) 下方框的分配型態選取「F」分配，對應的選項為「Numerator df:」(分子自由度)、「Denominator df:」(分母自由度)，範例中，分子自由度界定為 3、分母自由度界定為 10，「Numerator df:」右邊方框輸入 3、「Denominator df:」右邊方框輸入10。

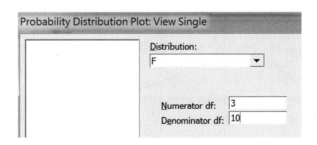

　　分子自由度為 3、分母自由度為 10 的 F 分配曲線圖如下：

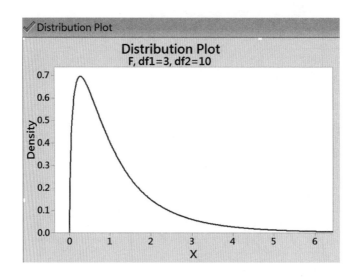

「Probability Distribution Plot: View Probability」次對話視窗中，「Shaded Area」(陰影區域) 方盒，點選「Right Tail」圖示鈕 (單尾右側檢定)，繪製分子自由度等於 3、分母自由度等於 10，顯著水準 α 等於 0.05 之 F 分配之右側檢定機率分配圖。

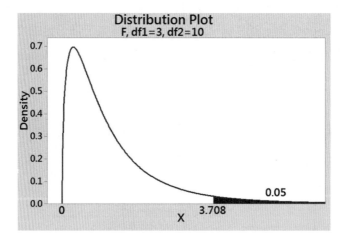

F 分配 F 之值統計量不可能為負值，其最小值為 0。分子自由度等於 3、分母自由度等於 10，顯著水準 α 等於 0.05 之 F 分配檢定機率分配圖顯示，臨界點為 3.708，表示根據樣本資料估算所得的 F 值大於 3.708，統計量會落入拒絕區 (陰影區域之內)，此結果表示為虛無假設的機率不高，應拒絕虛無假設 (陰影區

域又稱拒絕域)，對應的顯著性 p 值為 p<.05；相對的，根據樣本資料估算所得的 t 值統計量小於 3.708，統計量不會落入陰影區域 (拒絕區)，會直接落入空白區域 (接受域) 之內，此時結果為虛無假設的可能性很高，應接受虛無假設，對應的顯著性 p 值為 p≧.05。

三、二個母體分配之機率分配表

「Probability Distribution Plot」(機率分配圖) 對話視窗中，點選「Two Distributions」(雙分配) 圖示鈕，按「OK」鈕，開啟「Probability Distribution Plot: Two Distributions」次對話視窗。

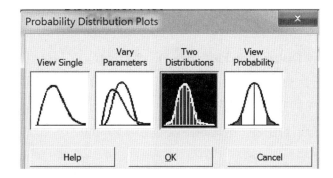

「Probability Distribution Plot: Two Distributions」次對話視窗中可以同時設定二種分配，範例中二種分配均選定為 Chi-Square 分配 (χ^2) 選項，「Distribution 1:」(分配曲線 1) 的自由度 (Degrees of freedom:) 界定為 5、「Distribution 2:」(分配曲線 2) 的自由度 (Degrees of freedom:) 界定為 15。

自由度分別為 5、15 之 Chi-Square 分配曲線圖如下。由曲線圖可以發現自由度等於 5 之卡方分配曲線圖的左偏分配十分明顯，但自由度等於 15 之卡方分配曲線圖則接近常態分配。

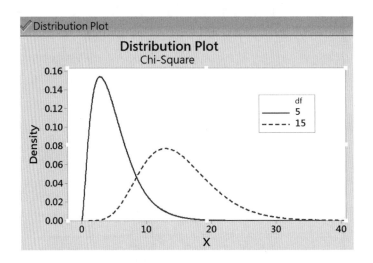

　　「Probability Distribution Plot: Two Distributions」次對話視窗中勾選的設定為繪製二條 F 分配機率分配圖。二種分配均選定為 F 分配選項，「Distribution 1:」(分配曲線 1) 的分子自由度、分母自由度分別為 3、10；「Distribution 2:」(分配曲線 2) 的分子自由度、分母自由度分別為 5、100。

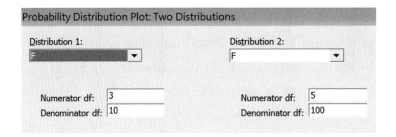

　　不同分子自由度、分母自由度繪製之 F 分配機率分配圖如下，F 分配曲線高度及偏態情況受到分子自由度、分母自由度的影響。

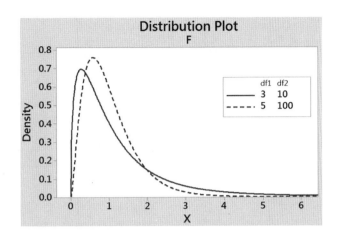

　　F 分配機率分配圖中第一個 F 分配的分子自由度、分母自由度分別為 3、20；第二個 F 分配的分子自由度、分母自由度分別為 20、40。F 分配之分子自由度與分母自由度愈大，F 分配愈會接近常態分配。圖中顯示，F 分配的 X 軸起始點為 0，表示 F 分配的 F 值統計量介於 0 至無限大之間。

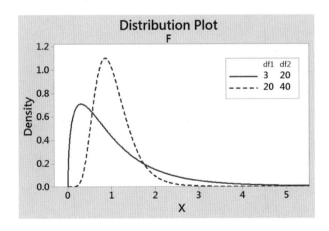

CHAPTER 5

單一母體
檢定

單一樣本檢定包括單一樣本 t 檢定與單一樣本比例 (百分比) 檢定，單一樣本 t 檢定是指從母群體中隨機抽取一定樣本數，根據樣本的統計量來推估其母群體的母數 (參數) 是否顯著大於、小於、或不等於某個特定的數值。特定的數值一般是常模的平均數，量表的中位數，或大規模調查研究中的平均數等。如某學年大學學測數學科目的均標 (平均數) 為 7 級分 (滿分 15 級分)，研究者想探究甲校的學生之數學學測成績是否顯著低於均標，從甲校中隨機抽取 100 位學生，搜集其數學學測級分，以和常模特定的數值 (平均數) 7 進行比較。

　　如果檢定的統計量是平均數或中位數等數值，檢定方法稱為「單一樣本 t 檢定」，若是檢定的統計量是比例或百分比，則檢定方法稱為「單一樣本比例檢定」，Minitab 統計軟體也提供單一母體變異數分析。

第一節　單一樣本 t 檢定

　　單一樣本 t 檢定的檢定統計量公式為：$\dfrac{\overline{X}-\mu}{\dfrac{s}{\sqrt{n}}}$，或 $\dfrac{\overline{X}-C}{\dfrac{s}{\sqrt{n}}}$，公式中分子為樣本平均數與特定數值 (檢定值) 的差異，公式中分母為平均數標準誤，s 為樣本標準誤，n 為樣本個數。

　　單一樣本 t 檢定的對立假設與虛無假設如下：

	單尾左側檢定	雙尾檢定	單尾右側檢定
對立假設 H_1	$\mu < C$ (或 $\mu - C < 0$)	$\mu \neq C$ (或 $\mu - C \neq 0$)	$\mu > C$ (或 $\mu - C > 0$)
虛無假設 H_0	$\mu \geq C$ (或 $\mu - C \geq 0$)	$\mu = C$ (或 $\mu - C = 0$)	$\mu \leq C$ (或 $\mu - C \leq 0$)

C 為特定數值 (常數)、虛無假設為包含等號 (=) 的假設

壹、雙尾檢定

沒有方向性的考驗為雙尾檢定，研究假設考驗的是樣本平均數是否顯著不等於檢定的參數值。

一、問題範例

啟太高中陳校長想探究其學校高一學生以智慧型手機的上網時間，是否與學校所在都會市區之學生平均上網時間是否有所不同，隨機抽取二十名高一學生，搜集其上網時間。學生每日平均以智慧型手機的上網時間數據如下，已知學校所在都會市區高一學生平均每日上網時間為每日 150 分，從陳校長抽取的資料可否推論該校高一學生以智慧型手機的上網時間和學校所在都會地區的高一學生是否有所不同？

受試者	S01	S02	S03	S04	S05	S06	S07	S08	S09	S10	S11	S12	S13	S14	S15	S16	S17	S18	S19	S20
上網時間	156	154	165	167	168	170	187	159	145	187	175	165	162	168	157	143	140	129	187	176

研究檢定的對立假設與虛無假設如下：

$$H_1 : \mu \neq 150 \ (\text{或} \ H_1 : \mu - 150 \neq 0)$$
$$H_0 : \mu = 150 \ (\text{或} \ H_0 : \mu - 150 = 0)$$

當統計量數的顯著性機率值 p < .05，結果為虛無假設的可能性很低，必須拒絕虛無假設，對立假設可以得到支持 (樣本平均數顯著不等於 150)，統計量數達到統計顯著水準。

二、操作程序

執行功能表「Stat」(統計) /「Basic Statistics」(基本統計) /「1-Sample t...」(單一樣本 t 檢定) 程序，程序功能提示語為：「Determine whether the mean of a sample differs significantly from a specified value.」(決定樣本平均數是否顯著不同

於一個特別界定的數值)，單一樣本 t 檢定界定的數值通常是常模、母群體之大樣本的平均值。

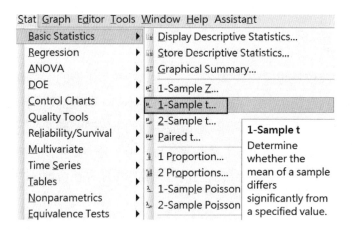

在「One-Sample t for the Mean」(單一樣本 t 平均數) 的對話視窗中，右邊方框為標的變數，範例中從變數清單中選入的變項名稱為「C2　上網時間」，勾選下方選項「☑Perform hypothesis test」(執行假設檢定)，「Hypothesized mean:」(假設檢定平均數) 右側的方框為常模或母群體的數值，此數值為研究者特別界定的單一數值，範例為平均上網時間每日 150 分鐘。

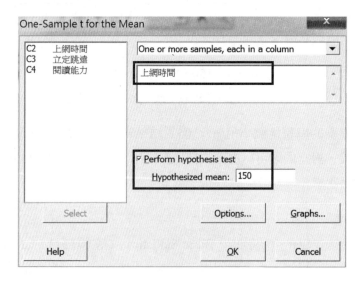

上述「One-Sample t for the Mean」(單一樣本 t 平均數) 的對話視窗中，二個

次功能按鈕為「Options...」(選項)、「Graphs...」(圖形)。資料檔格式型態選取的選項為「One or more samples, each in a column」，表示受試者的檢定變數測量值是在同一行，每個變項都在同一直行，Minitab 工作表建檔格式如下，其中直行C1 為受試者，變項屬性為文字，直行 C2 變項名稱為「上網時間」，變項屬性為數值，直行 C3 變項名稱為「立定跳遠」，變項屬性為數值，直行 C4 變項名稱為「閱讀能力」，變項屬性為數值。

	C1-T	C2	C3	C4
	受試者	上網時間	立定跳遠	閱讀能力
3	S03	165	164	78
4	S04	167	174	82
5	S05	168	182	84
6	S06	170	145	78
7	S07	187	180	62
8	S08	159	156	73
9	S09	145	161	64
10	S10	187	157	60

單一樣本 ***

資料檔格式型態選項有二種：一為內定選項「One or more samples, each in a column」，二為「Summarized data」(已分類資料)。選取「Summarized data」(已分類資料) 選項時，視窗的選單包括「Sample size:」(樣本大小)、「Sample mean:」(樣本平均數)、「Standard deviation:」(樣本標準差)、「Hypothesized mean:」(假設檢定的平均數或常數)。

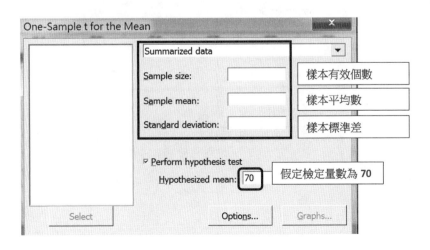

　　「One-Sample t for the Mean」(單一樣 t 本平均數) 的對話視窗中，按「Options...」(選項) 鈕可以開啟「One-Sample t: Options」(單一樣本 t 檢定：選項) 次對話視窗，視窗界面中，「Confidence level:」內定的數值為 95.0，表示信心水準為 95% (即顯著性錯誤率 α 等於 0.05)，如果研究界定的信心水準為 99.0% (顯著性錯誤率 α 等於 0.01)，可更改參數值為「99.0」；「Alternative hypothesis：」(對立假設) 右側內定選項為「Mean ≠ Hypothesized mean」(樣本平均數不等於假定平均數，雙尾檢定)；另二個選項為「Mean < Hypothesized mean」(樣本平均數小於假定平均數，單尾左側檢定)、「Mean > Hypothesized mean」(樣本平均數大於假定平均數，單尾右側檢定)。

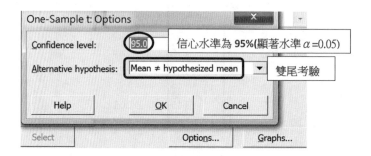

　　「One-Sample t for the Mean」(單一樣本 t 平均數) 的對話視窗中，按「Graphs...」(圖形) 鈕可以開啟「One-Sample t: Graphs」(單一樣本 t 檢定：圖形) 次對話視窗，視窗界面中有三種圖示選項：Histogram (直條圖或稱次數分配直方圖)、Individual value plot (個別數值圖示)、Boxplot (盒形圖)。

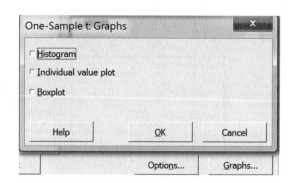

三、輸出結果

單一樣本 T 檢定執行結果如下：

```
Results for: 單一樣本

One-Sample T: 上網時間

Test of μ = 150 vs ≠ 150
Variable     N    Mean   StDev   SE Mean       95% CI         T      P
上網時間     20   163.00  15.82     3.54   (155.60, 170.40)  3.67  0.002
```

抽樣樣本數有 20 位、平均數為 163.00、標準差為 15.82、平均數標準誤為 3.54，平均數 95% 的信賴區間為 [155.60, 170.40]，平均數差異統計量 t 值為 3.67，顯著性 p 值等於 .002，由於顯著性 p = 0.002 < .05，有足夠的證據可以拒絕虛無假設 $(H_0 : \mu = 150)$，虛無假設出現的機率很低，對立假設得到支持，即 $H_1 : \mu \neq 150)$，啟太高中高一學生每日以智慧型手機上網的時間顯著與學校所在都會地區學生每日平均的上網時間不同。

單一樣本 T 檢定結果摘要表如下：

樣本數	平均數	標準差	檢定量數	T 值	平均數 95%CI
20	163.00	15.82	150	3.67**	[155.60, 170.40]

** p < .01

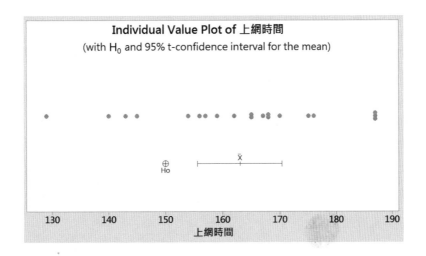

上圖為個別學生每日上網時間的個別數值圖。其中 $\bar{X}$ 為樣本平均數點，150 對應的點為檢定平均數的位置。

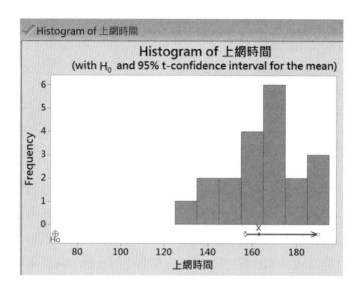

上圖為學生上網時間之次數分配直方圖 (或長條圖)，$\bar{X}$ 為樣本平均數所在位置。

四、已分類整理的資料檔型態

如果已知樣本之描述性統計量 (包括有效個數、平均數、標準差)，則可以直接鍵入有效個數、樣本平均數、標準差與檢定量數進行單一樣本 t 檢定程序。20 位樣本學生的描述性統計量如下表：

```
Descriptive Statistics: 上網時間
Variable    N   N* Mean  SE Mean StDev  Minimum    Q1   Median   Q3   Maximum
變項      樣本數   平均數  標準誤  標準差  最小值          中位數        最大值
上網時間  20    0  163.00   3.54   15.82   129.00  154.50  165.00 173.75  187.00
```

「N*」欄為遺漏值的個數，範例中遺漏值的樣本數個數等於 0。描述性統計量中，有效樣本數 N = 20、平均數 (Mean) 等於 163.00、標準差 (StDev) 等於 15.82、檢定量數為 150.00。

「One-Sample t for the Mean」(單一樣 t 本平均數) 的對話視窗中，資料檔格

式型態選項改選為「Summarized data」(已分類資料)選項。「Sample size:」(樣本大小) 右方框鍵入樣本個數「20」、「Sample mean:」(樣本平均數) 右方框鍵入樣本平均數「163.00」、「Standard deviation:」(樣本標準差) 右方框鍵入樣本標準差「15.82」、勾選「☑Perform hypothesis test」(執行假設檢定) 選項,選項下方「Hypothesized mean:」(假設檢定的平均數或常數) 右方框鍵入檢定量數「150」。

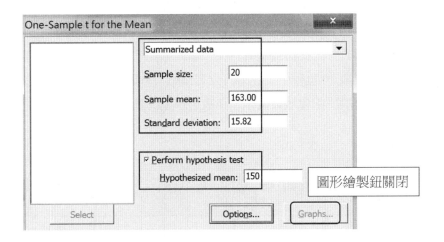

資料檔格式型態選項若選為「Summarized data」(已分類資料) 選項「One-Sample for the Mean」(單一樣本平均數) 的對話視窗中之「Graph...」(圖形) 鈕的功能關閉無法使用。採用已分類資料進行單一樣本雙尾檢定結果如下:

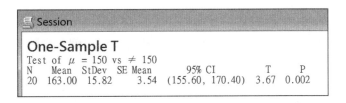

Session 視窗呈現的結果與之前完全相同,檢定統計量 t 值等於 3.67、顯著性機率值 $p = 0.002 < .05$,達到統計顯著水準,拒絕虛無假設,對立假設得到支持。平均數 95% 信賴區間為 [155.60,170.40],未包含 150 數值,表示信賴區間包括 150 這個點估計值的機率很低,樣本平均數等於 150 的可能性很小,拒絕虛無假設,樣本平均數顯著不等於 150。

貳、單尾左側檢定

單尾檢定包括右側與左側檢定，界定單尾檢定假設時，研究者必須明確指出樣本平均數是大於檢定參數值或小於檢定參數，如果樣本平均數是小於檢定參數值，則考驗方向為單尾左側檢定。

一、問題範例

某體育學者認為都市化的改變影響，會影響都市地區國中一年級學生的體適能，體適能測量指標之一為立定跳遠。一項全國國中一年級男學生立定跳遠的常模平均成績為 155 公分，此體育學者自某一都會地區的中型學校國中一年級男學生群體中，隨機抽取 20 位學生，測得其立定跳遠次數數據如下 (單位：CM)，請問體育學者所假定的「都會地區國中一年級男學生的體適能顯著較差」是否可以獲得支持？

受試者	S01	S02	S03	S04	S05	S06	S07	S08	S09	S10	S11	S12	S13	S14	S15	S16	S17	S18	S19	S20
立定跳遠	162	158	164	174	182	145	180	156	161	157	154	143	178	139	169	164	157	175	167	164

上述研究問題為單尾左側檢定，其對立假設與虛無假設如下：

對立假設 $H_1 : \mu_0 < 155$ (樣本平均數小於於母群體平均數 155)

虛無假設 $H_0 : \mu_0 \geq 155$ (樣本平均數大於或等於母群體平均數 155)

二、操作程序

在「One-Sample t for the Mean」(單一樣本 t 平均數) 的對話視窗中，右邊方框為標的變數，範例中從變數清單中選入的變項名稱為「C3　立定跳遠」(單位為公分)，勾選下方選項「☑Perform hypothesis test」(執行假設檢定)，「Hypothesized mean:」(假設檢定平均數) 右側的方框為常模、母群體的數值或某個實徵研究中有意義的量數，此量數為研究者特別界定的單一數值，範例為常模立定跳遠的平均距離 155 公分。

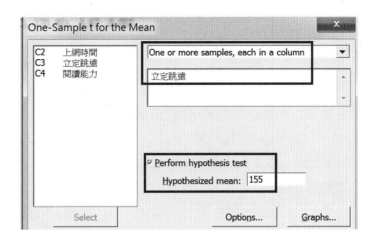

　　「One-Sample t: Options」(單一樣本 t 檢定：選項) 次對話視窗中，
「Confidence level:」(信心水準) 內定的數值為 95.0，表示信心水準為 95% (對
應的顯著水準 $\alpha = 0.05$)；「Alternative hypothesis:」(對立假設) 右側內定選項為
「Mean ≠ Hypothesized mean」(樣本平均數不等於假定平均數，雙尾檢定)，由於
單尾左側檢定，將對立假設檢定選項改為「Mean < Hypothesized mean」(樣本平
均數小於假定平均數)。按「OK」鈕，回到「One-Sample t for the Mean」(單一
樣本 t 平均數) 的對話視窗。

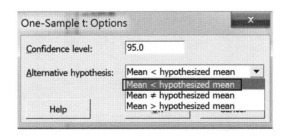

　　在「One-Sample t for the Mean」(單一樣本 t 平均數) 對話視窗中，按「OK」
鈕後，結果如下：

三、輸出結果

One-Sample T: 立定跳遠

```
Test of  μ = 155 vs < 155
Variable    N    Mean   StDev   SE Mean   95% Upper Bound     T      P
立定跳遠    20   162.45  11.97     2.68            167.08    2.78   0.994
```

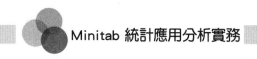

設定單尾左側檢定，輸出結果之檢定訊息為「Test of μ = 155 vs < 155」、「vs < 155」表示的意涵為對立假設 $H_1 : \mu_0 < 155$。

抽樣樣本數有 20 位、平均數為 162.45 (公分)、標準差為 11.97、平均數標準誤為 2.68，平均數 95% 的信賴區間上限為 167.08，平均數差異統計量 t 值為 2.78，顯著性 p 值等於 0.994，由於顯著性機率值 p > .05，未達統計顯著水準，沒有足夠的證據可以拒絕虛無假設：$H_0 : \mu_0 \geq 155$，即虛無假設出現的機率很高，對立假設 ($H_1 : \mu_0 < 155$) 無法得到支持，體育學者所假定的「都會地區國中一年級男學生的體適能顯著較差」的假定無法得到支持。

四、單尾右側檢定

上述的研究問題為「單尾左側檢定」，如改為「單尾右側檢定」，假設檢定的對立假設與虛無假設如下：

對立假設 $H_1 : \mu_0 > 155$ (樣本平均數大於於母群體平均數 155)
虛無假設 $H_0 : \mu_0 \leq 155$ (樣本平均數小於或等於母群體平均數 155)

研究問題為：「都會地區國中一年級男學生的體適能是否顯著優於全國學生國一男學生的平均值？」

「One-Sample t: Options」(單一樣本 t 檢定：選項) 次對話視窗中「Alternative hypothesis:」(對立假設) 右側檢定選項選取「Mean > Hypothesized mean」(樣本平均數大於假定平均數，表示進行的考驗為單尾右側檢定)。

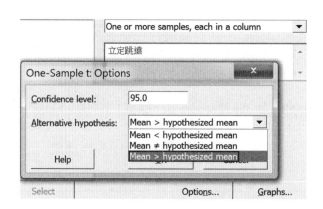

單尾右側檢定結果如下：

```
One-Sample T: 立定跳遠
Test of μ = 155 vs > 155
Variable      N      Mean    StDev    SE Mean    95% Lower Bound    T      P
立定跳遠      20    162.45   11.97    2.68          157.82        2.78   0.006
```

　　設定單尾右側檢定，輸出結果之檢定訊息為「Test of μ = 155 vs > 155」、「vs > 155」表示的是對立假設 $H_1 : \mu_0 > 155$，對應的虛無假設為 $H_0 : \mu_0 \leq 155$。

　　單一樣本 T 檢定統計量為 2.78，顯著性機率值 p = 0.006 < .05，達到統計顯著水準，有足夠證據可以拒絕虛無假設 ($H_0 : \mu_0 \leq 155$)，對立假設得到支持：「都會地區國中一年級男學生的體適能顯著優於全國學生國一男學生的平均值」，即「都會地區國中一年級男學生的體適能顯著較佳。」

五、雙尾檢定

　　統計考驗如改為雙側檢定，研究問題為「都會地區國中一年級男學生的體適能是否與全國學生國一男學生的平均值有顯著差異或不同？」

　　上述範例為雙尾檢定，統計推論之對立假設與虛無假設分別為：

$H_1 : \mu_0 \neq 155$ (都會地區國中一年級男學生的立定跳遠與全國學生常模有顯著不同)

$H_0 : \mu_0 = 155$ (都會地區國中一年級男學生的立定跳遠與全國學生常模沒有顯著不同)

　　「One-Sample t: Options」(單一樣本 t 檢定：選項) 次對話視窗中，「Alternative hypothesis:」(對立假設) 右邊下拉式考驗選單選取「Mean ≠ Hypothesized mean」選項，表示進行的是雙尾檢定。

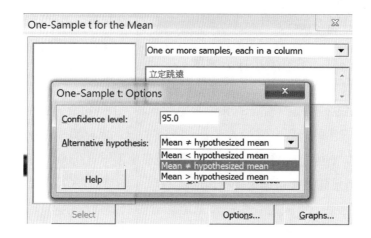

雙尾檢定結果如下：

One-Sample T: 立定跳遠
Test of $\mu = 155$ vs $\neq 155$

Variable	N	Mean	StDev	SE Mean	95% CI	T	P
立定跳遠	20	162.45	11.97	2.68	(156.85, 168.05)	2.78	0.012

平均差異檢定統計量 t 值為 2.78，顯著性機率值 p = 0.012 < .05，達到統計顯著水準，結果為虛無假設的機率很低，有足夠的證據拒絕虛無假設，對立假設獲到支持：「都會地區國中一年級男學生的立定跳遠與全國學生常模有顯著不同。」95% 信賴區間為 [156.85, 168.05]，未包括 155 數值點，表示結果平均值等於 155 的可能性不大，拒絕虛無假設。

上述三種假設檢定結果整理如下表：

	單尾左側檢定	單尾右側檢定	雙尾檢定
對立假設 H_1	$H_1 : \mu < 155$	$H_1 : \mu > 155$	$H_1 : \mu \neq 155$
虛無假設 H_0	$H_0 : \mu \geq 155$	$H_0 : \mu \leq 155$	$H_0 : \mu = 155$
T 值統計量	2.78	2.78	2.78
平均數 (標準差)	162.45 (11.97)	162.45 (11.97)	162.45 (11.97)
顯著性 p 值	0.994	0.006	0.012
研究假設支持	無法獲得支持	得到支持	得到支持

單一樣本 t 檢定時，研究假設設定為單尾檢定或雙尾檢定，會影響到對立假設是否得到支持與否。就單尾檢定而言，研究者要設定研究問題為優於、大於、較差、小於等有方向性的考驗時，必須要有理論或文獻支持，或是經驗法則來佐證，因為單尾檢定若是考驗的方向設定相反，會得到不同的結果，如範例中是完全相反的結論，單尾右側檢定的顯著性為 0.006、單尾左側檢定的顯著性為 0.994 (1-單尾右側檢定的 p 值 = 1 − 0.006 = 0.994)。其次是有方向性的單尾檢定較容易拒絕虛無假設，使虛無假設被拒絕的機率較大，因為如果方向性正確，則單尾檢定的顯著性機率值 p 只有雙尾檢定之顯著性機率值 p 的一半，範例中，雙尾檢定時的顯著性機率值 p 為 0.012，單尾右側檢定時的顯著性機率值 p 為 0.006 (= 0.012 ÷ 2 = 0.006)，顯著性機率值 p 愈小，表示結果為虛無假設的可能性愈低，因而較易拒絕虛無假設。許多統計分析結果，在雙尾檢定時研究假設無法得到支持，但改為單尾檢定時，研究假設反而可以得到支持，就是這個緣故。雙尾檢定雖然較不易達到統計顯著水準，但較有說服性與合理性，建議研究論文之假設檢定多採用雙尾檢定，爭議性較少。

參、單尾右側檢定

一項國小學生閱讀能力素養的調查中，六年級國小學生全國平均的閱讀能力素養為 70 分，某教育學者認為都會地區學生的閱讀能力素養較佳，從都會地區的六年級學生中隨機抽取二十名，二十名學生的平均的閱讀能力素養得分如下，請問，此教育學者的推論：「都會型學校的國小六年級學生閱讀能力素養較全國小六學生之平均素養得分為高」的假定可否得到支持。

受試者	S01	S02	S03	S04	S05	S06	S07	S08	S09	S10	S11	S12	S13	S14	S15	S16	S17	S18	S19	S20
閱讀能力	62	68	78	82	84	78	62	73	64	60	87	88	74	76	68	69	67	55	79	52

研究問題為「都會型學校的國小六年級學生閱讀能力素養是否顯著高於較全國小六學生之平均素養得分 (70)？」，統計推論之對立假設與虛無假設分別為：

$H_1 : \mu_0 > 70$ (都會型學校的國小六年級學生閱讀能力素養比全國小六學生之
平均素養 70 為高」。

$H_0 : \mu_0 \leq 70$ (都會型學校的國小六年級學生閱讀能力素養小於或等於全國小
六學生之平均素養)

在「One-Sample t for the Mean」(單一樣本 t 平均數) 的對話視窗中，右邊方
框為標的變數，範例中從變數清單中選入的變項名稱為「C4 閱讀能力」，勾選
下方選項「☑Perform hypothesis test」(執行假設檢定)，「Hypothesized mean：」
(假設檢定平均數) 右側的方框鍵入全國小學六年級學生平均閱讀能力素養分數
70 分。

One-Sample t for the Mean	✕
C2 上網時間 C3 立定跳遠 C4 閱讀能力	One or more samples, each in a column ▼
	閱讀能力
	☞ Perform hypothesis test Hypothesized mean: 70

「One-Sample t: Options」(單一樣本 t 檢定：選項) 次對話視窗中，
「Confidence level：」(信心水準) 內定的數值為 95.0，表示信心水準為 95% (顯著
水準 $\alpha = 0.05$)；由於是單尾右側檢定，「Alternative hypothesis：」(對立假設) 檢
定選項為「Mean > Hypothesized mean」(樣本平均數大於假定平均數)。

One-Sample t: Options	x
Confidence level:	95.0
Alternative hypothesis:	Mean > hypothesized mean ▼
Help	OK	Cancel

單尾右側檢定結果如下：

```
One-Sample T: 閱讀能力
Test of μ = 70 vs > 70
Variable    N    Mean    StDev    SE Mean    95% Lower Bound    T      P
閱讀能力    20   71.30   10.31    2.31       67.31             0.56   0.290
```

設定單尾右側檢定，輸出結果之檢定訊息為「Test of μ = 70 vs > 70」、「vs > 70」表示的是對立假設 $H_1 : \mu_0 > 70$。

抽樣樣本數有 20 位、平均數為 71.30 (分)、標準差為 10.31、平均數標準誤為 2.31，平均數 95% 的信賴區間下限為 67.31，平均數差異統計量 t 值為 0.56，顯著性 p 值等於 0.290，由於顯著性 p > .05，未達統計顯著水準，沒有足夠的證據可以拒絕虛無假設：$H_0 : \mu_0 \leq 70$，即虛無假設出現的機率很高，對立假設 ($H_1 : \mu_0 > 70$) 無法得到支持，研究假設：「都會型學校的國小六年級學生閱讀能力素養較全國小六學生之平均閱讀能力素養為佳」的假定無法得到支持。

上述範例如改為雙尾檢定，「Alternative hypothesis:」(對立假設) 右側選項為「Mean ≠ Hypothesized mean」，檢定結果如下：

```
One-Sample T: 閱讀能力
Test of μ = 70 vs ≠ 70
Variable    N    Mean    StDev    SE Mean    95% CI             T      P
閱讀能力    20   71.30   10.31    2.31       (66.47, 76.13)    0.56   0.579
```

抽樣樣本數有 20 位、平均數為 71.30 (分)、標準差為 10.31、平均數標準誤為 2.31，平均數 95% 的信賴區間為 [66.47, 76.13]，信賴區間包含 70 點估計值，接受虛無假設；平均數差異統計量 t 值為 0.56，顯著性 p 值等於 .579，由於顯著性 p > .05，沒有足夠的證據可以拒絕虛無假設：$H_0 : \mu = 70$，即虛無假設出現的機率很高，對立假設出現的可能性很低，對立假設 ($H_1 : \mu \neq 70$) 無法得到支持，研究假設：「都會型學校的國小六年級學生閱讀能力素養與全國小六學生之平均閱讀能力素養有顯著不同」的假定無法得到支持。雙尾檢定的顯著性機率值 p = 0.579，四捨五入為 0.58，0.58 ÷ 2 = 0.29，0.29 量數為單尾右側檢定的顯著性。

肆、單尾與雙尾檢定的差異

一份縣市高職學生憂鬱傾向的大規模調查研究中，採用「憂鬱傾向」量表為

研究工具,量表型態為李克特十點量表,測量值愈大表示學生感受的憂鬱傾向愈高,測量值愈小表示學生感受的憂鬱傾向愈高。統計分析結果縣市高職學生平均憂鬱傾向得分為 3.50。某私立校長認為其學校學生的憂鬱傾向偏高,從學校中隨機抽取二十五名學生再施測相同的「憂鬱傾向」量表,數據如下:

受試者	S01	S02	S03	S04	S05	S06	S07	S08	S09	S10	S11	S12	S13
憂鬱傾向	5	4	6	2	3	1	5	6	2	3	6	3	4
受試者	S14	S15	S16	S17	S18	S19	S20	S21	S22	S23	S24	S25	
憂鬱傾向	3	2	1	5	6	8	9	10	2	4	5	6	

在假設考驗驗證中,如果該校長認為學校學生的憂鬱傾向偏高,表示假設考驗為單尾右側檢定,相對的,該校長若只想要瞭解學校學生的憂鬱傾向感受與全縣市所有高職學生的平均感受有無差異,因為沒有探究方向 (高於或低於、大於或小於),表示的假設考驗是雙尾檢定。因為檢定的特定量為 3.50,單尾右側檢定的對立假設與虛無假設分別為:

$$H_1 : \mu > 3.50 \ , \ H_0 : \mu \le 3.50$$

雙尾檢定的對立假設與虛無假設分別為:

$$H_1 : \mu \ne 3.50 \ , \ H_0 : \mu = 3.50$$

單尾右則檢定的操作程序如下:

在「One-Sample t for the Mean」(單一樣本 t 平均數) 對話視窗中,從左邊變數清單中選取「憂鬱傾向」至右邊「方框」內,勾選下方選項「☑Perform hypothesis test」(執行假設檢定),「Hypothesized mean:」(假設檢定平均數) 右側的方框鍵入檢定量數「3.50」。「One-Sample t: Options」(單一樣本 t 檢定:選項) 次對話視窗中,「Confidence level:」(信心水準) 內定的數值選取內定 95.0 (表示信心水準為 95%);「Alternative hypothesis:」(對立假設) 右側下拉曳式選單選取「Mean > Hypothesized mean」(樣本平均數大於假定平均數) 選項。

單尾檢定結果如下:

One-Sample T: 憂鬱傾向
Test of $\mu = 3.5$ vs > 3.5

Variable	N	Mean	StDev	SE Mean	95% Lower Bound	T	P
憂鬱傾向	25	4.440	2.364	0.473	3.631	1.99	0.029

　　檢定量數為 3.50、假設檢定為樣本平均數 > 3.50。有效樣本數 N 為 25、樣本平均數為 4.440、標準差為 2.364、平均數標準誤為 0.473、平均數差異 95% 信賴區間下限為 3.631、檢定統計量 T 值等於1.99、顯著性機率值 p = 0.029 < .05，達統計顯著水準，拒絕虛無假設 $H_0 : \mu \leq 3.50$，對立假設得到支持 $H_1 : \mu > 3.50$。該校長認為「與縣市高職學生憂鬱傾向平均感受相較之下，該校學生的憂鬱傾向偏高」的論點得到支持。

　　雙尾檢定的操作程序如下：

　　在「One-Sample t for the Mean」(單一樣本 t 平均數) 對話視窗中，從左邊變數清單中選取「憂鬱傾向」至右邊「方框」內，勾選下方選項「☑Perform hypothesis test」(執行假設檢定)，「Hypothesized mean:」(假設檢定平均數) 右側的方框鍵入檢定量數「3.50」。「One-Sample t: Options」次對話視窗中，「Confidence level:」(信心水準) 內定的數值選取內定 95.0 (表示信心水準為 95%，對應的顯著水準 $\alpha = 0.05$)；「Alternative hypothesis:」(對立假設) 右側下拉曳式選單選取「Mean ≠ Hypothesized mean」(樣本平均數不等於假定平均數) 選項。

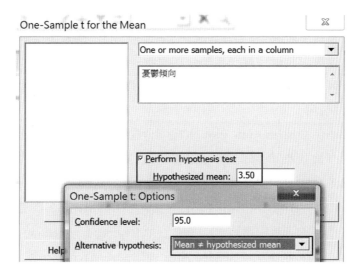

雙尾檢定的結果如下：

One-Sample T: 憂鬱傾向
Test of $\mu = 3.5$ vs $\neq 3.5$

Variable	N	Mean	StDev	SE Mean	95% CI	T	P
憂鬱傾向	25	4.440	2.364	0.473	(3.464, 5.416)	1.99	0.058

檢定量數為 3.50、假設檢定為樣本平均數 $\neq$ 3.50。有效樣本數 N 為 25、樣本平均數為 4.440、標準差為 2.364、平均數標準誤為 0.473、平均數差異 95% 信賴區間為 [3.464, 5.416]，包含 3.50 點估計值，接受虛無假設，結果平均值等於 3.50 的機率很高；檢定統計量 t 值等於 1.99、顯著性機率值 p = 0.058 > .05，未達統計顯著水準，接受虛無假設 $H_0 : \mu = 3.50$，對立假設無法得到支持 $H_1 : \mu \neq 3.50$。該校長認為「與縣市高職學生憂鬱傾向平均感受相較之下，該校學生的憂鬱傾向有顯著不同」的論點無法得到支持。

伍、t 分配機率分配圖繪製

Minitab 的功能列「Graph」(圖形) 可以繪製統計圖，包括各種統計分配的機率圖，如常態分配、卡方分配、F 分配、t 分配等。根據繪製之機率圖可以直接查詢統計量數是否大於臨界值或落入拒絕區或拒絕域，如果樣本統計量數大於臨界值，則應拒絕虛無假設。

範例中有效樣本數為 25、自由度為 25 - 1 = 24，顯著水準設定為 0.05，t 分配之分配機率圖繪製操作程序：執行功能表列「Graph」(圖形) /「Probability Distribution Plot...」(機率分配圖) 程序，開啟「Probability Distribution Plot」(機率分配圖) 對話視窗。

「Probability Distribution Plot」(機率分配圖) 對話視窗中，點選「View Probability」(檢視機率圖) 圖示選項，按「OK」鈕，開啟「Probability Distribution Plot: View Probability」次對話視窗。

「Probability Distribution Plot: View Probability」次對話視窗中，「Distribution:」下的選單中選取「t」分配，「Degrees of freedom:」(自由度) 右邊鍵入自由度 24。按選上方「Shaded Area」(陰影區域) 方盒，切換到另一對話

視窗。

　　「Shaded Area」(陰影區域) 選項鈕的次對話視窗中，內定陰影區域是機率 (⊙Probability) 選項。「Probability」(機率) 下的數值內定為「0.05」，表示顯著水準 α 為 0.05，範例中在「Both Tails」(雙尾檢定) 下圖示按一下，表示選取的機率分配圖為雙尾檢定。

　　自由度等於 24、顯著性機率值 α 設為 0.05 時，雙尾檢定 t 分配的機率分配圖如下：兩側臨界值分別為 −2.064、2.064，樣本學生憂鬱傾向檢定之 t 值統計量為 1.99，並沒有大於 2.064 臨界值，沒有落入拒絕區／拒絕域 (未達統計顯著水準)，接受虛無假設，對立假設無法得到支持。

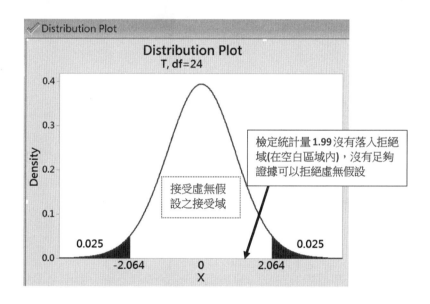

　　「Shaded Area」(陰影區域) 選項鈕的次對話視窗中，在 Right Tail (右尾檢定或右側檢定) 下圖示按一下，表示選取的機率分配圖為單尾右側檢定。

　　自由度等於 24、顯著性機率值 α 設為 0.05 時，單尾右側檢定 t 分配的機率分配圖如下：臨界值為 1.711，樣本學生憂鬱傾向檢定之 t 值統計量為 1.99，因為 1.99 大於 1.711 臨界值，統計量落入拒絕區或拒絕域 (達統計顯著水準)，應拒絕虛無假設，對立假設可以得到支持。

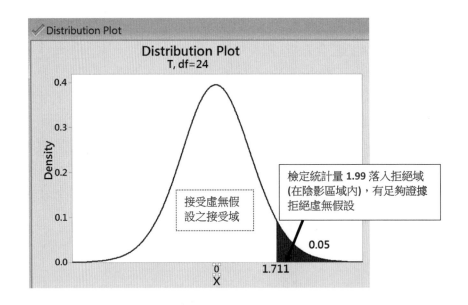

第二節　單一樣本比例檢定

在單一樣本 t 檢定中，檢定變數為平均數，若將檢定變數改為百分比，則統計方法稱為單一樣本比例檢定，單一樣本比例檢定旨在檢定一個樣本之百分比是否與一特定比值有所不同。

壹、雙尾檢定

學校教務主任想要探究三年一班模擬考英文科不及格人數比例與學校總體不及格人數比例 (P = 0.25；大寫 P 為百分比值、小寫 p 為顯著性) 有沒有顯著差異，從三年一班隨機抽取 25 名學生，不及格者有 7 人，試考驗教務主任所欲探究問題的研究假設：「英文科模擬考試，三年一班不及格人數比例與學校總體不及格人數比例 (0.25) 有顯著不同」是否可以支持？

一、研究假設
英文科模擬考試，三年一班不及格人數比例與學校總體不及格人數比例 (0.25) 有顯著不同。

受試者	S01	S02	S03	S04	S05	S06	S07	S08	S09	S10	S11	S12	S13
不及格	1	0	1	0	1	1	0	0	0	0	0	0	1
受試者	S14	S15	S16	S17	S18	S19	S20	S21	S22	S23	S24	S25	
不及格	1	0	0	0	0	0	0	0	0	0	0	1	

　　工作表資料檔建檔中，C1 直行變項名稱為「受試者」，變項型態為文字 (C1-T)；C2 直行變項名稱為「不及格」，變項型態為數值，水準數值 0 表示英文科模擬考成績及格、水準數值 1 表示英文科模擬考成績不及格 (事件發生結果)。

二、操作程序

　　執行功能表「Stat」(統計) /「Basic Statistics」(基本統計) /「1 Proportion...」 (單一比率) 程序，程序提示語為「Determine whether the proportion of an event observed in a sample differs significantly from a specified value.」(判定一個特定數值與樣本觀察事件比例是否有顯著不同)，程序可以開啟「One-Sample Proportion」 (單一樣本比例) 對話視窗。

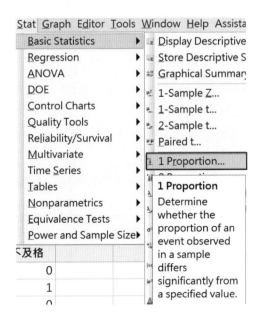

　　「One-Sample Proportion」(單一樣本比例) 對話視窗，資料檔型態選取內定

選項「One or more samples, each in a column」，從變數清單中選取標的變項「不及格」至右邊方框內，勾選「☑Perform hypothesis test」(執行假設檢定) 選項，假設檢定的數值為 0.25 (是一個比例值)，「Hypothesized proportion:」(假設檢定比例) 後面方框鍵入「0.25」。

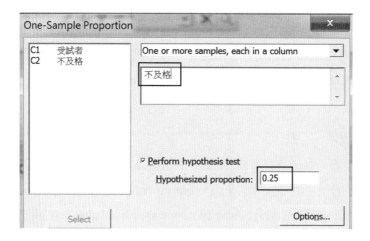

　　「One-Sample Proportion」(單一樣本比例) 對話視窗，資料檔型態選取內定選項「One or more samples, each in a column」，另一種資料型態為已分類或已統整的資料，包括全部有效樣本數，樣本數中發生事件的次數，此種資料檔型態選項為「Summarized data」(已分類資料)，二個選項分別為「Number of events:」(事件發生的個數或次數)、「Number of trials:」(試驗個數／全部有效的樣本數)，對話視窗中試驗個數的數值要大於或等於事件發生個數的數值。

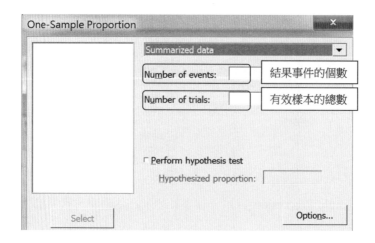

　　「One-Sample Proportion」(單一樣本比例) 對話視窗中，按「Options...」(選項) 鈕，可以開啟「One-Sample Proportion: Options」(單一樣本比例：選項) 次對話視窗，視窗內定的信心水準為 95.0%，對立假設內定選項為雙尾檢定：「Proportion ≠ hypothesized proportion」，另二個選項為「Proportion > hypothesized proportion」(單尾右側檢定)、「Proportion < hypothesized proportion」(單尾左側檢定)，假設檢定估計法內定選項 (Method) 為「Exact」(精確法)、另一個方法為「Normal approximation」(常態化近似法)，範例中選取「Exact」(精確法) 法。

　　「One-Sample Proportion: Options」(單一樣本比例：選項) 次對話視窗可以更改假設檢定的顯著水準，內定的顯著水準 α 為 0.05，若要更改顯著水準 α 為 0.01，可將「Confidence level:」右邊方框的數值從 95.0 改為 99.0，因為顯著水準設定為 0.01，對應的信心水準為 99%。

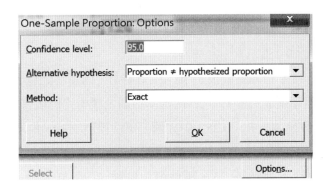

三、輸出結果

　　雙尾檢定結果如下：

```
Test and CI for One Proportion: 不及格
Test of p = 0.25 vs p ≠ 0.25
Event = 1
                                                Exact
Variable   X    N    Sample p      95% CI        P-Value
不及格      7    25   0.280000   (0.120717, 0.493877)   0.817
```

　　「Test of p = 0.25 vs p ≠ 0.25」表示雙尾檢定，檢定特定比例值為 0.25，C =

0.25，研究考驗之對立假設與虛無假設為：

$$H_1 : P \neq 0.25 \text{ (母體比例值不等於 25%)}$$
$$H_0 : P = 0.25 \text{ (母體比例值等於 25%)}$$

「Event = 1」表示事件結果的編碼為 1，檢定變項之樣本數的水準數值細格等於 1 (不及格的樣本) 為計次的儲存格。

模擬考不及格人數有 7 位、有效樣本數為 25 位、不及格人數比例為 0.28，雙尾檢定的顯著性機率值 p = 0.817 > .05，未達統計顯著水準，結果為虛無假設的可能性很高，沒有足夠證據可以拒絕虛無假設，對立假設無法得到支持。三年一班模擬考英文科不及格人數比例與學校總體不及格人數比例沒有顯著差異。教務主任所欲探究問題的研究假設：「英文科模擬考試，三年一班不及格人數比例與學校總體不及格人數比例 (0.25) 有顯著不同」之假定無法得到支持。樣本統計量中不及格比例值或百分比為 0.280 (28.0%)，雖高於界定的比例值 0.250，其間的差異是抽樣誤差造成的，如果增加樣本數或將樣本數再擴大，三年一班不及格人數比例值會接近 0.250。

樣本比例之 95% 信賴區間值為 [0.121, 0.494]，信賴區間包含 0.25 檢定統計值，表示 95% 信賴區間可能為 0.25 的機率很高，樣本比例值有很大的可能性為 0.25，接受虛無假設 $H_0 : P = 0.25$，對立假設無法得到支持。樣本比例之 95% 信賴區間考驗結果與顯著性 p 值考驗結果相同。

範例中有效樣本個數為 25、事件發生個數 (不及格人數 7 人) 為 7，在「One-Sample Proportion」(單一樣本比例) 對話視窗，資料檔型態若改選為「Summarized data」(已分類的資料) 選項，「Number of events:」(事件發生的個數) 右邊方框鍵入的數值為 7、「Number of trials:」(全部有效的樣本數) 右邊方框鍵入的數值為 25。其餘操作程序同之前資料型態為「One or more samples, each in a column」選項的操作。

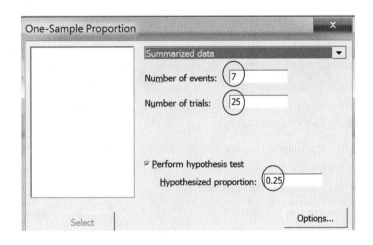

　　「One-Sample Proportion」(單一樣本比例) 對話視窗的資料檔型態若為「Summarized data」(已分類的資料) 選項，「Number of events:」(事件發生的個數) 右邊方框的數值必須小於或等於「Number of trials:」(試驗個數) 右邊的數值，因為試驗個數為有效樣本的總數，而事件結果發生個數是有效樣本中的部分樣本個數，「Number of events:」(事件個數) 右的數值若大於「Number of trials:」(試驗個數) 的數值，按「OK」執行鈕會出現 Minitab 錯誤訊息。

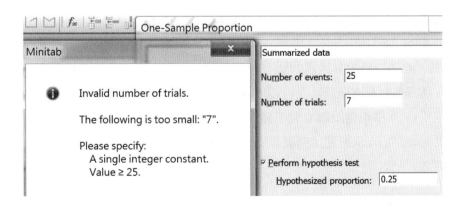

　　範例視窗界面中，由於「Number of events:」(事件個數) 右的數值為 25，表示有效樣本總數一定要大於或等於 25，因而錯誤訊息為：「Please specify: A single integer constanat. Value ≥ 25.」，表示使用者要指定一個大於或等於 25 的整數作為試驗個數。事件發生個數或試驗總個數的數值必須為整數，因為樣本或受試者的次數不可能為小數，二個數值若沒有鍵入整數值，Minitab 也會出現錯誤

訊息。

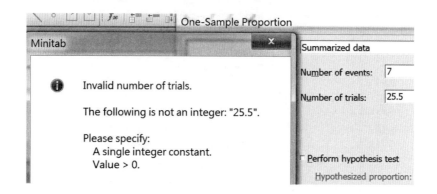

上述視窗界面中，試驗次數右方框的個數鍵入 25.5，進一步的界面操作時，會出現「Minitab」錯誤訊息：「Invalid number of trials. The following is not an integer: "25.5". Please specify: A single integer constant. Valus > 0.」，訊息內容提示研究者，試驗個數的數值不是有效數值，25.5 數值不是整數，要重新界定一個大於 0 的整數。

貳、單尾右側檢定

一項對全縣治安滿意度調查的研究發現，縣民對治安滿意的比例為 57% (對應的是 43% 的縣民對治安不滿意)。某鄉長認為其鄉內治安的平均滿意度定會高於 57%，鄉長為驗證其所講的話有理，乃重新從鄉內民眾中隨機抽取二十五名鄉民，調查其對治安滿意感受與否，調查數據中，水準數值編碼 1 為滿意 (事件發生結果)、水準數值編碼 0 為不滿意 (事件未發生結果)，請問，鄉長認為「該鄉鄉民對鄉之治安滿意度比例顯著高於全縣的縣民治安滿意度比例」是否可以得到支持？

一、問題範例

研究問題：該鄉鄉民對鄉之治安滿意度比例是否顯著高於全縣的縣民治安滿意度比例 (57%)？

研究假設：該鄉鄉民對鄉之治安滿意度比例顯著高於全縣的縣民治安滿意度比例 (57%)。

二十五位樣本受試者之數據如下：

受試者	S01	S02	S03	S04	S05	S06	S07	S08	S09	S10	S11	S12	S13
滿意與否	1	1	1	1	1	1	0	1	1	1	0	1	0
受試者	S14	S15	S16	S17	S18	S19	S20	S21	S22	S23	S24	S25	
滿意與否	1	1	1	1	1	1	0	0	0	1	1	1	

　　工作表資料檔建檔中，C1 直行變項名稱為「受試者」，變項型態為文字 (C1-T)；C2 直行變項名稱為「滿意與否」，變項型態為數值，水準數值 0 表示不滿意、水準數值 1 表示滿意 (反應結果事件)。

　　單尾右側檢定之對立假設與虛無假設如下：

H_1 : P > C (C 常數是個比例值或百分比，範例中 C = 0.57) 或 H_1 : P > 0.57

H_0 : P ≤ C (C 常數是個比例值或百分比，範例中 C = 0.57) 或 H_0 : P ≤ 0.57

二、執行程序

　　「One-Sample Proportion」(單一樣本比例) 對話視窗，資料檔型態選取內定選項「One or more samples, each in a column」，從變數清單中選取標的變項「C2 滿意與否」至右邊方框內，勾選「☑Perform hypothesis test」(執行假設檢定) 選項，「Hypothesized proportion:」(假設檢定比例) 後面方框鍵入「0.57」，按「Options」(選項) 鈕，開啟「One-Sample Proportion: Options」(單一樣本比例：選項) 次對話視窗，視窗內定的信心水準為 95.0%，對立假設選單尾右側檢定選項：「Proportion > hypothesized proportion」，「Method:」(方法) 右側選項選內定「Exact」(精確法) 估計法。按「OK」鈕，回到「One-Sample Proportion」(單一樣本比例) 對話視窗，再按「OK」鈕。

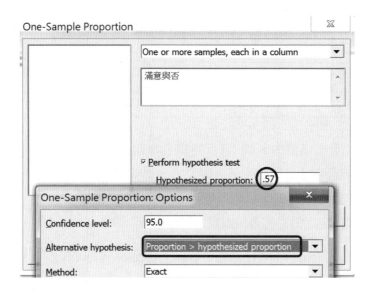

三、輸出結果

單尾右側檢定結果如下：

```
Test of p = 0.57 vs p > 0.57
Event = 1
Exact
Variable      X    N    Sample p    95% Lower Bound    P-Value
滿意與否      19   25   0.760000    0.580480           0.040
```

「Test of p = 0.57 vs p > 0.57」表示單尾右側檢定，檢定的對立假設為 H_1 : P > 0.57，對應的虛無假設為 H_0 : P ≤ 0.57 有效樣本數有 25 位，事件發生個數 (計算水準數值為 1 的次數) 有 19，樣本百分比為 76.0%，顯著性機率值 p = 0.04 < .05，達到統計顯著水準，有足夠證據拒絕虛無假設，對立假設可以得到支持。鄉長認為「該鄉鄉民對鄉之治安滿意度比例顯著高於全縣的縣民治安滿意度比例」的假定可以得到支持。

上述範例如改為雙尾檢定，檢定的研究問題為：「該鄉鄉民對該鄉之治安滿意度比例是否與全縣的縣民對治安的平均滿意度比例有所不同？」，研究假設為：「該鄉鄉民對該鄉之治安滿意度比例與全縣縣民對治安的平均滿意度比例顯著不同。」

雙尾檢定之對立假設與虛無假設如下：

$$H_1 : P \neq C \text{ (C 常數是個比例值或百分比) 或 } H_1 : P \neq 0.57$$
$$H_0 : P = C \text{ (C 常數是個比例值或百分比) 或 } H_0 : P = 0.57$$

「One-Sample Proportion」(單一樣本比例) 對話視窗，資料檔型態選取內定選項「One or more samples, each in a column」，從變數清單中選取標的變項「滿意與否」至右邊方框內，勾選「☑Perform hypothesis test」(執行假設檢定) 選項，「Hypothesized proportion:」(假設檢定比例) 後面方框鍵入「0.57」，按「Options」(選項) 鈕，開啟「One-Sample Proportion: Options」(單一樣本比例：選項) 次對話視窗，視窗內定的信心水準為 95.0%，對立假設選雙尾檢定選項：「Proportion ≠ hypothesized proportion」，「Method:」(方法) 右側選項選內定「Exact」(精確法) 估計法。按「OK」鈕，回到「One-Sample Proportion」(單一樣本比例) 對話視窗，再按「OK」鈕。

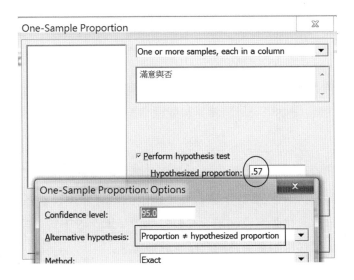

雙尾檢定結果如下：

Test and CI for One Proportion: 滿意與否
Test of p = 0.57 vs p ≠ 0.57
Event = 1

Variable	X	N	Sample p	95% CI	Exact P-Value
滿意與否	19	25	0.760000	(0.548712, 0.906436)	0.068

　　「Test of p = 0.57 vs p ≠ 0.57」表示雙尾檢定，檢定的對立假設為 $H_1 : P \neq 0.57$，對應的虛無假設為 $H_0 : P = 0.57$ 有效樣本數有 25 位，事件發生個數 (計算水準數值為 1 的次數) 有 19，樣本百分比為 76.0%，顯著性機率值 p = 0.068 > .05，未達統計顯著水準，沒有足夠證據可以拒絕虛無假設，對立假設無法獲到支持：「該鄉鄉民對該鄉之治安滿意度比例與全縣縣民對治安的平均滿意度比例 (57%) 沒有顯著差異存在。」

　　比值 95% 信賴區間為 [0.549, 0.906]，信賴區間值包含 0.57 檢定統計量估計值，表示比值 95% 信賴區間等於 0.57 的機率很高，虛無假設 $H_0 : P = 0.57$ 無法被拒絕，對應的是應接受虛無假設，研究假設無法得支持。

　　上述範例中若是採用單尾右側檢定，則對立假設 (研究假設)$(H_1 : P > 0.57)$ 得到支持，但是採用雙尾檢定，則對立假設 (研究假設) $(H_1 : P \neq 0.57)$ 無法得到支持，二個統計分析程序的結果剛好相反，這是因為採用單側檢定程序較雙側檢定程序時，比較容易拒絕虛無假設，接受對立假設 (單側檢定拒絕虛無假設的可能性較高)。

【備註】

　　單一母體假設檢定除常見的單一母體平均數考驗與單一母體比例檢定外，Minitab 統計軟體也提供單一母體變異數或標準差的檢定程序。

一、研究問題

　　某模具公司宣稱公司出產的甲模具品管甚嚴，甲模具產品的標準差不會超過 0.02 單位變異範圍，研究者從模具公司中隨機抽取十件甲模具產品，其數據如下，請問模具公司宣稱品質管制是否具有公信力？工作表中資料檔之直行 C1 變項為「大小」，儲存格測量值為抽取樣本的數據。

·	C1	C2
	大小	
1	10.28	
2	10.25	
3	10.29	
4	10.23	
5	10.24	
6	10.25	
7	10.26	
8	10.24	
9	10.27	
10	10.23	

二、操作程序

　　執行功能表列「Stat」(統計) /「Basic Statistics」(基本統計) /「1 Variance」(1 個變異數) 程序，程序提示語為「Determine whether the variance or the standard deviation of a sample differs from a specified value.」(決定樣本的變異數或標準差是否與界定數值有所不同)，程序開啟「One-Sample Variance」(單樣本變異數) 對話視窗。

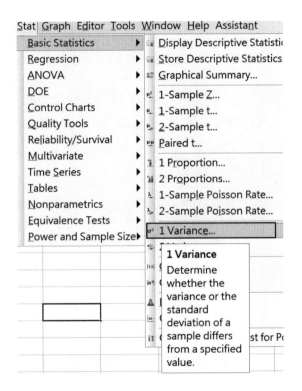

　　在「One-Sample Variance」(單樣本變異數) 對話視窗，從變數清單選取「C1　大小」至右邊方框內，資料檔格式型態為「One or more samples, each in a column」。勾選「☑Perform hypothesis test」(執行假設檢定) 選項、「Hypothesized standard deviation」(檢定標準差) 內定選單對應的「Value：」(數值) 右側鍵入標準差數值 0.02。

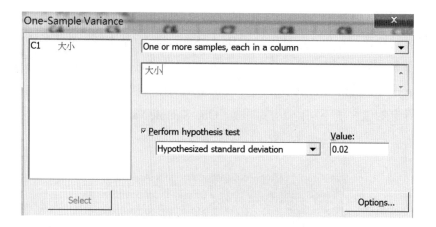

　　若是研究者直接使用變異數參數 (0.0004) 作為檢定變數，勾選「☑Perform hypothesis test」(執行假設檢定) 選項，下方選單改選為「Hypothesized variance」(檢定變異數) 選項，選單對應的「Value:」(數值) 右側方格內鍵入變異數檢定常數 0.0004 (變異數為標準差的平方)。

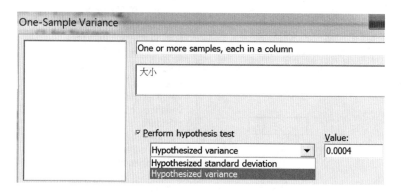

　　「Options」(選項) 鈕，可以開啟「One-Sample Variance：Options」(單樣本變異數：選項) 次對話視窗，視窗內定的信心水準為 95.0%、雙尾檢定。

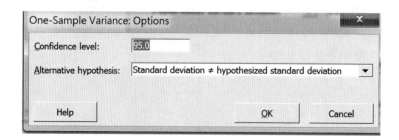

三、輸出結果

以標準差參數作為檢定數值的輸出結果如下：

Test and CI for One Variance: 大小

Method

Null hypothesis　　　　$\sigma = 0.02$

Alternative hypothesis　$\sigma \neq 0.02$

The chi-square method is only for the normal distribution.

The Bonett method is for any continuous distribution.

Statistics

Variable	N	StDev	Variance
大小	10	0.0207	0.000427

95% Confidence Intervals

Variable	Method	CI for StDev	CI for Variance
大小	Chi-Square	(0.0142, 0.0377)	(0.000202, 0.001422)
	Bonett	(0.0137, 0.0386)	(0.000189, 0.001490)

Tests

Variable	Method	Test Statistic	DF	P-Value
大小	Chi-Square	9.60	9	0.768
	Bonett	—	—	0.845

以變異數參數作為檢定數值的輸出結果如下：

Test and CI for One Variance: 大小

Method

Null hypothesis　　　　$\sigma\text{-squared} = 0.0004$

Alternative hypothesis　$\sigma\text{-squared} \neq 0.0004$

The chi-square method is only for the normal distribution.

The Bonett method is for any continuous distribution.

Statistics

Variable	N	StDev	Variance
大小	10	0.0207	0.000427

95% Confidence Intervals

Variable	Method	CI for StDev	CI for Variance
大小	Chi-Square	(0.0142, 0.0377)	(0.000202, 0.001422)
	Bonett	(0.0137, 0.0386)	(0.000189, 0.001490)

```
Tests
                       Test
Variable    Method     Statistic   DF    P-Value
大小        Chi-Square  9.60        9     0.768
            Bonett      —           —     0.845
```

　　二個輸出結果主要差別為虛無假設與對立假設的設定，以標準差量數作為檢定參數，虛無假設為「$\sigma = 0.02$」、對立假設為「$\sigma \neq 0.02$」；以變異數差量數作為檢定參數，虛無假設為「σ-squared = 0.0004」($\sigma^2 = 0.0004$)、對立假設為「σ-squared $\neq$ 0.0004」($\sigma^2 \neq 0.0004$)。

　　統計方法中的卡方檢定法只適用於常態分配資料型態，Bonett 檢定法適用於任何連續分配型態資料。

　　10 個樣本產品的標準差為 0.0207、變異數為 0.000427，自由度等於 9 的卡方統計量為 9.60，顯著性 p = 0.768 > .05；Bonett 檢定法之統計量對應的顯著性 p = 0.845 > .05，均未達統計顯著水準，接受虛無假設，樣本產品之母體的標準差顯著等於 0.02，樣本產品之母體的變異數顯著等於 0.0004，模具公司宣稱的甲模具產品的變異程度不超過 0.02 個單位是可信的。

　　單一樣本變異數分析程序也可以使用已統計分析的樣本數、標準差 (或變異數) 參數直接進行檢定，研究問題為某品牌飲料宣稱其公司生產線生產的飲料重量的標準差均在 5.00 以下 (變異數在 25 以下)，某消費者想驗證此公司所宣稱的內容是否屬實，隨機購買此品牌飲料 30 罐，測得其標準差為 4.75。消費者根據數據進行單一樣本變異數分析程序如下：

　　「One-Sample Variance」(單樣本變異數) 對話視窗，資料檔格式型態選取「Samplestandard deviation」(樣本標準差) 選項，在「Sample size:」(樣本大小) 右側方框鍵入 30、「Samplestandard deviation」(樣本標準差) 右側方框鍵入 4.75，勾選「☑Perform hypothesis test」(執行假設檢定) 選項，「Hypothesized standard deviation」(檢定標準差) 選單對應的「Value:」(數值) 右側鍵入標準差 5。

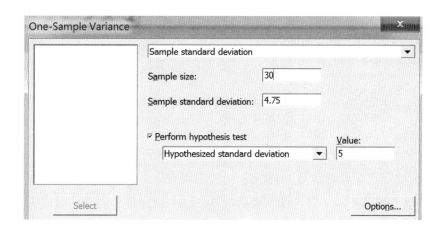

「One-Sample Variance：Options」(單樣本變異數：選項) 次對話視窗，對立假設選單選取「Standard deviation < hypothesized standard deviation」選項。

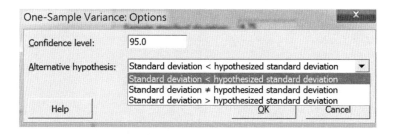

單尾左側檢定結果如下：

Test and CI for One Variance
Method
Null hypothesis　　　$\sigma = 5$
Alternative hypothesis $\sigma < 5$
The chi-square method is only for the normal distribution.
The Bonett method cannot be calculated with summarized data.
Statistics

N	StDev	Variance
30	4.75	22.6

95% One-Sided Confidence Intervals
　　　Upper
　　　Bound

```
                for   Upper Bound
Method      StDev   for   Variance
Chi-Square    6.08            36.9
Tests
                Test
Method      Statistic   DF   P-Value
Chi-Square   26.17       29    0.384
```

　　研究檢定之虛無假設為「$\sigma \geq 5$」、對立假設為「$\sigma < 5$」，有效樣本個數等於 30、樣本標準差為 4.75、樣本變異數為 22.6。自由度等於 29、卡方統計量為 26.17，對應的顯著性 p = 0.384 > .05，接受虛無假設，對立假設無法得到支持，公司宣稱品牌飲料的重量之標準差均小於 5 無法得到證實。

CHAPTER

6

二個
平均數間的
差異檢定

　　二個平均數的差異檢定包括相依樣本 t 檢定與獨立樣本 t 檢定。相依樣本 (配對樣本) t 檢定指的是二個平均數是來自同一組的受試者，或是配對的樣本，配對樣本是二組樣本各方面均類似，二個平均數雖然來自二組受試樣本，但二組樣本的同質性甚高，與相同樣本重複接受二次測驗的情況類似。獨立樣本 t 檢定指的是二個平均數來自不同的母群體樣本，t 檢定方法在考驗二個平均數間的差異是否達到顯著，或是二個平均數間的差異是否顯著不等於 0，如男生群體數成績平均數與女生群體數學成績平均數間是否有顯著不同；公立學生高職學生生活壓力平均數與私立學生高職學生生活壓力平均數間是否有顯著差異。

　　相依樣本 t 檢定或獨立樣本 t 檢定程序，有方向性的考驗包括單尾右側檢定、單尾左側檢定，沒有方向性的考驗為雙尾檢定，對應的對立假設與虛無假設如下表：

	雙尾檢定	單尾右側檢定	單尾左側檢定
對立假設 H_1	$\mu_1 \neq \mu_2$	$\mu_1 > \mu_2$	$\mu_1 < \mu_2$
虛無假設 H_0	$\mu_1 = \mu_2$	$\mu_1 \leq \mu_2$	$\mu_1 \geq \mu_2$

　　若是研究者在檢定二個平均數的差異值是否顯著不於一個常數 C，則上述對立假設與虛無假設如下：

	雙尾檢定	單尾右側檢定	單尾左側檢定
對立假設 H_1	$\mu_1 - \mu_2 \neq C$	$\mu_1 - \mu_2 > C$	$\mu_1 - \mu_2 < C$
虛無假設 H_0	$\mu_1 - \mu_2 = C$	$\mu_1 - \mu_2 \leq C$	$\mu_1 - \mu_2 \geq C$

第一節　相依樣本 t 檢定

　　一項大一新生統計學課程之學習焦慮的探究中，系主任想要知道學生開學初、學期中、學期末統計學課程之學習焦慮感受情況。從修讀統計學課程的學生中隨機抽取十五名學生，於開學初、學期中、學期末三個不同情境施測「學習焦慮量表」，受試者測量值愈大，表示感受的學習焦慮愈高；相對的，測量值愈

小，表示受試者感受的學習焦慮程度愈低。十五受試者三個不同情境測得的數據如下：

受試者	S01	S02	S03	S04	S05	S06	S07	S08	S09	S10	S11	S12	S13	S14	S15
第一次	10	9	8	9	10	9	8	7	8	9	8	9	10	6	8
第二次	5	6	4	7	2	6	4	5	4	5	3	2	5	4	2
第三次	5	4	3	7	5	4	2	1	3	4	3	2	4	3	2

Minitab 工作表建檔中，直行 C1 的變項名稱為「第一次」(開學初)、直行 C2 的變項名稱為「第二次」(學期中)、直行 C3 的變項名稱為「第三次」(學期末)，三個直行變項分別建入十五位受試者三次學習焦慮的分數。

相依樣本 ***	C1 第一次	C2 第二次	C3 第三次
1	10	5	5
2	9	6	4
3	8	4	3
4	9	7	7
5	10	2	5
6	9	6	4
7	8	4	2
8	7	5	1
9	8	4	3
10	9	5	4
11	8	3	3
12	9	2	2
13	10	5	4
14	6	4	3
15	8	2	2

雙尾檢定的對立假設與虛無假設如下：

第一次與第二次的差異：$H_1 : \mu_1 - \mu_2 \neq 0$、$H_0 : \mu_1 - \mu_2 = 0$
第一次與第三次的差異：$H_1 : \mu_1 - \mu_3 \neq 0$、$H_0 : \mu_1 - \mu_3 = 0$
第二次與第三次的差異：$H_1 : \mu_2 - \mu_3 \neq 0$、$H_0 : \mu_2 - \mu_3 = 0$

　　相依樣本 t 檢定只能進行受試者在二個情境下平均數的差異考驗，若是要同時進行三個情境以上之測量值平均數的差異考驗，要採用相依樣本變異數分析法。

壹、學期初與學期中的差異考驗

一、操作程序

　　相依樣本 t 檢定執行步驟如下：

　　執行功能表「Stat」(統計) /「Basic Statistics」(基本統計) /「Paired t...」(配對樣本 t 檢定) 程序，程序功能提示語為：「Determine whether the means of two dependent groups differs. Use to compare measurements that are made on the same items under different conditions.」(判斷二個依變項群體平均數的差異，二個平均數是以相同的題項在不同情境下所測得的量數)，程序可以開啟「Paired t for the Mean」(平均數配對 t 檢定) 對話視窗。

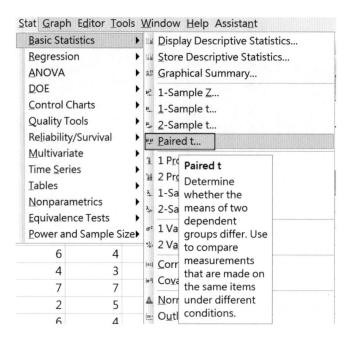

　　「Paired t for the Mean」(平均數配對 t 檢定) 對話視窗中，「Sample 1:」(樣本 1) 為第一次測得的數據變項或第一種情境下測得的數據變數；「Sample 2:」(樣本 2) 為第二次測得的數據變項或第二種情境下測得的數據變數。

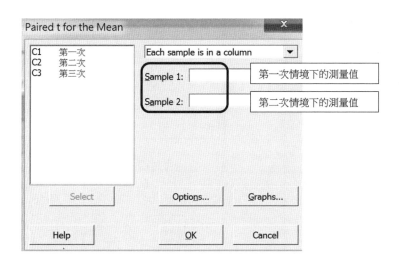

　　工作表資料檔格式型態內定選項為「Each sample is in a column」，表示每次情境的測量值是鍵入在一直行 (如第一次學期初的測量值鍵入在編號 C1 直行、第二次學期中的測量值鍵入在編號 C2 直行)，另一種型態為已分類統計的數值資料，選項為「Summarized data (differences)」(已分類的資料)，採用此資料檔型態選項必須知道有效樣本數的個數、配對差異值的平均數 (受試者二次情境測量值相減後差異值的平均數)、配對差異值的標準差 (受試者二次情境測量值相減後差異值的標準差)，此資料檔型態三個方框提示語為「Sample size:」(樣本大小)、「Sample mean:」(樣本平均數)、「Standard deviation:」(樣本標準差)，其右邊方框鍵入的數值分別為有效樣本個數 N、二次情境差異量的平均數、二次情境差異量的標準差。

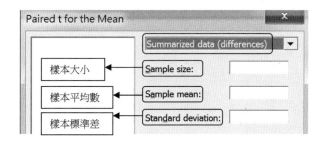

　　範例中將開學初測得的學習焦慮變項「第一次」從變數清單移往「Sample 1:」(樣本 1) 右側方框中；將學期中測得的學習焦慮變項「第二次」從變數清單移往「Sample 2:」(樣本 2) 右側方框中，按「Options」(選項) 鈕，開啟「Paired t: Options」(配對 t 檢定：選項) 次對話視窗。

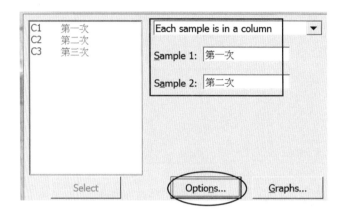

在「Paired t: Options」(配對 t 檢定：選項) 次對話視窗中，內定的信心水準為 95.0%，「Confidence level:」右側的方框數值為 95.0 (對應的顯著水準 $\alpha = 0.05$)；差異值為 Sample 1 (樣本 1) 變項測量值減去 Sample 2 (樣本 2) 變項測量值的平均數，訊息為「Difference = mean of (sample1 -1 sample 2)」，假設檢定的差異值為 0，「Hypothesized difference:」(假定的差異值) 右側方框內定的數值為 0 (虛無假設平均差異值顯著等於 0)，對立假設 (Alternative hypothesis:) 右側選單共有三種：「Difference ≠ hypothesized difference」(雙尾檢定)、「Difference < hypothesized difference」(單尾左側檢定)、「Difference > hypothesized difference」(單尾右側檢定)。相依樣本 t 檢定程序中，假設檢定差異值 C 一般設定為 0，考驗為雙側檢定，當差異值顯著等於 0 時，表示二種情境下測得的平均數差異量為 0，二個不同情境測得的數據平均數是相等的。

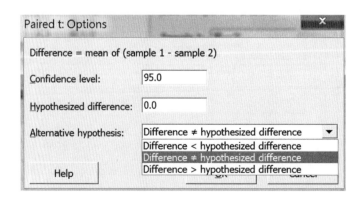

二、輸出結果

雙尾檢定輸出結果如下：

```
Paired T-Test and CI: 第一次, 第二次
Paired T for 第一次 - 第二次
              N      Mean    StDev    SE Mean
第一次        15     8.533   1.125    0.291
第二次        15     4.267   1.534    0.396
Difference   15     4.267   1.792    0.463
95% CI for mean difference: (3.275, 5.259)
T-Test of mean difference = 0 (vs ≠ 0): T-Value = 9.22  P-Value = 0.000
```

　　第一次情境 (學期初) 之有效樣本數為 15、學習焦慮平均數為 8.533、標準差為 1.125、平均數標準誤為 0.291；第二次情境 (學期中) 之有效樣本數為 15、學習焦慮平均數為 4.267、標準差為 1.534、平均數標準誤為 0.396。平均數差異量為 4.267 (= 8.533 − 4.267)，差異量的標準差為 1.792，差異量之平均數標準誤為 0.463。平均數差異之 95% 信賴區間為 [3.275, 5.259]，信賴區間未包含 0 這個數值，表示虛無假設出現的可能性很低，二個平均數差異值等於 0 的機率不高，對應的是二次測驗情境測量值之平均數差異值不等於 0，二次測驗情境測量值之平均數差異值不等於 0，表示的是二次測驗情境所得之測量值的平均數顯著不相等。平均差異檢定統計量 t 值為 9.22，顯著性機率值 p < .001，有足夠的證據拒絕虛無假設 ($\mu_1 - \mu_2 = 0$)，對立假設 ($\mu_1 - \mu_2 \neq 0$) 得到支持，學期初學習焦慮平均數與學期中學習焦慮平均數有顯著不同，學期初的學習焦慮 (M = 8.533) 顯著高於學期中的學習焦慮 (M = 4.267)。

　　相依樣本 t 檢定結果摘要表如下：

學習焦慮	樣本數	平均數	標準差	t 值	95% 差異 CI
第一次	15	8.53	1.13	9.22***	[3.28,5.26]
第二次	15	4.27	1.53		

*** p < .001

　　若是研究者要採用二次不同情境差異值的平均數與標準差,必須先計算二次不同情境下測量值的差異量,範例中的差異值為第一次減去第二次,變數名稱為「初減中」(= 第一次測量值 – 第二次測量值)。

受試者	S01	S02	S03	S04	S05	S06	S07	S08	S09	S10	S11	S12	S13	S14	S15
第一次	10	9	8	9	10	9	8	7	8	9	8	9	10	6	8
第二次	5	6	4	7	2	6	4	5	4	5	3	2	5	4	2
初減中	5	3	4	2	8	3	4	2	4	4	5	7	5	2	6

　　求出「初減中」變項的描述性統計量,執行功能表列「Stat」(統計) /「Basic Statistics」(基本統計) /「Display Descriptive Statistics」(顯示描述性統計量) 程序,或執行「Stat」(統計) / Basic Statistics」(基本統計) /「Store Descriptive Statistics」(儲存描述性統計量) 程序將統計量儲存在工作表中。

　　「初減中」變項的描述性統計量如下 (儲存在 Session 視窗中):

```
Descriptive Statistics: 初減中
Variable  N  N*  Mean  SE Mean  StDev  Minimum  Q1  Median  Q3  Maximum
初減中    15  0  4.267  0.463   1.792  2.000   3.000  4.000  5.000  8.000
```

　　根據差異值的平均數 ($\overline{D} = 4.267$)、差異值的標準差 ($S_d = 1.792$)、樣本個數 (N = 15) 可以求出相依樣本 t 檢定之 t 值統計量:

$$t = \frac{\overline{D}}{\frac{S_d}{\sqrt{N}}} = \frac{4.267}{\frac{1.792}{\sqrt{15}}} = \frac{4.267}{0.463} = 9.222$$

　　描述性統計量儲存在工作表中的視窗如下:

	C1	C2	C3	C4	C5	C6	C7
	第一次	第二次	第三次	初減中	Mean1	StDev1	N1
1	10	5	5	5	4.26667	1.79151	15
2	9	6	4	3			
3	8	4	3	4			
4	9	7	7	2			
5	10	2	5	8			
6	9	6	4	3			
7	8	4	2	4			
8	7	5	1	2			
9	8	4	3	4			
10	9	5	4	4			
11	8	3	3	5			
12	9	2	2	7			
13	10	5	4	5			
14	6	4	3	2			
15	8	2	2	6			

差異值的平均數　差異值的標準差　受試者的個數

有效個數 N = 15，差異值之平均數 M = 4.267、差異值之標準差 SD = 1.792。

「Paired t for the Mean」(平均數配對 t 檢定) 對話視窗中，由於已知差異值統計量，資料檔型態選取「Summarized data(differences)」(已分類資料) 選項，「Sample size:」(樣本大小) 右邊方框鍵入個數 15、「Sample mean:」(樣本平均數) 右邊方框鍵入差異值平均數 4.267、「Standard deviation:」(樣本標準差) 右邊方框鍵入差異值標準差 1.792。

Paired t for the Mean　N1

Summarized data (differences)

Sample size: 15

Sample mean: 4.267

Standard deviation: 1.792

雙尾檢定結果如下：

```
Paired T-Test and CI
          N    Mean   StDev   SE Mean
Difference 15  4.267  1.792   0.463
95% CI for mean difference: (3.275, 5.259)
T-Test of mean difference = 0 (vs ≠ 0): T-Value = 9.22  P-Value = 0.000
```

　　上述相依樣本 t 檢定統計量與之前採用原始測量值估計結果均相同，t 值統計量為 9.22，顯著性機率值 p < .001，達到統計顯著水準。平均數差異值 95% 信賴區間為 [3.275, 5.259]，未包含 0 點估計值，拒絕虛無假設，二個平均數差異值顯著不等於 0。

貳、學期初與學期末的差異考驗

　　相依樣本 t 檢定在考驗第一次情境測得的數據與第三次情境測得的數據之平均數間是否有顯著不同，二次平均數的差異值是否顯著等於 0。

　　對立假設：$u_1 - u_3 \neq 0$ 或 $u_{學期初} - u_{學期末} \neq 0$
　　虛無假設：$u_1 - u_3 = 0$ 或 $u_{學期初} - u_{學期末} = 0$

　　學期初 (第一次) 與學期末 (第三次) 學習焦慮的差異檢定的步驟如下：

　　「Paired t for the Mean」(平均數配對 t 檢定) 對話視窗中，將開學初測得的學習焦慮變項「第一次」從左邊變數清單移往「Sample 1:」(樣本 1) 右側方框中；將學期末測得的學習焦慮變項「第三次」從左邊變數清單移往「Sample 2:」(樣本 2) 右側方框中，按「OK」鈕。

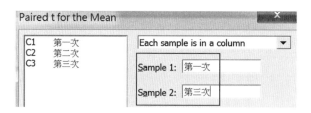

　　相依樣本 t 檢定之輸出結果如下：

Paired T-Test and CI: 第一次, 第三次
Paired T for 第一次 - 第三次

	N	Mean	StDev	SE Mean
第一次	15	8.533	1.125	0.291
第三次	15	3.467	1.506	0.389
Difference	15	5.067	1.223	0.316

95% CI for mean difference: (4.390, 5.744)
T-Test of mean difference = 0 (vs ≠ 0): T-Value = 16.05 P-Value = 0.000

　　第一次情境 (學期初) 之有效樣本數為 15、學習焦慮平均數為 8.533、標準差為 1.125；第三次情境 (學期末) 之有效樣本數為 15、學習焦慮平均數為 3.467、標準差為 1.506。平均數差異量為 5.067，平均差異之 95% 信賴區間為 [4.390, 5.744]，平均差異之 95% 信賴區間未包含 0 這個數值，表示虛無假設出現的可能性很低 (二個平均數差異量等於 0 的機率很低)。平均差異檢定統計量 t 值為 16.05，顯著性機率值 p < .001，有足夠的證據拒絕虛無假設 ($u_1 - u_3 = 0$)，對立假設 ($u_1 - u_3 \neq 0$) 得到支持，學期初學習焦慮平均數與學期末學習焦慮平均數有顯著不同，二者的差異值顯著不等於 0，學期初的學習焦慮 (M = 8.533) 顯著高於學期末的學習焦慮 (M = 3.467)。

參、學期中與學期末學習焦慮的差異

　　相依樣本 t 檢定在考驗第二次情境測得的數據與第三次情境測得的數據之平均數間是否有顯著不同，二次學習情境之樣本平均數的差異值是否顯著等於 0。

對立假設：$u_2 - u_3 \neq 0$ 或 $u_{學期中} - u_{學期末} \neq 0$
虛無假設：$u_2 - u_3 = 0$ 或 $u_{學期中} - u_{學期末} = 0$

　　「Paired t for the Mean」(平均數配對 t 檢定) 對話視窗中，將學期中第二次測得的學習焦慮變項從變數清單移往「Sample 1:」(樣本 1) 右側方框中；將學期末第三次測得的學習焦慮變項從變數清單移往「Sample 2:」(樣本 2) 右側方框中，按「OK」鈕 (配對 t 檢定對話視窗中，選入樣本 1、樣本 2 右側方框的變項可以對調，不同選取方式，t 值統計量的絕對值相同，但正負號相反)。

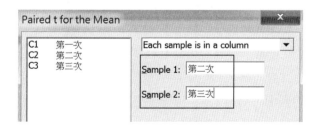

　　相依樣本 t 檢定之輸出結果如下：

```
Paired T-Test and CI: 第二次, 第三次
Paired T for 第二次 - 第三次
                N    Mean   StDev   SE Mean
第二次          15   4.267  1.534   0.396
第三次          15   3.467  1.506   0.389
Difference      15   0.800  1.521   0.393
95% CI for mean difference: (-0.042, 1.642)
T-Test of mean difference = 0 (vs ≠ 0): T-Value = 2.04  P-Value = 0.061
```

　　第二次情境 (學期中) 之有效樣本數為 15、學習焦慮平均數為 4.267、標準差為 1.534、平均數標準誤為 0.396；第三次情境 (學期末) 之有效樣本數為 15、學習焦慮平均數為 3.467、標準差為 1.506、平均數標準誤為 0.389。平均數差異量為 0.800 (= 4.267 − 3.467)，平均差異之 95% 信賴區間為 [-0.042, 1.642]，平均差異之 95% 信賴區間包含 0 這個數值，表示虛無假設出現的可能性很高 (二個平均數差異量等於 0 的機率很高)，當二個平均數差異值等於 0 的機率很高，表示二個情境所得測量值的平均數顯著相同。平均差異檢定統計量 t 值為 2.04，顯著性機率值 p = .061 > .05，沒有足夠的證據可以拒絕虛無假設：$u_2 − u_3 = 0$，對立假設 $(u_2 − u_3 ≠ 0)$ 無法得到支持，學期中學習焦慮平均數與學期末學習焦慮平均數沒有顯著不同，樣本學生學期中的學習焦慮感受與學期末學習焦慮感受沒有顯著差異存在。

　　上述統計分析結果，學期中 (第二次) 與學期末 (第三次) 的平均數差異值顯著等於 0，但樣本統計量數 M_2 = 4.267、M_3 = 3.467，二個平均數的差異量為 0.800，並沒有等於 0，此種結果是「抽樣誤差」造成的，如果把樣本數擴大或進行普測，則第二次情境測得的平均數與第三次情境測得的平均數間的差異量會接近 0 或等於 0。推論統計程序，若是顯著性未達統計顯著水準，則統計量 (如 t 值) 的高低沒有實質意義，研究者不能直接根據統計量的大小進行研究假設是否得到驗證的依據；此外，研究者也不能只根據二個抽樣情境的平均數大小，進行平均數得分高低的判別，因為若是差異統計量 t 值未達統計顯著水準，二個平均數的差異值顯著等於 0，表示二個情境母體的平均數是相同的。

 第二節　獨立樣本 t 檢定

　　獨立樣本 t 檢定在考驗二個來自不同母群體的平均數是否顯著不同，由於是

來自二個不同母群體，若是資料結構在二個群體的變異數或標準差相等，則表示二個母群體的變異數同質；如果資料結構在二個群體的變異數或標準差不相等，則表示二個母群體的變異數不同質。當二個母群體的變異數不同質或不相等時，t 檢定的統計分析數學運算式與二個母群體的變異數同質或相等時是不同的，但二個公式計算出來的 t 值統計量差異不大。

　　獨立樣本 t 檢定的效果值 η^2 表示的是因子變項可以解釋反應變項 (檢定變項／依變項) 的變異程度，η^2 與 t 值統計量間的關係為：。

　　獨立樣本 t 檢定在考驗二個母體平均數的差異值是否顯著等於 0，其檢定程序的圖示如下：

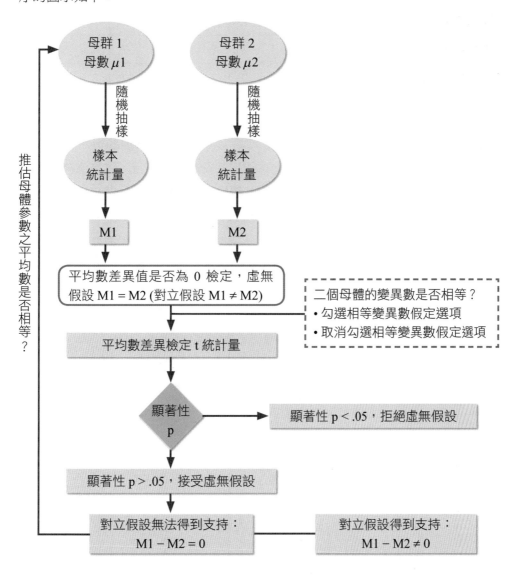

範例數據中因子變項為性別 (水準數值編碼 1 為男生、水準數值編碼 2 為女生)，檢定變數為數學態度、數學成就、每週補習時間。

數學態度	10	9	8	8	7	9	6	10	6	5	7	9	8
數學成就	89	84	83	85	86	87	65	92	82	92	87	78	84
補習時間	9	7	10	8	7	8	4	6	3	4	6	9	4
性別	1	1	1	1	1	1	1	1	1	1	1	1	1

數學態度	7	8	2	6	3	6	1	4	10	2	2	2	1	8
數學成就	82	74	65	67	57	51	45	65	72	32	25	34	15	75
補習時間	7	8	9	10	6	4	3	5	7	6	7	4	5	10
性別	2	2	2	2	2	2	2	2	2	2	2	2	2	2

　　工作表資料檔中直行 C1 變項名稱為「性別」、直行 C2 變項名稱為「數學態度」、直行 C3 變項名稱為「數學成就」、直行 C4 變項名稱為「補習時間」，因子變項在同一直行、受試對應的潛在特質在另一直行，這是傳統資料檔建檔型態。Minitab 統計分析的工作表較有彈性，除可採用已分類統計所得的量數進行統計分析後，還可將各群體的測量值儲存在同一直行，如直行 C5 變項欄儲存「男生數學態度」測量值、直行 C6 變項欄儲存「女生數學態度」測量值，二個群體在檢定變項的測量值可分開儲存在不同直行，直行 C5 變項欄與直行 C6 變項欄的建檔格式類似配對樣本 t 檢定的資料檔。

+	C1	C2	C3	C4	C5	C6	C7
	性別	數學態度	數學成就	補習時間	男生數學態度	女生數學態度	
1	1	10	89	9	10	7	
2	1	9	84	7	9	8	
3	1	8	83	10	8	2	
4	1	8	85	8	8	6	
5	1	7	86	7	7	3	
6	1	9	87	8	9	6	
7	1	6	65	4	6	1	
8	1	10	92	6	10	4	
9	1	6	82	3	6	10	
10	1	5	92	4	5	2	
11	1	7	87	6	7	2	
12	1	9	78	9	9	2	
13	1	8	84	4	8	1	
14	2	7	82	7		8	

壹、性別在數學態度的差異比較

　　研究問題為「不同性別的學生在數學態度感受是否有顯著差異？」，研究假設為「不同性別的學生在數學態度感受有顯著差異。」

一、二個母群體變異數是否相等的考驗

　　進行獨立樣本 t 考驗的程序，要先檢定二個母體變異數是否相等，因為 Minitab 統計分析軟體，無法同時於一個程序呈現假設變異數相等與假設變異數不相等的 t 值統計量，因而研究者須先進行變異數同質性的考驗。

(一) 操作程序

　　執行功能表「Stat」(統計) /「Basic Statistics」(基本統計) /「2 Variances...」 (二個變異數) 程序，可以開啟「Two –Sample Variance」(二個樣本變異數) 對話視窗，程序說明提示語為「Determine whether the variances or the standard deviations of two groups differ.」(判別二個群體的變異數或標準差是否有所不同)。

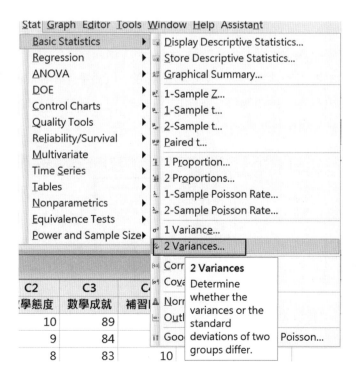

　　「Two –Sample Variance」(二個樣本變異數) 對話視窗中,「Samples:」(樣本) 為檢定變數 (連續變項) 或依變項,「Sample IDs」(樣本 ID) 為組別變項(固定因子),左邊變項為變數清單,次選項鈕有「Options」(選項)、「Graphs」(圖形)、「Results」(結果) 三個。

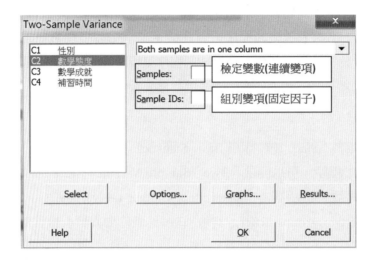

　　範例中在檢定不同性別學生的數學態度是否有顯著差異,檢定變項為「數學態度」、組別變項為「性別」。「Two –Sample Variance」(二個樣本變異數) 對話視窗中,從左邊變數清單選入「C2 數學態度」依變項至「Samples:」右邊方框內,方框內訊息為「數學態度」;選取「C1 性別」變項至「Sample IDs」右邊方框內,方框內訊息為「性別」。

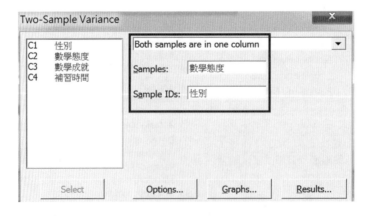

　　「Two –Sample Variance」(二個樣本變異數) 對話視窗之資料檔型態為內定

選項：「Both samples are in one column」(二個群體樣本在同一直行)，此種格式型態與 SPSS 統計軟體建檔格式一樣，指的性別變項在同一直行，變數欄中水準數值 1 為第一個群體、水準數值 2 為第二個群體，而檢定變數在另一直行，對應的儲存格為樣本在檢定變項的測量值。其他三種資料檔型態為「Each sample is in its own column」(每個樣本群體在不同直行)、「Sample standard deviations」(樣本標準差)、「Sample variances」(樣本變異數)。

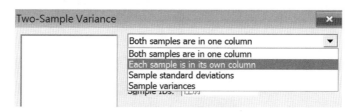

「Each sample is in its own column」選項指的每個水準群體的資料建立不同直行編號，如男生群體的數學態度在編號 C5 直行、女生群體的數學態度在編號 C6 直行，對話視窗內方盒「Sample 1:」(樣本 1)、「Sample 2:」(樣本 2) 右方框分別選取的各水準群體檢定變項 (如數學態度) 的欄變數，此種建檔型態沒有性別因子變項。

「Sample standard deviations」(樣本標準差) 資料型態表示已知道二個群組檢定變數的有效樣本數 (Sample size) 與標準差 (Standard deviations)，只要直接在對應的方框內輸入二個水準群組的有效樣本數與標準差量數，即可進行變異數相等性檢定。

　　「Sample variances」(樣本變異數) 資料型態表示已知道二個群組檢定變數的有效樣本數 (Sample size) 與變異數 (Variance)，只要直接在對應的方框內輸入二個水準群組的有效樣本數與變異數量數即可進行變異數相等性檢定。「Sample variances」(樣本變異數) 資料型態與「Sample standard deviations」(樣本標準差) 資料型態的操作方法相同，只是一個視窗界面鍵入的是二個樣本群體的變異數、一個視窗界鍵入的是二個樣本群體的標準差，由於標準差參數的平方為變異數 (對應的數學轉換是變異數的平方根為標準差)，因而二個視窗操作程序的意涵是相同的。

　　「Two –Sample Variance」對話視窗，按「Options」鈕，可以開啟「Two –Sample Variance: Options」(二個樣本變異數：選項) 次對話視窗，視窗內「Ratio:」(比值) 內定選項為「(sample 1 standard deviation) / (sample 2 standard deviation)」(樣本群體 1 標準差與樣本群體 2 標準差的比值)，內定的信心水準為 95.0%、假設檢定比值為 1 (Hypothesized ration:1)，「Alternative hypothesis:」內定選項為「Ratio ≠ hypothesized ratio」(對立假設在檢定二個樣本群體標準差比值或變異數比值是否顯著不等於 1)。比值不等於 1 之對立假設表示式為 $H_1 : \sigma_1 \div \sigma_2 \neq 1$ 或 $H_1 : \dfrac{\sigma_1^2}{\sigma_2^2} \neq 1$，虛無假設為 $H_0 : \sigma_1 \div \sigma_2 = 1$ 或 $H_0 : \dfrac{\sigma_1^2}{\sigma_2^2} = 1$，如果統計量數未達統計顯著水準 (p > .05)，則接受虛無假設 $H_0 : \sigma_1 \div \sigma_2 = 1$，此種情況表示 $\sigma_1 = \sigma_2$ 即二個母群體的變異數相等；相對的，若是統計量數達統計顯著水準 (p < .05)，則應拒絕虛無假設，接受對立假設，此種情況表示，即二個母群體的變異數不相等 (變異數不同質，$\sigma_1^2 \neq \sigma_2^2$ 或 $\sigma_1 \neq \sigma_2$)。視窗最下方「□Use test and confidence intervals based on normal distribution」選項，勾選後表示根據常態分配進行變異數同質性檢定與信賴區間考驗。

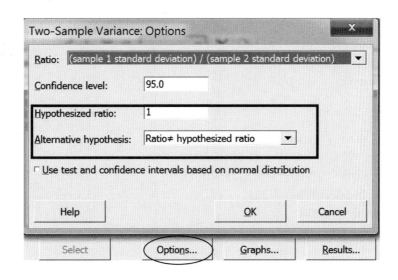

　　「Two –Sample Variance」(二個樣本變異數) 對話視窗，按「Results...」(結果) 鈕，可以開啟「Two –Sample Variance: Results」(二個樣本變異數：結果) 次對話視窗。視窗內四個勾選的內定選項為「☑Method」(變異數相等性的檢定方法)、「☑Statistics」(變異數相等性考驗的統計量)、「☑Confidence intervals」(95% 信賴區間)、「 Test」(變異數相等性檢定結果)。進行二個群體變異數同質性檢定時，四個內定選項可以不用更改，若要簡化輸出表格，只要勾選「☑Test」(變異數相等性檢定結果) 選項即可。

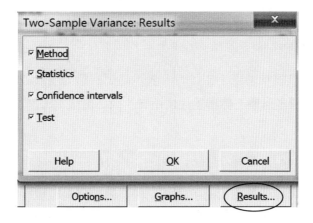

(二) 輸出結果

　　變異數相等性檢定結果如下：

Method
Null hypothesis $\sigma(1) / \sigma(2) = 1$
Alternative hypothesis $\sigma(1) / \sigma(2) \neq 1$
Significance level $\alpha = 0.05$
Statistics
95% CI for

性別	N	StDev	Variance	StDevs
1	13	1.573	2.474	(1.164, 2.503)
2	14	3.005	9.033	(2.288, 4.591)

Ratio of standard deviations = 0.523
Ratio of variances = 0.274
95% Confidence Intervals
CI for

Method	CI for StDev Ratio	Variance Ratio
Bonett	(0.312, 0.874)	(0.097, 0.764)
Levene	(0.258, 0.856)	(0.067, 0.732)

Tests

Method	DF1	DF2	Test Statistic	P-Value
Bonett	—	—	—	0.019
Levene	1	25	6.41	0.018

變異數相等性考驗中，對立假設與虛無假設分別為：

對立假設 $H_1 : \sigma_1 \neq \sigma_2$ 或 $H_1 : \sigma_1 \div \sigma_2 \neq 1$ 或 $H_1 : \dfrac{\sigma(1)}{\sigma(2)} \neq 1$ (二個群體的標準差不相等，當二個群體標準差不相等時，表示二個群體的變異數也不相等)，對立假設為假定二個樣本母體之標準差比值不為 1 或二個樣本母體之變異數比值不等於 1。

虛無假設 $H_0 : \sigma_1 = \sigma_2$ 或 $H_0 : \sigma_1 \div \sigma_2 = 1$ 或 $H_0 : \dfrac{\sigma(1)}{\sigma(2)} = 1$ (二個群體的標準差相等，當二個群體標準差相等時，表示二個群體的變異數也相等)，虛無假設為假定二個樣本母體之標準差比值為 1 或二個樣本母體之變異數比值等於 1。

統計顯著水準 (Significance level) α 設為 .05，性別變項中水準數值 1 群組 (男生群體) 的有效樣本數為 13、數學態度的標準差為 1.573、變異數為 2.474、

標準差 95% 的信賴區間為 [1.164, 2.503]；水準數值 2 群組 (女生群體) 的有效樣本數為 14、數學態度的標準差為 3.005、變異數為 9.033、標準差 95% 的信賴區間為 [2.288, 4.591]。標準差的比值為 0.523 (= 1.573 ÷ 3.005)、變異數的比值為 0.274 (2.474 ÷ 9.033)。採用 Bonett 估計法之標準差比值的 95% 的信賴區間為 [0.312, 0.874]、變異數比值的 95% 的信賴區間為 [0.097, 0.764]；採用 Levence 估計法之標準差比值的 95% 的信賴區間為 [0.258, 0.856]、變異數比值的 95% 的信賴區間為 [0.067, 0.732]，標準差 (或變異數) 比值的 95% 的信賴區間未包含 1.000 點估計值，表示二個群體的標準差 (或變異數) 比值等於 1 的機率很低，虛無假設結果的可能性不高，拒絕虛無假設：二個群體的標準差 (或變異數) 的比值顯著不等於 1，二個群體的標準差 (或變異數) 的比值顯著不等於 1，表示二個群體測量值的變異數顯著不相等 (變異數異質)。

　　採用 Bonett 估計法之檢定統計量的顯著性機率值 p = 0.019 < .05，達統計顯著水準，拒絕虛無假設；採用 Levene 估計法之檢定統計量 F 值等於 6.41，顯著性機率值 p = 0.018 < .05，達統計顯著水準，拒絕虛無假設 ($H_0 : \sigma_1 \div \sigma_2 = 1$)，接受對立假設：$H_1 : \sigma_1 \neq \sigma_2$ 或 $H_1 : \sigma_1 \div \sigma_2 \neq 1$，二個母群體之標準差比值顯著不等於 1 或二個母群體之標準差(變異數) 顯著不相同，因而在進行獨立樣 t 考驗時，取消勾選「□Assume equal variances」選項 (假定相等的變異數選項，若是沒有勾選，表示進行獨立樣 t 檢定時，其假定為二個群體的變異數不相等，即假定二個群體的變異數不同質)。

　　變異數相等性檢定之結果，只是在確認二個不同母群體在檢定變數之資料結構的變異數是否相等，不論二個母群體變異數相等性與否，均不影響二個母群體平均數差異檢定結果，一般而言，進行平均數差異檢定程序中，勾選「☑Assume equal variances」(假定變異數相等) 選項與取消勾選「□Assume equal variances」(假定變異數相等) 選項，二個運算式所求得的 t 值統計量差異不大，而顯著性機率值差異更小。

　　二個母群體之數學態度測量值檢定的統計量及變異數比值的 95% 信賴區間估計圖如下：變異數比值的 95% 信賴區間未包含 1，表示出現 1 的機率很低，檢定結果有足夠證據拒絕虛無假設：$H_0 : \sigma_1 \div \sigma_2 = 1$，二個母群體的變異數顯著不相等 ($\sigma_1^2 \neq \sigma_2^2$)。

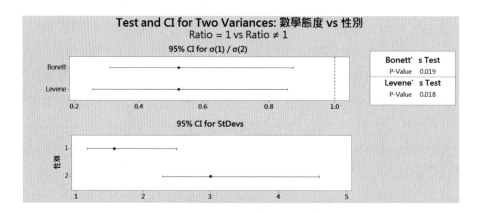

Minitab 統計軟體之功能表「Stat」(統計) /「Basic Statistics」(基本統計) /「2 Variances...」(雙變異數/二個變異數) 程序,進行二個母群體變異數是否相等的考驗時,對話視窗每次只能從變數清單中選取一個標的計量變項至「Samples:」右的方框中,如果研究者選取二個計量變項至「Samples:」(樣本) 右的方框內,會出現警告視窗:「Invalid samples.Too many items. Please specify: A single numeric column.」,提示研究者只能界定單一數值直行的變項。

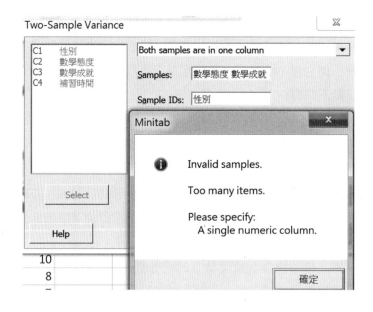

二、進行二個不同群體之平均數的差異檢定

獨立樣本 t 檢定程序前之群體變異數相等性檢定,不論是拒絕虛無假設 (二個群體變異數不相等) 或接受虛無假設 (二個群體變異數相等),都可繼續進行二

個群體平均數的差異檢定。

(一) 操作程序

　　執行功能表「Stat」(統計) /「Basic Statistics」(基本統計) /「2-Sample t...」(雙樣本 t 檢定) 程序，可以開啟「Two-Sample t for the Mean」對話視窗，程序說明提示語為「Determine whether the mean differs significantly between two groups.」(判別二個群體的平均數是否有顯著差異)。

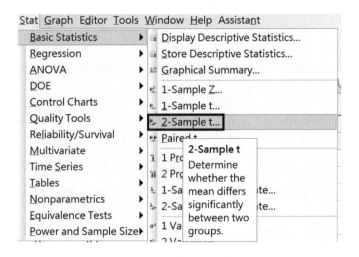

　　範例中在檢定不同性別學生的數學態度是否有顯著差異，檢定變項為「數學態度」、組別變項 (固定因子) 為「性別」。「Two –Sample t for the Mean」(平均數雙樣本 t 檢定) 對話視窗中，從左邊變數清單選入「C2　數學態度」依變項至「Samples:」右邊方框內，選取「C1　性別」變項至「Sample IDs:」右邊方框內。

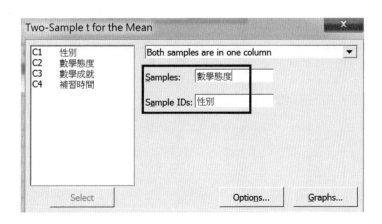

　　「Two –Sample t for the Mean」(平均數雙樣本 t 檢定) 對話視窗，按
「Options」(選項) 鈕，可以開啟「Two –Sample t: Options」(二個樣本 t 檢定：選
項) 次對話視窗，視窗內「Difference:」(差異值) 內定選項為「(sample 1 mean)-
(sample 2 mean)」(差異值為樣本群體 1 平均數減去樣本群體 2 平均數)，內定的
信心水準為 95.0% (顯著水準為 0.05，若將顯著水準設定為 0.01，則信心水準
的數值重新鍵入為 99.0)、假設檢定差異值為 0 (Hypothesized difference: 0.0)，
「Alternative hypothesis:」(對立假設) 內定選項為「Difference ≠ hypothesized
difference」(對立假設在檢定二個樣本群體平均數的差異值是否顯著等於 0)，對
立假設：$u_1 - u_2 \neq 0$；虛無假設：$u_1 - u_2 = 0$，當對立假設得到支持，表示二個群
體平均數差異值顯著不等於 0，當二個群體平均數差異值顯著不等於 0 時，表示
二個母群體的平均數顯著不相等：$u_1 \neq u_2$。「□Assume equal variances」(假定變
異數相等) 選項乃根據之前二個母群體變異數相等性檢定結果加以勾選或取消勾
選，若是變異數檢定結果，二個母群體的變異數相等 (標準差的比值等於 1)，才
要勾選「☑Assume equal variances」(假定變異數相等) 選項，範例中為二個群體
之數學態度分布的變異數不相等，因而取消勾選「□Assume equal variances」(假
定變異數相等) 選項。

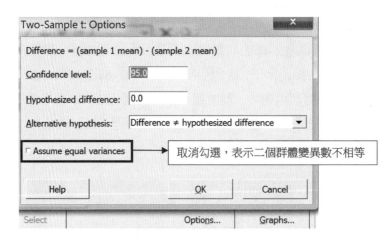

　　平均數差異檢定的輸出結果如下：

```
Two-sample T for 數學態度
性別    N    Mean   StDev   SE Mean
1      13   7.85   1.57    0.44
2      14   4.43   3.01    0.80
Difference = μ (1) − μ (2)
Estimate for difference: 3.418
95% CI for difference: (1.504, 5.331)
T-Test of difference = 0 (vs ≠): T-Value = 3.74  P-Value = 0.001  DF = 19
```

　　性別變項中水準數值 1 群組 (男生群體) 的有效樣本數為 13、數學態度的平均數為 7.85、標準差為 1.57、平均數標準誤為 0.44；水準數值 2 群組 (女生群體) 的有效樣本數為 14、數學態度的平均數為 4.43、標準差為 3.01、平均數標準誤為 0.80。平均數差異值為 3.418 (= 7.85-4.43)，平均差異量 95% 的信賴區間為 [1.504, 5.331]，未包含 0 這個數值，表示差異值等於 0 的機率很低，研究者有足夠證據拒絕虛無假設；平均差異檢定統計量 t 值等於 3.74、自由度等於 19，顯著性機率值 p = 0.001 < .05，在 5% 顯著水準下，研究結果應拒絕虛無假設 ($u_1 - u_2 = 0$)，接受對立假設 ($u_1 - u_2 \neq 0$)，二個母群體的平均數差異值不等於 0，亦即二個群體的數學態度之平均數顯著不相等，男生群體的平均數顯著高於女生群體的平均數。在顯著水準 .05 下，男生的數學態度 (M = 7.85) 顯著較女生群體 (M = 4.43) 的數學態度積極、正向。

　　性別在數學態度 t 檢定結果摘要表如下：

性別	N	平均數	標準差	t 值	95% 差異 CI	η^2
1 男生	13	7.85	1.57	3.74**	[1.50, 5.33]	.3486
2 女生	14	4.43	3.01			

**p < .01

　　當二個群體之母體平均數達到統計顯著時，可進一步求出效果值，效果值是因子變項可以解釋檢定變項變異的程度。效果值求出的操作步驟如下：

　　執行功能表列「Stat」(統計) /「ANOVA」(變異數分析) /「General Linear Model」(一般線性模式) /「Fit General Linear Model」(適配一般線性模式) 程序，開啟「General Linear Model」(一般線性模式) 對話視窗。

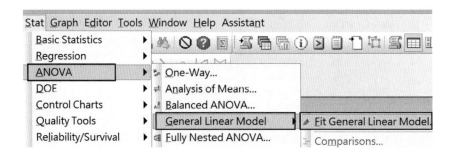

在「General Linear Model」(一般線性模式) 對話視窗中，從變數清單中選取「C3 數學態度」檢定變項至「Responses:」(反應變項) 下方框中，選取「C1 性別」變項至「Factors:」(因子) 下方框中，按「OK」鈕。

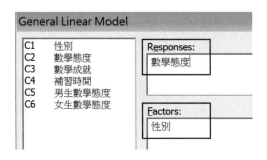

一般線性模式輸出之「模式摘要」如下：

```
Model Summary
    S       R-sq    R-sq(adj)   R-sq(pred)
 2.42587   34.86%    32.25%      24.27%
```

模式摘要中的 $R^2 = .3486$ 參數值為效果量 η^2，效果值表示「性別」因子變項可以解釋反應變項多少的變異量，範例中的 $\eta^2 = .3486$，表示數學態度檢定變項總變異中，可以被「性別」因子變項解釋的變異量為 34.86%。根據平均數差異檢定統計量 t 值可以求出 η^2，運算式為：$\eta^2 = \dfrac{t^2}{t^2 + (n_1 + n_2 - 2)} = \dfrac{3.74^2}{3.74^2 + (13 + 14 - 2)} = 0.34867$。

貳、不同性別在數學成就的差異比較

研究問題為「不同性別的學生在數學成就是否有顯著差異？」，研究假設為「不同性別的學生在數學成就表現上有顯著差異。」

一、變異數相等性的考驗

範例中在檢定不同性別學生的數學成就是否有顯著差異，檢定變項為「數學成就」、組別變項為「性別」。「Two –Sample Variance」(雙樣本變異數) 對話視窗中，從左邊變數清單選入「C3　數學成就」依變項至「Samples:」右邊方框內，選取「C1　性別」變項固定因子至「Sample IDs:」右邊方框內。

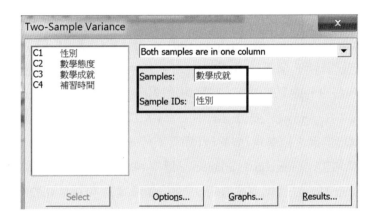

變異數相等性檢定結果如下：

```
Test and CI for Two Variances: 數學成就 vs 性別
Method
Null hypothesis        σ(1) / σ(2) = 1
Alternative hypothesis σ(1) / σ(2) ≠ 1
Significance level     α = 0.05
Statistics
                                95% CI for
性別   N   StDev    Variance      StDevs
1     13   6.938     48.141    ( 3.326, 17.045)
2     14  20.947    438.797    (15.400, 33.131)
Ratio of standard deviations = 0.331
Ratio of variances = 0.110
```

95% Confidence Intervals

Method	CI for StDev Ratio	CI for Variance Ratio
Bonett	(0.089, 0.625)	(0.008, 0.390)
Levene	(0.082, 0.545)	(0.007, 0.297)

Tests

Test

Method	DF1	DF2	Statistic	P-Value
Bonett	—	—	—	0.001
Levene	1	25	10.93	0.003

　　二個母群體標準差的比值為 0.331、變異數的比值為 0.110。採用 Bonett 估計法之檢定統計量的顯著性機率值 p = 0.001 < .05，拒絕虛無假設；採用 Levene 估計法之檢定統計量 F 值等於 10.93 ($F_{(1,25)}$ = 10.93)，顯著性機率值 p = 0.003 < .05，出現虛無假設的機率值很低，有足夠證據拒絕虛無假設 ($H_0 : \sigma_1 \div \sigma_2 = 1$)，接受對立假設：$H_1 : \sigma_1 \neq \sigma_2$ 或 $H_1 : \sigma_1 \div \sigma_2 \neq 1$，二個母群體之標準差比值顯著不等於 1 或二個母群體之標準差 (變異數) 顯著不相同，因而在進行獨立樣本 t 考驗時，取消勾選「□Assume equal variances」選項 (假定相等的變異數選項)。

　　採用 Bonett 估計法標準差比值的 95% 信賴區間為 [0.089, 0.625]、變異數比值的 95% 信賴區間為 [0.008, 0.390]，採用 Levene 估計法標準差比值的 95% 信賴區間為 [0.082, 0.545]、變異數比值的 95% 信賴區間為 [0.007, 0.297]，二種估計法所得之標準差比值或變異數比值的 95% 信賴區間均未包含 1 檢定值，表示二個群體的標準差比值或變異數比值等於 1 的機率很低，二個群體的標準差或變異數顯著不相等。

　　變異數比值之 95% 信賴區間圖如下，圖表顯示變異數比值之 95% 信賴區間並未包含 1 這個數值，表示在信心水準 95% 情況下，出現比值 1 的機率不高，結果顯示二個母群體的變異數比值顯著不等於 1，即二個母群體的變異數顯著不相等。

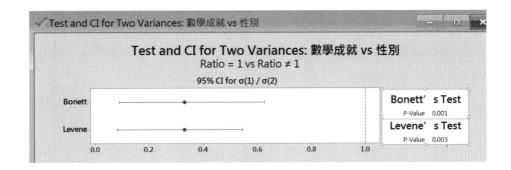

二、性別在數學成就平均數的差異比較

「Two-Sample t for the Mean」(雙樣本平均 t 檢定) 對話視窗中，選入「Samples:」右方框的檢定變數為「C3 數學成就」，選入「Sample IDs:」右方框的固定因子為「C1 性別」。

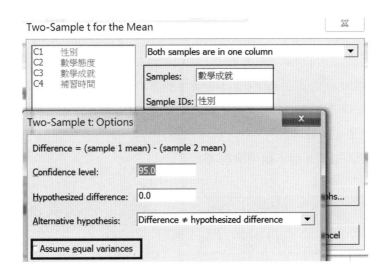

因為二個群組的變異數不相等，「Two-Sample t:Options」(二個樣本 t 檢定：選項) 次對話視窗中，「□Assume equal variances」(假設變異數相等) 選項取消勾選。

平均數差異檢定輸出結果如下：

Two-Sample T-Test and CI: 數學成就, 性別
Two-sample T for 數學成就

性別	N	Mean	StDev	SE Mean
1	13	84.15	6.94	1.9
2	14	54.2	20.9	5.6

Difference = μ (1) − μ (2)
Estimate for difference: 29.94
95% CI for difference: (17.39, 42.49)
T-Test of difference = 0 (vs ≠): T-Value = 5.06 P-Value = 0.000 DF = 16

　　性別變項中水準數值 1 群組 (男生群體) 的有效樣本數為 13、數學成就的平均數為 84.15、標準差為 6.94、平均數標準誤為 1.90；水準數值 2 群組 (女生群體) 的有效樣本數為 14、數學成就的平均數為 54.20、標準差為 20.9、平均數標準誤為 5.60。平均數差異值為 29.94 (= 84.15 − 54.20)，平均差異量 95% 的信賴區間為 [17.39, 42.49]，未包含 0 這個數值，表示差異值等於 0 的機率很低，研究者有足夠證據拒絕虛無假設；平均差異檢定統計量 t 值等於 5.06、自由度等於 16，顯著性機率值 p < .001，在 5% 顯著水準下，研究結果應拒絕虛無假設 ($u_1 − u_2 = 0$)，接受對立假設 ($u_1 − u_2 ≠ 0$)，二個母群體的平均數差異值不等於 0，亦即二個群體的數學成就之平均數顯著不相等，男生群體的平均數顯著高於女生群體的平均數。在顯著水準 .05 下，男生的數學成就 (M = 84.15) 顯著較女生群體 (M = 54.20) 的數學成就為佳。

　　性別在數學成就 t 檢定結果摘要表如下：

性別	N	平均數	標準差	t 值	95% 差異 CI	η^2
1 男生	13	84.15	6.94	5.06***	[17.39,42.49]	.4903
2 女生	14	54.20	20.9			

***p < .001

　　性別因子變項對數學成就檢定變項的效果量求法如下：

　　執行「統計」/「變異數分析」/「一般線性模式」/「適配一般線性模式」程序。在「General Linear Model」(一般線性模式) 對話視窗中，從變數清單中選取「C3 數學成就」檢定變項至「Responses:」(反應變項) 下方框中，選取「C1 性別」變項至「Factors:」(因子) 下方框中，按「OK」鈕。

　　輸出結果之模式摘要如下：

```
Model Summary
   S      R-sq   R-sq(adj)   R-sq(pred)
15.8519   49.03%   46.99%      40.82%
```

模式摘要中的 R^2 = .4903 參數值為效果量 η^2，效果值表示「性別」因子變項可以解釋反應變項多少的變異量，範例中的 η^2 = 04903，表示數學成就檢定變項總變異中，可以被「性別」因子變項解釋的變異量為 49.03%。當 η^2 參數值 ≥ 14%，表示因子變項與反應變項間有高度關連存在，η^2 參數值 < 6%，表示因子變項與反應變項間有低度關連存在，η^2 參數值大於或等於 6% 且小於 14%，表示因子變項與反應變項間有中度關連存在。

若是研究者於「Two-Sample t: Options」(次對話視窗中，勾選二個母群體有相等變異數選項：「☑Assume equal variances」，則平均數檢定結果之統計量如下：

```
Two-Sample T-Test and CI: 數學成就, 性別
Two-sample T for 數學成就
性別   N    Mean   StDev   SE Mean
1     13   84.15   6.94     1.9
2     14   54.2   20.9      5.6
Difference = μ (1) − μ (2)
Estimate for difference:  29.94
95% CI for difference:  (17.36, 42.51)
T-Test of difference = 0 (vs ≠): T-Value = 4.90  P-Value = 0.000  DF = 25
Both use Pooled StDev = 15.8519
```

二個群體平均數的差異值等於 29.94，差異值 95% 信賴區間為 [17.36, 42.51]，信賴區間值未包含 0 檢定值；平均差異檢定統計量 t 值等於 4.90、自由度等於 25，顯著性機率值 p < .001，在 5% 顯著水準下，研究結果應拒絕虛無假設 $(u_1 - u_2 = 0)$，接受對立假設 $(u_1 - u_2 \neq 0)$，二個母群體的平均數差異值不等於 0，亦即二個群體的數學成就之平均數顯著不相等。當勾選「假定相等變異數」選項下，t 檢定輸出結果最後一列為「Both use Pooled StDev = 15.8519」，表示 t 檢定可使用合併的標準差 (或合併的變異數) 作為分母項，此時的自由度為 $N_1 + N_2 - 2 = 13 + 14 - 2 = 25$。

二個母群體變異數相等假定與二個母群體變異數不相等假定所求出的 t 值統計量，當二個樣本群組的人數不相等情況下，t 值統計量會不同，但只要樣本數夠大，二個統計量差異不會太大，此外，顯著性機率值一般會相同，因而得到的最後結果或結論是一致的；若是二個樣本群組的人數相等 (水準數值 1 的樣本數等於水準數值 2 的樣本數)，則二個母群體變異數相等假定與二個母群體變異數不相等假定所求出的 t 值統計量之數值與顯著性機率值均會一樣，得到的結論是相同的。

參、不同性別在補習時間之差異檢定

研究問題為「不同性別的學生在每週補習時間是否有所差異？」，研究假設為「不同性別的學生在每週補習時間上有顯著差異。」

一、變異數相等性考驗

範例中在檢定不同性別學生每週補習時間是否有顯著不同，檢定變項為「補習時間」、組別變項為「性別」。「Two –Sample Variance」(雙樣本變異數) 對話視窗中，從左邊變數清單選入「C4 補習時間」依變項至「Samples:」右邊方框內，再從變數清單中選取「C1 性別」變項因子至「Sample IDs:」右邊方框內。

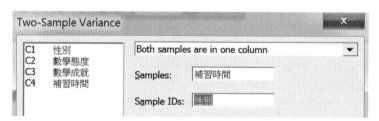

變異數相等性檢定結果如下：

Test and CI for Two Variances: 補習時間 vs 性別
Method
Null hypothesis $\sigma(1) / \sigma(2) = 1$
Alternative hypothesis $\sigma(1) / \sigma(2) \neq 1$
Significance level $\alpha = 0.05$
Statistics

性別	N	StDev	Variance	95% CI for StDevs
1	13	2.259	5.103	(1.758, 3.418)
2	14	2.210	4.885	(1.665, 3.411)

Ratio of standard deviations = 1.022

Ratio of variances = 1.045

95% Confidence Intervals

Method	CI for StDev Ratio	CI for Variance Ratio
Bonett	(0.650, 1.720)	(0.423, 2.959)
Levene	(0.580, 1.849)	(0.337, 3.418)

Tests

Method	DF1	DF2	Test Statistic	P-Value
Bonett	—	—	—	0.918
Levene	1	25	0.02	0.900

　　補習時間之變異數同質性檢定的 F 值統計量 (Levene 估計法) 為 0.02，顯著性機率值 p = 0.900 > .05，接受虛無假設 ($H_0 : \sigma_1 \div \sigma_2 = 1$)；Bonett 估計法所得之顯著性機率值 p = 0.918 > .05，未達統計顯著水準，接受虛無假設：二個母群體的標準差比值等於 1，即二個母群體之標準差 (變異數) 相等，進行 t 檢定時，要勾選「☑Assume equal variances」(假定相等變異數) 選項。

　　採用 Bonett 估計法標準差比值的 95% 信賴區間為 [0.650, 1.720]、變異數比值的 95% 信賴區間為 [0.423, 2.959]，採用 Levene 估計法標準差比值的 95% 信賴區間為 [0.580, 1.849]、變異數比值的 95% 信賴區間為 [0.337, 3.418]，二種估計法所得之標準差比值或變異數比值的 95% 信賴區間均包含 1 檢定值，表示二個群體的標準差比值或變異數比值等於 1 的機率很高，接受虛無假設 ($\sigma_1 \div \sigma_2 = 1$) 或 ($\sigma_1^2 \div \sigma_2^2 = 1$)，二個群體的標準差或變異數顯著相等。

　　二個母群體之補習時間檢定的統計量及變異數比值的 95% 信賴區間估計圖如下：變異數比值的 95% 信賴區間包含 1，表示出現 1 的機率很高，檢定結果須接受虛無假設：$H_0 : \sigma_1 \div \sigma_2 = 1$，二個母群體的標準差比值顯著等於 1 (二個母群體的標準差或變異數相等或同質)。

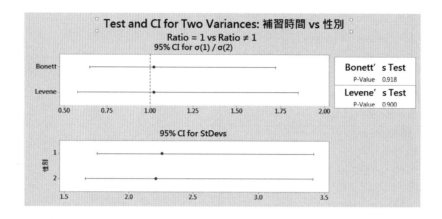

二、性別在補習時間平均數的差異比較

「Two-Sample t for the Mean」(雙樣本平均數 t 檢定) 對話視窗中，選入「Samples:」右方框的檢定變數為「C4 補習時間」，選入「Sample IDs:」右方框的固定因子為「C1 性別」。

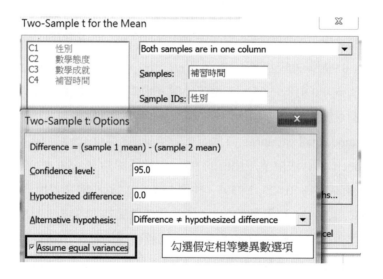

因為二個群組的變異數相等，「Two-Sample t:Options」(雙樣本 t 檢定：選項) 次對話視窗中，必須勾選「☑Assume equal variances」(假定相等變異數) 選項。

平均數差異檢定輸出結果如下：

```
Two-sample T for 補習時間
性別     N   Mean   StDev   SE Mean
1       13   6.54   2.26    0.63
2       14   6.50   2.21    0.59
Difference = μ (1) − μ (2)
Estimate for difference:  0.038
95% CI for difference:  (-1.739, 1.816)
T-Test of difference = 0 (vs ≠): T-Value = 0.04  P-Value = 0.965  DF = 24
Both use Pooled StDev = 2.2337
```

　　性別變項中水準數值 1 群組 (男生群體) 的有效樣本數為 13、補習時間 (每週補習時間，單位小時) 的平均數為 6.54、標準差為 2.26、平均數標準誤為 0.63；水準數值 2 群組 (女生群體) 的有效樣本數為 14、補習時間的平均數為 6.50、標準差為 2.21、平均數標準誤為 0.59。平均數差異值為 0.038 (= 6.54 − 6.50，小數第三位的差異為群體平均數進位的差異造成，描述性統計量程序求出的平均數分別為 6.538、6.500)，平均差異量 95% 的信賴區間為 [-1.739, 1.186]，區間包含 0 這個數值，表示差異值等於 0 的機率很高，研究者沒有足夠證據可以拒絕虛無假設；合併標準差數值為 2.2337，平均差異值是否顯著的檢定統計量 t 值等於 0.04、自由度等於 24，顯著性機率值 p = 0.965 > .05，在 5% 顯著水準下，研究結果應接受虛無假設 ($u_1 − u_2 = 0$)，拒絕對立假設 ($u_1 − u_2 ≠ 0$)，二個母群體的平均數差異值等於 0，亦即二個群體的補習時間之平均數顯著相等，男生群體的平均數與女生群體的平均數沒有顯著差異。在顯著水準 .05 下，男生每週的補習時間與女生每週的補習時間沒有差別。平均數差異值 0.038 為抽樣誤差造成的，當樣本數擴大後，平均數差異值會等於 0 或接近 0。

　　執行功能表「Stat」(統計) /「Basic Statistics」(基本統計) /「2 Sample t...」(雙樣本 t 檢定) 程序，進行獨立樣本平均數差異檢定的對話視窗 (Two-Sample t for Mean)(雙樣本平均數 t 檢定)，對話視窗每次也只能從變數清單中選取一個標的計量變項至「Samples:」右的方框中，如果研究者選取二個計量變項至「Samples:」右的方框內，會出現警告視窗：「Invalid sample column.Too many items. Please specify: A single numeric column.」，提示研究者只能界定單一數值直行的變項。

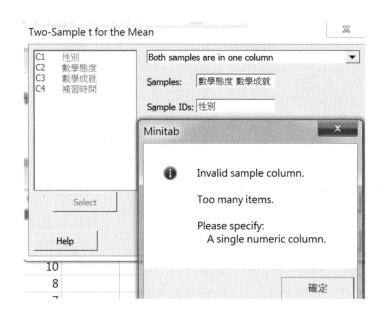

肆、群組測量值在不同直行的檢定

「Two-Sample t for Mean」(雙樣本平均數 t 檢定) 平均數差異檢定的對話視窗，右邊內定資料檔建檔的內容是群體的樣本數以一個直行變項表示，如學生性別，水準數值 1 為男生群體、水準數值 2 為女生群體，內定選項為「Both samples are in one column」(所有樣本置放在同一直行變項欄)，如果研究者把男生群體的數據置放在一直行 (如 C5 男生數學態度)、把女生群體的數據置放在另一直行 (如 C6 女生數學態度)，此時，右邊樣本位置的選項應改選為「Each sample is in its own column」(每個群體樣本的測量值在單獨的直行變項欄)。「Sample 1:」右邊的方框選入變項「C5 男生數學態度」(男生數學態度測量值檢定變項的直行)；「Sample 2:」右邊的方框選入變項「C6 女生數學態度」(女生數學態度測量值檢定變項的直行)。「Each sample is in its own column」資料檔型態的選項，不用選入固定因子群組變項 (如性別)。

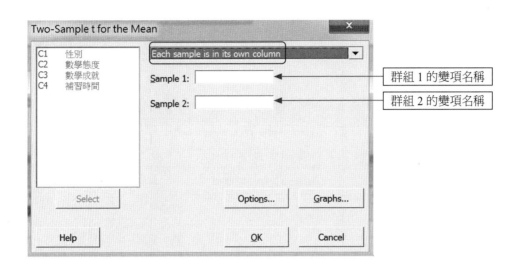

　　將直行 C2 數學態度變項的二個群組分開置放在單獨的直行，Minitab 工作表中之男生數學態度的測量值置放在 C5 直行，變數名稱為「男生數學態度」；女生數學態度的測量值置放在 C6 直行，變數名稱為「女生數學態度」，男生有效樣本數有 13 位，女生有效樣本數有 14 位。

·	C1 性別	C2 數學態度	C3 數學成就	C4 補習時間	C5 男生數學態度	C6 女生數學態度
3	1	8	83	10	8	2
4	1	8	85	8	8	6
5	1	7	86	7	7	3
6	1	9	87	8	9	6
7	1	6	65	4	6	1
8	1	10	92	6	10	4
9	1	6	82	3	6	10
10	1	5	92	4	5	2
11	1	7	87	6	7	2
12	1	9	78	9	9	2
13	1	8	84	4	8	1
14	2	7	82	7		8
15	2	8	74	8		
16	2	2	65	9		

　　二個群組變異數相等性檢定程序，「Two-Sample Variance」(雙樣本變異數) 對話視窗中，資料檔型態選項改選為「Each sample is in its own column」，

「Sample 1:」右邊的方框選入變項「C5 男生數學態度」，標的變項為群組 1 的變數名稱；「Sample 2:」右邊的方框選入變項「C6 女生數學態度」，標的變項為群組 2 的變數名稱。

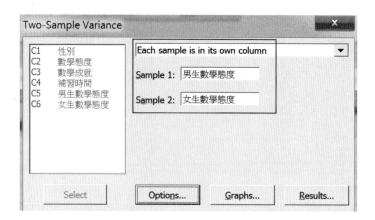

二個母群體變異數相等性檢定結果如下：

Test and CI for Two Variances: 男生數學態度, 女生數學態度

Method

Null hypothesis　　　　　σ (男生數學態度) / σ (女生數學態度) = 1

Alternative hypothesis　σ (男生數學態度) / σ (女生數學態度) ≠ 1

Significance level　　　　α = 0.05

Statistics

				95% CI for
Variable	N	StDev	Variance	StDevs
男生數學態度	13	1.573	2.474	(1.164, 2.503)
女生數學態度	14	3.005	9.033	(2.288, 4.591)

Ratio of standard deviations = 0.523

Ratio of variances = 0.274

95% Confidence Intervals

	CI for StDev	CI for Variance
Method	Ratio	Ratio
Bonett	(0.312, 0.874)	(0.097, 0.764)
Levene	(0.258, 0.856)	(0.067, 0.732)

Tests

Test

Method	DF1	DF2	Statistic	P-Value
Bonett	—	—	—	0.019
Levene	1	25	6.41	0.018

　　變異數相等性檢定的虛無假設為「σ (男生數學態度) / σ (女生數學態度) = 1」，對立假設為「σ (男生數學態度) / σ (女生數學態度) ≠ 1」。二個母群體標準差的比值為 0.523、變異數的比值為 0.274。採用 Bonett 估計法之檢定統計量的顯著性機率值 p = 0.019 < .05，拒絕虛無假設；採用 Levene 估計法之檢定統計量 F 值等於 6.41，顯著性機率值 p = 0.018 < .05，出現虛無假設的機率值很低，有足夠證據拒絕虛無假設 ($H_1 : \sigma_1 \div \sigma_2 = 1$)，接受對立假設 $H_1 : \sigma_1 \neq \sigma_2$：或 $H_1 : \sigma_1 \div \sigma_2 \neq 1$，二個母群體之標準差比值顯著不等於 1 或二個母群體之標準差 (變異數) 顯著不相同，因而在進行獨立樣 t 考驗時，取消勾選「□Assume equal variances」選項 (假定相等的變異數選項，表示二個群體的變異數不相等 $\sigma_{男}^2$：$\sigma_{女}^2$。

　　進行平均數差異檢定時，變項的選取與變異數相等性檢定相同。「Two-Sample t for the Mean」(雙樣本平均數 t 檢定) 平均數差異檢定的對話視窗，資料檔型式選項改選為「Each sample is in its own column」。「Sample 1:」右邊的方框選入變項「C5 男生數學態度」，標的變項表示的是性別水準數值 1 男生的數值資料；「Sample 2:」右邊的方框選入變項「C6 女生數學態度」，標的變項表示的是性別水準數值 2 女生的數值資料。

「Two-Sample t:Options」(雙樣本 t 檢定：選項) 次對話視窗中，「□Assume equal variances」(假設相等的變異數) 選項不要勾選。

二個群體之數學態度平均數檢定結果如下：

Two-Sample T-Test and CI: 男生數學態度, 女生數學態度
Two-sample T for 男生數學態度 vs 女生數學態度

	N	Mean	StDev	SE Mean
男生數學態度	13	7.85	1.57	0.44
女生數學態度	14	4.43	3.01	0.80

Difference = μ (男生數學態度) – μ (女生數學態度)
Estimate for difference: 3.418
95% CI for difference: (1.504, 5.331)
T-Test of difference = 0 (vs ≠): T-Value = 3.74 P-Value = 0.001 DF = 19

男生數學態度變數的有效樣本數為 13、數學態度的平均數為 7.85、標準差為 1.57、平均數標準誤為 0.44；女生數學態度變數的有效樣本數為 14、數學態度的平均數為 4.43、標準差為 3.01、平均數標準誤為 0.80。平均數差異值為 3.418 (= 7.85-4.43)，平均差異量 95% 的信賴區間為 [1.504, 5.331]，未包含 0 這個數值，表示差異值等於 0 的機率很低，研究者有足夠證據拒絕虛無假設 ($u_1 - u_2 = 0$)；平均差異檢定統計量 t 值等於 3.74、自由度等於 19，顯著性機率值 p = 0.001 < .05，在 5% 顯著水準下，研究結果應拒絕虛無假設 ($u_1 - u_2 = 0$)，接受對立假設 ($u_1 - u_2 \neq 0$)，二個母群體的平均數差異值不等於 0，亦即二個群體的數學態度之平均數顯著不相等，男生群體的平均數顯著高於女生群體的平均數。在顯著水準 .05 下，男生的數學態度 (M = 7.85) 顯著較女生群體 (M = 4.43) 的數學態度積極、正向。

伍、利用已求得的描述性統計量進行分析

不同性別學生在數學成就差異的 t 檢定為例，研究者已根據資料求得各水準群組的個數、平均數、標準差等統計量。

執行功能表列「Stat」(統計) /「Basic Statistics (基本統計) /「Display Descriptive Statistics」(描述性統計量) 程序，開啟「Display Descriptive Statistics」(描述性統計量) 對話視窗。視窗中從變數清單選取「C3 數學成就」

變數至右邊「Variables:」(變項) 下方框中，從變數清單選取「C1　性別」變項至「By variables (optional):」下方框中。

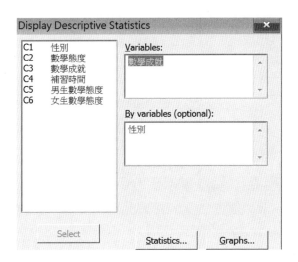

數學成就的描述性統計量如下：

Descriptive Statistics: 數學成就

Variable	性別	N	N*	Mean	SE Mean	StDev	Minimum	Q1	Median	Q3	Maximum
數學成就	1	13	0	84.15	1.92	6.94	65.00	82.50	85.00	88.00	92.00
	2	14	0	54.21	5.60	20.95	15.00	33.50	61.00	72.50	82.00

不同學生性別在數學成就的描述性統計量交叉表整理如下：

	男生 (水準數值編碼為 1)	女生 (水準數值編碼為 2)
樣本數	13	14
平均數	84.15	54.21
標準差	6.94	20.95

　　二個群組變異數相等性檢定程序，因為樣本的樣本數與標準差統計量已經得知，「Two-Sample Variance」(雙樣本變異數) 對話視窗中，資料檔型態選項改選為「Sample standard deviations」(樣本標準差)，「Sample 1:」(樣本 1) 下的「Sample size:」(樣本大小) 右邊的方框輸入群組 1 (男生) 有效樣本數「13」，

「Standard deviation:」(標準差) 右邊的方框輸入群組 1 (男生) 數學成就的標準差
「6.94」;「Sample 2:」(樣本 2) 下的「Sample size:」(樣本大小) 右邊的方框輸
入群組 2 (女生) 有效樣本數「14」,「Standard deviation:」(標準差) 右邊的方框
輸入群組 2 (女生) 數學成就的標準差「20.95」。

　　「Two-Sample Variance: Options」(雙樣本變異數:選項) 次對話視窗中,
「Ratio:」(比例) 右邊的選項為「(sample 1 standard deviation) / (sample 2 standard
deviation)」,表示考驗的量數是檢定樣本比值,比值統計量為樣本 1 的標準差
除以樣本 2 的標準差,假設檢定統計量為比值等於 1,對立假設雙側檢定選項為
「Ratio ≠ hypothesized ratio」,其意涵為「(sample 1 standard deviation) / (sample
2 standard deviation) ≠ 1」(樣本 1 標準差與樣本 2 標準差的比值顯著不等於 1),
對應的虛無假設為「(sample 1 standard deviation) / (sample 2 standard deviation) =
1」(樣本 1 標準差與樣本 2 標準差的比值顯著等於 1)。

　　變異數相等性檢定結果如下:

Test and CI for Two Variances
Method
Test and CI for Two Variances
Method
Null hypothesis　　　　　σ(First) / σ(Second) = 1
Alternative hypothesis　σ(First) / σ(Second) ≠ 1

```
Significance level     α = 0.05
F method was used. This method is accurate for normal data only.
Statistics
                          95% CI for
Sample    N    StDev    Variance      StDevs
First     13   6.940    48.164     ( 4.977, 11.456)
Second    14   20.950   438.902    (15.188, 33.751)
Ratio of standard deviations = 0.331
Ratio of variances = 0.110
95% Confidence Intervals
                            CI for
            CI for StDev    Variance
Method        Ratio          Ratio
F          (0.187, 0.596)  (0.035, 0.355)
Tests
                Test
Method   DF1   DF2   Statistic   P-Value
F        12    13    0.11        0.001
```

　　二個樣本變異數相等性檢定的虛無假設為「σ (First) / σ (Second) = 1」(樣本 1 與樣本 2 群體的標準差比值等於 1)、對立假設為「σ (First) / σ (Second) ≠ 1」(樣本 1 與樣本 2 群體的標準差比值不等於 1)。樣本 1 群體的標準差為 6.940、變異數為 48.164；樣本 2 群體的標準差為 20.950、變異數為 438.902。二個樣本群體標準差比值的 95% 信賴區間為 [0.187, 0.596]，變異數比值的 95% 信賴區間為 [0.035, 0.355]，標準差比值或變異數比值的 95% 信賴區間均未包含比值 1 數值，表示比值為 1 的機率很低，拒絕虛無假設，二個樣本的標準差比值或變異數比值顯著不等於 1。

　　二個母群體標準差的比值為 0.332、變異數的比值為 0.110。採用 F 估計法之檢定統計量等於 0.11，顯著性機率值 p = 0.001 < .05，出現虛無假設的機率值很低，有足夠證據拒絕虛無假設 ($H_0 : \sigma_1 \div \sigma_2 = 1$)，接受對立假設：$H_1 : \sigma_1 \neq \sigma_2$ 或 $H_1 : \sigma_1 \div \sigma_2 \neq 1$，二個母群體之標準差比值顯著不等於 1 或二個母群體之標準差 (變異數) 顯著不相同，因而在進行獨立樣 t 考驗時，取消勾選「□Assume equal variances」選項 (假定相等的變異數選項。

　　二個群組平均數相等性檢定程序，因為樣本的樣本數、平均數、標準差統

計量已經得知，「Two-Sample t for the Mean」(雙樣本 t 平均數檢定) 對話視窗中，資料檔型態選項改選為「Summarized data」(已分類資料)，「Sample 1:」(樣本 1) 欄下的「Sample size:」(樣本大小) 右邊的方框輸入群組 1 (男生) 有效樣本數「13」，「Sample mean:」(樣本平均數) 右邊的方框輸入群組 1 (男生) 數學成就的平均數「84.15」，「Standard deviation:」(樣本標準差)右邊的方框輸入群組 1 (男生) 數學成就的標準差「6.94」；「Sample 2:」(樣本 2) 欄下的「Sample size:」(樣本大小) 右邊的方框輸入群組 2 (女生) 有效樣本數「14」，「Sample mean:」(樣本平均數) 右邊的方框輸入群組 2 (女生) 數學成就的平均數「54.21」，「Standard deviation:」(樣本標準差) 右邊的方框輸入群組 2 (女生) 數學成就的標準差「20.95」。

因為二個群組的變異數不相等，「Two-Sample t:Options」(雙樣本 t 檢定：選項) 次對話視窗中，「□Assume equal variances」(假設相等的變異數) 選項不要勾選，平均數差異值運算為「(sample 1 mean) – (sample 2 mean)」(樣本 1 平均數減掉樣本 2 平均數)，假設檢定差異值為 0.00，雙尾檢定的對立假設為「(sample 1 mean) – (sample 2 mean) ≠ 0」，對應的虛無假設為「(sample 1 mean) –(sample 2 mean) = 0」。

平均數差異檢定結果如下：

```
Two-Sample T-Test and CI
Sample   N    Mean    StDev   SE Mean
1        13   84.15   6.94    1.9
2        14   54.2    20.9    5.6
Difference = μ (1) − μ (2)
Estimate for difference: 29.94
95% CI for difference: (17.39, 42.49)
T-Test of difference = 0 (vs ≠): T-Value = 5.06  P-Value = 0.000  DF = 16
```

性別變項中水準數值 1 群組 (男生群體) 的有效樣本數為 13、數學成就的平均數為 84.15、標準差為 6.94、平均數標準誤為 1.90；水準數值 2 群組 (女生群體) 的有效樣本數為 14、數學成就的平均數為 54.21 (輸出結果的量數為 54.2)、標準差為 20.95 (輸出結果的量數為 20.9)、平均數標準誤為 5.60。平均數差異值為 29.94 (= 84.15 − 54.21)，平均差異量 95% 的信賴區間為 [17.39, 42.49]，未包含 0 這個數值，表示差異值等於 0 的機率很低，研究者有足夠證據拒絕虛無假設；平均差異檢定統計量 t 值等於 5.06、自由度等於 16，顯著性機率值 p < .001，在 5% 顯著水準下，研究結果應拒絕虛無假設 $(u_1 − u_2 = 0)$，接受對立假設 $(u_1 − u_2 ≠ 0)$，二個母群體的平均數差異值不等於 0，亦即二個群體的數學成就之平均數顯著不相等，男生群體的平均數顯著高於女生群體的平均數。在顯著水準 .05 下，男生的數學成就 (M = 84.15) 顯著較女生群體 (M = 54.20) 的數學成就為佳。

陸、獨立樣本 t 考驗—單尾檢定

某研究者採用實驗研究設計，實驗組採用圖文整合教學法、控制組採用傳統講述法，二組各進行三個月的教學，之後對二組施測標準化語文成就測驗。

研究問題：實驗組的語文成績是否顯著高於控制組的語文成績？

研究假設：實驗組的語文成績顯著高於控制組的語文成績。

範例之研究假設為「顯著高於」表示的是有方向性的考驗，對立假設為：$μ_1 > μ_2$ 或 $μ_{實驗組} > μ_{控制組}$，虛無假設為 $μ_1 ≤ μ_2$ 或 $μ_{實驗組} ≤ μ_{控制組}$。

執行功能表「Stat」(統計) /「Basic Statistics」(基本統計) /「2 Sample t...」(雙樣 t 本檢定) 程序，開啟「Two –Sample for the Mean」(雙樣本平均數檢定) 對話視窗，範例中在檢定不同組別 (實驗組、控制組) 學生的語文成績是否有顯著不同，檢定變項為「語文成績」、分組變項 (固定因子) 為「組別」。「Two –

Sample t for the Mean」(雙樣本 t 平均數檢定) 對話視窗中，從左邊變數清單選入
「C2 語文成績」依變項至「Samples:」右邊方框內，選取「C1 組別」變項至
「Sample IDs:」右邊方框內。

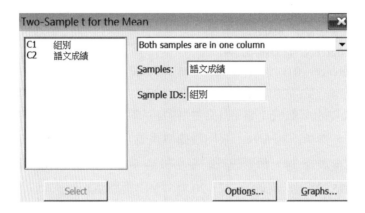

按「Options」(選項) 鈕，開啟「Two –Sample t: Options」(雙樣本 t 檢定：選
項) 次對話視窗，視窗內「Difference:」(差異值) 內定選項為「(sample 1 mean)-
(sample 2 mean)」(差異值為樣本群體 1 平均數減樣本群體 2 平均數)，內定的信
心水準為 95.0%、假設檢定差異值為 0 (Hypothesized difference:0.0)，對立假設
(Alternative hypothesis) 右邊選單選取「Difference > hypothesized difference」選
項，表示的意涵為「(sample 1 mean)- (sample 2 mean) > 0」，對立假設為：$\mu_1 >$
μ_2。按「OK」鈕，回到「Two –Sample t for the Mean」(雙樣本 t 平均數檢定) 主
對話視窗，按「OK」鈕。

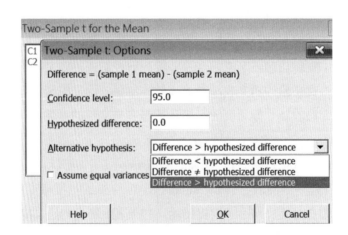

單尾檢定之平均數差異檢定結果如下：

```
Two-Sample T-Test and CI: 語文成績, 組別
Two-sample T for 語文成績
組別    N    Mean    StDev    SE Mean
1      10   6.70    2.06     0.65
2      10   4.70    2.41     0.76
Difference = μ (1) − μ (2)
Estimate for difference:  2.00
95% lower bound for difference:  0.26
T-Test of difference = 0 (vs >): T-Value = 2.00  P-Value = 0.031  DF = 17
```

實驗組 (水準數值編碼為 1) 的有效樣本數為 10、平均數為 6.70、標準差為 2.06；控制組 (水準數值編碼為 2) 的有效樣本數為 10、平均數為 4.70、標準差為 2.41，平均數差異值為 2.00 (= 6.70 − 4.70)，平均數差異值 95% 信賴區間下限為 0.26。平均數差異檢定的 t 值統計量為 2.00，自由度等於 17，顯著性機率值 p = 0.031 < .05，達到統計顯著水準，拒絕虛無假設 ($\mu_1 \leq \mu_2$)，對立假設 ($\mu_1 > \mu_2$) 得到支持。經三個月的實驗處理，實驗組平均數 (M = 6.70) 顯著高於控制組平均數 (M = 4.70)，採用圖文整合教學的實驗組在語文成績的表現顯著優於採用講述法教學的控制組。

若改為雙側考驗時，開啟「Two –Sample t: Options」(雙樣本 t 檢定：選項) 次對話視窗，視窗內對立假設 (Alternative hypothesis) 右側選單選取「Difference ≠ hypothesized difference」選項，表示的「(sample 1 mean) − (sample 2 mean) ≠ 0」，對立假設為：$\mu_1 \neq \mu_2$，對應的虛無假設為：$\mu_1 = \mu_2$。

雙尾檢定之平均數差異檢定結果如下：

```
Two-Sample T-Test and CI: 語文成績, 組別
Two-sample T for 語文成績
組別    N    Mean    StDev    SE Mean
1      10   6.70    2.06     0.65
2      10   4.70    2.41     0.76
Difference = μ (1) − μ (2)
Estimate for difference:  2.00
95% CI for difference:  (-0.11, 4.11)
T-Test of difference = 0 (vs ≠): T-Value = 2.00  P-Value = 0.062  DF = 17
```

　　實驗組 (水準數值編碼為 1) 的有效樣本數為 10、平均數為 6.70、標準差為 2.06；控制組 (水準數值編碼為 2) 的有效樣本數為 10、平均數為 4.70、標準差為 2.41，平均數差異值為 2.00，平均數差異值 95% 信賴區間為 [-0.11, 4.11]，包含 0 點估計值，表示出現虛無假設的機率很高，結果須接受虛無假設 ($\mu_{實驗組} = \mu_{控制組}$)。平均數差異檢定的 t 值統計量為 2.00，自由度等於 17，顯著性機率值 p = 0.062 > .05，未達統計顯著水準，接受虛無假設 ($\mu_1 = \mu_2$)，對立假設 ($\mu_1 \neq \mu_2$) 無法得到支持。

　　經三個月的實驗處理，實驗組平均數沒有顯著高於控制組平均數，採用圖文整合教學的實驗組在語文成就的表現與採用講述法教學的控制組沒有顯著不同。範例中，單尾右側檢定的顯著性 p = 0.031，雙尾檢定的顯著性 p = 0.062，單尾右側檢定的顯著性 p 為雙尾檢定顯著性 p 值的一半 (0.031 = 0.062 ÷ 2)，由於單尾檢定顯著性 p 值只為雙尾檢定顯著性 p 值的一半，因而較易達成拒絕虛無假設的結論。

柒、無母數統計

　　獨立樣本 t 檢定方法為母數統計一種，若是群體的樣本數小於 15，有效樣本總數少於 30，則二個群體平均數的差異檢定可改為無母數統計法中的曼－惠特尼 U 考驗。

一、範例問題

　　某研究者想探究國中一年級與三年級學生之學習壓力有無顯著不同，從二個群體中各隨機抽取六名學生，其數據與建檔格式如下，直行 C1 變項名稱為「一年級」、直行 C2 變項名稱為「三年級」。由於二個群體的有效樣本數各少於 15 位，總樣本數少於 30，二個群體在反應變項測量值的差異比較採用無母數統計法較為適宜。

·	C1 一年級	C2 三年級	C3
1	3	10	
2	4	9	
3	6	8	
4	7	12	
5	9	11	
6	1	5	

Worksheet 1 ***

二、操作程序

　　執行功能表「Stat」(統計) /「Nonparametrics」(無母數) /「Mann-Whitney」
(曼－惠特尼) 程序，程序提示語為「Determine whether the medians of two groups
differ when the data for both groups have similarly shaped distributions.」(當二個群
體有相似的形狀分配時，決定二個群體的中位數是否有所不同)，程序可以開啟
「Mann-Whitney」(曼－惠特尼) 對話視窗。

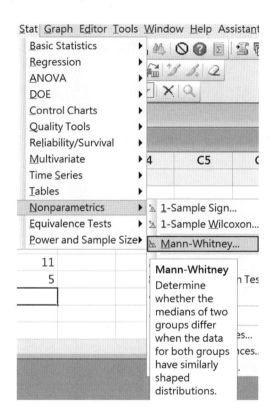

　　「Mann-Whitney」(曼－惠特尼) 對話視窗中，從變數清單選取「C1 一年
級」變項至「First Sample:」(第一個樣本) 右方框中，選取「C2　三年級」變項
至「Second Sample:」(第二個樣本) 右方框中，統計檢定的信心水準 (Confidence
level) 內定為 95.%，「Alternative:」(對立假設) 右邊選項為「not equal」(不等
於)，表示對立假設為雙尾檢定，二個群體中位數不相等。

三、輸出結果

曼－惠特尼考驗等級考驗結果如下：

```
Mann-Whitney Test and CI: 一年級, 三年級
         N      Median
一年級    6      5.000
三年級    6      9.500
Point estimate for η1 − η2 is -4.000
95.5 Percent CI for η1 − η2 is (-8.001, -1.001)
W = 25.5
Test of η1 = η2 vsη1 ≠ η2 is significant at 0.0374
The test is significant at 0.0370 (adjusted for ties)
```

一年級群體的樣本數為 6、中位數為 5.000，三年級群體的樣本數為 6、中位數為 9.500，中位數差異的估計值為 -4.000，中位數差異的 95% 信賴區間為 [-8.001, -1.001]，未包含 0 數值點，拒絕虛無假設 ($\eta_1 - \eta_2 = 0$)，表示二個群體的中位數顯著不相等。魏克遜等級和檢定 W 統計量為 25.5，顯著性 p = 0.0374 < .05，調整等值結後 (adjusted for ties) 的顯著性 p = 0.0370 < .05，均達到統計顯著水準，拒絕虛無假設 ($\eta_1 = \eta_2$)，接受對立假設 ($\eta_1 \neq \eta_2$)，二個群體的中位數有顯著差異，三年級學生的中位數 (等級平均數)大於一年級學生中位數 (等級平均數)，表示三年級學生群體的學習壓力顯著高於一年級學生群體的學習壓力。無

母數統計程序的運算中，測量值最小者排序為 1，因而等級較小，若等級總和或等級平均數較低，對應的中位數也較小。

　　Minitab 統計軟體沒有專門用於處理小樣本相依樣本的無母數統計法，如魏克遜符號等級考驗 (Wilcoxon signed ranks test) 或符號考驗 (sign test)，但可藉用類似母數統計法的程序，將配對變項改為完全隨機化區組實驗設計，使用 K 組相依樣本中位數弗里曼 (Friedman) 檢定法，進行相依樣本考驗。

　　範例為六位受試者經團體輔導方案實驗處理前與實驗處理後在學習焦慮量表的得分，受試者的得分愈高，表示其感受的學習焦慮愈高。

▦ Worksheet 1 ***			
ᐟ	**C1**	**C2**	**C3**	**C4**
	受試者	實驗前	實驗後	
1	1	31	29	
2	2	39	34	
3	3	50	31	
4	4	43	25	
5	5	29	20	
6	6	49	40	
7				

　　將六位受試者在實驗前與實驗後配對測量值的數據轉為隨機區組化的資料檔如下，其中直行 C1 的變項名稱為「受試者」；直行 C2 的變項名稱為「實驗處理」，「實驗處理」變項為二分類別變項，水準數值 1 為實驗前、水準數值 2 為實驗後；直行 C3 的變項名稱為「學習焦慮」，「學習焦慮」為連續變項，學習焦慮變項中儲存格的數值為受試者在學習焦慮量表的得分。

▦ Worksheet 2 ***			
ᐟ	**C1**	**C2**	**C3**	**C4**
	受試者	實驗處理	學習焦慮	
1	1	1	31	
2	2	1	39	
3	3	1	50	
4	4	1	43	
5	5	1	29	
6	6	1	49	
7	1	2	29	
8	2	2	34	
9	3	2	31	
10	4	2	25	
11	5	2	20	
12	6	2	40	

執行功能表「Stat」(統計) /「Nonparametrics」(無母數) /「Friedman」(弗里曼檢定) 程序，程序開啟「Friedman」(弗里曼檢定) 對話視窗。從變數清單中選取檢定變項「C3 學習焦慮」至「Response:」(反應變項) 右方框內，選取處理變項「C2 實驗處理」至「Treatment:」(處理) 右方框內，選取區組變項「C1 受試者」至「Blocks:」(區組) 右方框內，按「OK」鈕。

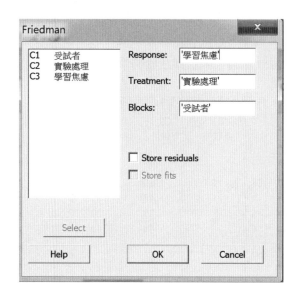

弗里曼檢定結果如下：

Friedman Test: 學習焦慮 versus 實驗處理 blocked by 受試者
S = 6.00 DF = 1 P = 0.014

實驗處理	N	Est Median	Sum of Ranks
1	6	39.750	12.0
2	6	30.750	6.0

Grand median = 35.250

受試者有六位，實驗前的中位數為 39.750、等級總和為 12.0 (等級平均數等於 2)；實驗前的中位數為 30.750、等級總和為 6 (等級平均數等於 1)，整體中位數為 35.250；自由度等於 1 時，顯著性 p = 0.014 < 0.05，達統計顯著水準，表示實驗前與實驗後的平均等級間有顯著不同，實驗後的中位數 (或等級總和) 小於

實驗前的中位數 (或等級總和)，六位受試者經實驗處理前後，學習焦慮有顯著不同。

 ## 第三節　二個母體比例差異比較

二個母體比例 (百分比) 差異比較在於檢定二個獨立母群體的比例之差異值是否相等。

比例差異的 Z 值統計量運算式求法為：$Z = \dfrac{(\hat{p}_1 - \hat{p}_2)}{\sqrt{\hat{p}(1-\hat{p})\left(\dfrac{1}{n_1} + \dfrac{1}{n_2}\right)}}$，其中

$\hat{p} = \dfrac{n_1 \times \hat{p}_1 + n_2 \times \hat{p}_2}{n_1 + n_2}$，$n_1$ 為第一個群體的個數、n_2 為第二個群體的個數、$\hat{p}_1$ 為第一個樣本群體的比例 (事件發生的次數除以樣本個數)、$\hat{p}_2$ 為第二個樣本群體的比例 (事件發生的次數除以樣本個數)。

壹、雙尾檢定範例一

一、研究問題

研究者想要探究甲學校與乙學校二個學校的國中一年入學新生單親家庭比例是否有所差異，開學後採取隨機抽樣方法，分別從甲學校、乙學校一年級母體中各抽取 22 名、26 名學生，結果發現，甲學校樣本中單親家庭的學生人數有 9 位、乙學校樣本中單親家庭的學生人數有 10 位，根據樣本數據推估甲、乙二校入學的新生母體中，「單親家庭」的比例是否有所不同？

工作表之「甲學校」欄變項中，水準數值 1 為單親家庭 (事件發生的結果)，水準數值 0 為雙親家庭；「乙學校」欄變項中，水準數值 1 為單親家庭 (事件發生的結果)，水準數值 0 為雙親家庭。

二、操作程序

執行功能表「Stat」(統計) /「Basic Statistics」(基本統計) /「2 Proportions」(二個比例) 程序，程序提示語為：「Determine whether the sample proportions of an event for two groups differ significantly.」(判別二個群體在事件發生的比例是否有顯著不同)。程序會開啟「Two-Sample Proportion」(雙樣本比例) 對話視窗。

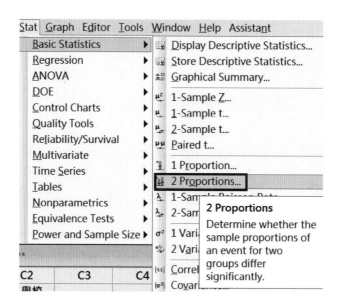

　　「Two-Sample Proportion」(雙樣本比例) 對話視窗中，右邊資料建檔型態分為三個情況：「Both samples are in one column」(二個樣本測量值在同一直行)、「Each sample is in its own column」(二個樣本測量值在不同直行)、「Summarized data」(已分類資料)，若是選取「Both samples are in one column」(二個樣本測量值在同一直行) 資料檔型態，二個選取變項方框分別為「Samples:」(檢定變項)、「Sample IDs:」(組別變項)，選取「Each sample is in its own column」(二個樣本測量值在不同直行) 選項，二個選取變項方框分別為「Sample 1:」(樣本 1)、「Sample 2:」(樣本 2)，範例中的資料檔型態為二個學校單獨儲放在不同直行，資料型態選取「Each sample is in its own column」(二個樣本測量值在不同直行) 選項。

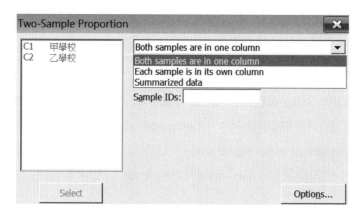

「Two-Sample Proportion」(雙樣本比例) 對話視窗，從變數清單中選取「C1 甲學校」變項至「Sample 1:」(樣本 1) 右方框內、選取「C2　乙學校」變項至「Sample 2:」(樣本 2) 右方框內。

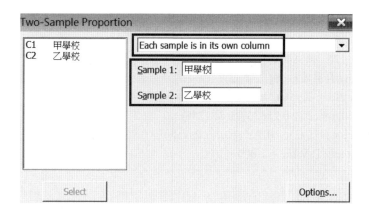

「Two-Sample Proportion」(雙樣本比例) 對話視窗，按「Options」(選項) 鈕，可以開啟「Two-Sample Proportion: Options」(雙樣本比例：選項) 次對話視窗，差異值為「(sample 1 proportion) – (sample 2 proportion)」，表示差異值為樣本 1 百分比值減掉樣本 2 百分比值；內定信心水準為 95.0%、假設檢定為二個群組的百分比差異是否顯著等於 0，對立假設為：「Difference ≠ hypothesized difference」(雙尾檢定)，表示的是「(sample 1 proportion) – (sample 2 proportion) ≠ 0」，虛無假設為「(sample 1 proportion) – (sample 2 proportion) = 0」，「Test method」(檢定方法) 為「Estimate the proportions separately」(個別估計百分比值)。

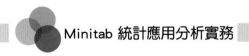

雙尾檢定結果如下：

Test and CI for Two Proportions: 甲學校, 乙學校
Event = 1
Variable   X   N   Sample p
甲學校   9   22   0.409091
乙學校   10   26   0.384615
Difference = p (甲學校) − p (乙學校)
Estimate for difference: 0.0244755
95% CI for difference: (-0.253337, 0.302288)
Test for difference = 0 (vs ≠ 0): Z = 0.17 P-Value = 0.863
Fisher's exact test: P-Value = 1.000

事件發生結果 (水準數值編碼為 1 之單親家庭) 百分比以數值 1 為計算基準，甲學校有效樣本有 22 位、單親家庭 (水準數值編碼為 1) 學生有 9 位、百分比為 0.409；乙學校有效樣本有 26 位、單親家庭 (水準數值編碼為 1) 學生有 10 位、百分比為 0.385，百分比的差異值為 0.024 (= 0.409 − 0.385)，百分比差異值的 95% 信賴區間為 [-0.253, 0.302]，包含 0 點估計值，表示差異值等於 0 的機率很高，必須接受虛無假設。差異檢定的 Z 值統計量等於 0.17，顯著性 p = 0.863 > .05，Fisher 正確性檢定統計量之顯著性機率值 p = 1.000 > .05，沒有足夠證據可以拒絕虛無假設，對立假設無法獲得支持，二個學校學生單親家庭的比例沒有顯不同。

範例 Z 值統計量的求法如下：

$$\hat{p}_1 = \frac{9}{22} = 0.409 \text{，} \hat{p}_2 = \frac{10}{26} = 0.384$$

$$\hat{p} = \frac{n_1 \times \hat{p}_1 + n_2 \times \hat{p}_2}{n_1 + n_2} = \frac{22 \times 0.409 + 26 \times 0.384}{22 + 26} = 0.396$$

$$Z = \frac{(\hat{p}_1 - \hat{p}_2)}{\sqrt{\hat{p}(1-\hat{p})\left(\frac{1}{n_1} + \frac{1}{n_2}\right)}} = \frac{0.409 - 0.384}{\sqrt{0.396 \times (1-0.396)\left(\frac{1}{22} + \frac{1}{26}\right)}} = \frac{0.024}{0.142} = 0.173$$

貳、雙尾檢定範例二

　　某國民中學輔導主任想探究甲班級、乙班級二個班級第一次定期考查數學科目不及格 (分數小於 60 分) 人數比例是否有顯著不同，分別從二個班級中各隨機抽取 15 名、20 名學生，不及格人數各有 6 人、15 人。請問甲、乙二個班級第一次定期考查數學科目不及格人數比例是否有顯著不同。工作表資料檔中，「班級」欄變數中的水準數 1 為甲班、水準數 2 為乙班；「不及格」欄變數中，水準數值 1 為不及格 (事件發生的結果)、水準數值 0 為及格。

比例檢定01.MTW ***		
.	C1	C2
	班級	不及格
10	1	1
11	1	1
12	1	0
13	1	0
14	1	0
15	1	0
16	2	1
17	2	0
18	2	0
19	2	0
20	2	0
21	2	0
22	2	1

　　執行功能表「Stat」(統計) /「Basic Statistics」(基本統計) /「2 Proportions」(二個比例) 程序，開啟「Two-Sample Proportion」(雙樣本比例) 對話視窗。

　　「Two-Sample Proportion」(雙樣本比例)對話視窗中，右邊資料建檔型態選內定選項：「Both samples are in one column」(二個樣本測量值在同一直行)，二個選取變項方框分別為「Samples:」(檢定變項)、「Sample IDs:」(組別變項)，從變數清單選取檢定變數「C2 不及格」至「Samples:」右邊方框內，從變數清單中選取固定因子組別變項「C1 班級」至「Sample IDs:」右邊方框內。

「Two-Sample Proportion」(雙樣本比例) 對話視窗,按「Options」(選項)
鈕,開啟「Two-Sample Proportion: Options」(雙樣本比例:選項) 次對話視窗,
內定信心水準為 95.0% (顯著水準 α 為 .05),對立假設 (Alternative hypothesis) 選
項為「Difference ≠ hypothesized difference」(雙尾檢定),「Test method」(檢定方
法) 為「Estimate the proportions separately」(個別估計百分比)。

比例差異雙尾檢定結果:

Test and CI for Two Proportions: 不及格, 班級
Event = 1
班級   X   N   Sample p
1   6   15   0.400000
2   15   20   0.750000
Difference = p (1) − p (2)
Estimate for difference: -0.35
95% CI for difference: (-0.662213, -0.0377869)
Test for difference = 0 (vs ≠ 0): Z = -2.20 P-Value = 0.028
Fisher's exact test: P-Value = 0.080

雙尾比例檢定的對立假設為 $H_1 : P_1 \neq P_2$,或 $H_1 : P_1 - P_2 \neq 0$;虛無假設為 H_0
$: P_1 = P_2$,或 $H_0 : P_1 - P_2 = 0$。事件發生結果 (水準數值編碼為 1 之不及格人數)
百分比以數值 1 為計算基準,甲班級有效樣本有 15 位、不及格人數 (水準數值
編碼為 1) 學生有 6 位、百分比為 0.400;乙班級有效樣本有 20 位、不及格人數
(水準數值編碼為 1) 學生有 15 位、百分比為 0.750,百分比的差異值為 -0.350 (=

0.4000 − 0.750)，百分比差異值的 95% 信賴區間為 [-0.662, -0.038]，未包含 0 點估計值，表示百分比差異值等於 0 的機率很低，拒絕虛無假設。差異檢定的 Z 值統計量等於 -2.20，顯著性 p = 0.028 < .05，達統計顯著水準，有足夠證據可以拒絕虛無假設，對立假設獲得支持，二個班級學生數學月考成績不及格人數比例有顯著不同(甲班與乙班月考成績，數學科目不及格人數比例的差異值顯著不等於 0)。

範例 Z 值統計量的求法如下：

$$\hat{p}_1 = \frac{6}{15} = 0.400 \, , \, \hat{p}_2 = \frac{15}{20} = 0.750$$

$$\hat{p} = \frac{n_1 \times \hat{p}_1 + n_2 \times \hat{p}_2}{n_1 + n_2} = \frac{15 \times 0.400 + 20 \times 0.750}{15 + 20} = 0.600$$

$$Z = \frac{(\hat{p}_1 - \hat{p}_2)}{\sqrt{\hat{p}(1-\hat{p})\left(\frac{1}{n_1} + \frac{1}{n_2}\right)}} = \frac{0.400 - 0.750}{\sqrt{0.600 \times (1 - 0.600)\left(\frac{1}{15} + \frac{1}{20}\right)}} = \frac{-0.350}{0.167} = -2.092$$

上述範例如改為單尾左側檢定時，視窗操作程序如下：

「Two-Sample Proportion」(雙樣本比例) 對話視窗，按「Options」(選項) 鈕，開啟「Two-Sample Proportion: Options」(雙樣本比例：選項) 次對話視窗時，內定信心水準為 95.0% (顯著水準 α 為 .05)、，對立假設 (Alternative hypothesis) 選項為「Difference < hypothesized difference」(單尾左側檢定)，「Test method」(檢定方法) 為「Estimate the proportions separately」(個別估計百分比)。

單尾左側檢定結果如下：

```
Test and CI for Two Proportions: 不及格, 班級
Event = 1
班級    X    N    Sample p
1       6    15   0.400000
2       15   20   0.750000
Difference = p (1) − p (2)
Estimate for difference:  -0.35
95% upper bound for difference:  -0.0879825
Test for difference = 0 (vs < 0):  Z = -2.20  P-Value = 0.014
Fisher's exact test: P-Value = 0.040
```

單尾左側比例檢定的對立假設為 $H_1 : P_1 < P_2$，或 $H_1 : P_1 − P_2 < 0$；虛無假設 $H_0 : P_1 \geq P_2$，或 $H_0 : P_1 − P_2 \geq 0$。事件發生結果(水準數值編碼為 1 之不及格人數) 百分比以數值 1 為計算基準，甲班級有效樣本有 15 位、不及格人數 (水準數值編碼為 1) 學生有 6 位、百分比為 0.400；乙班級有效樣本有 20 位、不及格人數 (水準數值編碼為 1) 學生有 15 位、百分比為 0.750，百分比的差異值為 -0.350，差異的 95% 信賴區間下限為 -0.088。差異檢定的 Z 值統計量等於 -2.20，顯著性 p = 0.014 < .05，達統計顯著水準，有足夠證據可以拒絕虛無假設，對立假設獲得支持，甲班學生數學月考成績不及格人數比例 (40.0%) 顯著少於乙班學生數學月考成績不及格人數比例 (75.0%)。

改為單尾右側檢定程序的操作視窗如下：

「Two-Sample Proportion」(雙樣本比例) 對話視窗，按「Options」(選項) 鈕，開啟「Two-Sample Proportion: Options」(雙樣本比例：選項) 次對話視窗，內定信心水準為 95.0% (顯著水準 α 為 .05)、對立假設 (Alternative hypothesis) 選項為：「Difference > hypothesized difference」(單尾右側檢定)，「Test method」(檢定方法) 為「Estimate the proportions separately」(個別估計百分比)。

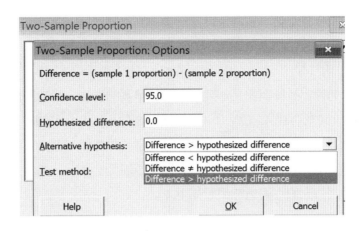

單尾右側檢定結果如下：

Test and CI for Two Proportions: 不及格, 班級
Event = 1
班級　X　N　Sample p
1　　6　15　0.400000
2　　15　20　0.750000
Difference = p (1) − p (2)
Estimate for difference: -0.35
95% lower bound for difference: -0.612017
Test for difference = 0 (vs > 0): Z = -2.20 P-Value = 0.986
Fisher's exact test: P-Value = 0.993

　　單尾右側比例檢定的對立假設為 $H_1 : P_1 > P_2$，或 $H_1 : P_1 - P_2 > 0$；虛無假設 $H_0 : P_1 \leq P_2$，或 $H_0 : P_1 - P_2 \leq 0$。事件發生 (水準數值編碼為 1 之不及格人數) 百分比以數值 1 為計算基準，甲班級有效樣本有 15 位、不及格人數 (水準數值編碼為 1) 學生有 6 位、百分比為 0.400；乙班級有效樣本有 20 位、不及格人數 (水準數值編碼為 1) 學生有 15 位、百分比為 0.750，百分比的差異值為 -0.350，差異的 95% 信賴區間上限為 -0.612。差異檢定的 Z 值統計量等於 -2.20，顯著性 p = 0.986 > .05，未達統計顯著水準，表示結果為虛無假設的可能性很高，沒有足夠證據可以拒絕虛無假設，對立假設無法獲得支持，甲班學生數學月考成績不及格人數比例 (40.0%) 並沒有顯著多於乙班學生數學月考成績不及格人數比例 (75.0%)。研究者進行單尾檢定時，要考量是單尾右側檢定或是單尾左側檢定，

左右方向的決定十分重要，否則統計分析會得到錯誤結論。

參、已分類的數據資料

　　某研究者想探究教師與家長辦理學生營養早餐的看法，從教師群體中隨機抽取 80 位樣本，同意者有 45 位、不同意者有 35 位；從家長群體中隨機抽取 100 位樣本，同意者有 75 位、不同意者有 25 位。請問根據樣本數據，教師與家長母體辦理學生營養早餐同意的百分比是否有顯著不同？

　　研究考驗之對立假設與虛無假設如下：

$$H_1 : P_{教師} \neq P_{家長} \text{，} H_0 : P_{教師} = P_{家長}$$

　　由於樣本資料的數據中二個群體的樣本數與同意次數 (事件發生結果次數) 已經得知，統計分析可以直接使用已分類的交叉表資料。「Two-Sample Proportion」(雙樣本比例) 對話視窗中，資料檔格式型態選取「Summarized data」(已分類資料) 選項，「Sample 1」(樣本 1) 與「Sample 2」(樣本 2) 欄的下方各有對應的「Number of events:」(事件個數)、「Number of trials:」(試驗個數) 選項，「Number of events:」(事件個數) 右方框為事件結果發生次數 (水準數值編碼為 1)，「Number of trials:」(試驗次數) 右方框為群組樣本有效次數，範例中樣本 1 為教師群體，事件發生結果次數 (同意人次) 為 45、樣本 2 為家長群體，事件發生結果次數 (同意人次) 為 75。視窗界面中，樣本 1 欄之「Number of events:」(事件個數)、「Number of trials:」(試驗個數) 右方框數值分別鍵入 45、80，樣本 2 欄之「Number of events:」(事件個數)、「Number of trials:」(試驗個數) 右方框數值分別鍵入 75、100，選項 (Options) 鈕開啟的次對話視窗，採用考驗的型態為內定的雙尾檢定。

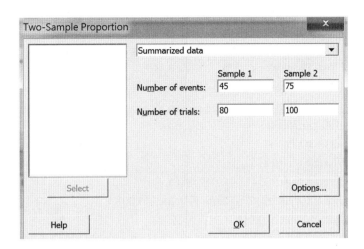

視窗界面中，各樣本欄中試驗次數 (Number of trials) 右方框的數值一定要大於或等於事件結果發生次數 (Number of events) 右方框的數值，若是試驗次數的數值小於事件結果發生次數的數值，按「OK」鈕後，Minitab 會出現警告訊息。

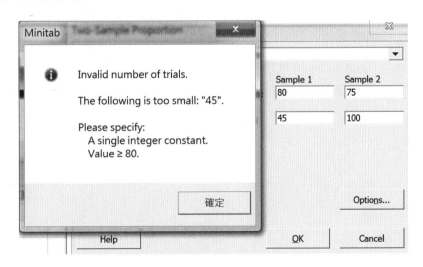

視窗界面中，事件結果發生次數 (Number of events) 右方框的數值鍵入 80，但試驗次數的有效樣本數只鍵入 45，表示群體樣本數比事件發生次數還少，Minitab 開啟的對話視窗為「Invalid number of trials. The following is too small: "45". Please specify: A single integer constant. Value ≥ 80.」，其意涵為試驗次數的數值是無效的，因為其數值 45 太少，研究者鍵入的數值必須是大於或等於 80 的整數。

二個群體百分比檢定與信賴區間如下：

```
Test and CI for Two Proportions
Sample    X    N    Sample p
1        45   80    0.562500
2        75   100   0.750000
Difference = p (1) − p (2)
Estimate for difference:  -0.1875
95% CI for difference:  (-0.325412, -0.0495880)
Test for difference = 0 (vs≠ 0):  Z = -2.66  P-Value = 0.008
Fisher's exact test: P-Value = 0.011
```

　　樣本 1 (教師群體) 事件發生結果的比例為 0.5625 (同意百分比為 56.25%)、樣本 2 (家長群體) 事件發生結果的比例為 0.7500 (同意百分比為 75.00%)，百分比差異值為 -0.1875，差異值 95% 信賴區間為 [-0.3254, -0.0496]，未包含 0 數值點，拒絕虛無假設；差異考驗統計量 Z 值等於 -2.66，顯著性 $p = 0.008 < .05$，Fisher 正確檢定統計量之顯著性 $p = 0.011 < 0.05$，均達統計顯著水準，拒絕虛無假設 ($P_{教師} = P_{家長}$)，對立假設得到支持 $H_1 : P_{教師} \neq P_{家長}$，對於學校辦理學生營養早餐的看法，教師群體與家長群體同意的百分比間有顯著不同。

CHAPTER 7

變異數分析

變異數分析法適用於三個群體以上平均數的差異檢定，自變項為間斷變項、反應變項(檢定變項)為連續變項或計量變項。

變異數分析程序在於考驗三個以上母體平均數之差異，如果母體平均數只有二個，考驗二個母體平均數之差異是否達到統計顯著水準，可採用 t 考驗程序。變異數分析 (analysis of variance; [ANOVA]) 考驗平均數間之差異的統計量數為 F 值，因而又稱為 F 統計法，當變異數分析結果之 F 值達到統計顯著水準 (p < .05)，表示至少母體平均數間有一配對組平均數間有顯著不同，進一步的分析，要進行事後單純比較，在研究論文中常使用的事後多重比較方法為 Fisher 的 LSD (least significant difference) 法、Tukey 的 HSD (honestly significant difference) 法及 Bonferroni 法。LSD 法進行配對組比較時，採用的統計量為 t 值，考驗的虛無假設與對立假設分別為：$H_0 : \mu_i = \mu_j$、$H_1 : \mu_i \neq \mu_j$，此檢定法犯第一類型錯誤率較大，但對應的統計考驗力較高；HSD 法則使用 t 全距分配 (studentized range distribution) 檢定法，此法的限制是當各組樣本數差異較大時，偏誤也會較大。Bonferroni 事後多重比較法是採用聯合信賴區間方式來考驗配對組母體平均數間的差異是否達到顯著水準，差異值聯合信賴區間如包含 0 數值點，表示配對組母體平均數間沒有顯著差異。

與 t 檢定法相似，單因子變異數分析法也分為獨立樣本單因子變異數分析與相依樣本單因子變異數分析，前者的實驗設計又稱完全隨機化設計或受試內設計，後者的實驗設計又稱隨機化區組設計或受試者內設計。變異數分析之 F 值為組間變異與組內變異 (殘差) 間的比值：$F_{(k-1, N-k)} = \dfrac{MS_b}{MS_w}$ (其中 k 為實驗處理數或組別數、N 為有效樣本數、$k-1$ 為分子的自由度、$N-k$ 為分母的自由度)，因而如果 F 值愈大，表示組間的變異或差異程度愈大；相對的，F 值愈小，表示組間的變異或差異程度愈小，母體平均數的差異愈不明顯。

單因子變異數分析的與虛無假設如下：

對立假設：$H_1 : \mu_i$ 間至少一組平均數與他組平均數間不相等
虛無假設：$H_0 : \mu_1 = \mu_2 = \mu_3 = \ldots\ldots = \mu_k$

變異數分析在檢定三個以上母體平均數間是否有顯著不同，考驗流程架構如下，圖示分別說明三個母體平均數的差異檢定與四個母體平均數差異檢定。變

異數分析之整體考驗的 F 值統計量未達統計顯著水準 (p > .05)，則研究者不用再進行事後多重比較，因為即使進行事後多重比較，也不會有配對組平均數間有顯著差異情況，以三個群體的變異數分析為例，若是整體考驗的 F 值統計量未達統計顯著水準，表示虛無假設：$H_0 : \mu_1 = \mu_2 = \mu_3$ 成立，三個群體之母體平均數相等，配對組的平均數差異值均顯著等於 0。

獨立樣本變異數分析的流程以圖示簡化如下：

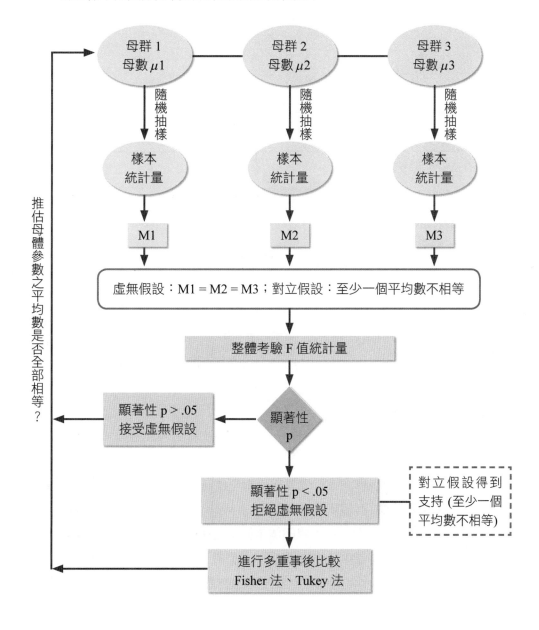

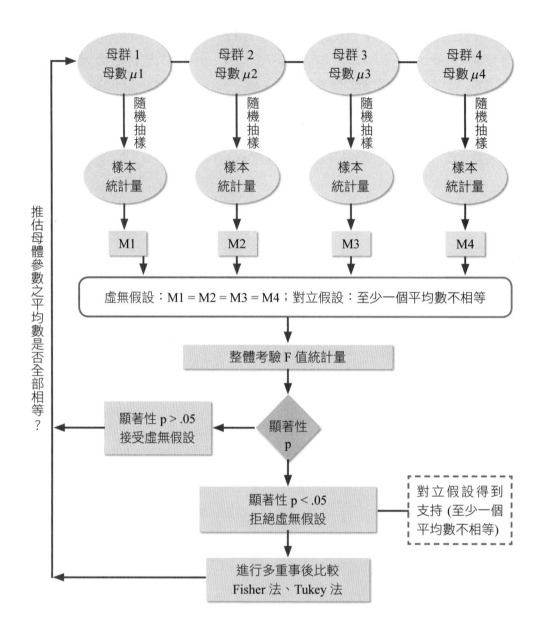

Minitab 統計分析工作表進行變異數分析程序時，資料檔變數的建檔型態有二種，一為因子變項欄 (群組變項或自變項) 在同一直行，而對應的檢定變數 (依變項) 在另一直行，以下面科技大學四個年級學生在生活壓力測量值感受的差異為例，因子變項「年級」為四分類別變項，水準數值 1 代表一年級群體、水準數值 2 代表二年級群體、水準數值 3 代表三年級群體、水準數值 4 代表四年級群

302

體，各樣本對應的生活壓力測量值變項為「生活壓力」。另一種型態為將各水準數值群體在生活壓力的得分鍵入在單獨的一直行，範例中，一年級樣本群體生活壓力的資料以「一生活壓力」變項表示，鍵入在「C3」直行；二年級樣本群體生活壓力的資料以「二生活壓力」變項表示，鍵入在「C4」直行；三年級樣本群體生活壓力的資料以「三生活壓力」變項表示，鍵入在「C5」直行；四年級樣本群體生活壓力的資料以「四生活壓力」變項表示，鍵入在「C6」直行，四個變項各有五個樣本 (獨立樣本單因子變異數分析程序各水準群組的人數可以不一致，但每個水準群組個數最好有 15 位以上)。

C1	C2	C3	C4	C5	C6
年級	生活壓力	一生活壓力	二生活壓力	三生活壓力	四生活壓力
1	4	4	3	6	4
1	5	5	9	8	3
1	7	7	9	7	10
1	2	2	8	5	6
1	4	4	7	5	2
2	3				
2	9				
2	9				
2	8				
2	7				
3	6				
3	8				
3	7				
3	5				
3	5				
4	4				
4	3				
4	10				
4	6				
4	2				

第一節　獨立樣本變異數分析

　　研究問題：「不同社經地位的學生，其家庭文化資本間是否有顯著差異？」，研究假設：「不同社經地位的學生，其家庭文化資本間有顯著差異。」社經地位變數為三分類別變項，水準數值 1 代表的是低社經地位群體、水準數值 2 代表的是中社經地位群體、水準數值 3 代表的是高低社經地位群體。家庭文化資本為計量變項，測量值愈高，表示學生擁有的家庭文化資本愈多或愈豐富。範例研究問題之單因子變異數分析的架構圖如下：

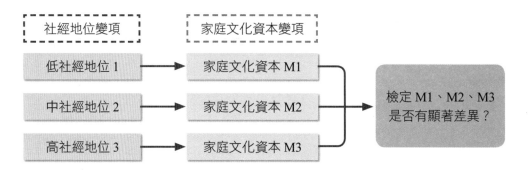

　　因子變項中因只有「社經地位」一個，因而統計分析方法為獨立樣本單因子變異數分析。

　　變異數分析的數據資料如下：

社經地位	1	1	1	1	1	1	1	1	1	1	2	2	2
閱讀素養	6	1	6	2	8	6	2	4	1	4	5	3	2
語文成就	82	45	65	34	84	51	34	65	15	46	56	57	32
文化資本	3	3	4	4	4	4	4	5	5	6	6	6	6

社經地位	2	2	2	2	2	3	3	3	3	3	3	3	3	3
閱讀素養	9	7	5	7	2	8	9	8	10	9	9	8	9	8
語文成就	84	86	65	72	25	85	87	74	89	78	95	83	87	75
文化資本	7	7	7	7	7	8	8	8	9	9	9	10	10	10

　　資料檔在 Minitab 工作表的格式型態中，因子變項「社經地位」在直行 C1，社經地位為三分類別變項。計量變項 (依變項或檢定變項) 有 C2 直行的「閱讀素養」、C3 直行的「語文成就」、C4 直行的「文化資本」。

↓	C1 社經地位	C2 閱讀素養	C3 語文成就	C4 文化資本
2	1	1	45	3
3	1	6	65	4
4	1	2	34	4
5	1	8	84	4
6	1	6	51	4
7	1	2	34	4
8	1	4	65	5
9	1	1	15	5
10	1	4	46	6
11	2	5	56	6
12	2	3	57	6
13	2	2	32	6
14	2	9	84	7
15	2	7	86	7

變異數分析 ***

一、單因子變異數分析

　　研究考驗之虛無假設與對立假設如下：

$H_0 : \mu_1 = \mu_2 = \mu_3$

$H_1 :$ 至少一組平均數與他組平均數間不相等

(一) 操作程序

　　執行功能表「Stat」(統計) /「ANOVA」(變異數分析) /「One-Way...」(單因子) 程序。程序的說明提示語為「Determine whether the means of two or more groups differ.」(判別二個或二個以上群組之平均數是否有不同)，程序會開啟「One-Way Analysis of Variance」(單因子變異數分析) 對話視窗。

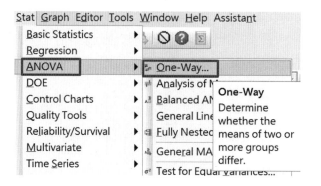

「One-Way Analysis of Variance」(單因子變異數分析) 對話視窗中，內定的資料建檔型式為因子變項在同一直行，檢定變項或反應變項 (依變項) 也在同一直行，內定選項為「Response data are in one column for factor levels」(所有因子水準群組的反應資料置放在同一直行)。「Response:」(反應變項) 右邊方框選入的變項為檢定變數 (依變項)、「Factor:」(因子) 右邊方框選入的變項為固定因子變項 (自變項／群組變項)，五個次對話視窗鈕為「Option...」(選項)、「Comparisons...」(比較)、「Graphs...」(圖形)、「Results...」(結果)、「Storage...」(儲存)。

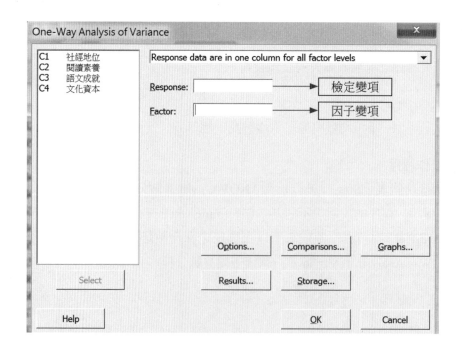

研究問題為探究不同社經地位學生之家庭文化資本的差異情況,在「One-Way Analysis of Variance」(單因子變異數分析) 對話視窗中,從變數清單中選取「C4 文化資本」檢定變數至「Response:」(反應變項) 右邊方框內,方框內訊息為「文化資本」;再從變數清單中選取自變項「C1 社經地位」群組變項至「Factor:」(因子) 右邊方框內,方框內訊息為「社經地位」。

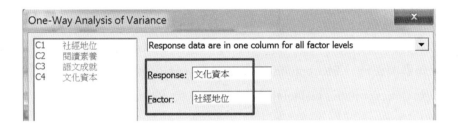

在「One-Way Analysis of Variance」(單因子變異數分析) 對話視窗中按「Options」(選項) 鈕,可以開啟「One-Way Analysis of Variance: Options」(單因子變異數分析:選項) 次對話視窗,次對話視窗內定的選項為假設群組的變異數相等 (☑Assume equal variances)、信賴區間的信心水準為 95.0% (對應的顯著水準 α 為 0.05),信賴區間的型態為雙側 (Two-sided),表示進行的考驗為雙尾檢定。進行單因子變異數分析時,「One-Way Analysis of Variance: Options」(單因子變異數分析:選項) 次對話視窗內容通常不用更改。

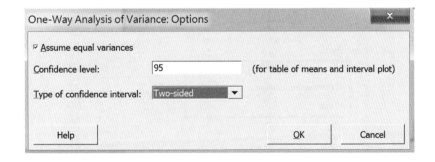

在「One-Way Analysis of Variance」(單因子變異數分析) 對話視窗中按「Comparisons」(比較) 鈕,可以開啟「One-Way Analysis of Variance: Comparisons」(單因子變異數分析:比較) 次對話視窗,視窗內容為變異數分析的多重比較或群組平均數事後比較,多重比較的錯誤率 (Error rate for comparisons) 內定的數值為 5，表示族系錯誤率為 0.05。假定群組變異數相等的情況下提供的事後比較方法有「☐Tukey」、「☐Fisher」、「☐Dunnett」、「☐Hsu MCB」等四種，常使用者為「☐Tukey」、「☐Fisher」二種事後多重比較法，Fisher 事後比較法也稱為「最小顯著差異法」(least significant difference; [LSD])。「Results」(結果呈現)方盒內定勾選的選項為「☑Interval plot for differences of means」(平均數差異的信賴區間圖)，其餘二個選項為分組的資訊 (Grouping information) 與多重比較檢定統計量 (Tests)。範例中「Results」(結果呈現) 方盒內三個選項均勾選：「☑Interval plot for differences of means」(平均數差異的信賴區間圖)、「☑Grouping information」(分組資訊)、「☑Tests」(檢定)。「Comparison procedures assuming equal variances」(假定相等變異數比較程序) 方盒勾選「☑Fisher」事後比較法。

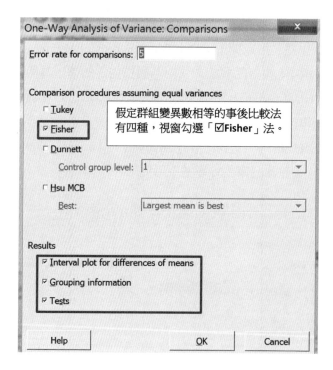

在「One-Way Analysis of Variance」(單因子變異數分析) 主對話視窗中按「Graphs」(圖形) 鈕，可以開啟「One-Way Analysis of Variance: Graphs」(單因子變異數分析：圖形) 次對話視窗，視窗功能在於繪製原始資料的圖示或殘差圖示 (residual plots)，內定勾選的選項為「☑Interval plot」(區間圖)。範例中增列勾選

「☑Normal probability plot of residuals」(殘差之常態機率圖) 選項,此選項可以從殘差常態機率圖判別原始資料結構是否符合常態分配的假定。

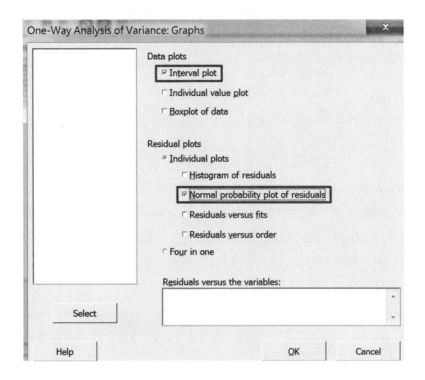

　　在「One-Way Analysis of Variance」(單因子變異數分析) 主對話視窗中按「Results」(結果) 鈕,可以開啟「One-Way Analysis of Variance: Results」(單因子變異數分析:結果) 次對話視窗,視窗功能在於如何呈現統計量數結果及呈現哪些統計量數,內定結果呈現 (Display of results) 選項為簡單表格 (Simple tables),另一選項為延伸表格 (Expanded tables),統計結果呈現的內定選項包括估計法、因素資訊、變異數分析表、模型摘要與平均數。進行變異數分析時,此對話視窗不用更改,採用內定的選項,五個選項的勾選均不用取消:「☑Method」(方法)、「☑Factor information」(因子資訊)、「☑Analysis of variance」(變異數分析)、「☑Model summary」(模式摘要)、「☑Means」(平均數)。

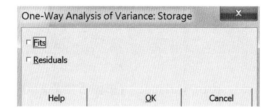

在「One-Way Analysis of Variance」(單因子變異數分析) 主對話視窗中按「Storage」(儲存) 鈕，可以開啟「One-Way Analysis of Variance: Storage」(單因子變異數分析：儲存) 次對話視窗，視窗功能在於設定是否儲存適配統計量與殘差統計量。進行變異數分析程序，一般此次對話視窗內容不用勾選，除了研究者要將殘差統計量儲存，否則不用開啟此次對話視窗。

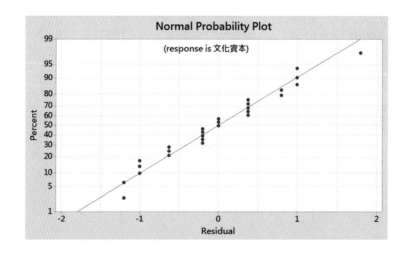

(二) 輸出結果圖形

變異數分析結果中增列繪製的圖形如下：

　　上圖為檢定變項 (家庭文化資本) 之殘差常態化機率圖，圓點為殘差資料點，當殘差資料點沒有嚴重偏離假定直線時，表示原始資料結構沒有違反常態分配的假定，殘差的常態機率分配圖只能簡單的判別資料結構型態是否符合常態分配的假定，原始資料型態是否違反常態分配假定，還是要經過統計考驗之量數來判別較為適切。

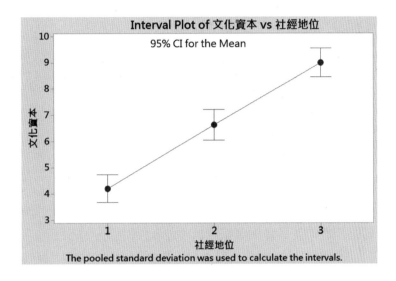

　　上圖為三個社經地位水準數值群組在家庭文化資本之平均數 95% 信賴區間圖，中心圓點為三個群組 (低社經地位群體、中社經地位群體、高低社經地位群體) 的平均數。從平均數之 95% 信賴區間圖示，可以看出第三組的平均數最高、其次是第二組、第一組的平均數最小。圖示的最下方訊息：「The pooled standard deviation was used to calculated intervals.」指的是信賴區間數值是根據合併後標準差計算而來。

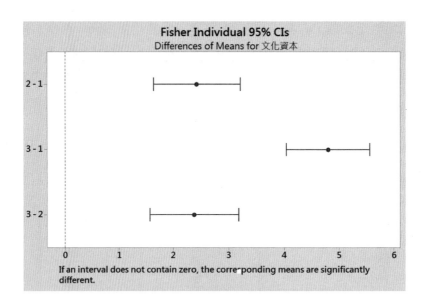

上圖為 Fisher 事後比較之組別平均數間差異的 95% 信賴區間，若是平均數差異量的 95% 信賴區間沒有包含 0 的數值，表示二個群體的平均數間有顯著差異 (二個群組平均數的差異量顯著不等於 0)。範例中，水準數值 2 群組與水準數值 1 群組、水準數值 3 群組與水準數值 1 群組、水準數值 3 群組與水準數值 2 群組三個平均數差異值的 95% 信賴區間均沒有包含 0 的數值，表示配對組間的平均數均有顯著不同。圖示下方訊息：「If an interval does not contain zero, the corresponding means are significantly different.」在於說明信賴區間如果沒有包含 0，對應的意義是配對組之平均數間的差異達到顯著。

二、母群體變異數相等性假定的檢定

變異數分析程序的假定是各組依變項之資料結果的變異數相等，當各組人數差異較大時，變異數相等性假定的考驗較為重要。因為當各水準群組人數差異很大，變異數是否同質，對於拒絕虛無假設與否會有不同結果，但當各群組人數差距不大時，即使違反變異數同質性檢定，所得出的結果大致相似。母體變異數相等性假設的虛無假設如下：$\sigma_1^2 = \sigma_2^2 = \sigma_3^2 = ... = \sigma_k^2$。

執行功能表「Stat」(統計) /「ANOVA」(變異數分析) /「Test for Equal Variances...」(相等的變異數檢定) 程序，程序提示說明：「Determine whether the variances or the standard deviations of two or more groups differ.」(判別二個或

二個以上群組的變異數或標準差是否有所不同)，程序會開啟「Test for Equal Variances」(相等的變異數檢定) 對話視窗，視窗介面與執行變異數分析程序類似。

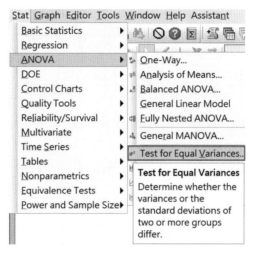

　　研究問題為探究不同社經地位學生之家庭文化資本的差異情況，在「Test for Equal Variances」(相等的變異數檢定) 主對話視窗中，從左邊變數清單中選取「C4 文化資本」檢定變數至「Response:」(反應變項) 右邊方框內；再從變數清單中選取自變項「C1 社經地位」群組變項 (因子) 至「Factor:」(因子) 下方框內，被選入方框的變項，變項名稱前後沒有增列單引號。

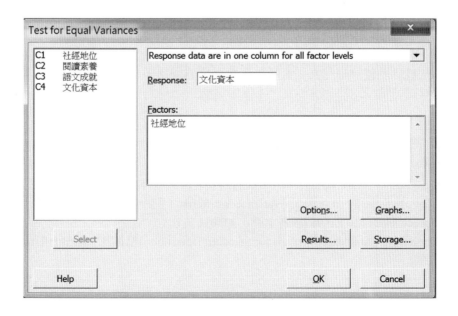

　　母群體變異數相等性檢定結果如下，其中圖示標題為「Test for Equal Variances: 文化資本 vs 社經地位」，「vs」符號前的變項為檢定變數 (依變項)、符號後的變項為自變項 (因子變數)。

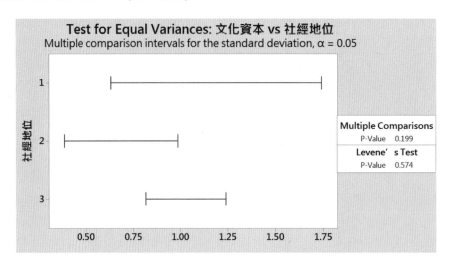

　　母群體變異數相等性檢定結果，多重比較估計法統計量之顯著性機率值 p = 0.199 > .05，接受虛無假設：$\sigma_1 = \sigma_2 = \sigma_3$，三個群體的標準差相等，或 $\sigma_1^2 = \sigma_2^2 = \sigma_3^2$，三個群體的變異數相等；Levene 檢定統計量之顯著性機率值 p = 0.574 > .05，接受虛無假設：$\sigma_1 = \sigma_2 = \sigma_3$，三個群體的標準差相等，或 $\sigma_1^2 = \sigma_2^2 = \sigma_3^2$，三個群體的變異數相等。不同家庭社經地位群組之學生的家庭文化資本的變異數同質 (相等)，表示不同家庭社經地位群組學生在家庭文化資本測量值的變異情況沒有顯著不同。

　　不同社經地位群組在文化資料之資料結構的變異數相等性檢定結果表格文字如下：

Test for Equal Variances: 文化資本 versus 社經地位
Method
Null hypothesis　　　　All variances are equal [所有變異數相等]
Alternative hypothesis　At least one variance is different [至少一個變異數不一樣]
Significance level　　　$\alpha = 0.05$ [顯著水準 $\alpha = 0.05$]
95% Bonferroni Confidence Intervals for Standard Deviations [標準差 95% Bonferroni 信賴區間]

```
社經
地位   N    StDev         CI
 1    10  0.918937  (0.494607, 2.24467)
 2     8  0.517549  (0.274655, 1.39172)
 3     9  0.866025  (0.597173, 1.71105)
Individual confidence level = 98.3333%
Tests
Test
Method                Statistic  P-Value
Multiple comparisons     —        0.199
Levene                  0.57      0.574
```

　　表格輸出文字的訊息中，虛無假設為所有變異數都相等 (Null hypothesis：All variances are equal)、對立假設為至少一個變異數不相同 (Alternative hypothesis At least one variance is different)，顯著水準設定為 0.05 (Significance level α = 0.05)，三個水準群組之文化資本的標準差分別為 0.919、0.518、0.866，標準差 95% 信賴區間分別為 [0.495, 2.245]、[0.275,1.392]、[0.597,1.711]。變異數相等性檢定統計估計法有二種：一為「Multiple comparisons」估計法、二為 Levene 估計法，二種估計法估計結果之顯著性機率值 p 分別為 0.199、0.574，均未達統計顯著水準，接受虛無假設，所有變異數都相等。

三、資料結構常態性檢定

　　變異數分析程序的另一個假定是各水準群組在檢定變項之資料結構要符合常態分配，當抽樣樣本為大樣本時，資料結構是否符合常分配對變異數分析結果精確性的影響不大，一般進行常態性檢定時，可將顯著水準 α 值定為較嚴格，即將顯著水準設為 0.01 或 0.001。

　　執行功能表「Stat」(統計) /「Basic Statistics」(基本統計) /「Normality Test...」(常態性檢定) 程序，程序會開啟「Normality Test」(常態性檢定) 對話視窗。

　　「Normality Test」(常態性檢定) 主對話視窗中，「Test for Normality」(常態性檢定法) 方盒有三種檢定資料結構是否符合常態性假定的估計法：「Anderson-Darling」、「Ryan-Joiner」(類似 Shapiro-Wilk)、「Kolmogorov-Smirnov」，內

定的選項估計法為「⊙Anderson-Darling」。「Variable:」(變項) 右側方框為要選入的標的變數,此變項必須為等距尺度或比率尺度變項。

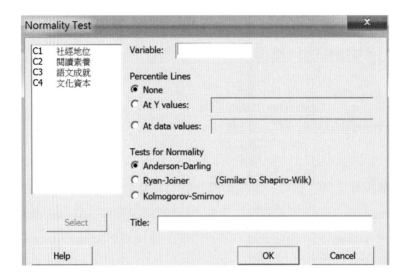

範例中要檢定的標的變數為學生家庭「文化資本」,「Normality Test」(常態性檢定) 對話視窗中,在「Variable:」(變項) 右邊方框內按一下,從變數清單中選取「C4 文化資本」標的變數,按「Select」(選擇) 鈕,將「文化資本」變項選入「Variable:」(變項) 右邊方框內,方框內訊息為「'文化資本'」;「Test for Normality」(常態性檢定法) 方盒選取「⊙Anderson-Darling」選項。

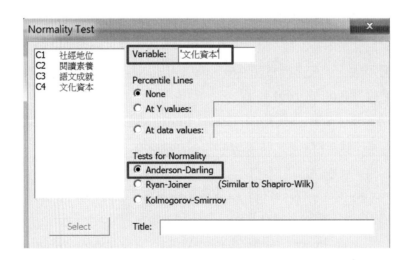

　　下圖範例為改選其他常態性檢定法視窗界面，檢定的標的變數為學生家庭「文化資本」，「Normality Test」(常態性檢定) 主對話視窗中，在「Variable:」(變項) 右邊方框內按一下，從變數清單中選取「C4 文化資本」標的變數，按「Select」(選擇) 鈕，將「文化資本」變項選入「Variable:」(變項) 右邊方框內，「Test for Normality」(常態性檢定法) 方盒選取「⊙Kolmogorov-Smirnov」選項。

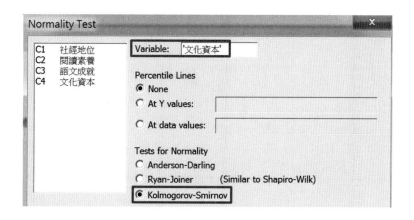

常態性檢定機率圖如下：

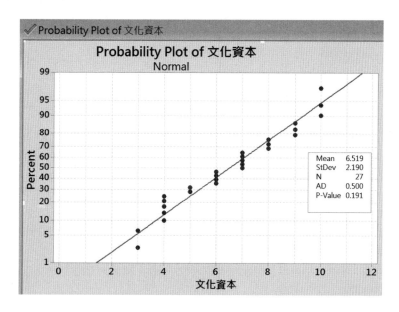

上圖為採用「Anderson-Darling; [簡稱 AD]」估計法進行資料結構常態性檢

定結果，有效樣本數 N = 27，AD 統計量等於 0.500，顯著性機率值 p = 0.191 >
.05，接受虛無假設：資料結構型態＝常態分配，表示在 .05 顯著水準下，母群體
之家庭文化資本資料結構沒有違反常態分配的假定。

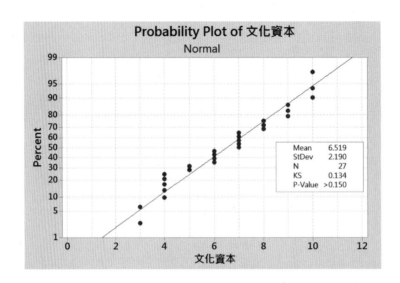

上圖為採用「Kolmogorov-Smirnov; [簡稱 KS]」估計法進行資料結構常態性
檢定結果，有效樣本數 N = 27，KS 統計量等於 0.134，顯著性機率值 p > 0.150，
接受虛無假設：資料結構型態＝常態分配，表示在 .05 顯著水準下，母群體之家
庭文化資本資料結構沒有違反常態分配的假定。

四、變異數分析結果

變異數分析輸出於 Session 視窗界面中的結果如下：

One-way ANOVA: 文化資本 versus 社經地位
Method
Null hypothesis   All means are equal [虛無假設：所有平均數相等]
Alternative hypothesis At least one mean is different [對立假設：至少一個平均數不同]
Significance level $\alpha = 0.05$ [顯著水準 $\alpha = 0.05$]
Equal variances were assumed for the analysis. [分析假定變異數相等]
Factor Information [因素資訊]
Factor   Levels   Values
社經地位   3   1, 2, 3

Analysis of Variance [變異數分析]

Source	DF	Adj SS	Adj MS	F-Value	P-Value
社經地位	2	109.27	54.6329	84.73	0.000
Error	24	15.47	0.6448		
Total	26	124.74			

Model Summary [模式摘要]

S	R-sq	R-sq (adj)	R-sq (pred)
0.802989	87.59%	86.56%	84.43%

Means [平均數]

社經地位	N	Mean	StDev	95% CI
1	10	4.200	0.919	(3.676, 4.724)
2	8	6.625	0.518	(6.039, 7.211)
3	9	9.000	0.866	(8.448, 9.552)

Pooled StDev = 0.802989 [合併標準差]

　　家庭社經地位三個水準數值群組中，水準數值 1 群組之有效樣本數為 10、家庭文化資本的平均數為 4.200、標準差為 0.919、平均數 95% 信賴區間為 [3.676, 4.724]；水準數值 2 群組之有效樣本數為 8、家庭文化資本的平均數為 6.625、標準差為 0.518、平均數 95% 信賴區間為 [6.039, 7.211]；水準數值 3 群組之有效樣本數為 9、家庭文化資本的平均數為 9.000、標準差為 0.866、平均數 95% 信賴區間為 [8.448, 9.552]。

　　變異數分析摘要表中的組間平方和 (= 109.27) 與總平方和 (組間平方和加組內平方和) 的比值為 R 平方，$R^2 = \dfrac{109.27}{109.27 + 15.47} = \dfrac{109.27}{124.74} = .8759$，$R^2$ 是依變項可以被因子變項解釋的比例，R^2 值即是一般的效果值 η^2。

　　虛無假設為所有群組平均數相等 ($\mu_1 = \mu_2 = \mu_3$)。

　　對立假設為至少一個群組平均數不同 (至少一個群組的母體平均數與其他群組的平均數不同)。

　　顯著水準 α 設定為 0.05，統計分析的假定是依變項在每個群組的變異數相等或同質。社經地位的水準有三個 (三個群組)，水準數值的編碼依序為 1 (低社經地位學生群組)、2 (中社經地位學生群組)、3 (高社經地位學生群組)。變異數分析摘要表如下：

變異來源	平方和 (SS)	自由度 (DF)	平均平方和 (MS)	F	顯著性 (p)
組間	109.27	2	54.63	84.73	0.000
組內	15.47	24	0.64		
總和	124.74	26			

整體平均數差異檢定之 F 值統計量等於 84.73，顯著性機率值 p < .001，有足夠證據可以拒絕虛無假設 ($\mu_1 = \mu_2 = \mu_3$)，至少有一個組母群體平均數與其他組母群體平均數顯著不同，即至少有一配對組的平均數間有顯著差異存在。模型摘要 (model summary) 顯示 $R^2 = 85.59\%$，調整後的 $R^2 = 86.56\%$，R^2 為效果量 η^2，表示的是家庭文化資本依變項可以被社經地位固定因子自變項解釋的變異程度，調整後 R^2 稱為關聯強度係數 ω^2，變異數分析程序中，直接採用 η^2 效果值作為自變項與依變項間的關聯程度，通常會高估二者間的關係，因而在變異數分析程序中，探討固定因子變項可以解釋依變項的變異程度，一般採用關聯強度係數 ω^2。$\omega^2 = 86.56\%$ 表示社經地位因子變項可以解釋家庭文化資本總變異量的 86.56% 之變異，ω^2 值大於 14%，表示二者間的關聯為大的效果量，二者間有高度關聯。

(ω^2 值小於 6%，變項間為小效果量，自變項與依變項有低度關聯；ω^2 值大於或等於 6%、小於 14%，變項間為中效果量，自變項與依變項有中度關聯)。

[多重事後比較結果—採用的事後比較方法為 Fisher]
Fisher Pairwise Comparisons
Grouping Information Using the Fisher LSD Method and 95% Confidence
社經
地位 N Mean Grouping
3 9 9.000 A
2 8 6.625 B
1 10 4.200 C
Means that do not share a letter are significantly different.
Fisher Individual Tests for Differences of Means

Difference of Levels	Difference of Means	SE of Difference	95% CI	T-Value	Adjusted P-Value
2 - 1	2.425	0.381	(1.639, 3.211)	6.37	0.000

| 3 - 1 | 4.800 | 0.369 | (4.039, 5.561) | 13.01 | 0.000 |
| 3 - 2 | 2.375 | 0.390 | (1.570, 3.180) | 6.09 | 0.000 |

Simultaneous confidence level = 88.11%

　　事後多重比較採用 Fisher 的 LSD (least significant difference) 法，LSD 法採用的平均數差異顯著性考驗是 t 檢定法，當配對組平均數差異值之 t 統計量達到 0.05 顯著水準 (p < .05)，表示配對組之平均數差異值顯著不等於 0；若是從平均數差異值的 95% 信賴區間判別，差異值的 95% 信賴區間未包含 0 這個數值，表示平均數差異值等於 0 的機率很低，應拒絕虛無假設，成對平均數間有顯著不同。範例中，水準數值 2 群組與水準數值 1 群組在家庭文化資本平均數差異值為 2.425 (差異值為正值，表示前面水準數值群組的平均數較大；相對的，差異值為負值，表示前面水準數值群組的平均數較小)，平均差異之檢定統計量 t 值等於 6.37、顯著性機率值 p < .001，拒絕虛無假設，第 2 組家庭文化資本平均數與第 1 組家庭文化資本平均數有顯著差異，二個群體平均數差異值顯著不等於 0。水準數值 3 群組與水準數值 1 群組在家庭文化資本平均數差異值為 4.800，平均差異之檢定統計量 t 值等於 13.01、顯著性機率值 p < .001，拒絕虛無假設，第 3 組家庭文化資本平均數與第 1 組家庭文化資本平均數有顯著差異，二個群體平均數差異值顯著不等於 0。水準數值 3 群組與水準數值 2 群組在家庭文化資本平均數差異值為 2.375，平均差異之檢定統計量 t 值等於 6.09、顯著性機率值 p < .001，拒絕虛無假設，第 3 組家庭文化資本平均數與第 2 組家庭文化資本平均數有顯著差異，二個群體平均數差異值顯著不等於 0。

　　F 分配中，顯著性 $\alpha = 0.05$ $(1 - \alpha = 0.95)$，分子自由度等於 2、分母自由度等於 24 時的臨界值圖示求法如下。

　　執行功能表列「Graph」(圖形) /「Probability Distribution Plot」(機率分配圖) 程序，開啟「Probability Distribution Plot」(機率分配圖) 對話視窗。視窗中選取「View Probability」(檢視機率) 圖示選項，按「OK」鈕，開啟「Probability Distribution Plot : View Probability」(機率分配圖：檢視機率) 次對話視窗。

　　「Probability Distribution Plot : View Probability」(機率分配圖：檢視機率) 次對話視窗中，「Distribution:」(分配) 下拉式選單選取「F」分配選項，「Numerator df:」(分子自由度) 右邊方框輸入第一個自由度 2、「Denominator df:」(分母自由度) 右邊方框輸入第二個自由度 24，按「OK」鈕。

分子自由度等於 2、分母自由度等於 24 的 F 分配圖如下：

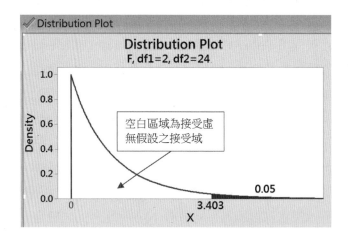

顯著水準 α 等於 .05 時 F 分配的臨界值為 3.403，根據樣本統計量計算而得的 F 值要大於或等於 3.403，才會落入拒絕區，樣本統計量 F(2,24) = 84.73 > 3.403，落入拒絕區，應拒絕虛無假設 ($H_0 : \mu_1 = \mu_2 = \mu_3$)，對立假設得到支持，三個平均數間至少有一個和其餘二個平均數顯著不相等。

第二節　不同社經地位學生其語文成就的差異

研究問題：「不同社經地位的學生，其語文成就間是否有顯著差異？」，研究假設：「不同社經地位學生之語文成就間有顯著差異。」

語文成就變項為計量變數，測量值愈高，表示學生的語文成就表現愈佳；相對的，測量值愈低，表示學生的語文成就表現愈差。

一、變異數同質性檢定

執行功能表「Stat」(統計) /「ANOVA」(變異數分析) /「Test for Equal Variance...」(相等的變異數檢定) 程序，開啟「Test for Equal Variance」(相等的變異數檢定) 主對話視窗。在「Test for Equal Variance」(相等的變異數檢定) 對話視窗中，從變數清單中選取「C3 語文成就」檢定變數至「Response:」(反應變項) 右邊方框內，方框內訊息為「語文成就」；再從變數清單中選取自變項「C1 社

經地位」群組變項至「Factors:」(因子) 下方框內。

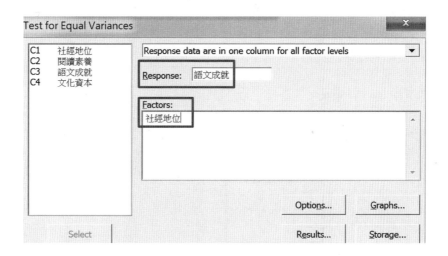

「Test for Equal Variances」(相等的變異數檢定) 對話視窗中，按「Options...」(選項) 鈕，開啟「Test for Equal Variance: Options」(相等的變異數檢定：選項) 次對話視窗，信心水準 (Confidence level:) 後方框內的數值由 95.0 改為 99.0，表示將顯著水準 α 設定為 0.01，變異數同質性檢定統計量之顯著性機率值 p < .01，才會達到統計顯著水準，此種狀態下應拒絕虛無假設。若是研究者要採用內定顯著水準 .05，則「Confidence level:」(信心水準) 後方的數值不用更改，採用內定的 95.0。

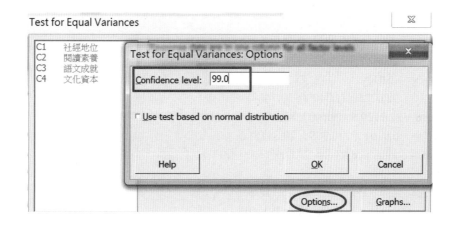

「Test for Equal Variances」(相等的變異數檢定) 主對話視窗中，按

「Results...」(結果) 鈕，開啟「Test for Equal Variances: Results」(相等的變異數檢定：結果) 次對話視窗，勾選「☑Method」(方法)、「☑Confidence intervals」(信心水準)、「☑Tests」(檢定) 三個選項，以呈現變異數同質性檢定之估計法、信賴區間及檢定結果統計量。

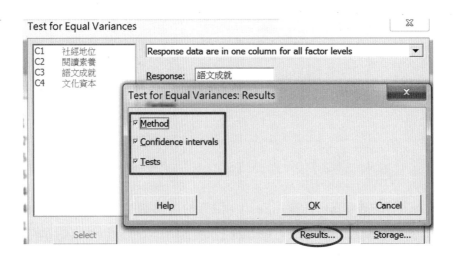

變異數同質性檢定結果如下：

Test for Equal Variances: 語文成就 versus 社經地位

Method

Null hypothesis   All variances are equal

Alternative hypothesis   At least one variance is different

Significance level $\alpha = 0.01$

99% Bonferroni Confidence Intervals for Standard Deviations

社經地位	N	StDev	CI
1	10	22.0225	(11.4900, 59.7464)
2	8	22.2129	(9.1007, 85.6372)
3	9	6.9101	(3.3990, 20.8475)

Individual confidence level = 99.6667%

Tests

Method	Test Statistic	P-Value
Multiple comparisons	—	0.013
Levene	3.68	0.040

　　輸出結果中顯著水準為 0.01 (Significance level α = 0.01)，相對的標準差之 Bonferroni 信賴區間為 99% (99% Bonferroni Confidence Intervals for Standard Deviations)，對應的信心水準 (Confidence level) 為 99%。

　　變異數同質性採用 Levene 考驗法是多數統計軟體使用的方法，當變異數同質性未嚴重違反假定時，使用未校正的 F 值檢定法，對於整體平均數差異的檢定也有高的強韌性。研究者在進行依變項在各水準數值群組之變異數相等性的假設檢定時，可以將顯著水準 α 設定為 0.001 或 0.01，若是顯著性錯誤率小於 0.001，才改用校正的 F 值或進行資料轉換。

　　範例之社經地位群組在語文成就變異數檢定之顯著水準 α 設為 0.01。母群體變異數相等性檢定結果，多重比較估計法統計量之顯著性機率值 p = 0.013 > .01，接受虛無假設：$\sigma_1 = \sigma_2 = \sigma_3$，三個群體的標準差相等，或 $\sigma_1^2 = \sigma_2^2 = \sigma_3^2$，三個群體的變異數相等；Levence 檢定統計量 F 值為 3.68，顯著性機率值 p = 0.040 > .01，接受虛無假設：$\sigma_1 = \sigma_2 = \sigma_3$，三個群體的標準差相等，或 $\sigma_1^2 = \sigma_2^2 = \sigma_3^2$，三個群體的變異數相等。不同家庭社經地位群組之學生的語文成就之變異數同質 (相等)，表示不同家庭社經地位群組學生在語文成就測量值的變異情況沒有顯著不同。

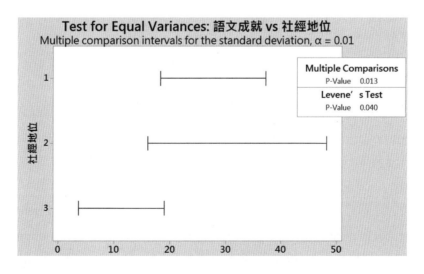

　　在變異數同質性檢定的操作程序中，將顯著水準 α 設為 .01，標準差多重比較信賴區間之 α 值會從內定之 0.05 變為 0.01，提示訊息為「Multiple comparison intervals for the standard deviation, α = 0.01」。

二、平均數的差異檢定

執行功能表「Stat」(統計) /「ANOVA」(變異數分析) /「One-Way...」(單因子) 程序，開啟「One-Way Analysis of Variance」(單因子變異數分析) 對話視窗。

在「One-Way Analysis of Variance」(單因子變異數分析) 主對話視窗中，從變數清單中選取「C3 語文成就」檢定變數至「Response:」(反應變項) 右邊方框內；再從變數清單中選取自變項「C1 社經地位」群組變項至「Factor:」(因子) 右邊方框內。

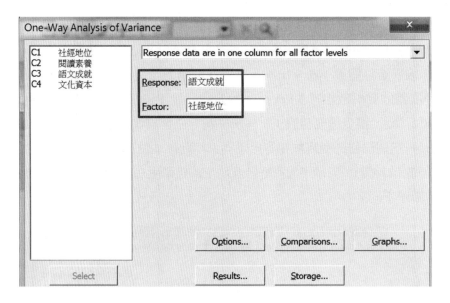

在「One-Way Analysis of Variance」(單因子變異數分析) 主對話視窗中按「Comparisons...」(比較) 鈕，開啟「One-Way Analysis of Variance: Comparisons」(單因子變異數分析：比較) 次對話視窗。事後多重比較方法方盒勾選「☑Tukey」、「☑Fisher」二種 (一般進行變異數分析時，只需要勾選一種事後多重比較方法即可)。「Results」(結果) 方盒內三個選項均勾選：「☑Interval plot for differences of means」(平均數差異的信賴區間圖)、「☑Grouping information」(分組資訊)、「☑Tests」(檢定)。顯著水準定為 .05 (Error rate for comparisons: 5」，比較錯誤率後面的數值不用更改。

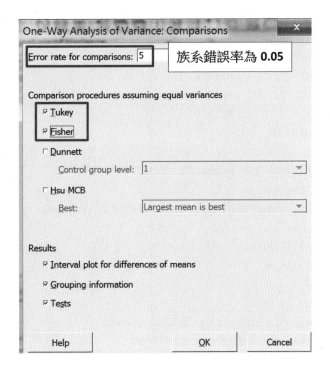

變異數分析結果如下:

One-way ANOVA: 語文成就 **versus** 社經地位

Method

Null hypothesis   All means are equal

Alternative hypothesis At least one mean is different

Significance level $\alpha = 0.05$

Equal variances were assumed for the analysis.

Factor Information

Factor	Levels	Values
社經地位	3	1, 2, 3

Analysis of Variance

Source	DF	Adj SS	Adj MS	F-Value	P-Value
社經地位	2	5031	2515.3	7.36	0.003
Error	24	8201	341.7		
Total	26	13232			

Model Summary

S	R-sq	R-sq (adj)	R-sq (pred)
18.4851	38.02%	32.86%	21.52%

```
Means
社經
地位    N    Mean    StDev      95% CI
1      10    52.10    22.02    (40.04, 64.16)
2       8    59.63    22.21    (46.14, 73.11)
3       9    83.67     6.91    (70.95, 96.38)
Pooled StDev = 18.4851
```

[採用的事後多重比較方法為 **Tukey** 法]

```
Tukey Pairwise Comparisons
Grouping Information Using the Tukey Method and 95% Confidence
社經
地位    N    Mean    Grouping
3       9    83.67      A
2       8    59.63      B
1      10    52.10      B
Means that do not share a letter are significantly different.
Tukey Simultaneous Tests for Differences of Means
Difference   Difference    SE of                            Adjusted
of Levels    of Means    Difference     95% CI      T-Value  P-Value
2 - 1          7.52         8.77    (-14.36, 29.41)    0.86    0.671
3 - 1         31.57         8.49    ( 10.37, 52.77)    3.72    0.003
3 - 2         24.04         8.98    (  1.62, 46.46)    2.68    0.034
Individual confidence level = 98.02%
```

不同社經地位在語文成就差異的變異數分析摘要表如下：

變異來源	平方和 (SS)	自由度 (DF)	平均平方和 (MS)	F	顯著性 (p)
組間	5031	2	2515.3	7.36	0.003
組內	8201	24	341.7		
總和	13232	26			

整體平均數差異檢定之 F 值統計量 (分子自由度為 2、分母自由度為 24) 等於 7.36 (= 2515.3 ÷ 341.7)，顯著性機率值 p = .003 < .05，達到 .05 顯著水準，有足夠證據可以拒絕虛無假設 ($\mu_1 = \mu_2 = \mu_3$)，至少有一個群組母群體平均數與其他

群組母群體平均數顯著不同，亦即三個樣本母體中至少有一配對組的平均數間有顯著差異存在。模型摘要 (model summary) 顯示 $R^2 = 38.02\%$，調整後的 $R^2 = 32.86\%$，表示的是 $\omega^2 = 32.86\%$，社經地位因子變項可以解釋語文成就總變異量的 32.86% 之變異，ω^2 值大於 14%，表示二者間的關連為大的效果量，二者間有高度關連。

三個水準群組在語文成就之描述性統計量摘要表如下：

社經地位水準	N (樣本數)	M (平均數)	SD (標準差)	95%CI (平均數 95% 信賴區間)
1 (低社經地位)	10	52.10	22.02	[40.04, 64.16]
2 (中社經地位)	8	59.63	22.21	[46.14, 73.11]
3 (高社經地位)	9	83.67	6.91	[70.95, 96.38]

家庭社經地位三個水準數值群組中，水準數值 1 群組之有效樣本數為 10、學生語文成就的平均數為 52.10、標準差為 22.02、平均數 95% 信賴區間為 [40.04, 64.16]；水準數值 2 群組之有效樣本數為 8、學生語文成就的平均數為 59.63、標準差為 22.21、平均數 95% 信賴區間為 [46.14, 73.11]；水準數值 3 群組之有效樣本數為 9、學生語文成就的平均數為 83.67、標準差為 6.91、平均數 95% 信賴區間為 [70.95, 96.38]。

多重事後比較結果如下：

```
[採用的多重事後比較法為 Fisher 法]
Fisher Pairwise Comparisons
Grouping Information Using the Fisher LSD Method and 95% Confidence
社經
地位  N   Mean    Grouping
3     9   83.67      A
2     8   59.63      B
1    10   52.10      B
Means that do not share a letter are significantly different.
Fisher Individual Tests for Differences of Means
```

Difference of Levels	Difference of Means	SE of Difference	95% CI	T-Value	Adjusted P-Value
2 - 1	7.52	8.77	(-10.57, 25.62)	0.86	0.399
3 - 1	31.57	8.49	(14.04, 49.10)	3.72	0.001
3 - 2	24.04	8.98	(5.50, 42.58)	2.68	0.013
Simultaneous confidence level = 88.11%					

　　事後多重比較採用 Fisher 的 LSD (least significant difference) 法發現：水準數值 2 群組與水準數值 1 群組在語文成就平均數差異值為 7.52，平均差異之檢定統計量 t 值等於 0.86、顯著性機率值 p = 0.399 > .05，未達統計顯著水準，接受虛無假設，平均差異的 95% 信賴區間為 [-10.57, 25.62] 包含 0 這個數值，表示平均差異值為 0 的機率很高，第 2 組語文成就平均數與第 1 組語文成就平均數沒有顯著差異 ($\mu_2 = \mu_1$)，二個群體平均數差異值顯著等於 0。水準數值 3 群組與水準數值 1 群組在語文成就平均數差異值為 31.57，平均差異之檢定統計量 t 值等於 3.72、顯著性機率值 p = .001 < .05，達到統計顯著水準，拒絕虛無假設，第 3 組語文成就平均數與第 1 組語文成就平均數有顯著差異，二個群體平均數差異值顯著不等於 0。水準數值 3 群組與水準數值 2 群組在語文成就平均數差異值為 24.04，平均差異之檢定統計量 t 值等於 2.68、顯著性機率值 p = .013 < .05，拒絕虛無假設，第 3 組語文成就平均數與第 2 組語文成就平均數有顯著差異，二個群體平均數差異值顯著不等於 0。

　　事後多重比較採用 Tukey 法與 Fisher 法所得的結果相同，二種估計法所得的統計量數值間雖有微許差異，但結論一致。

　　Tukey 法與 Fisher 法二種多重比較估計法所得結果如下表

多重比較法	水準差異	平均數差異值	差異值標準誤	差異值 95%CI	t 值	顯著性 p
Tukey 法	2 - 1	7.52	8.77	(-14.36,29.41)	0.86ns	0.671
	3 - 1	31.57	8.49	(10.37, 52.77)	3.72**	0.003
	3 - 2	24.04	8.98	(1.62, 46.46)	2.68*	0.034
Fisher 法	2 - 1	7.52	8.77	(-10.57,25.62)	0.86ns	0.399
	3 - 1	31.57	8.49	(14.04, 49.10)	3.72**	0.001
	3 - 2	24.04	8.98	(5.50, 42.58)	2.68*	0.013

註：ns p > .05　　*p < .05　　**p < .01

第三節　不同社經地位學生在閱讀素養的差異比較

研究問題為「不同社經地位學生在閱讀素養表現是否有顯著差異？」

研究假設為「不同社經地位學生在閱讀素養表現有顯著差異存在。」

執行功能表「Stat」(統計) /「ANOVA」(變異數分析) /「One-Way...」(單因子) 程序，開啟「One-Way Analysis of Variance」(單因子變異數分析) 對話視窗。

在「One-Way Analysis of Variance」(單因子變異數分析) 主對話視窗中，從變數清單中選取「C2 閱讀素養」檢定變數至「Response:」(反應變項) 右邊方框內；再從變數清單中選取自變項「C1 社經地位」群組變項至「Factor:」(因子) 右邊方框內。

資料建檔的型式為因子變項「社經地位」在 C1 直行、「閱讀素養」依變項在 C2 直行，視窗資料格式選項選取內定選項「Response data are in one column for all factor levels」。

One-Way Analysis of Variance

C1	社經地位
C2	閱讀素養
C3	語文成就
C4	文化資本
C5	閱讀素養1
C6	閱讀素養2
C7	閱讀素養3

Response data are in one column for all factor levels

Response: 閱讀素養

Factor: 社經地位

變異數分析摘要與 Fisher 法之多重比較結果如下：

[變異數分析結果]

One-way ANOVA: 閱讀素養 versus 社經地位

Method

Null hypothesis　　　　All means are equal

Alternative hypothesis　At least one mean is different

Significance level　　$\alpha = 0.05$

Equal variances were assumed for the analysis.

Factor Information

Factor	Levels	Values
社經地位	3	1, 2, 3

Analysis of Variance

```
Source        DF   Adj SS   Adj MS   F-Value   P-Value
社經地位        2    111.4    55.704   12.85     0.000
Error         24   104.0    4.333
Total         26   215.4
```

Model Summary

```
   S      R-sq     R-sq (adj)   R-sq (pred)
2.08167  51.72%    47.70%       38.81%
```

Means

```
社經
地位   N   Mean   StDev      95% CI
1     10   4.000   2.449   (2.641, 5.359)
2      8   5.000   2.563   (3.481, 6.519)
3      9   8.667   0.707   (7.235, 10.099)
```

Pooled StDev = 2.08167

[事後多重比較結果]

Fisher Pairwise Comparisons

Grouping Information Using the Fisher LSD Method and 95% Confidence

```
社經
地位   N   Mean    Grouping
3     9   8.667    A
2     8   5.000    B
1    10   4.000    B
```

Means that do not share a letter are significantly different.

Fisher Individual Tests for Differences of Means

Difference of Levels	Difference of Means	SE of Difference	95% CI	T-Value	Adjusted P-Value
2 - 1	1.000	0.987	(-1.038, 3.038)	1.01	0.321
3 - 1	4.667	0.956	(2.693, 6.641)	4.88	0.000
3 - 2	3.67	1.01	(1.58, 5.75)	3.62	0.001

Simultaneous confidence level = 88.11%

　　因子名稱 (Factor) 為社經地位、水準數 (Levels) 等於 3、水準數值編碼依序為 1、2、3。整體考驗之 F 值統計量等於12.85，顯著性機率值 p < .001，達到 .05 統計顯著水準，拒絕虛無假設 (三個水準數值群組平均數均相等的假定)，三個不同社經地位群組學生至少有一個配對組在閱讀素養平均數有顯著不同。η^2 = 51.72%、ω^2 = 47.70% (調整後的 R 平方)，學生閱讀素養總變異量中可以被社經

地位因子變項解釋的比例為 47.70%，關聯強度指標值為 .4770。

　　三個水準數值群組的平均數依序為 4.000、5.000、8.667，標準差分別為 2.449、2.563、0.707。進一步以 Fisher 法進行事後多重比較發現：水準數值 2 群組與水準數值群組 1 在閱讀素養平均數沒有顯著不同 (t = 1.01, p = 0.321)；水準數值 3 群組與水準數值群組 1 在閱讀素養平均數有顯著不同 (t = 4.88, p < .001)；水準數值 3 群組與水準數值群組 2 在閱讀素養平均數有顯著不同 (t = 3.62, p = .001)。

 第四節　水準群組單獨在直行的資料型態

　　若是研究者將社經地位各水準群組的資料置放在不同的直行，如水準數值 1 群組的閱讀素養測量值輸入在 C5 直行，變項名稱為「閱讀素養 1」(低社經地位樣本在閱讀素養的測量值)；水準數值 2 群組的閱讀素養測量值輸入在 C6 直行，變項名稱為「閱讀素養 2」(中社經地位樣本在閱讀素養的測量值)；水準數值 3 群組的閱讀素養測量值輸入在 C7 直行，變項名稱為「閱讀素養 3」(高社經地位樣本在閱讀素養的測量值)，此種資料檔建檔格式也可以進行獨立樣本變異數分析 (此種型態沒有因子群組變項)。

↓	C1	C2	C3	C4	C5	C6	C7
	社經地位	閱讀素養	語文成就	文化資本	閱讀素養1	閱讀素養2	閱讀素養3
1	1	6	82	3	6	5	8
2	1	1	45	3	1	3	9
3	1	6	65	4	6	2	8
4	1	2	34	4	2	9	10
5	1	8	84	4	8	7	9
6	1	6	51	4	6	5	9
7	1	2	34	4	2	7	8
8	1	4	65	5	4	2	9
9	1	1	15	5	1		8
10	1	4	46	6	4		
11	2	5	56	6			
12	2	3	57	6			
13	2	2	32	6			
14	2	9	84	7			
15	2	7	86	7			
16	2	5	65	7			
17	2	7	72	7			

　　執行功能表「Stat」(統計) /「ANOVA」(變異數分析) /「One-Way...」(單因子) 程序，開啟「One-Way Analysis of Variance」(單因子變異數分析) 對話視窗。

　　在「One-Way Analysis of Variance」(單因子變異數分析) 對話視窗中，右邊視窗資料格式內定選項「Response data are in one column for all factor levels」，從下拉式選單中改選為「Response data are in a separate column for each factor levels」選項，表示每個因子水準群組的反應資料 (測量值或分數) 在不同的直行。

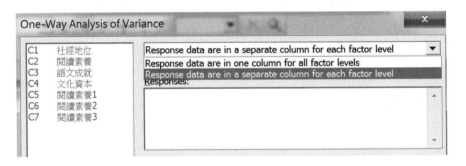

　　在「Response:」(反應變項) 下方框中按一下，從變數清單中選取「C5　閱讀素養 1」變項，按「Select」(選擇) 鈕，將變數移往「Response:」(反應變項) 下方框內；從變數清單中選取「C6　閱讀素養 2」變項，按「Select」(選擇) 鈕，將變數移往「Response:」(反應變項) 下方框內；從變數清單中選取「C7　閱讀素養 3」變項，按「Select」(選擇) 鈕，將變數移往「Response:」(反應變項) 下方框內，方框內的訊息為「閱讀素養 1　閱讀素養 2　閱讀素養 3」，檢定變數間以空白鍵區隔；研究者也可以從變數清單中同時一次選取「C5 閱讀素養 1」、「C6 閱讀素養 2」、「C7　閱讀素養 3」三個檢定變項，再按「Select」(選擇) 鈕，可以一次將檢定變數選入「Response:」(反應變項) 下方框內，方框內的訊息為「閱讀素養 1-閱讀素養 3」。

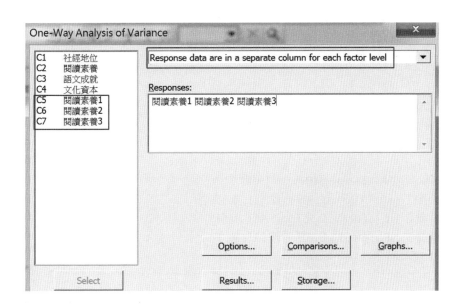

在「One-Way Analysis of Variance」(單因子變異數分析) 主對話視窗中，按「Comparisons」(比較) 鈕，開啟「One-Way Analysis of Variance: Comparisons」(單因子變異數分析：比較) 次對話視窗。事後多重比較方法方盒勾選「☑Fisher」選項。「Results」(結果呈現) 方盒內三個勾選下列三個選項：「☑Interval plot for differences of means」(平均數差異的區賴區間圖)、「☑Grouping information」(分組資訊)、「☑Tests」(檢定)。顯著水準定為 .05 (Error rate for comparisons: 5」，比較錯誤率後面的數值不用更改。

變異數分析結果如下：

One-way ANOVA: 閱讀素養 1, 閱讀素養 2, 閱讀素養 3
Method
Null hypothesis   All means are equal
Alternative hypothesis At least one mean is different
Significance level $\alpha = 0.05$
Equal variances were assumed for the analysis.
Factor Information
Factor Levels Values
Factor   3 閱讀素養 1, 閱讀素養 2, 閱讀素養 3
Analysis of Variance

```
Source   DF   Adj SS   Adj MS   F-Value   P-Value
Factor    2    111.4   55.704    12.85     0.000
Error    24    104.0    4.333
Total    26    215.4
Model Summary
   S      R-sq    R-sq (adj)   R-sq (pred)
2.08167  51.72%    47.70%       38.81%
Means
Factor        N   Mean   StDev       95% CI
閱讀素養 1    10   4.000   2.449   (2.641, 5.359)
閱讀素養 2     8   5.000   2.563   (3.481, 6.519)
閱讀素養 3     9   8.667   0.707   (7.235, 10.099)
Pooled StDev = 2.08167
```

　　因子名稱 (Factor) 為「Factor」、水準數 (Levels) 等於 3、水準數值編碼依序為閱讀素養 1、閱讀素養 2、閱讀素養 3。整體考驗之 F 值統計量等於 12.85，顯著性機率值 p < .001，達到 .05 統計顯著水準，拒絕虛無假設 (三個水準數值群組平均數相等的假定)，三個不同社經地位群組學生至少有一個配對組在閱讀素養平均數有顯著不同。η^2 = 51.72%、ω^2 = 47.70%，學生閱讀素養總變異量中可以被社經地位因子變項解釋的比例為 47.70%。

　　Fisher 法配對比較檢法結果如下：

```
Fisher Pairwise Comparisons
Grouping Information Using the Fisher LSD Method and 95% Confidence
Factor        N   Mean   Grouping
閱讀素養 3     9   8.667      A
閱讀素養 2     8   5.000      B
閱讀素養 1    10   4.000      B
Means that do not share a letter are significantly different.
Fisher Individual Tests for Differences of Means
                    Difference    SE of                           Adjusted
Difference of Levels  of Means  Difference      95% CI    T-Value  P-Value
閱讀素養 2 - 閱讀素養 1   1.000     0.987    (-1.038, 3.038)   1.01    0.321
閱讀素養 3 - 閱讀素養 1   4.667     0.956    ( 2.693, 6.641)   4.88    0.000
閱讀素養 3 - 閱讀素養 2   3.67      1.01     ( 1.58, 5.75)     3.62    0.001
Simultaneous confidence level = 88.11%
```

三個水準數值群組的平均數依序為 4.000、5.000、8.667，標準差分別為 2.449、2.563、0.707。進一步以 Fisher 法進行事後多重比較發現：閱讀素養 2 群組 (中社經地位群體) 與閱讀素養 1 群組 (低社經地位群體) 在閱讀素養平均數沒有顯著不同 ($t = 1.01$, $p = 0.321 > 0.05$)；閱讀素養 3 群組 (高社經地位群體) 與閱讀素養 1 群組 (低社經地位群體) 在閱讀素養平均數有顯著不同 ($t = 4.88$, $p < .001$)；閱讀素養 3 群組 (高社經地位群體) 與閱讀素養 2 群組 (中社經地位群體) 在閱讀素養平均數有顯著不同 ($t = 3.62$, $p = .001 < 0.05$)。

 ## 第五節　整體考驗未達顯著範例

變異數分析程序中，如果整體考驗的 F 值統計量未達統計顯著水準，表示所有水準群組的平均數都相等，對立假設無法得到支持，研究者可以不用進行事後多重比較，因為整體考驗的 F 值未達統計顯著水準，即表示組間的變異不顯著，各組之平均數的差異值都等於 0，事後多重比較之配對組平均數差異值也會等於 0，下列以生活壓力資料檔二個不同型態作一比較，結果均是相同。

某研究者想探究大學四個年級學生之生活壓力感受情形是否有差異，採用分層隨機抽樣方法，從大學四個年級中各抽取五位學生填寫「生活壓力量表」，樣本在量表的得分愈高，表示生活壓力感受愈大。資料建檔二種型態，第一種為年級因子變項在 C1 直行、對應的生活壓力分數在 C2 直行，「年級」因子變項中，水準數值 1 為一年級、水準數值 2 為二年級、水準數值 3 為三年級、水準數值 4 為四年級；第二種為四個年級生活壓力測量值各置放在獨立直行，四個年級樣本學生的生活壓力測量值分別置放在 C3、C4、C5、C6 直行，變項名稱分別為「一生活壓力」、「二生活壓力」、「三生活壓力」、「四生活壓力」。

一、有因子直行變數欄

「One-way Analysis of Variance」(單因子變異數分析) 主對話視窗中，資料檔型態選項為「Response data are in one column for all factor levels」；從變數清單中選取「C2 生活壓力」檢定變數至「Response:」(反應變項) 右邊方框內；從變數清單中選取自變項「C1 年級」因子變項至「Factor:」(因子) 右邊方框內。「One-Way Analysis of Variance: Comparisons」(單因子變異數分析：比較) 次對話

視窗，「Comparison procedures assuming equal variances」方盒之事後多重比較選項勾選「☑Tukey」法。

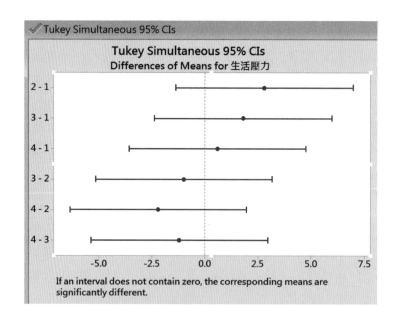

以 Tukey 法進行事後多重比較，配對組平均數差異之 95% 同時信賴信賴圖如下：

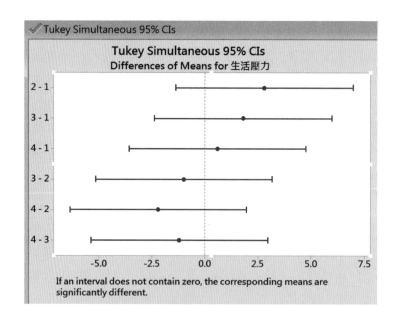

因子水準有四個水準數值，事後多重比較有六個配對組的比較：$\mu_2 - \mu_1$、$\mu_3 - \mu_1$、$\mu_4 - \mu_1$、$\mu_3 - \mu_2$、$\mu_4 - \mu_2$、$\mu_4 - \mu_3$。六個配對組平均數差異之 95% 同時信賴區間均包含 0 數值點，表示虛無假設為 0 的機率很高，接受虛無假設，六個配對組平均數差異值均顯著等於 0，六個配對組的平均數差異均未達統計顯著水準，四個水準群組母體的平均數都相等：$\mu_1 = \mu_2 = \mu_3 = \mu_4$。

變異數分析摘要表及事後多重比較結果如下：

Factor Information

Factor	Levels	Values
年級	4	1, 2, 3, 4

Analysis of Variance

Source	DF	Adj SS	Adj MS	F-Value	P-Value
年級	3	23.40	7.800	1.47	0.260
Error	16	84.80	5.300		
Total	19	108.20			

Model Summary

S	R-sq	R-sq (adj)	R-sq (pred)
2.30217	21.63%	6.93%	0.00%

Means

年級	N	Mean	StDev	95% CI
1	5	4.400	1.817	(2.217, 6.583)
2	5	7.20	2.49	(5.02, 9.38)
3	5	6.200	1.304	(4.017, 8.383)
4	5	5.00	3.16	(2.82, 7.18)

Pooled StDev = 2.30217

[多重事後比較結果－Tukey 法]

Grouping Information Using the Tukey Method and 95% Confidence

年級	N	Mean	Grouping
2	5	7.20	A
3	5	6.200	A
4	5	5.00	A
1	5	4.400	A

Means that do not share a letter are significantly different.

Tukey Simultaneous Tests for Differences of Means

Difference of Levels	Difference of Means	SE of Difference	95% CI	T-Value	Adjusted P-Value
2 - 1	2.80	1.46	(-1.37, 6.97)	1.92	0.258
3 - 1	1.80	1.46	(-2.37, 5.97)	1.24	0.614
4 - 1	0.60	1.46	(-3.57, 4.77)	0.41	0.976
3 - 2	-1.00	1.46	(-5.17, 3.17)	-0.69	0.901
4 - 2	-2.20	1.46	(-6.37, 1.97)	-1.51	0.454
4 - 3	-1.20	1.46	(-5.37, 2.97)	-0.82	0.842
Individual confidence level = 98.87%					

　　變異數分析摘要表之年級組間的自由度為 3、平方和 (SS) 等於 23.40、均方值等於 7.800；誤差項的自由度為 16、平方和 (SS) 等於 84.80、均方值等於 5.300，平均數顯著差異之整體考驗的 F 值為 1.47、顯著性機率值 p = 0.260 > 0.05，未達統計顯著水著，接受虛無假設 $H_0 : \mu_1 = \mu_2 = \mu_3 = \mu_4$，四個水準群組平均數均相等，即四個年級的生活壓力平均數沒有顯著不同。

　　F 分配中，顯著性 $\alpha = 0.05$ $(1 - \alpha = 0.95)$，分子自由度等於 3、分母自由度等於 16 時的臨界值可以直接藉由 Minitab 求出。

　　執行功能表列「Graph」(圖形) /「Probability Distribution Plot」(機率分配圖) 程序，開啟「Probability Distribution Plot」(機率分配圖) 對話視窗。視窗中選取「View Probability」(檢視機率) 圖示選項，按「OK」鈕，開啟「Probability Distribution Plot : View Probability」(機率分配圖：檢視機率) 次對話視窗。

　　「Probability Distribution Plot : View Probability」(機率分配圖：檢視機率) 次對話視窗中，「Distribution:」(分配) 下拉式選單選取「F」分配選項，「Numerator df:」(分子自由度) 右邊方框輸入第一個自由度 3、「Denominator df:」(分母自由度) 右邊方框輸入第二個自由度 16，按「OK」鈕。

　　分子自由度等於 3、分母自由度等於 16 的 F 分配圖如下：

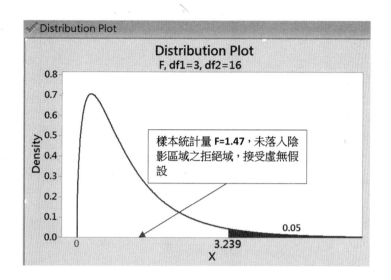

樣本統計量 F=1.47，未落入陰影區域之拒絕域，接受虛無假設

　　顯著水準 α 等於 .05 時 F 分配的臨界值為 3.239，根據樣本統計量計算而得的 F 值要大於或等於 3.239，才會落入拒絕區，樣本統計量 $F_{(3,16)}$ = 1.47 < 3.239，沒有落入拒絕區，無法拒絕虛無假設 ($H_0 : \mu_1 = \mu_2 = \mu_3 = \mu_4$)，對立假設無法得到支持。

　　四個年級生活壓力的平均數分別為 4.400、7.200、6.200、5.000，標準差分別為 1.817、2.490、1.304、3.160。從事後多重比較發現，六個配對組平均數差異的 t 值統計量分別為 1.92 (p = 0.258 > 0.05)、1.24 (p = 0.614 > 0.05)、0.41 (p = 0.976 > 0.05)、-0.69 (p = 0.901 > 0.05)、-1.51(p = 0.454 > 0.05)、-0.82 (p = 0.842 > 0.05)，均未達統計顯著水準，表示六個配對組平均數差異值均顯著等於 0。從平均數差異值 95% 信賴區間來看，信賴區間分別為 [-1.37, 6.97]、[-2.37, 5.97]、[-3.57, 4.77]、[-5.17, 3.17]、[-6.37, 1.97]、[-5.37, 2.97]，六個信賴區間值均包含 0 數值點，表示平均數差異值為 0 的機率很高，六個配對組平均數差異值均顯著等於 0，此結果與平均數差異值 95% 信賴區間圖相呼應。

二、沒有因子直行欄變數

　　「One-way Analysis of Variance」(單因子變異數分析) 主對話視窗中，資料檔型態選項改選為「Response data are in one separate column for each factor level」；從變數清單中分別選取「C3　一生活壓力」、「C4　二生活壓力」、「C5　三生活壓力」、「C6　四生活壓力」等四個檢定變數至「Response:」(反應變項) 右邊

方框內 (此種資料檔型態沒有因子變項「Factor」選項)。「One-Way Analysis of Variance: Comparisons」(單因子變異數分析：比較) 次對話視窗，「Comparison procedures assuming equal variances」方盒之事後多重比較選項勾選「☑Tukey」法。

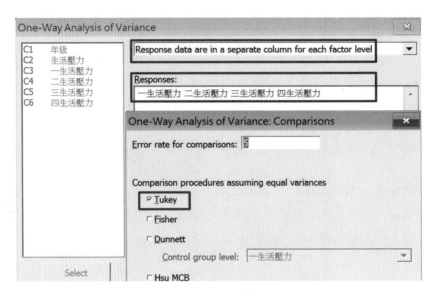

變異數分析摘要表及事後多重比較結果如下：

One-way ANOVA: 一生活壓力, 二生活壓力, 三生活壓力, 四生活壓力

Factor Information

Factor Levels Values

Factor   4   一生活壓力, 二生活壓力, 三生活壓力, 四生活壓力

Analysis of Variance

Source	DF	Adj SS	Adj MS	F-Value	P-Value
Factor	3	23.40	7.800	1.47	0.260
Error	16	84.80	5.300		
Total	19	108.20			

Model Summary

S	R-sq	R-sq (adj)	R-sq (pred)
2.30217	21.63%	6.93%	0.00%

Means

Factor	N	Mean	StDev	95% CI
一生活壓力	5	4.400	1.817	(2.217, 6.583)

```
二生活壓力 5    7.20    2.49    ( 5.02, 9.38)
三生活壓力 5    6.200   1.304   (4.017, 8.383)
四生活壓力 5    5.00    3.16    ( 2.82, 7.18)
Pooled StDev = 2.30217
```

[多重事後比較- **Tukey** 配對比較]

Tukey Pairwise Comparisons

Grouping Information Using the Tukey Method and 95% Confidence

Factor	N	Mean	Grouping
二生活壓力	5	7.20	A
三生活壓力	5	6.200	A
四生活壓力	5	5.00	A
一生活壓力	5	4.400	A

Means that do not share a letter are significantly different.

Tukey Simultaneous Tests for Differences of Means

Difference of Levels	Difference of Means	SE of Difference	95% CI	T-Value	Adjusted P-Value
二生活壓力 - 一生活壓力	2.80	1.46	(-1.37, 6.97)	1.92	0.258
三生活壓力 - 一生活壓力	1.80	1.46	(-2.37, 5.97)	1.24	0.614
四生活壓力 - 一生活壓力	0.60	1.46	(-3.57, 4.77)	0.41	0.976
三生活壓力 - 二生活壓力	-1.00	1.46	(-5.17, 3.17)	-0.69	0.901
四生活壓力 - 二生活壓力	-2.20	1.46	(-6.37, 1.97)	-1.51	0.454
四生活壓力 - 三生活壓力	-1.20	1.46	(-5.37, 2.97)	-0.82	0.842

Individual confidence level = 98.87%

　　因子資訊中，四個因子數值為「一生活壓力」、「二生活壓力」、「三生活壓力」、「四生活壓力」。變異數分析摘要表之年級組間的自由度為 3、平方和 (SS) 等於 23.40、均方值等於 7.800；誤差項的自由度為 16、平方和 (SS) 等於 84.80、均方值等於 5.300，平均數顯著差異之整體考驗的 F 值為 1.47、顯著性機率值 p = 0.260 > .05，未達統計顯著水著，接受虛無假設 $H_0 : \mu_1 = \mu_2 = \mu_3 = \mu_4$，四個水準群組平均數均相等，即四個年級的生活壓力平均數沒有顯著不同。

模式摘要的參數

　　$R^2 = 21.63\%$、調整後的 $R^2 = 6.93\%$，當變異數分析整體考驗的 F 值未達統計顯著水準 (p > .05)，表示因子變項無法有效解釋檢定變項 (依變項) 的變異量，此時的關聯強度指標值顯著等於 0 ($\omega^2 = 0.00\%$)，範例中的 $\omega^2 = 6.93\%$ 值是在整體

考驗 F 值統計量達到統計顯著水準時才會實質意義，範例問題中的 $\omega^2 = 6.93\%$，數值參數 6.93% 是抽樣誤差造成的。當整體考驗 F 值統計量未達統計顯著時，研究者不必關注關聯強度參數數值的大小。

四個年級生活壓力的平均數分別為 4.400、7.200、6.200、5.000，標準差分別為 1.817、2.490、1.304、3.160。六個配對組變數平均數比較提示語為：「二生活壓力 - 一生活壓力」、「三生活壓力 - 一生活壓力」、「四生活壓力 - 一生活壓力」、「三生活壓力 - 二生活壓力」、「四生活壓力 - 二生活壓力」、「四生活壓力 - 三生活壓力」。從多重事後比較發現，六個配對組平均數差異的 t 值統計量分別為 1.92 (p = 0.258 > 0.05)、1.24 (p = 0.614 > 0.05)、0.41 (p = 0.976 > 0.05)、-0.69 (p = 0.901 > 0.05)、-1.51 (p = 0.454 > 0.05)、-0.82 (p = 0.842 > 0.05)，均未達統計顯著水準，表示六個配對組平均數差異值均顯著等於 0。從平均數差異值 95% 信賴區間來看，信賴區間分別為 [-1.37, 6.97]、[-2.37, 5.97]、[-3.57, 4.77]、[-5.17, 3.17]、[-6.37, 1.97]、[-5.37, 2.97]，六個信賴區間值均包含 0 這個數值，表示平均數差異值為 0 的機率很高，六個配對組平均數差異值均顯著等於 0，此結果與平均數差異值 95% 信賴區間相呼應。

分組資訊 (Grouping Information) 報表中，第一欄因子為變項名稱、第二欄為樣本群體的個數、第三欄為樣本群體的平均數、第四欄分組為平均數差異分組情況，若是此欄的英文字母不同，表示二個樣本群體平均數有顯著差異；相對的，此欄的英文字母若是相同，表示二個樣本群體平均數沒有顯著差異，範例中，四個樣本群體的英文字母符號均為「A」，表示四個樣本群體的母體平均數是相等的。

以 Tukey 法進行多重事後比較，配對組平均數差異之 95% 同時信賴信賴圖如下：

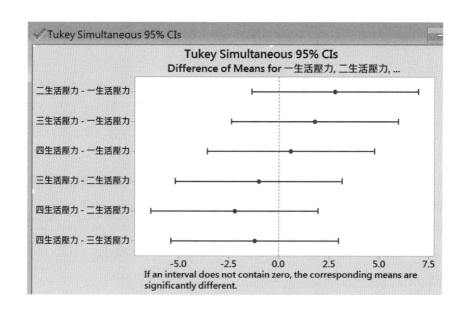

　　六個配對組平均數差異之 95% 同時信賴區間均包含 0 數值點，表示虛無假設為 0 的機率很高，接受虛無假設，六個配對組平均數差異值均顯著等於 0，即四個水準群組母體的平均數都相等：$\mu_1 = \mu_2 = \mu_3 = \mu_4$。二種資料型態之六個配對組表示法不同，一為以因子年級四個水準數值表示：「2-1」、「3-1」、「4-1」、「3-2」、「4-2」、「4-3」；二為以四個直行變數欄表示：「二生活壓力-一生活壓力」、「三生活壓力-一生活壓力」、「四生活壓力-一生活壓力」、「三生活壓力-二生活壓力」、「四生活壓力-二生活壓力」、「四生活壓力-三生活壓力」。

　　上述範例之單因子變異數分析摘要表整理如下：

變異來源	平方和	自由度	平均平方和 (均方)	F 值	顯著性
組間	23.40	3	7.800	1.47ns	0.260
組內	84.80	16	5.300		
總和	108.20	19			

ns p > .05

第六節　相依樣本變異數分析

三次以上重複測量之平均數間的差異，為受試者內設計，此種相依樣本變異數分析程序在 Minitab 統計軟體中，沒有對應的功能列執行程序，但研究者可以將原始資料檔重新建構，把相依樣本資料型態變為二因子變異數分析的資料型態，以二因子變異數分析程序來代替執行。

以下列十位受試者在學期初、學期中、學期末三個不同情境測得的學習焦慮資料檔為例，在原工作表中的建檔格式型態如下，其中受試者變數屬性為「文字」單獨佔一直行 (C1)，學期初變數為第一次測得的學習焦慮分數，變數佔一直行 (C2)；學期中變數為第二次測得的學習焦慮分數，變數佔一直行 (C3)；學期末變數為第三次測得的學習焦慮分數，變數佔一直行 (C4)。

	受試者	學期初	學期中	學期末
1	S01	8	3	3
2	S02	9	2	2
3	S03	10	5	4
4	S04	6	4	3
5	S05	8	2	2
6	S06	4	3	3
7	S07	5	4	2
8	S08	9	7	5
9	S09	6	6	6
10	S10	3	1	2

隨機化區組設計之模式與區組如下，a_1、a_2、a_3 表示三個處理水準 (三次不同情境：學期初、學期中、學期末)，受試者總共有十位，每位受試者在三次不同情境測得的分數之平均值為區組平均數，十位受試者有十個區組平均數。變異數分析探究的是十位受試者在第一次情境下測得之分數的平均數 $(\bar{Y}_1)$、十位受試者在第二次情境下測得之分數的平均數 $(\bar{Y}_2)$、十位受試者在第三次情境下測得之分數的平均數 $(\bar{Y}_3)$ 等三個平均數間的差異，F 值整體考驗在檢定 $\bar{Y}_1$、$\bar{Y}_2$、$\bar{Y}_3$ 三個平均數間的差異是否有顯著不同。

受試者	處理水準一 a_1	處理水準二 a_2	處理水準三 a_3	區組平均數
區組 1 (S01)	S_1	S_1	S_1	$\bar{Y}_{.1}$
區組 2 (S02)	S_2	S_2	S_2	$\bar{Y}_{.2}$
區組 3 (S03)	S_3	S_3	S_3	$\bar{Y}_{.3}$
. . .				. . .
區組 10 (S10)	S_{10}	S_{10}	S_{10}	$\bar{Y}_{.10}$
	$\bar{Y}_{.1}$	$\bar{Y}_{.2}$	$\bar{Y}_{.3}$	

　　上述工作表資料檔重新建檔，資料檔格式型態中 C1 直行「區組」變項為受試學生，水準數值編碼為 1 至 10 (共有 10 位學生)、C2 直行「學期」變項為三分類別變數，水準數值為 1、2、3，水準數值分別表示學期初、學期中、學期末，直行 C3 的變數名稱為「學習焦慮」，表示的是受試者在三次不同情境之學習焦慮的測量值。

	C1	C2	C3
	區組	學期	學習焦慮
1	1	1	8
2	1	2	3
3	1	3	3
4	2	1	9
5	2	2	2
6	2	3	2
7	3	1	10
8	3	2	5
9	3	3	4
10	4	1	6
11	4	2	4
12	4	3	3

相依樣本工作表.MTW ***

一、執行一般線性模式程序

　　執行功能表「Stat」(統計) /「General Linear Model」(一般線性模式) /「Fit General Linear Model...」(適配一般線性模式) 程序，程序可以開啟「General

Linear Model」(一般線性模式) 對話視窗。

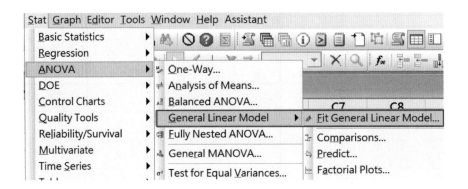

「General Linear Model」(一般線性模式) 主對話視窗中，左邊為變數清單，右邊「Responses:」(反應變項) 下方框選取的變數為檢定變項／依變項，「Factors:」(因子) 下方框選取的變數為固定因子變項／自變項，「Covariates:」(共變項) 下方框選取的變數為共變數 (準實驗設計程序中，通常以前測為共變量或共變數)

範例中，探討區組變項與學期情境變項在「學習焦慮」的交互作用，從變數清單中選取「C3 學習焦慮」依變項至「Responses:」(反應變項) 下方框內，從

變數清單中分別選取「C1 區組」、「C2 學期」固定因子變項至「Factors:」(因子) 下方框中,方框內的訊息為「區組 學期」(因子變項間以空白鍵隔開)。

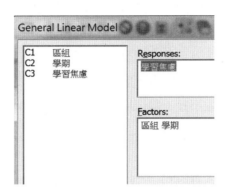

一般線性模式程序估計結果如下:

Results for: 相依樣本工作表 **.MTW**
General Linear Model: 學習焦慮 versus 區組, 學期
Method
Factor coding (-1, 0, +1)
Factor Information

Factor	Type	Levels	Values
區組	Fixed	10	1, 2, 3, 4, 5, 6, 7, 8, 9, 10
學期	Fixed	3	1, 2, 3

Analysis of Variance

Source	DF	Adj SS	Adj MS	F-Value	P-Value
區組	9	61.37	6.819	3.24	0.016
學期	2	76.07	38.033	18.05	0.000
Error	18	37.93	2.107		
Total	29	175.37			

Model Summary

S	R-sq	R-sq (adj)	R-sq (pred)
1.45169	78.37%	65.15%	39.91%

「學期」變項三個水準數值平均數間差異的 SS 值為 76.07、MS 為 38.033、自由度為 2 (三次情境的水準數值 3 減去 1),F 值統計量為 18.05,顯著性機率值 p < .001,達統計顯著水準,表示三次情境測得的平均數間有顯著不同,至於是

那些配對平均數間的差異達到顯著，進一步要執行一般線性模式多重比較程序才能得知。

除了「學期」因子變數間的差異達到顯著，區組變數間的差異也達到統計顯著水準，F 值統計量為 3.24，顯著性機率值 p = 0.016 < .05，表示十位受試者三次不同情境測得的學習焦慮平均數間也有顯著不同。相依樣本變異數分析程序對於區組 (受試者) 的差異是否達到顯著不會論述，因為區組間的差異與否均是實驗設計的殘差項之一，並不是不同情境間的變異。

二、執行事後多重比較

執行功能表「Stat」(統計) /「General Linear Model」(一般線性模式) /「Comparisons」(事後多重比較) 程序，程序可以開啟「Comparisons...」(比較) 對話視窗。

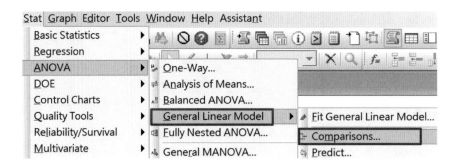

在「Comparisons」(比較) 對話視窗中，「Response:」(反應變項) 右選單內定選項為依變項「學習焦慮」(已自動填入)、「Type of comparison」(比較型態) 右選單內定選項為「Pairwise」(配對比較)，提供事後多重比較方法有：Tukey、Fisher、Bonferroni、Sidak，範例中勾選「☑ Fisher」選項。

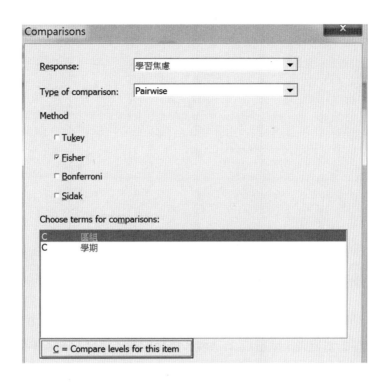

「Choose terms for comparisons」(選擇比較項目) 方盒中的選項為指定哪些固定因子自變項要執行多重比較。範例中選取方盒中「區組」固定因子,按「C = Compare levels for this item」鈕,「區組」固定因子前會出現一個「C」,表示要進行區組間 (學生間) 的多重比較,選取「區組」固定因子,再按「C = Compare levels for this item」鈕,「區組」固定因子前「C」符號消失,表示不進行區組間 (學生間) 的多重比較,範例中選取方盒中「學期」固定因子,按「C = Compare levels for this item」鈕,「學期」固定因子前會出現一個「C」,表示要進行「學期」三次情境的多重比較,若是方盒中「學期」固定因子前已出現一個「C」符號,再按「C = Compare levels for this item」鈕,「學期」固定因子前「C」符號會消失,表示不進行學期情境間的多重比較。視窗界面進行的事後比較項為「區組」變項 (受試者的差異)、「學期」變項。

　　「Fisher」法執行事後多重比較之平均數差異的 95% 信賴區間圖如下:

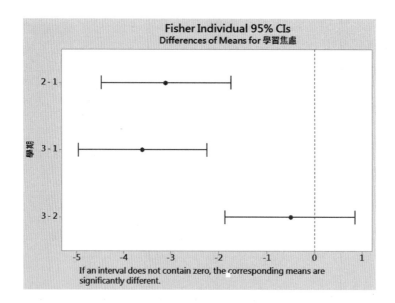

「2-1」(學期中與學期初) 平均數差異的 95% 信賴區間未包括 0 點估計值，表示水準數值 2 情境與水準數值 1 情境一學生的學習焦慮有顯著不同。「3-1」(學期末與學期初) 平均數差異的 95% 信賴區間未包括 0 點估計值，表示水準數值 3 情境與水準數值 1 情境一學生的學習焦慮有顯著不同。「3-2」(學期末與學期中) 平均數差異的 95% 信賴區間包括 0 點估計值 (無法拒絕虛無假設，二個水準數值情境之學習焦慮平均數的差異等於 0 的機率很高)，表示水準數值 3 情境與水準數值 2 情境一學生學習的焦慮沒有顯著不同。

「Tukey」法執行事後多重比較之平均數差異的 95% 信賴區間圖如下：

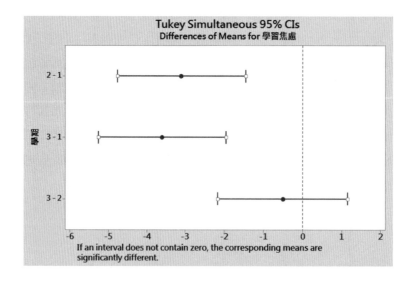

　　「2-1」(學期中與學期初) 平均數差異的 95% 信賴區間未包括 0 點估計值，拒絕虛無假設，表示水準數值 2 情境與水準數值 1 情境一學生的學習焦慮有顯著不同。「3-1」(學期末與學期初) 平均數差異的 95% 信賴區間未包括 0 點估計值，拒絕虛無假設，表示水準數值 3 情境與水準數值 1 情境一學生的學習焦慮有顯著不同。「3-2」(學期末與學期中) 平均數差異的 95% 信賴區間包括 0 點估計值，接受虛無假設，表示水準數值 3 情境與水準數值 2 情境一學生學習的焦慮沒有顯著不同。事後比較中，採用 Fisher 法與 Tukey 法之平均數差異的 95% 信賴區間圖呈現的結果是一致的。

　　Fisher 法配對比較結果如下：

Fisher Pairwise Comparisons: Response = 學習焦慮, Term = 區組
Grouping Information Using Fisher LSD Method and 95% Confidence

區組	N	Mean	Grouping
8	3	7.00000	A
3	3	6.33333	A B
9	3	6.00000	A B C
1	3	4.66667	A B C D
2	3	4.33333	B C D E
4	3	4.33333	B C D E
5	3	4.00000	B C D E
7	3	3.66667	C D E
6	3	3.33333	D E
10	3	2.00000	E

Means that do not share a letter are significantly different.

　　Fisher 事後比較結果中，區組間的差異並不是相依樣本變異數事後比較的重點，此部分旨在說明區組 (學生) 間的三次測量分數平均數有顯著的個別差異存在。在統計分析程序時，此部分可以不用加以深入解析。範例之分組欄符號共有 A、B、C、D 四種，表示十位受試者的平均數有顯著的區組間差異存在。

　　採用 Fisher 配對多重比較法之結果如下：

```
Fisher Pairwise Comparisons: Response = 學習焦慮, Term = 學期
Grouping Information Using Fisher LSD Method and 95% Confidence
學期   N    Mean    Grouping
1     10   6.8      A
2     10   3.7      B
3     10   3.2      B
Means that do not share a letter are significantly different.
```

　　情境 2 與情境 1 測得的學習焦慮平均數間有顯著不同，情境 3 與情境 1 測得的學習焦慮平均數間有顯著不同，至於情境 3 與情境 2 測得的學習焦慮平均數間則沒有顯著不同 (群組分組之符號相同，均為 B，表示水準數值 2 與水準數值 3 情境測得的平均數沒有顯著差異存在)。

```
Tukey Pairwise Comparisons: Response = 學習焦慮, Term = 學期
Grouping Information Using the Tukey Method and 95% Confidence
學期   N    Mean    Grouping
1     10   6.8      A
2     10   3.7      B
3     10   3.2      B
Means that do not share a letter are significantly different.
```

　　採用 Tukey 法事後多重比較結果顯示：情境 2 與情境 1 測得的學習焦慮平均數間有顯著不同，情境 3 與情境 1 測得的學習焦慮平均數間有顯著不同，至於情境 3 與情境 2 測得的學習焦慮平均數間則沒有顯著不同 (群組分組之符號相同，均為 B，表示水準數值 2 與水準數值 3 情境測得的平均數沒有顯著差異存在)。

CHAPTER 8

共變數
分析

變異數分析是實驗控制的一種方法，共變數分析適用於準實驗設計法程序，它是統計控制的一種方法。

共變數分析 (Analysis of Covariance; [ANCOVA]) 為統計控制的一種，當研究者採用準實驗設計進行實驗處理效果的探討時，由於無法對實驗組與控制組進行隨機選取與隨機分配，必須藉由統計控制來排除干擾變項的影響，以確保實驗組與控制組在依變項上有相同的起始點。

共變數分析的假定是組內迴歸係數同質性 (homogeneity of with-in regression)，即各組以共變項來預測依變項時，預測迴歸線有相同的斜率，當符合組內迴歸同質性假定時，才能使用傳統共變數分析，探討排除共變項對依變項的影響後，實驗處理效果是否顯著。常見以前測為共變項的準實驗設計架構如下：

組別	前測 (共變項)	實驗處理	後測	追蹤測
實驗組	O1	X	O3	O5
控制組	O2		O4	O6

共變數分析的簡要流程如下：

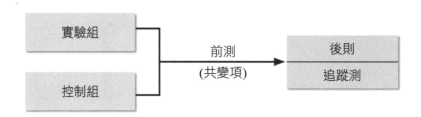

第一節　二個組別

進行二組共變數分析程序時，組內迴歸係數同質性考驗的虛無假設與對立假設分別為：

$$H_0 : \beta_1 = \beta_2$$
$$H_1 : \beta_1 \neq \beta_2$$

一、範例問題

　　某研究者想探究翻轉學習模式與一般傳統學習模式 (講述法) 對於學生問題解決能力的影響，實驗組採用翻轉學習模式進行學習，控制組採用傳統學習模式進行學習，學習前與二個月實驗處理之學習後，實驗組與控制組均施測「問題解決能力量表」，實驗結束後二個星期，二組又施測「問題解決能力量表」，以探究是否有保留效果，受試者在「問題解決能力量表」的得分愈高，表示受試者的問題解決能力愈好。實驗組與控制組的數據如下：

受試者	E01	E02	E03	E04	E05	E06	E07	E08	E09	E10	E11	E12	E13
組別	1	1	1	1	1	1	1	1	1	1	1	1	1
前測	16	15	17	19	18	19	19	21	14	15	22	25	23
後測	41	37	38	42	35	49	50	45	30	40	38	43	35
追蹤測	40	39	40	38	37	35	43	37	37	35	37	37	36
受試者	C01	C02	C03	C04	C05	C06	C07	C08	C09	C10	C11	C12	C13
組別	2	2	2	2	2	2	2	2	2	2	2	2	2
前測	25	24	27	26	20	22	24	25	33	35	33	34	25
後測	35	17	33	37	35	37	35	39	33	38	37	36	40
追蹤測	37	38	38	35	34	38	39	24	22	25	33	42	32

　　工作表中的部分資料檔如下，編號 C1 變數欄為「組別」，組別為二分類別變項，水準數值 1 為實驗組樣本、水準數值 2 為控制組樣本，編號 C2 變數欄為「前測」(受試者在問題解決能力量表前測的得分)、編號 C3 變數欄為「後測」(受試者在問題解決能力量表後測的得分)、編號 C4 變數欄為「追蹤測」(受試者在問題解決能力量表二個星期後測得的得分)：

Worksheet 1 ***				
·	C1	C2	C3	C4	C5
	組別	前測	後測	追蹤測	
10	1	15	40	35	
11	1	22	38	37	
12	1	25	43	37	
13	1	23	35	36	
14	2	25	35	37	
15	2	24	17	38	
16	2	27	33	38	
17	2	26	37	35	

研究問題 1：實驗處理後，實驗組在問題解決能力與控制組在問題解決能力的平均得分是否有顯著不同？(立即效果是否有顯著不同？)

研究問題 2：實驗處理二個星期後，實驗組在問題解決能力與控制組在問題解決能力的平均得分是否有顯著不同？(保留效果是否有顯著不同？)

二、操作程序

(一) 組內迴歸同質性的考驗

立即效果中的共變項為「前測」分數、因子變項為「組別」，組別為二分類別變項，水準數值 1 為實驗組、水準數值 2 為控制組，檢定變項 (反應變項) 為「後測」分數。

執行功能表列「Stat」(統計) /「ANOVA」(變異數分析) /「General Linear Model」(一般線性模式) /「Fit General Linear Model...」(適配一般線性模式) 程序，開啟「General Linear Model」(一般線性模式) 對話視窗。

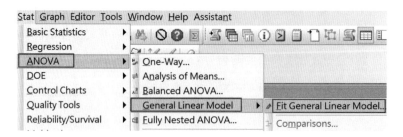

在「General Linear Model」(一般線性模式) 對話視窗中，從變數清單中選取檢定變項「C3 後測」至右邊「Responses:」(反應變項) 下方框中、選取固定因

子「C1 組別」至右邊「Factors:」(因子) 下方框中，選取共變項「C2 前測」至右邊「Covariates:」(共變項)下方框中。

　　「General Linear Model」(一般線性模式) 主對話視窗中，按「Model」(模式) 鈕，開啟「General Linear Model: Model」(一般線性模式：模式) 次對話視窗。

　　在「General Linear Model: Model」(一般線性模式：模式) 次對話視窗中，選取「Factors and covariates:」(因子與共變項) 方框內的共變項「前測」與因子變數「組別」，「Interactions through order:」右方選項數值調整為 1 (內定數值為 2 不用調整也可以)、「Terms through order:」右方選項數值調整為 1 (內定數值為 2 不用調整也可以)，滑鼠在中間「Terms in the model:」(模式中的項目) 方盒內的最後一列變項「組別」上按一下，「Cross factors, covariates, and terms in the model」右方的「Add」(增加) 鈕由灰色變為黑色，表示「Add」(增加) 鈕為開啟狀態，按一下「Add」(增加) 鈕。

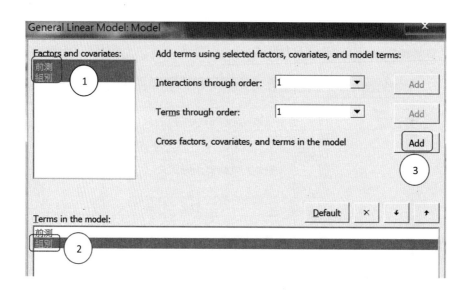

點選「Cross factors, covariates, and terms in the model」右方的「Add」(增加) 鈕後,「Terms in the model:」(模式中項目) 方盒內的模式項會增列共變項與因子變數的交互作用項:「前測*組別」,此時,「Terms in the model:」(模式中項目) 方框內的訊息為「前測　組別　前測*組別」,模式項的三個組合為組內迴歸同質性考驗的模式。

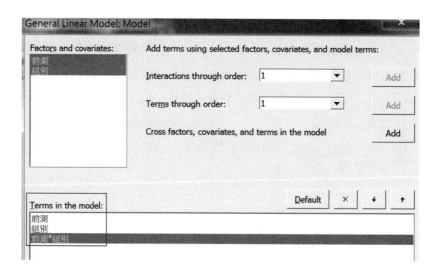

「General Linear Model」(一般線性模式) 主對話視窗中,按「Results」(結果) 鈕,可以開啟「General Linear Model: Results」(一般線性模式:結果) 次對話

視窗。

　　「General Linear Model: Results」(一般線性模式：結果) 次對話視窗，內定輸出結果的選項有「☑ Method」(方法)、「☑Factor information」(因子資訊)、「☑Analysis of variance」(變異數分析)、「☑Model summary」(模式摘要)、「☑Coefficients」(係數)、「☑Regression equation」(迴歸方程)、「☑Fits and diagnostics」(適配與診斷)，視窗界面中取消勾選「Coefficients」(係數)、「Regression equation」(迴歸方程)、「Fits and diagnostics」(適配與診斷) 三個選項。

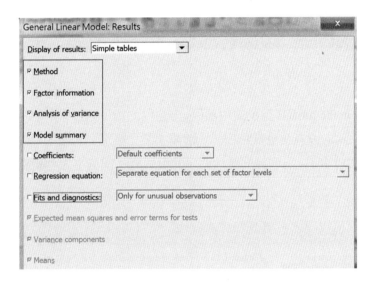

(二) 共變數分析

　　在「General Linear Model: Model」(一般線性模式：模式) 次對話視窗中，「Terms in the model:」(模式中項目) 方盒內選取共變項與因子變數的交互作用項：「前測*組別」，按刪除鈕「×」，將「前測*組別」交互作用項從模式中項目移除，此時模式中的項目只有「前測」、「組別」。

「Terms in the model:」(模式中項目) 方盒內的項目列為「前測」、「組別」二個主要效果項，沒有交互作用項。「前測」、「組別」二個主要效果項為共變數分析的模式設定 (組內迴歸同質性假定的模式為「前測」、「組別」、「前測*組別」)。

進行實驗組與控制組在追蹤測平均得分的差異，操作程序與上述相同，唯一的差別為檢定變項的選取不同，此程序中反應變項為「追蹤測」。

開啟「General Linear Model」(一般線性模式) 對話視窗，在「General

Linear Model」主對話視窗中，從變數清單中選取檢定變項「C4　追蹤測」至右邊「Responses:」(反應變項) 下方框中、選取固定因子「C1　組別」至右邊「Factors:」(因子) 下方框中，選取共變項「C2　前測」至右邊「Covariates:」(共變項) 下方框中。

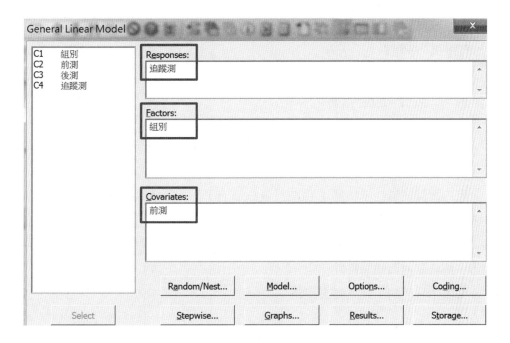

三、輸出結果

(一) 組內迴歸同質性假定－立即效果

General Linear Model: 後測 versus 前測, 組別
Method [方法]
Factor coding　(-1, 0, +1)
Factor Information [因子資訊]
Factor　Type　Levels　Values
組別　Fixed　　2　　　1, 2
Analysis of Variance [變異數分析]

Source	DF	Adj SS	AdjMS	F-Value	P-Value
前測	1	47.379	47.3786	1.42	0.246
組別	1	0.128	0.1281	0.00	0.951
前測*組別	1	10.310	10.3104	0.31	0.584

```
Error          22    732.674    33.3033
 Lack-of-Fit   15    506.174    33.7449    1.04      0.507
 Pure Error     7    226.500    32.3571
Total          25    974.500
Model Summary [模型摘要]
    S     R-sq    R-sq (adj)    R-sq (pred)
5.77091   24.82%    14.56%        0.77%
Regression Equation
組別
1    後測 = 30.39 + 0.526 前測
2    後測 = 29.57 + 0.191 前測
```

估計方法之因子編碼為 (-1, 0, +1)，因子名稱為「組別」，型態為固定因子，水準數值有 2，水準數值的編碼分別為 1、2。

組內迴歸同質性考驗的 F 值統計量為 0.31 (「前測*組別」列的數據)、顯著性機率值 p = 0.584 > 0.05，接受虛無假設：$H_0 : \beta_1 = \beta_2$，以前測共變項為預測變項、以後測反應變項為依變項進行迴歸分析，實驗組與控制組二條迴歸線之斜率相等，符合組內迴歸同質性假定。

報表中呈現的二條迴歸方程為：

實驗組 1：後測 = 30.39 + 0.526 × 前測

控制制 2：後測 = 29.57 + 0.191 × 前測

$\beta_1 = 0.526$、$\beta_2 = 0.191$，由於斜率相等性檢定的顯著性未達 0.05 顯著水準，表示二個樣本母體之斜率係數沒有顯著差異存在。

(二) 共變數分析—考驗立即效果

```
General Linear Model: 後測 versus 前測, 組別
Method [方法]
Factor coding  (-1, 0, +1)
Factor Information [因子資訊]
Factor  Type   Levels   Values
組別    Fixed    2       1, 2
Analysis of Variance [變異數分析]
```

Source	DF	Adj SS	Adj MS	F-Value	P-Value
前測	1	37.63	37.63	1.16	0.292
組別	1	197.49	197.49	6.11	0.021
Error	23	742.98	32.30		
Lack-of-Fit	16	516.48	32.28	1.00	0.535
Pure Error	7	226.50	32.36		
Total	25	974.50			

Model Summary [模式摘要]

S	R-sq	R-sq (adj)	R-sq (pred)
5.68363	23.76%	17.13%	5.79%

就立即效果而言，組別差異的 F 值統計量為 6.11 (「組別」列的數據)，顯著性機率值 p = 0.021 < .05，達統計顯著水準，表示實驗組與控制組的調整後平均數有顯著不同，排除前測分數的影響後，後測分數 (調整後平均數) 的差異達到顯著。R^2 = 23.76%、調整後 R^2 = 17.13%，R^2 為效果值，表示排除或調整共變項對依變項的影響後，組別變項可以解釋問題解決能力總變異量之 23.76% 的變異。

共變數分析摘要表統整如下：

來源	平方和	df	均方	F	顯著性	R 平方
前測	37.63	1	37.63	1.16	0.292	
組別	197.49	1	197.49	6.11	0.021	0.2376
誤差	742.98	23	32.30			
總數	974.50	25				

調過後的 R 平方 = 0.1713

(三) 組內迴歸同質性假定—保留效果

General Linear Model: 追蹤測 versus 前測, 組別
Method
Factor coding (-1, 0, +1)
Factor Information
Factor Type Levels Values
組別 Fixed 2 1, 2

Analysis of Variance

Source	DF	AdjSS	Adj MS	F-Value	P-Value
前測	1	27.173	27.173	1.24	0.277
組別	1	5.087	5.087	0.23	0.634
前測*組別	1	8.682	8.682	0.40	0.535

組內迴歸同質性考驗的 F 值統計量為 0.40、顯著性機率值 p = 0.535 > .05，接受虛無假設：$H_0 : \beta_1 = \beta_2$，以前測共變項為預測變項、以追蹤測反應變項為依變項進行迴歸分析，實驗組與控制組二條迴歸線之斜率相等，符合組合迴歸同質性假定。

(四) 共變數分析—考驗保留效果

General Linear Model: 追蹤測 **versus** 前測, 組別

Method

Factor coding (-1, 0, +1)

Factor Information

Factor	Type	Levels	Values
組別	Fixed	2	1, 2

Analysis of Variance

Source	DF	AdjSS	Adj MS	F-Value	P-Value
前測	1	45.620	45.620	2.14	0.157
組別	1	5.903	5.903	0.28	0.604
Error	23	489.765	21.294		
Lack-of-Fit	16	302.098	18.881	0.70	0.736
Pure Error	7	187.667	26.810		
Total	25	647.538			

Model Summary

S	R-sq	R-sq (adj)	R-sq (pred)
4.61456	24.37%	17.79%	0.00%

就保留效果而言，組別差異的 F 值統計量為 0.28，顯著性機率值 p = 0.604 > .05，未達統計顯著水準，接受虛無假設 $H_0 : AM_1 = AM_2$ (AM 為調整後平均數)：表示實驗組與控制組的調整後平均數沒有顯著不同，排除前測分數的影響後，追蹤測分數 (調整後平均數) 的差異未達顯著。

四、立即效果的事後多重比較

以「後測」變項為反應變項 (依變項) 進行共變數分析檢定，實驗組與控制組的調整後平均數有顯著不同，研究者必須進一步進行「比較」程序，以求出二組之調整後平均數，若是組別變項的因子水準數值大於 3，必須藉由事後多重比較，才能得知配對組別間的差異。

(一) 操作程序

執行功能表列「Stat」(統計) /「ANOVA」(變異數分析) /「General Linear Model」(一般線性模式) /「Comparisons」(比較) 程序。

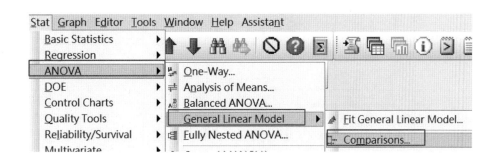

在「Comparisons」(比較) 對話視窗，「Response:」後面的變項為「後測」，表示之前進行共變數分析程序被選入的反應變項為「後測」，「Type of comparison:」(比較型態) 右方框內定選項為「Pairwise」(配對比較)，「Method」(方法) 方盒有四種事後多重比較估計法：「Tukey」、「Fisher」、「Bonferroni」、「Sidak」，內定選項為「☑Tukey」。點選「Choose terms for comparisons:」方盒中的「組別」變項，「C = compare levels for this item」鈕由灰色變為黑色，按一下「C = compare levels for this item」鈕，「組別」前面的空白處增列一個多重比較「C」符號。

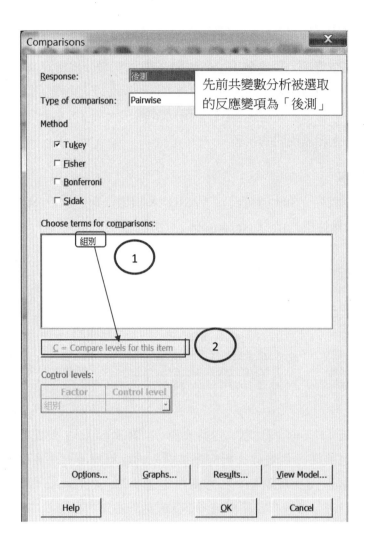

點選「組別」變項，按「C = compare levels for this item」鈕後的視窗界面如下：此時再按一下「C = compare levels for this item」鈕，組別」前面空白處的「C」符號會消失。

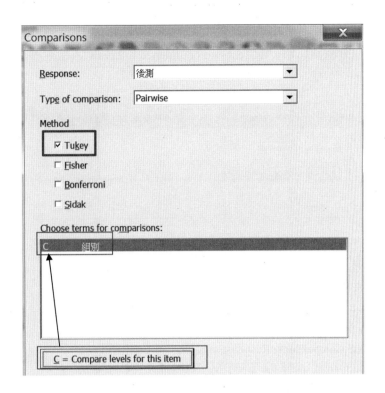

　　「Comparisons」(比較) 對話視窗中，若是研究者未設定「Choose terms for comparisons:」方盒中的「組別」變項的比較，直接按「OK」鈕後「Minitab」會出現警告視窗：「Double-click the terms that you want compare.」，提示研究者可以直接點選要比較變項，並按滑鼠左鍵二次，操作程序為選取「組別」變項列，連按滑鼠左鍵二次，「組別」前面的空白處也會增列進行比較符號「C」。

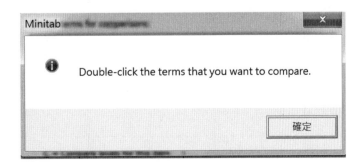

　　「Comparisons」(比較) 主對話視窗中，按「Results」(結果) 鈕，可以開啟「Comparisons: Results」(比較：結果) 次對話視窗。

「Comparisons: Results」(比較：結果) 次對話視窗中，勾選「☑Grouping information」(分組資訊)、「☑Test and confidence intervals」(檢定與信賴區間) 選項。

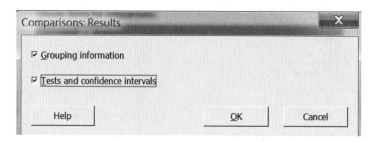

(二) 輸出結果

立即效果考驗之事後多重比較結果如下：

Comparisons for 後測
Tukey Pairwise Comparisons: Response = 後測, Term = 組別
Grouping Information Using the Tukey Method and 95% Confidence

組別	N	Mean	Grouping
1	13	41.4905	A
2	13	33.5095	B

Means that do not share a letter are significantly different.

分組資訊中，組別 1 的平均數為 41.4905、組別 2 的平均數為 33.5095，二個組別的平均數不是後測成績的原始分數，而是根據共變項分數進行調整後的分數，數值為實驗組與控制組二個組別的「調整後平均數」。群組資訊中的「Grouping」欄的英文符號如果不相同，表示平均數欄的差異值顯著不等於 0，二個平均數顯著不相等，範例中，組別 1 在分組欄的符號為 A、組別 2 在分組欄的符號為 B，表示組別 1 與組別 2 二個群體之調整後平均數顯著不相等，平均數差異值顯著不等於 0。

Tukey Simultaneous Tests for Differences of Means

Difference of 組別 Levels	Difference of Means	SE of Difference	Simultaneous 95% CI	T-Value	Adjusted P-Value
2 - 1	-7.98	3.23	(-14.66, -1.30)	-2.47	0.021

Individual confidence level = 95.00%

　　調整後平均數差異值為 -7.98 (第二組調整後平均數減掉第一組調整後平均數 = 33.5095 − 41.4905)，差異值的標準誤為 3.23，差異值 95% 信賴區間為 [-14.66, -1.30]，信賴區間未包含 0 數值，拒絕虛無假設；差異值檢定統計量 t 值等於 -2.47，顯著性機率值 p = 0.021 < .05，達統計顯著水準，實驗組與控制組二個群組後測分數的「調整後平均數」有顯著不同，實驗組顯著高於控制組。

　　執行「Stat」(統計) /「Basic Statistics」(基本統計) /「Display Descriptive Statistics」(顯示描述性統計量) 程序，可以求出實驗組與控制組二個群體後測與追蹤測原始的平均數及相關描述性統計量。

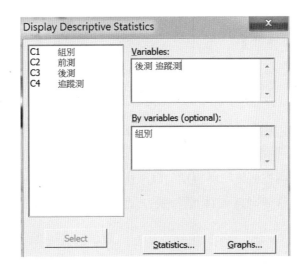

　　組別 1 (實驗組)、組 2 (控制組) 原始後測的平均數分別為 40.23、34.77；原始追蹤測的平均數分別為 37.769、33.62。

Descriptive Statistics: 後測, 追蹤測

Variable	組別	N	N*	Mean	SE Mean	StDev	Minimum	Q1	Median	Q3	Maximum
後測	1	13	0	40.23	1.57	5.67	30.00	36.00	40.00	44.00	50.00
	2	13	0	34.77	1.59	5.73	17.00	34.00	36.00	37.50	40.00
追蹤測	1	13	0	37.769	0.622	2.242	35.000	36.500	37.000	39.500	43.000
	2	13	0	33.62	1.75	6.29	22.00	28.50	35.00	38.00	42.00

　　立即效果檢定之共變數分析的描述性統計量摘要表如下：

組別	樣本數	後測原始平均數	標準差	調整後平均數
實驗組	13	40.23	5.67	41.49
控制組	13	34.77	5.73	33.51

保留效果考驗之事後多重比較結果如下：

Comparisons for 追蹤測
Tukey Pairwise Comparisons: Response = 追蹤測, Term = 組別
Grouping Information Using the Tukey Method and 95% Confidence
組別　N　　Mean　Grouping
1　　13　36.3822　　　A
2　　13　35.0024　　　A
Means that do not share a letter are significantly different.

分組資訊中，組別 1 的平均數為 36.3822、組別 2 的平均數為 35.0024，二個組別的平均數不是後測成績的原始分數，而是根據共變項分數進行調整後的分數，為實驗組與控制組二個組別的調整後平均數。群組資訊中的「Grouping」(分組) 欄的英文符號均為 A (相同符號)，表示平均數欄的差異值顯著等於 0，二個平均數相等。

Tukey Simultaneous Tests for Differences of Means
Difference
of 組別　Difference　SE of　Simultaneous　　　　Adjusted
Levels　of Means　Difference　95% CI　T-Value　P-Value
2 - 1　　-1.38　　2.62　　(-6.80, 4.04)　-0.53　0.604

調整後平均數差異值為 -1.38 (第二組調整後平均數減掉第一組調整後平均數)，差異值的標準誤為 2.62，差異值 95% 信賴區間為 [-6.80, 4.04]，信賴區間包含 0 數值，接受虛無假設；差異值檢定統計量 t 值等於 -0.53，顯著性機率值 p = 0.604 > .05，未達統計顯著水準，實驗組與控制組二個群組後測分數的調整後平均數沒有顯著不同，排除前測分數的影響後，實驗組與控制組在追蹤測分數的差異未達顯著。

保留效果檢定之共變數分析的描述性統計量摘要表如下：

組別	樣本數	追蹤測原始平均數	標準差	調整後平均數
實驗組	13	37.77	2.24	36.38
控制組	13	33.62	6.29	35.00

 ## 第二節　三個組別

一、問題範例

　　某研究者想探究三種不同教學方法 (教學方法一、教學方法二、教學方法三) 對學生閱讀素養能力的影響，隨機抽選三十位學生分成三組，為期三個月的實驗教學。由於學生閱讀素養能力受到學生起始語文能力的影響，研究者以學生前一學年學生的「國文成績」作為共變項，以排除起點行為的差異。

　　三個組別實驗搜得的測量值數據如下：

受試者	E01	E02	E03	E04	E05	E06	E07	E08	E09	E10	E11	E12	E13	E14	E15
組別	1	1	1	1	1	1	1	1	1	1	2	2	2	2	2
國文成績	57	61	46	53	59	71	73	62	63	75	49	56	62	70	43
閱讀素養	63	71	56	75	69	82	80	67	69	80	59	67	62	73	71

受試者	E16	E17	E18	E19	E20	E21	E22	E23	E24	E25	E26	E27	E28	E29	E30
組別	2	2	2	2	2	3	3	3	3	3	3	3	3	3	3
國文成績	76	48	53	45	58	61	64	71	70	69	68	67	65	53	72
閱讀素養	83	64	73	65	67	61	65	72	71	71	68	68	73	56	73

研究問題：三種不同教學方法對學生閱讀素養能力的影響效果是否達到顯著？

工作表中的三個變項為「C1　組別」、「C2　國文成績」、「C3　閱讀素養」，組別為三分類別變項，水準數值為 1、2、3，水準數值 1 為採用教學方法一的群體、水準數值 2 為採用教學方法二的群體、水準數值 3 為採用教學方法三的群體。

二、操作程序

(一) 組內迴歸同質性的考驗

執行功能表列「Stat」(統計) /「ANOVA」(變異數分析) /「General Linear Model」(一般線性模式) /「Fit General Linear Model」(適配一般線性模式) 程序，開啟「General Linear Model」(一般線性模式) 對話視窗。

在「General Linear Model」(一般線性模式) 主對話視窗中，從變數清單中選取檢定變項「C3　閱讀素養」至右邊「Responses:」(反應變項) 下方框中、選取固定因子「C1　組別」至右邊「Factors:」(因子) 下方框中，選取共變項「C2　國文成績」至右邊「Covariates:」(共變項) 下方框中。

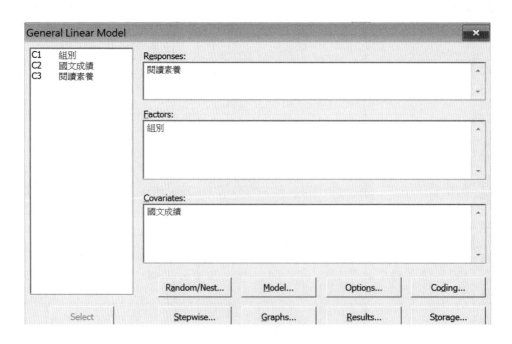

　　「General Linear Model」(一般線性模式) 主對話視窗中，按「Model」(模式) 鈕，開啟「General Linear Model: Model」(一般線性模式：模式) 次對話視窗。

　　在「General Linear Model: Model」(一般線性模式：模式) 次對話視窗中，選取「Factors and covariates:」(因子與共變項) 方框內的共變項「國文成績」與因子變數「組別」，點選中間「Terms in the model:」(模式中項目) 方盒內的最後一列變項「組別」，按「Cross factors, covariates, and terms in the model」右方的「Add」(增加) 鈕，「Terms in the model:」(模式中項目) 方盒內的模式項會增列共變項「國文成績」與因子變數「組別」的交互作用項：「國文成績*組別」，模式內項目的效果項有「國文成績」、「組別」、「國文成績*組別」三個。

(二) 共變數分析

　　在「General Linear Model: Model」(一般線性模式：模式) 次對話視窗中，「Terms in the model:」(模式中項目) 方盒內選取共變項與因子變數的交互作用項：「國文成績*組別」，按刪除鈕「×」，將模式界定的交互作用項「國文成績*組別」從模式中刪除。

　　「Terms in the model:」(模式中項目) 方盒內的項目列為「國文成績」、「組別」二個主要效果項，沒有「國文成績*組別」交互作用項。「國文成績」、「組別」二個主要效果項為共變數分析的模式界定 (組內迴歸同質性假定的模式為「國文成績」、「組別」、「國文成績*組別」)

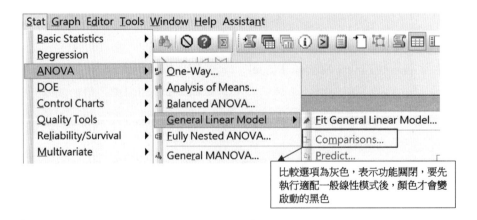

(三) 事後多重比較

　　線性模式之比較程序可以求出各組調整後平均數，與配對組別調整後平均數的差異是否達到統計顯著水準。

　　「Stat」(統計) /「ANOVA」(變異數分析) /「General Linear Model」(一般線性模式) 操作選項中，若是沒有先執行「Fit General Linear Model」(適配一般線性模式) 程序，表示共變數分析的模式中沒有反應變項，也沒有界定共變項與組別因子變項，此時，如果研究者要直接進行「Comparisons」(比較) 程序，則「Comparisons」(比較) 選項的功能是關閉狀態 (字形為灰色)，無法執行。

　　因而要執行「比較」程序，之前適配線性模式程序界定的變數不能移除，研

究者於「General Linear Model」(一般線性模式) 主對話視窗中內定的共變項、組別變項、反應變項等都要保留。

執行功能表列「Stat」(統計) /「ANOVA」(變異數分析) /「General Linear Model」(一般線性模式) /「Comparisons」(比較) 程序。

在「Comparisons」(比較) 對話視窗中，「Response:」(反應變項) 後面的變項已自動呈現「閱讀素養」變項，表示之前進行共變數分析程序被選入的反應變項為「閱讀素養」，「Type of comparison:」(比較型態) 右方框內定選項為「Pairwise」(配對比較)，「Method」(方盒) 內定的事後多重比較估計法為「☑Tukey」。點選「Choose terms for comparisons:」方盒中的「組別」變項列，按「C = compare levels for this item」鈕，「組別」項前面的空白處增列比較程序的「C」符號。

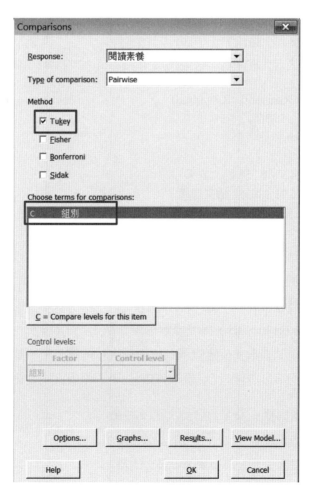

三、輸出結果

(一) 組內迴歸同質性

General Linear Model: 閱讀素養 versus 國文成績, 組別

Method

Factor coding (-1, 0, +1)

Factor Information

Factor	Type	Levels	Values
組別	Fixed	3	1, 2, 3

Analysis of Variance

Source	DF	AdjSSAdj	MS	F-Value	P-Value
國文成績	1	732.04	732.04	35.01	0.000
組別	2	114.52	57.26	2.74	0.085
國文成績*組別	2	92.81	46.41	2.22	0.130
Error	24	501.77	20.91		
Total	29	1389.47			

Model Summary

S	R-sq	R-sq (adj)	R-sq (pred)
4.57241	63.89%	56.36%	38.26%

Regression Equation

組別	
1	閱讀素養 = 24.3 + 0.757 國文成績
2	閱讀素養 = 46.71 + 0.387 國文成績
3	閱讀素養 = 7.9 + 0.907 國文成績

估計方法之因子編碼為 (-1, 0, +1)，因子名稱為「組別」，型態為固定因子，水準數值有 3，水準數值的編碼分別為 1、2、3。

組內迴歸同質性考驗的 F 值統計量為 2.22 (「國文成績*組別」列的數據)、顯著性機率值 p = 0.130 > .05，接受虛無假設：$H_0 : \beta_1 = \beta_2 = \beta_3$，以國文成績共變項為預測變項、以閱讀素養反應變項為依變項進行迴歸分析，實驗組與控制組三條迴歸線之斜率相等，符合組合迴歸同質性假定。報表文字之迴歸方程式為：

組別 1：閱讀素養 = 24.3 + 0.757 × 國文成績

組別 2：閱讀素養 = 46.71 + 0.387 × 國文成績

組別 3：閱讀素養 = 7.9 + 0.907 × 國文成績

　　實驗組一的斜率係數 $\beta_1 = 0.757$、實驗組二的斜率係數 $\beta_2 = 0.387$、實驗組三的斜率係數 $\beta_3 = 0.907$，斜率係數相等性考驗結果未達統計顯著水準，三個斜率係數沒有顯著不同。

(二) 共變數分析

General Linear Model: 閱讀素養 versus 國文成績, 組別
Method
Factor coding (-1, 0, +1)
Factor Information
Factor	Type	Levels	Values
組別	Fixed	3	1, 2, 3

Analysis of Variance
Source	DF	Adj SS	Adj MS	F-Value	P-Value
國文成績	1	729.0	729.02	31.88	0.000
組別	2	217.4	108.70	4.75	0.017
Error	26	594.6	22.87		
Total	29	1389.5			

Model Summary
S	R-sq	R-sq (adj)	R-sq (pred)
4.78209	57.21%	52.27%	41.40%

　　就三組平均數的差異檢定而言，組別差異的 F 值統計量為 4.75 (「組別」列的數據)，顯著性機率值 p = 0.017 < .05，達統計顯著水準，表示三個實驗組的調整後平均數有顯著不同，排除前測分數的影響後，後測分數 (調整後平均數) 的差異達到顯著。$R^2 = 57.21\%$、調整後 $R^2 = 52.27\%$，表示排除或調整共變項對依變項的影響後，組別變項可以解釋閱讀素養能力總變異量之 57.21% 的變異。

　　共變數分析結果摘要表如下：

變異來源	SS	df	MS	F	P	R 平方
國文成績	729.0	1	729.02	31.88	.000	
組別	217.4	2	108.70	4.75	.017	.5721
誤差	594.6	26	22.87			
總數	1389.5	29				

調整的 R 平方 = .5227

組內迴歸同質性檢定的迴歸方程式如下：

```
Regression Equation
組別
1    閱讀素養 = 34.51 + 0.592 國文成績
2    閱讀素養 = 35.26 + 0.592 國文成績
3    閱讀素養 = 28.75 + 0.592 國文成績
```

組內迴歸同質性考驗，三條迴歸線的斜率係數相等，共變數分析之合併斜率係數為 $\beta = 0.592$。

(三) 事後比較

```
Comparisons for 閱讀素養
Tukey Pairwise Comparisons: Response = 閱讀素養, Term = 組別
Grouping Information Using the Tukey Method and 95% Confidence
組別   N      Mean    Grouping
2     10    71.5559     A
1     10    70.8055     A
3     10    65.0386     B
Means that do not share a letter are significantly different.
```

三個組別調整後平均數，組別 2 等於 71.5559、組別 1 等於 70.8055、組別 3 等於 65.0386，組別 2 與組別 1 在「Grouping」欄有相同的英文符號 A，表示組別 2 與組別 1 二個群體調整後平均數沒有顯著不同，組別 3 在「Grouping」欄的英文符號 B 與組別 1 及組別 2 的符號 A 不同，表示組 3調整後平均數與組別 1 及組別 2 調整後平均數有顯著不同。

三個組別的描述性統計量中，閱讀素養平均數為原始分數。

```
Descriptive Statistics: 閱讀素養
```

Variable	組別	N	N*	Mean	SE Mean	StDev	Minimum	Q1	Median	Q3	Maximum
閱讀素養	1	10	0	71.20	2.61	8.24	56.00	66.00	70.00	80.00	82.00
	2	10	0	68.40	2.18	6.88	59.00	63.50	67.00	73.00	83.00
	3	10	0	67.80	1.78	5.63	56.00	64.00	69.50	72.25	73.00

　　組別 1 閱讀素養的原始平均數為 71.20、標準差為 8.24，組別 2 閱讀素養的原始平均數為 68.40、標準差為 6.88，組 3 閱讀素養的原始平均數為 67.80、標準差為 5.63。

　　三個組別實驗後閱讀素養的平均數與調整後平均數整理如下：

組別	樣本數	平均數	標準差	調整後平均數
實驗組 1	10	71.20	8.24	70.81
實驗組 2	10	68.40	6.88	71.56
實驗組 3	10	67.80	5.63	65.04

　　Tukey 信賴區間檢定結果如下：

```
Tukey Simultaneous Tests for Differences of Means
Difference
of 組別   Difference   SE of       Simultaneous           Adjusted
Levels    of Means     Difference  95% CI       T-Value   P-Value
2 - 1     0.75         2.23        ( -4.78, 6.28)   0.34    0.940
3 - 1     -5.77        2.18        (-11.18, -0.36)  -2.65   0.035
3 - 2     -6.52        2.38        (-12.43, -0.61)  -2.74   0.029
Individual confidence level = 98.01%
```

　　Tukey 同時信賴區間檢定結果，組別 2 與組別 1 調整後平均數差異值為 0.75、差異值 95% 信賴區間為 [-4.78, 6.28]，包含 0 數值點，接受虛無假設，差異值檢定 t 值統計量為 0.34，對應的顯著性機率值 p = 0.940 > 0.05，未達統計顯著水準，表示組別 2 與組別 1 調整後平均數沒有顯著不同。

　　組別 3 與組別 1 調整後平均數差異值為 -5.77、差異值 95% 信賴區間為 [-11.18, -0.36]，未包含 0 數值點，拒絕虛無假設，差異值檢定 t 值統計量為 -2.65，對應的顯著性機率值 p = 0.035 < 0.05，達統計顯著水準，表示組別 3 與組別 1 調整後平均數差異值顯著不等於 0，二個組別的調整後平均數有顯著不同。

　　組別 3 與組別 2 調整後平均數差異值為 -6.52、差異值 95% 信賴區間為 [-12.43, -0.61]，未包含 0 數值點，拒絕虛無假設，差異值檢定 t 值統計量為 -2.74，對應的顯著性機率值 p = 0.029 < 0.05，達統計顯著水準，表示組別 3 與組

別 1 調整後平均數差異值顯著不等於 0，二個組別的調整後平均數有顯著不同。

Tukey 差異值 95% 信賴區間圖示如下：

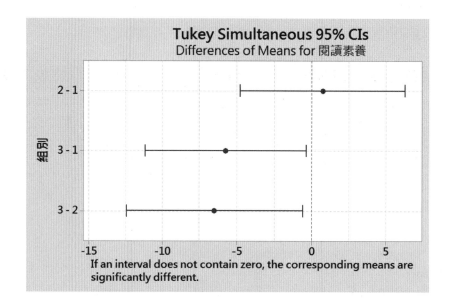

從上圖中可以發現：組別 3 與組別 1、組別 3 與組別 2 之差異值的 95% 信賴區間值均未包含 0 數值點，表示群體間調整後平均數差異值等於 0 的機率很低，拒絕虛無假設，配對組間之調整後平均數有顯著不同。組別 2 與組別 1 之差異值的 95% 信賴區間值包含 0 數值點，表示群體間調整後平均數差異值等於 0 的可能性很高，接受虛無假設，配對組間之調整後平均數沒有顯著不同。

CHAPTER 9

卡方檢定

在統計分析程序中，若是研究者探討的變項是二個間斷變項 (名義變項或次序變項) 關的關係時，較常使用的統計方法稱為 χ^2 統計方法－卡方檢定 (chi-square test)，卡方考驗又稱百分比考驗，列聯表中的二個變項均為非計量性變項。如不同年級學生對喜愛課外讀書種類型態的差異比較，或是不同人格類型的教師與其喜愛穿著衣服顏色關係的探討等，都是間斷變項與間斷變項間關係的探究。卡方考驗的定義公式如下：$\chi^2 = \Sigma \dfrac{(f_o - f_e)^2}{f_e}$

f_o 為觀察次數 (observed frequencies)，觀察次數又稱「實際次數」，是指調查研究中實際獲得的有效樣本的人次或次數。f_e 代表期望次數或稱理論次數 (expected frequencies)，是指根據統計理論所推估出來的人數或次數。交叉表的自由度為 (橫列的水準數-1) × (縱行的水準數-1)。卡方考檢所檢定的是樣本的觀察次數 (或百分比) 與統計理論或母群體的次數 (或百分比) 之間的差距量，觀察次數與理論次數 (期望值) 間的差距愈小，運算式中的分子愈小，此時整體卡方考驗的統計量也會愈小；相對的，觀察次數與理論次數 (期望值) 之間的差異值愈大，運算式中的分子愈大，整體卡方值統計量就愈大，相同的自由度狀態下，愈大的卡方值愈容易落入拒絕區，大於卡方臨界值而拒絕虛無假設，對應的顯著性 p 會小於 0.05。

觀察次數與期望次數間的差異稱為殘差，殘差除以期望次數平方根的轉換值稱為標準化殘差，殘差與標準差化殘差的公式為：

原始殘差：$rr = f_o - f_e$，殘差值為正值表示觀察次數多於期望次數，殘差值為負值表示觀察次數少於期望次數。

標準差化殘差：$sr = \dfrac{re}{\sqrt{f_e}} = \dfrac{f_o - f_e}{\sqrt{f_e}}$。根據交叉表橫列與直行的次數對標準化殘差加以校正的殘差值稱為調整後的殘差。細格之原始殘差、標準化殘差、調整後的殘差三個統計量數在 Minitab 中分別以「Raw residuals」、「Standardized residuals」、「Adjusted residuals」選項呈現，研究者可根據需要加以勾選是否呈現。

卡方考驗用於單一變項之水準選項被勾選次數間的差異檢定，此種檢定稱為卡方適合度考驗 (test of goodness-of-fit)，也適用於間斷變項間之百分比同質性考驗 (test of homogeneity of proportions)，百分比同質性考驗的自變項又稱為設計變

項、依變項又稱為反應變項 (response variable)，自變項為 J 個群體、依變項為 I 個反應或 I 個水準選項，構成的交叉表為 I×J 列聯表，列聯表的自由度為 (I-1) × (J-1)，I×J 列聯表檢定表示的是 J 個群體在 I 個反應百分比的差異。

　　交叉表之二個間斷變項間關聯性指標統計量常用者有以下三種：2 × 2 列聯表採用 Phi 統計量，Phi 統計量與 χ^2 值統計量的關係為：$\phi = \sqrt{\dfrac{\chi^2}{\chi^2 + N}}$。3 × 3 列聯表、4 × 4 列聯表等方形列聯表採用列聯係數 C，列聯係數 C 與 χ^2 值統計量的關係為 $C = \sqrt{\dfrac{\chi^2}{\chi^2 + N}}$。2 × 3 列聯表、2 × 4 列聯表等之橫列個數與直行個數不相等的交叉表，採用 Cramer's V 係數，Cramer's V 與 χ^2 值統計量的關係為 $V = \sqrt{\dfrac{\chi^2}{N \times df_{smaller}}}$，$df_{smaller}$ 為橫列或直欄中自由度較小者，Cramer's V 指標值也可以適用於方形列聯表中，因而也可作為方形列聯表二個變項間關聯程度的指標值。

第一節　二個間斷變項之關聯性的分析

一、研究問題

　　某研究者想探究學生家庭結構 (完整家庭、單親家庭) 與其近一個月內打人行為 (有打人行為、沒有打人行為) 間之關聯程度，隨機抽取 30 名學生，其中完整家庭學生有 15 位、單親家庭學生有 15 位；近一個月有打人行為樣本學生有 14 位、沒有打人行為樣本學生有 16 位。「家庭結構」為二分類別變數，水準數值編碼 0 為「完整家庭」、水準數值編碼 1 為「單親家庭」，「打人行為」變項為二分類別變數，水準數值編碼 0 為「沒有」打人行為者、水準數值編碼 1 為「有」打人行為者。

　　執行功能表列「Stat」(統計) /「Tables」(表) /「Tally Individual Variables」(計量個體變項) 程序，開啟「Tally Individual Variables」(計量個體變項) 對話視窗，將家庭結構、打人行為二個變項選入「Variables:」(變項) 內方框內可以求出變項的次數分配表：

Tally for Discrete Variables: 家庭結構, 打人行為

家庭 結構	Count	Percent	CumCnt	CumPct	打人 行為	Count	Percent	CumCnt	CumPct
0	15	50.00	15	50.00	0	16	53.33	16	53.33
1	15	50.00	30	100.00	1	14	46.67	30	100.00
N =	30				N =	30			

　　若要求出二個間斷變項之交叉表中每個細格的次數與百分比，可直接執行功能表列「「Stat」(統計) /「Tables」(表) /「Descriptive Statistics」(描述性統計) 程序，開啟「Tables of Descriptive Statistics」(描述性統計表) 對話視窗。

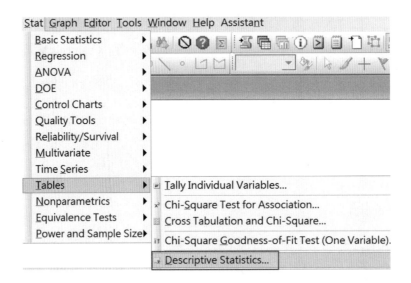

　　「Tables of Descriptive Statistics」(描述性統計表) 主對話視窗中，交叉表可選入三個變項：置放於橫列變項、置放於直欄變項、置放於圖層變項，增列圖層變項，可依圖層變項的水準群組分別呈現細格之交叉表。視窗界面中從變數清單選取「C1 家庭結構」變項至「For rows:」(橫列) 右方框內，方框內訊息為「'家庭結構'」、從變數清單選取「C2 打人行為」變項至「For columns:」(直欄)右方框內，方框內訊息為「'打人行為'」。按中間「Categorical Variables」(類別變項) 鈕，可以開啟「Descriptive Statistics: Summaries for Categ」(描述統計：類別變項摘要) 次對話視窗。

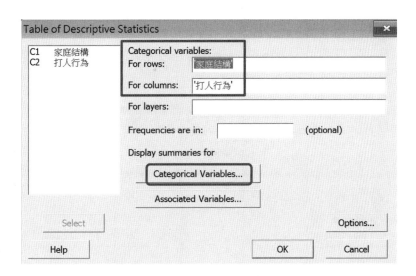

「Descriptive Statistics: Summaries for Categ」(描述統計：類別變項摘要) 次對話視窗，可以勾選輸出結果要呈現的細格量數，視窗界面勾選「☑Counts」(細格次數)、「☑Row percents」(細格佔橫列百分比)、「☑Column percents」(細格佔直欄百分比)、「Total percents」(細格佔總樣本數百分比) 四個選項。

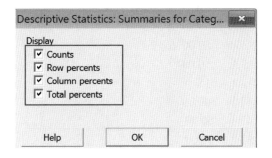

「Tables of Descriptive Statistics」(描述性統計表) 主對話視窗中，按「Options」(選項) 鈕，可以開啟「Descriptive Statistics: Options」(描述性統計：選項) 次對話視窗，選項開啟的次對話視窗可以設定是否呈現邊緣統計量與顯示遺漏值，「Display marginal statistics for」方盒的內定選項為「⊙Rows and columns」(要顯示橫列與直欄的邊緣統計量)，「Display missing values for」方盒的內定選項「⊙All variables」(顯示所有變項的遺漏值量數)。視窗界面採用內定選項，沒有變動。

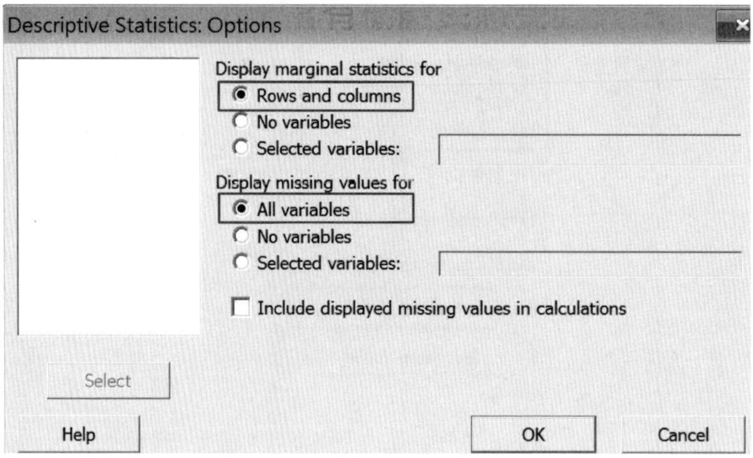

描述統計的交叉表如下：

Tabulated Statistics: 家庭結構, 打人行為
Rows: 家庭結構　Columns: 打人行為

	0	1	All
	[沒有打人	有打人]	
0	11	4	15
	73.33	26.67	100.00
	68.75	28.57	50.00
	36.67	13.33	50.00
1	5	10	15
	33.33	66.67	100.00
	31.25	71.43	50.00
	16.67	33.33	50.00
All	16	14	30
	53.33	46.67	100.00
	100.00	100.00	100.00
	53.33	46.67	100.00

Cell Contents:　　Count
　　　　　　　　　 % of Row
　　　　　　　　　 % of Column
　　　　　　　　　 % of Total

每個細格的四個統計量數依序為交叉表細格的次數、細格佔橫列總數的百分比、細格佔直欄總數的百分比、細格佔總樣本數的百分比。輸出的交叉表整理如

下：

			打人行為		總計
			沒有	有	
家庭結構	完整家庭	次數	11	4	15
		橫列 %	73.33%	26.67%	100.00%
		直欄 %	68.75%	28.57%	50.00%
		總數%	36.67%	13.33%	50.00%
	單親家庭	次數	5	10	15
		橫列 %	33.33%	66.67%	100.00%
		直欄 %	31.25%	71.43%	50.00%
		總數%	16.67%	33.33%	50.00%
總計		次數	16	14	30
		橫列 %	53.33%	46.67%	100.00%
		直欄 %	100.00%	100.00%	100.00%
		總數%	53.33%	46.67%	100.00%

二、操作程序

執行功能表列「Stat」(統計)／「Tables」(表)／「Chi-Square Test for Association」(關聯性之卡方檢定) 程序，開啟「Chi-Square Test for Association」(關聯性之卡方檢定) 對話視窗。

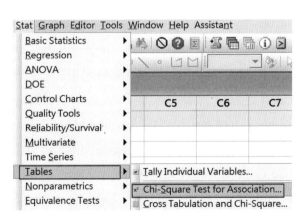

「Chi-Square Test for Association」(關聯性之卡方檢定) 對話視窗中，內定資料檔格式型態為「Raw data(categorical variables)」(原始資料)，「Rows:」(橫列) 右方框內為橫軸變項、「Columns:」(直欄) 右方框內為直欄變項，二個次功能選項為「Statistics」(統計量)、「Options」(選項)。範例視窗從變數清單選取「C1 家庭結構」變項至「Rows:」(橫列) 右方框內、從變數清單選取「C2 打人行為」變項至「Columns:」(直欄) 右方框內 (選取至橫列內變項與直欄內變項可以對調)，按「Statistics」(統計量) 鈕，開啟「Chi-Square Test for Association: Statistics」(關聯性之卡方檢定：統計量) 次對話視窗。

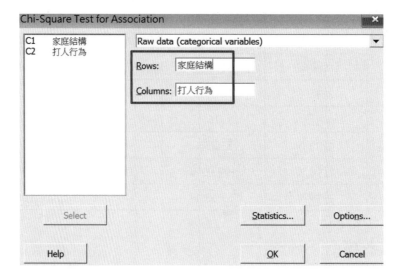

「Chi-Square Test for Association: Statistics」(關聯性之卡方檢定：統計量) 次對話視窗，可以勾選要呈現的統計數，其中卡方檢定選項一定要勾選 (☑ Chi-square test)，否則無法得知二個類別變項間是否有顯著的關聯。次數方盒 (Counts) 二個選項均勾選：「☑Display counts in each cell」、「☑Display marginal counts」，前者表示要呈現細格次數、後者表示要呈現邊緣次數。

「Statistics to display in each cell」(細格呈現的統計量) 方盒有五個選項：「Expected cell counts」(期望次數)、「Raw residuals」(原始殘差)、「Standardized residuals」(標準化殘差)、「Adjusted residuals」(調整後殘差)、「Each cell's contribution to chi-square」(每個細格對卡方統計量的貢獻)，視窗介面勾選「☑Expected cell counts」(期望次數)、「☑Raw residuals」(原始殘差)、「☑Standardized residuals」(標準化殘差)、「☑Adjusted residuals」(調整後殘

差) 四個選項。按「OK」鈕，回到「Chi-Square Test for Association」(關聯性之卡方檢定) 主對話視窗，按「Options」(選項) 鈕，開啟「Chi-Square Test for Association: Options」(關聯性之卡方檢定：選項) 次對話視窗。

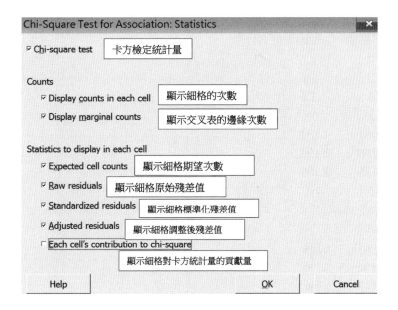

「Chi-Square Test for Association: Options」(關聯性之卡方檢定：選項) 次對話視窗中，為遺漏值是否呈現的設定，「Missing values」方盒中勾選「☑Display for rows」(顯示橫列的遺漏值)、「☑Display for columns」(顯示直欄的遺漏值)，按「OK」鈕，回到「Chi-Square Test for Association」(關聯性之卡方檢定) 主對話視窗，按「OK」鈕。

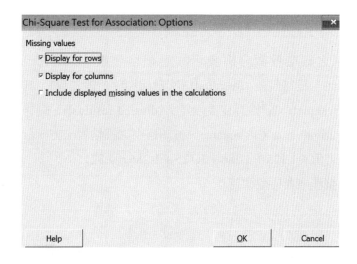

三、輸出結果

卡方關聯性輸出結果如下：

```
Chi-Square Test for Association: 家庭結構, 打人行為
Rows: 家庭結構   Columns: 打人行為
             0        1       All
0           11        4       15
             8        7
             3       -3
          1.061   -1.134
          2.196   -2.196
          1.125    1.286
1            5       10       15
             8        7
            -3        3
         -1.061    1.134
         -2.196    2.196
          1.125    1.286
All         16       14       30
Cell Contents:     Count
                   Expected count
                   Residual
                   Standardized residual
                   Adjusted residual
                   Contribution to Chi-square
Pearson Chi-Square = 4.821, DF = 1, P-Value = 0.028
Likelihood Ratio Chi-Square = 4.963, DF = 1, P-Value = 0.026
```

輸出結果之細格量數分別表示的是細格次數 (Count)、細格期望值 (Expected count)、細格殘差 (Residual) (次數與期望值的差異)、細格標準化殘差 (Standardized residual)、細格調整後殘差 (Adjusted residual)、細格對卡方統計量的貢獻量 (Contribution to Chi-square)。各細格中之細格對卡方統計量參數值的加總為整體的卡方值：1.125 + 1.286 + 1.125 + 1.286 = 4.821。

上述資料整理成表格型態為：

			打人行為		總計
			沒有 0	有 1	
家庭結構	完整家庭 0	次數	11	4	15
		期望次數	8.0	7.0	15.0
		殘差	3.0	-3.0	
		標準殘差	1.06	-1.13	
		調整後殘差	2.20	-2.20	
	單親家庭 1	次數	5	10	15
		期望次數	8.0	7.0	15.0
		殘差	-3.0	3.0	
		標準殘差	-1.06	1.13	
		調整後殘差	-2.20	2.20	
總計		計數	16	14	30
		預期計數	16.0	14.0	30.0

皮爾森 (Pearson) 卡方值統計量為 4.821、卡方自由度為 1、顯著性 p = 0.028 < .05，達到統計顯著水準；概似比卡方值統計量為 4.963、卡方自由度為 1、顯著性 p = 0.026 < .05，達到統計顯著水準，拒絕虛無假設，「家庭結構」與「打人行為」二個變項間有顯著關聯存在。就 15 位完整家庭學生群體而言，近一個月沒有打人行為的樣本學生有 11 位、有打人的樣本學生只有 4 位，沒有打人的百分比顯著高於有打人的百分比；就 15 位單親家庭學生群體而言，近一個月沒有打人行為的樣本學生有 5 位、有打人的樣本學生有 10 位，有打人的百分比顯著高於沒有打人的百分比。

由於家庭結構與打人行為均為二分類別變項，交叉表為 2 × 2 列聯表，2 × 2 列聯表型態之二個變項間的關聯程度大小可以以 Phi 統計量 ϕ 表示，Phi 統計量 $\phi = \sqrt{\dfrac{\chi^2}{N}}$。範例中的 χ^2 值統計量為 4.821、有效樣本數 N = 30，Phi 統計量 $\phi = \sqrt{\dfrac{4.821}{30}} = 0.401$。

第二節　卡方適合度考驗一

一、問題範例

　　研究者想探究某科技大學大一新生學期末對教師教學滿意度與硬體設備滿意的看法，學期末前二個星期隨機抽取四十名大一新生填寫滿意度量表，教學滿意度與設備滿意度二個指標題項的五個選項分別為「非常不滿意」、「不滿意」、「普通」、「滿意」、「非常滿意」，五個選項的水準數值編碼分別為 1 至 5，教學滿意度變項與設備滿意度變項為 40 位樣本學生填選的原始資料，變項的最小值為 1、最大值為 5。

　　適合度檢定研究問題如下：

1. 樣本學生在教師教學滿意度五個選項：「非常不滿意」、「不滿意」、「普通」、「滿意」、「非常滿意」勾選的百分比是否有顯著不同？
2. 樣本學生在硬體設備滿意度五個選項：「非常不滿意」、「不滿意」、「普通」、「滿意」、「非常滿意」勾選的百分比是否有顯著不同？

Worksheet 1 ***			
·	C1	C2	C3	C4
	教學滿意度	設備滿意度	教學滿意次數	設備滿意次數
1	1	1	4	11
2	1	1	4	7
3	1	1	5	5
4	1	1	13	9
5	2	1	14	8
6	2	1		
7	2	1		
8	2	1		
9	3	1		
10	3	2		

二、操作程序

　　執行功能表列「Stat」(統計) /「Tables」(表) /「Chi-Square Goodness-of-Fit Test (One Variable)」(單變項卡方適合度考驗) 程序，開啟「Chi-Square Goodness-of-Fit Test」(卡方適合度考驗) 對話視窗。

　　「Chi-Square Goodness-of-Fit Test」(卡方適合度考驗) 對話視窗中的資料型態有三種:「Observed counts:」(觀察次數)、「Category names (optional)」(類別名稱)、「Categorical data:」(類別資料)。「Observed counts:」(觀察次數) 選項直接於其方框內輸入各選項的次數,次數間以空白鍵區隔,或是變項名稱為已整理的水準次數;「Category names (optional)」(類別名稱) 選項為已分類統計次數的變項,範例中只有五個選項,因而已分類統計的細格只有五個,五個細格表示樣本學生在「非常不滿意」、「不滿意」、「普通」、「滿意」、「非常滿意」五個選項的次數;「Categorical data:」選項為原始建檔資料,範例中有效樣本數有 40 位,因而細格編號有 40 個橫列,每個細格數值介於 1 至 5 中間。視窗界面中,選項「⊙Categorical data:」(類別資料) 選項,從變數清單中選取「教學滿意度」變項至「Categorical data:」(類別資料) 選項右方框內。「Test」(檢定) 方盒有二個主要選項:「Equal proportions」(相等比例)、「Specific proportions」(特定比例),「⊙Equal proportions」(相等比例) 選單表示原五個選項的比例值相同 (各水準的期望次數均相同),「⊙Specific proportions」(特定比例) 選單表示原五個選項的比例值不相同 (各水準的期望次數不相同),視窗界面勾選「⊙Equal proportions」(相等比例) 選項。主視窗界面二個次功能鈕為「Graphs」(圖形)、「Results」(結果)。

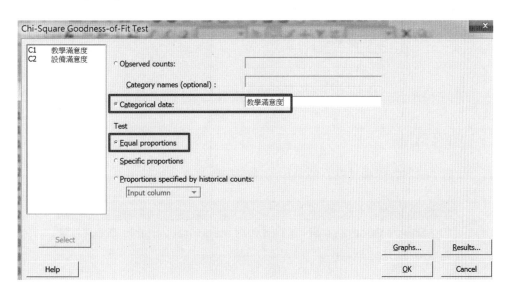

　　按「Graphs」(圖形) 鈕,開啟「Chi-Square Goodness-of-Fit Test: Graphs」

(卡方適合度考驗：圖形) 次對話視窗，視窗內二個主要選項為「Bar chart of the observed and the expected values」(樣本之觀察值與期望值的直條圖)、「Bar chart of each category's contribution to the chi-square value」，範例中二個選項均沒有勾選。

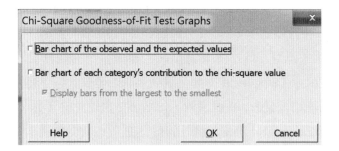

「Chi-Square Goodness-of-Fit Test」(卡方適合度考驗) 主對話視窗中，按「Results」(結果) 鈕，開啟「Chi-Square Goodness-of-Fit Test: Results」(卡方適合度考驗：結果) 次對話視窗，視窗勾選「☑Display test results」(顯示檢定結果) 選項，表示顯示考驗結果。按「OK」鈕，回到「Chi-Square Goodness-of-Fit Test」(卡方適合度考驗) 主對話視窗，按「OK」鈕。

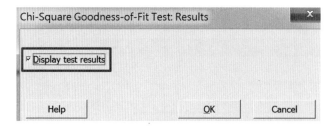

三、輸出結果

樣本學生對教學滿意度五個選項勾選的次數及百分比如下：

```
Session

Chi-Square Goodness-of-Fit Test for Categorical Variable: 教學滿意度
Test              Contribution
Category Observed Proportion Expected    to Chi-Sq
1            4        0.2        8          2.000
2            4        0.2        8          2.000
3            5        0.2        8          1.125
4           13        0.2        8          3.125
5           14        0.2        8          4.500

N   N*  DF  Chi-Sq  P-Value
40  0   4   12.75   0.013
```

　　樣本學生在「非常不滿意」、「不滿意」、「普通」、「滿意」、「非常滿意」五個選項勾選的次數分別為 4、4、5、13、14，對卡方貢獻比例值為 0.2，期望次數為 8，對卡方統計量貢獻量數分別為 2.000、2.000、1.125、3.125、4.500。假定每個選項被勾選的機率都相等，卡方適合度檢定的虛無假設如下：

$H_0 : p_1 = p_2 = p_3 = p_4 = p_5$ (五個選項被勾選的百分比相同)，或是
$H_0 : f_1 = f_2 = f_3 = f_4 = f_5$ (五個選項的理論次數相同)

　　對立假設：樣本學生對教學滿意度五個選項勾選的次數不同。

　　樣本統計量 $\chi^2 = 12.75$，自由度為 4 (= 5 − 1 = 4)，顯著性 p = 0.013 < .05，達到統計顯著水準，拒絕虛無假設，五個選項被勾選的次數或百分比有顯著不同，其中勾選「非常不滿意」與「不滿意」選項的次數最少，而以勾選「非常滿意」的次數最多。表中最後一欄選項對卡方統計值貢獻量的加總為整體卡方統計量 2.000 + 2.000 + 1.125 + 3.125 + 4.500 = 12.75。

　　卡方統計量的求法如下：

$$\chi^2 = \Sigma \frac{(f_o - f_e)^2}{f_e}$$，其中 f_o 為觀察次數、f_e 為期望次數

$$\chi^2 = \frac{(4-8)^2}{8} + \frac{(4-8)^2}{8} + \frac{(5-8)^2}{8} + \frac{(13-8)^2}{8} + \frac{(14-8)^2}{8} = 2.00 + 2.000 + 1.125$$
$$+ 3.125 + 4.500 = 12.750$$

四、使用已整理的次數資料檔

　　經過統計分析整理，已知樣本學生在「非常不滿意」、「不滿意」、「普通」、「滿意」、「非常滿意」五個選項的次數分別為 4、4、5、13、14，視窗界面中可以直接輸入已整理統計的次數資料。

　　「Chi-Square Goodness-of-Fit Test」(卡方適合度考驗) 主對話視窗中，選取「⊙Observed counts:」(觀察次數) 選項，其後的方框內依序輸入 4、4、5、13、14，每個次數間均要以空白鍵分開。

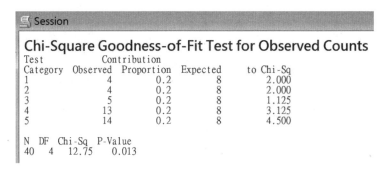

卡方適合度統計分析結果如下，有效樣本數 N 為 40，自由度等於 4，χ^2 統計量等於 12.75，顯著性 p = 0.013 < .05，達到統計顯著水準，五個水準選項被勾選的百分比有顯著不同。

```
Chi-Square Goodness-of-Fit Test for Observed Counts
Test              Contribution
Category  Observed  Proportion  Expected   to Chi-Sq
1             4        0.2          8        2.000
2             4        0.2          8        2.000
3             5        0.2          8        1.125
4            13        0.2          8        3.125
5            14        0.2          8        4.500

N   DF  Chi-Sq  P-Value
40   4   12.75    0.013
```

工作表資料檔中的變項若是已鍵入整理分析後的各選項次數，可以直接選取已分類後的變項至「⊙Observed counts:」(觀察次數) 右方框內。範例工作表之「教學滿意次數」變項只有五筆資料，五個儲存格的數值分別為 4、4、5、13、14，細格數值並非原始資料檔的測量值，而是五個選項被勾選的次數，從變數清單中選取「C3 教學滿意次數」變項至「⊙Observed counts:」(觀察次數) 右方框內。

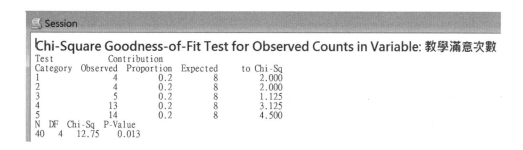

「教學滿意次數」五個選項的次數、期望值、選項對卡方統計量的貢獻程度
結果如下：

```
Session

Chi-Square Goodness-of-Fit Test for Observed Counts in Variable: 教學滿意次數
Test                Contribution
Category  Observed  Proportion  Expected   to Chi-Sq
1            4         0.2          8        2.000
2            4         0.2          8        2.000
3            5         0.2          8        1.125
4           13         0.2          8        3.125
5           14         0.2          8        4.500
N   DF   Chi-Sq   P-Value
40   4   12.75     0.013
```

樣本統計量 $\chi^2 = 12.75$，自由度為 4 (= 5 − 1 = 4)，顯著性 p = 0.013 < .05，達
到統計顯著水準，拒絕虛無假設，五個選項被勾選的次數或百分比有顯著不同。

第三節　卡方適合度檢定二

一、研究問題

大一新生對設備滿意度五個選項勾選的次數或百分比間是否有顯著不同？
「設備滿意度」變項包括 40 位樣本學生，細格測量值為樣本學生勾選的原
始數據，測量值內容介於 1 至 5 中間。

二、操作程序

　　「Chi-Square Goodness-of-Fit Test」(卡方適合度考驗) 對話視窗中，變項資料型態選取「⊙Categorical data:」選項，從變數清單選取「設備滿意度」變項至「⊙Categorical data:」右方框內，「Test」方盒中勾選內定選項「⊙Equal proportions」。

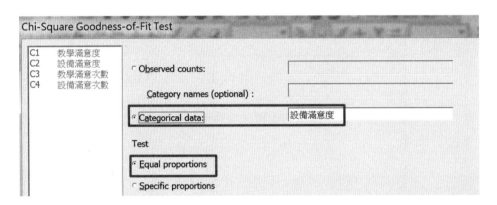

三、輸出結果

Chi-Square Goodness-of-Fit Test for Categorical Variable: 設備滿意度

		Test		Contribution
Category	Observed	Proportion	Expected	to Chi-Sq
1	11	0.2	8	1.125
2	7	0.2	8	0.125
3	5	0.2	8	1.125
4	9	0.2	8	0.125
5	8	0.2	8	0.000

N	N*	DF	Chi-Sq	P-Value
40	0	4	2.5	0.645

　　樣本學生在「非常不滿意」、「不滿意」、「普通」、「滿意」、「非常滿意」五個選項勾選的次數分別為 11、7、5、9、8，五個選項對卡方貢獻比例值為 0.2，期望次數為 8，五個選項之觀察次數與期望次數差異值對卡方統計量貢獻量數分別為 1.125、0.125、1.125、0.125、0.000，五個類別水準對卡方統計量貢獻量數的加總為整體卡方統計量：2.50 = 1.125 + 0.125 + 1.125 + 0.125 + 0.000。

　　樣本統計量 $\chi^2 = 2.50$，自由度為 $4(= 5 - 1 = 4)$，顯著性 $p = 0.645 > .05$，未達統計顯著水準，接受虛無假設，五個選項被勾選的次數或百分比沒有顯著不同，五個選項之觀察次數與期望次數間的差異值均為 0。

四、已整理的資料型態

　　工作表之「設備滿意次數」變項只有五筆資料，五個儲存格的數值分別為 11、7、5、9、8，細格數值分別是五個選項被勾選的次數，視窗界面中的變項資料型態選取「⊙Observed counts:」(觀察次數) 選項，從變數清單中選取「C4 設備滿意次數」變項至「⊙Observed counts:」(觀察次數) 右方框內。

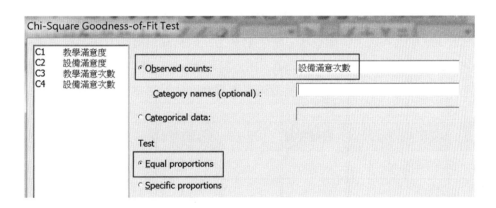

　　輸出結果如下：

Chi-Square Goodness-of-Fit Test for Observed Counts in Variable: 設備滿意次數

Category	Observed	Proportion	Expected	Test Contribution to Chi-Sq
1	11	0.2	8	1.125
2	7	0.2	8	0.125
3	5	0.2	8	1.125
4	9	0.2	8	0.125
5	8	0.2	8	0.000

N	DF	Chi-Sq	P-Value
40	4	2.5	0.645

　　樣本統計量 $\chi^2 = 2.50$，自由度為 $4(= 5 - 1 = 4)$，顯著性 $p = 0.645 > .05$，未

達統計顯著水準，接受虛無假設，五個選項被勾選的次數或百分比沒有顯著不同，五個選項之觀察次數與期望次數間的差異值均為 0。

第四節　卡方適合度檢定三－期望次數 (理論次數) 不一樣

一、問題範例

學校圖書館調查大一新生第一學期對圖書館服務滿意度的看法，五個選項分別為「非常滿意」、「滿意」、「普通」、「不滿意」、「非常不滿意」，從大一新生群體中隨機抽取 200 位學生，樣本學生對五個選項回答的比例分別為 0.10、0.25、0.35、0.22、0.08 (次數分別為 20、50、70、44、16)。第二學期再隨機抽取 200 位大一新生，調查樣本學生對圖書館服務滿意度的看法，五個選項被勾選的次數分別為 15、55、62、50、18。請問大一新生第二學期對圖書館服務滿意度的看法與之前第一學期對圖書館服務滿意度的看法是否有所不同。

選項	觀察次數	理論次數	期望次數比例
非常滿意	15	20	0.10
滿意	55	50	0.25
普通	62	70	0.35
不滿意	50	44	0.22
非常不滿意	18	16	0.08

二、操作程序

Minitab 工作表中增列二個變項，直行 C5「服務滿意度次數」變數欄為五個選項依序被勾選的次數、直行 C6「期望比例」變數欄為五個選項的期望次數比例 (百分比)。

	C1	C2	C3	C4	C5	C6
	教學滿意度	設備滿意度	教學滿意次數	設備滿意次數	服務滿意度次數	期望比例
1	1	1	4	11	15	0.10
2	1	1	4	7	55	0.25
3	1	1	5	5	62	0.35
4	1	1	13	9	50	0.22
5	2	1	14	8	18	0.08
6	2	1				
7	2	1				
8	2	1				
9	3	1				
10	3	2				

　　「Chi-Square Goodness-of-Fit Test」(卡方適合度考驗) 主對話視窗中，選取
「⊙Observed counts:」(觀察次數) 選項，從變數清單中選取「C5　服務滿意度次
數」變項至「⊙Observed counts:」(觀察次數) 選項右方框內；「Test」(檢定) 方
盒內定的選項為「⊙Equal proportions」(各選項的期望次數或比例值相等)，由於
範例之期望次數不相等，改選為「⊙Specific proportions」(特定比例) 選項，從變
數清單中選取「C6　期望比例」變項至「⊙Specific proportions」(特定比例) 右方
框內。

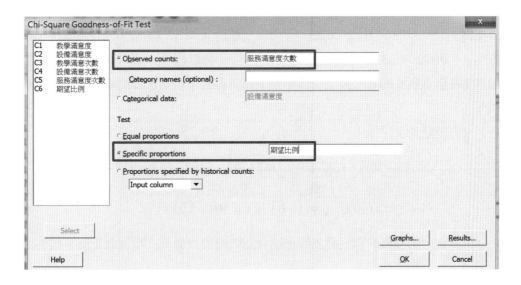

三、輸出結果

卡方適合度考驗輸出結果如下：

Chi-Square Goodness-of-Fit Test for Observed Counts in Variable: 服務滿意度次數

Category	Observed	Test Proportion	Expected	Contribution to Chi-Sq
1	15	0.10	20	1.25000
2	55	0.25	50	0.50000
3	62	0.35	70	0.91429
4	50	0.22	44	0.81818
5	18	0.08	16	0.25000

N	DF	Chi-Sq	P-Value
200	4	3.73247	0.443

研究問題的虛無假設與對立假設為：

虛無假設：第二學期樣本學生對服務滿意度的看法與第一學期沒有差異。
對立假設：第二學期樣本學生對服務滿意度的看法與第一學期有差異。

五個水準類別的觀察次數分別為 15、55、62、50、18；期望次數分別為 20、50、70、44、16，各選項之觀察次數與期望次數差異值對卡方貢獻量分別為 1.25、0.50、0.91、0.82、0.25，卡方檢定統計量為 3.73，卡方自由度為 4、顯著性 p = 0.443 > .05，未達統計顯著水準，接受虛無假設，第二學期樣本學生對圖書館服務滿意度的看法與之前樣本學生對圖書館服務滿意度的看法沒有顯著不同。

卡方統計量求法為：

$$\chi^2 = \frac{(15-20)^2}{20} + \frac{(55-50)^2}{50} + \frac{(62-70)^2}{70} + \frac{(50-44)^2}{44} + \frac{(18-16)^2}{16}$$
$$= 1.250 + 0.500 + 0.914 + 0.818 + 0.250 = 3.732$$

卡方適合度考驗的資料鍵入除上述介紹的視窗界面外，常見者還有下面的操作方法：

「Chi-Square Goodness-of-Fit Test」(卡方適合度考驗) 主對話視窗中，選取「⊙Observed counts:」(觀察次數) 選項，直接在後面方框內鍵入各選項的觀

察次數：「15 55 62 50 18」，次數間以空白鍵隔開；「Test」(檢定) 方盒選取
「⊙Specific proportions」(特定比例) 選項，從變數清單中選取「C6　期望比例」
變項至「⊙Specific proportions」(特定比例) 右方框內。

　　「Chi-Square Goodness-of-Fit Test」(卡方適合度考驗) 主對話視窗中，選
取「⊙Observed counts:」(觀察次數) 選項，直接在後面方框內鍵入各選項的觀
察次數：「15 55 62 50 18」，次數間以空白鍵隔開；「Test」(檢定) 方盒選取
「⊙Proportions specified by historical counts:」選項，選項下方選單選取「Input
constants」(輸入常數) 選項，五個類別對應的「Historical count」(縱行次數) 欄參
數依序輸入期望次數 20、50、70、44、16。

第五節　百分比同質性考驗

百分比同質性考驗在檢定設計變項 (類別變項) 與反應變項 (類別變項) 間的關係。

一、範例問題

某大學教務處想探究一至三年級學生對學校整體滿意度的看法是否有所不同，採分層隨機取樣方式，學期末從一年級、二年級、三年級三個群體中各抽取 40 位學生。資料建檔的二個變項分別為年級、滿意程度，二個變項均為三分類別變項，年級變項中，水準數值 1 為一年級群體、水準數值 2 為二年級群體、水準數值 3 為三年級群體；滿意程度變項中，水準數值 1 為勾選「不滿意」選項、水準數值 2 為勾選「普通」選項、水準數值 3 為勾選「滿意」選項。年級與滿意程度二個變項的交叉表如下：

		年級			邊緣次數
		一年級 1	二年級 2	三年級 3	
滿意程度	不滿意 1	26	8	6	40
	普通 2	8	22	15	45
	滿意 3	6	10	19	35
	總數	40	40	40	120

二、操作程序

執行功能表列「Stat」(統計) /「Tables」(表) /「Cross Tabulation and Chi-Square」(交叉表與卡方) 程序，開啟「Cross Tabulation and Chi-Square」(交叉表與卡方) 對話視窗。

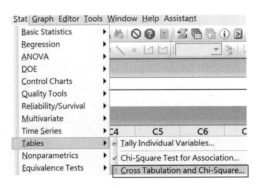

　　「Cross Tabulation and Chi-Square」(交叉表與卡方) 對話視窗之資料檔格式型態為「Raw data(categorical variables)」(原始資料建檔)，「Rows:」(橫列)、「Columns:」(直欄) 右方框為選入的交叉表的變項，選入的變項順序可以對調，界面視窗選入「Rows:」(橫列) 右方框的變項為「年級」、選入「Columns:」(直欄) 右方框的變項為「滿意程度」。「Layers:」(圖層) 右框內可選入交叉表外的第三個類別變項，如性別，交叉表會根據性別二個水準群體分別進行卡方考驗。「Display」(顯示) 方盒中有四個選項：「Counts」(細格次數)、「Row percents」(橫列百分比)、「Column percents」(直欄百分比)、「Total percents」(總體百分比)，視窗界面勾選「☑Counts」(細格次數)、「☑Row percents」(橫列百分比)、「☑Column percents」(直欄百分比) 三個選項。三個次功能鈕為：「Chi-Square」(卡方)、「Other Stats」(其他統計量)、「Options」(選項)。

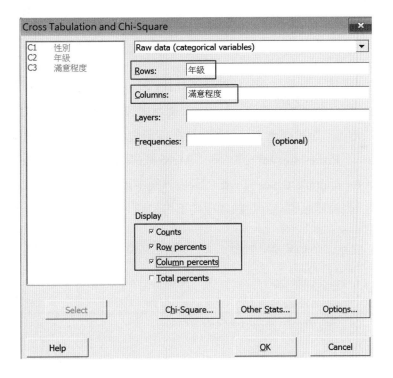

　　主視窗界面按「Chi-Square」(卡方) 鈕，可以開啟「Cross Tabulation: Chi-Square」(交叉表：卡方) 次對話視窗。次對話視窗中，勾選「☑Chi-square test」(卡方考驗) 統計量選項，「Statistics to display in each cell」(每個細格要呈現的量

數) 方盒可以勾選細格要增列的統計量數，包括「Expected cell counts」 (細格期望次數)、「Raw residual」(原始殘差)、「Standardized residuals」(標準化殘差)、「Adjusted residuals」(調整後殘差)、「Each cell's contribution to chi-square」(細格對卡方統計量的貢獻)。視窗界面中勾選「☑Adjusted residuals」(調整後殘差) 選項。

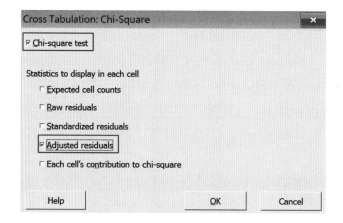

　　主視窗界面按「Other Stats」(其他統計量) 鈕，可以開啟「Cross Tabulation: Other Statistics」(交叉表：其他統計量) 次對話視窗，次對話視窗可以增列勾選 2 × 2 列聯表的統計量數與卡方統計程序中的關聯程度量數。2 × 2 列聯表的統計量數有三種：「Fisher's exact test」、「McNemar's test」、「Mantel-Haenszel-Cochran test for multiple tables」。範例視窗界面中因為是 3 × 3 列聯表的百分比同質性考驗，視窗界面的統計量數選項均不用勾選。

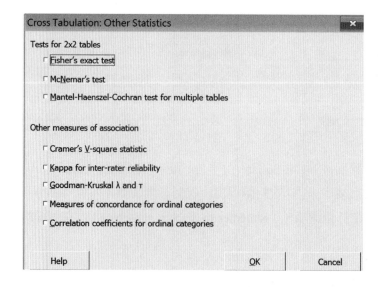

　　主視窗界面按「Options」(選項) 鈕，可以開啟「Cross Tabulation: Options」次 (交叉表：選項) 次對話視窗，次對話視窗可以增列是否呈現結果之邊緣統計量與遺漏值，內定選項分別為「⊙Rows and columns」(橫列與直欄的邊緣次數)、「⊙All variables」(顯示所有變項的遺漏值)。

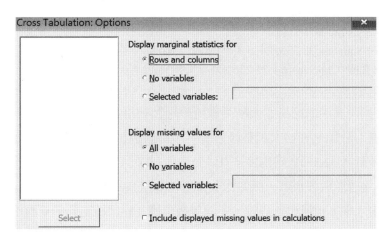

三、輸出結果

　　以年級為設計變項 (自變項)、滿意程度為反應變項 (依變項) 之交叉表輸出結果如下：

Tabulated Statistics: 年級, 滿意程度
Rows: 年級　Columns: 滿意程度

	1	2	3	All
1	26	8	6	40
	65.00	20.00	15.00	100.00
	65.00	17.78	17.14	33.33
	5.203	-2.800	-2.414	
2	8	22	10	40
	20.00	55.00	25.00	100.00
	20.00	48.89	28.57	33.33
	-2.191	2.800	-0.710	
3	6	15	19	40
	15.00	37.50	47.50	100.00
	15.00	33.33	54.29	33.33
	-3.012	0.000	3.124	

```
All     40      45      35      120
        33.33   37.50   29.17   100.00
        100.00  100.00  100.00  100.00
Cell Contents:      Count
                    % of Row
                    % of Column
                    Adjusted residual
Pearson Chi-Square = 32.333, DF = 4, P-Value = 0.000
Likelihood Ratio Chi-Square = 31.236, DF = 4, P-Value = 0.000
```

　　3×3 列聯表中的細格四個橫列數值分別為細格次數、細格佔橫列百分比、細格佔直欄百分比、細格之調整後殘差。根據統計檢定結果可以知悉：Pearson 卡方值統計量為 32.333、自由度 = $(I-1) \times (J-1) = (3-1) \times (3-1) = 4$，顯著性 $p < .001$，達統計顯著水準，概似比卡方值統計量為 31.236 ，顯著性 $p < .001$，達統計顯著水準，拒絕虛無假設，不同年級群體在對學校整體滿意程度的看法有顯著不同。

　　「Cross Tabulation and Chi-Square」(交叉表與卡方) 主對話視窗中，被選入交叉表內橫列與直欄的變項可以對話，視窗界面中，「Cross Tabulation and Chi-Square」(交叉表與卡方) 主對話視窗之資料檔格式型態為「Raw data (categorical variables)」(原始資料建檔)，「Rows:」(橫列) 右方框內選入的變項為「滿意程度」、選入「Columns:」(直欄) 右方框內選入的變項為「年級」。

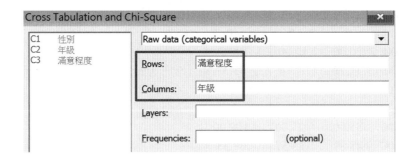

　　年級與滿意程度之交叉表輸出結果如下：

```
Tabulated Statistics: 滿意程度, 年級
Rows: 滿意程度   Columns: 年級
             1        2        3       All
1           26        8        6        40
           65.00    20.00    15.00    100.00
           65.00    20.00    15.00     33.33
            5.203   -2.191   -3.012
2            8       22       15        45
           17.78    48.89    33.33    100.00
           20.00    55.00    37.50     37.50
           -2.800    2.800    0.000
3            6       10       19        35
           17.14    28.57    54.29    100.00
           15.00    25.00    47.50     29.17
           -2.414   -0.710    3.124
All         40       40       40       120
           33.33    33.33    33.33    100.00
          100.00   100.00   100.00   100.00


Cell Contents:     Count
                   % of Row
                   % of Column
                   Adjusted residual
Pearson Chi-Square = 32.333, DF = 4, P-Value = 0.000
Likelihood Ratio Chi-Square = 31.236, DF = 4, P-Value = 0.000
```

　　上述橫列與直欄選入的變項加以對調之輸出結果，百分比同質性檢定統計量之卡方值、自由度、顯著性均相同，唯一不同的是細格的順序與邊緣次數。Pearson 卡方值統計量為 32.333、自由度為 4，顯著性 p < .001，達統計顯著水準，概似比卡方值統計量為 31.236，顯著性 p < .001，達統計顯著水準，拒絕虛無假設。上述交叉表以表格方式型態如下：

　　不同年級群體在滿意程度勾選的次數及百分比摘要表：

			年級			總和
			一年級	二年級	三年級	
滿意程度	不滿意	個數	26	8	6	40
		橫列百分比	65.0%	20.0%	15.0%	100.0%
		直欄百分比	65.0%	20.0%	15.0%	33.3%
		調整後的殘差	**5.20**	**-2.19**	**-3.01**	
	普通	個數	8	22	15	45
		橫列百分	17.8%	48.9%	33.3%	100.0%
		直欄百分比	20.0%	55.0%	37.5%	37.5%
		調整後的殘差	**-2.80**	**2.80**	0.00	
	滿意	個數	6	10	19	35
		橫列百分比	17.1%	28.6%	54.3%	100.0%
		直欄百分比	15.0%	25.0%	47.5%	29.2%
		調整後的殘差	**-2.41**	-0.71	**3.12**	
總和		個數	40	40	40	120
		橫列百分比	33.3%	33.3%	33.3%	100.0%
		直欄百分比	100.0%	100.0%	100.0%	100.0%

　　從交叉表中可以得知：就「不滿意」選項而言，一年級學生群體勾選的百分比 (65.0%，一年級有效樣本數有 40 位、勾選的人次有 26 位，26 ÷ 40 = 65.0%) 顯著高於二年級群體勾選的百分比 (20.0%，二年級有效樣本數有 40 位、勾選的人次有 8 位)，也顯著高於三年級群體勾選的百分比 (15.0%，三年級有效樣本數有 40 位、勾選的人次有 6 位)；就「普通」選項而言，二年級學生群體勾選的 (55.0%) 百分比顯著高於一年級學生群體勾選的百分比 (20.0%)；就「滿意」選項而言，三年級學生群體勾選的百分比 (47.5%) 顯著高於一年級學生群體勾選的百分比 (15.0%)(各選項在群體百分比的差異，可從調整後殘差值概要判別，調整後殘差值絕對值大於 2 之細格群組，其選項百分比的差異達到顯著，此種判別類似

χ^2 檢定的事後比較)。

　　「Cross Tabulation: Chi-Square」(交叉表：卡方) 次對話視窗中，勾選
「☑Chi-square test」(卡方考驗) 統計量選項，「Statistics to display in each cell」
(每個細格要呈現的量數)方盒勾選「☑Expected cell counts」(細格期望次數)、
「☑Raw residual」(原始殘差)、「☑Standardized residuals」(標準化殘差)、
「☑Adjusted residuals」(調整後殘差)、的視窗界面如下：

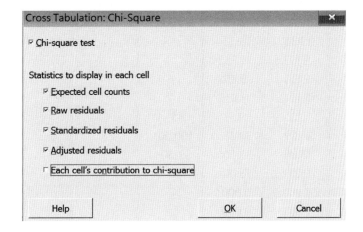

　　其他統計量的次對話視窗中，增列勾選「☑Cramer's V-square statistic」統計
量的視窗界面如下：

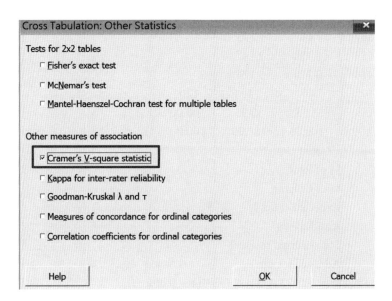

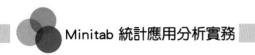

年級與滿意程度交叉表的輸出結果如下：

Tabulated Statistics: 滿意程度, 年級
Rows: 滿意程度　Columns: 年級

	1	2	3	All
	[一年級	二年級	三年級]	
1	26	8	6	40
	65.00	20.00	15.00	100.00
	65.00	20.00	15.00	33.33
	13.33	13.33	13.33	
	12.667	-5.333	-7.333	
	3.469	-1.461	-2.008	
	5.203	-2.191	-3.012	
2	8	22	15	45
	17.78	48.89	33.33	100.00
	20.00	55.00	37.50	37.50
	15.00	15.00	15.00	
	-7.000	7.000	0.000	
	-1.807	1.807	0.000	
	-2.800	2.800	0.000	
3	6	10	19	35
	17.14	28.57	54.29	100.00
	15.00	25.00	47.50	29.17
	11.67	11.67	11.67	
	-5.667	-1.667	7.333	
	-1.659	-0.488	2.147	
	-2.414	-0.710	3.124	
All	40	40	40	120
	33.33	33.33	33.33	100.00
	100.00	100.00	100.00	100.00

Cell Contents: 　　Count
　　　　　　　　% of Row
　　　　　　　　% of Column
　　　　　　　　Expected count
　　　　　　　　Residual
　　　　　　　　Standardized residual
　　　　　　　　Adjusted residual

Pearson Chi-Square = 32.333, DF = 4, P-Value = 0.000

Likelihood Ratio Chi-Square = 31.236, DF = 4, P-Value = 0.000
Cramer's V-square 0.134722

　　3 × 3 列聯表中的細格四個橫列數值分別為細格次數、細格佔橫列百分比、細格佔直欄百分比、期望次數、細格之原始殘差、細格之標準化殘差、細格之調整後殘差。最左邊的數值 1、2、3 分別表示為「不滿意」、「普通」、「滿意」三個選項。

　　根據統計檢定結果可以知悉：Pearson 卡方值統計量為 32.333、自由度為 4，顯著性 p < .001，達統計顯著水準，概似比卡方值統計量為 31.236，顯著性 p < .001，達統計顯著水準，拒絕虛無假設，不同年級群體在對學校整體滿意程度的看法有顯著不同。

　　「Cramer's V-square」統計量為0.135，為 Cramer's V 值的平方，由於 Cramer's V 值的平方值 0.135，Cramer's $V = \sqrt{0.135} = 0.367$。Cramer's V 值是二個變間的關聯程度指標，此指標值通常適用於交叉表非方形 (橫列水準數值與直欄水準數值不同) 的列聯表，但也適用於方形的列聯表，如 2 × 2、3 × 3 等，Cramer's V 統計量與卡方值關係為 $V = \sqrt{\dfrac{\chi^2}{N \times df_{smaller}}}$，$df_{smaller}$ 為橫列或直欄中自由度較小者，橫列的自由度為水準類別數減一 (3 − 1 = 2)、直欄的自由度為水準類別數減一 (3 − 1 = 2)，橫列、直欄自由度的自由度均為 2，較小自由度數值為 2，有效樣本數 N 為 120，$V = \sqrt{\dfrac{\chi^2}{N \times df_{smaller}}} = \sqrt{\dfrac{32.333}{120 \times 2}} = 0.367$。

　　方形列聯表二個變項之關聯程度大小也可採用列聯係數 (C)，當交叉表之卡方統計量達到統計顯著水準時 (p < .05)，列聯係數指標值也會達到統計顯著水準，列聯係數與卡方值統計量的關係為：$C = \sqrt{\dfrac{\chi^2}{\chi^2 + N}}$。範例年級與滿意程度二個變項間之列聯係數為 $C = \sqrt{\dfrac{32.333}{32.333 + 120}} = 0.461$。

　　「Cross Tabulation: Other Statistics」(交叉表：其他統計量) 次對話視窗，「Other measures of association」(其他關聯量數) 方盒的統計量若有勾選「☑Goodman-Kruskal λ and τ」選項，則交叉表的輸出結果會增列 Goodman-Kruskal 統計量，其中的 Lambda 值是一種有方向性關聯強度的指標值。

```
Goodman - Kruskal
Dependent
variable       Lambda      Tau
滿意程度      0.293333    0.134869
年級          0.337500    0.134722
```

以「滿意程度」(為三分類別變項) 作為依變項,而以年級 (為三分類別變項) 作為自變項時,滿意程度依變項可以被年級自變項解釋的變異比例為 29.33% (Lambda λ = 0.2933);相對的,若以年級為依變項,滿意程度為自變項,年級依變項可以被滿意程度自變項解釋的變異比例為 33.75% (Lambda λ = 0.3375)。

四、增列圖層變項

交叉表除了進行二個變項間關係分析的程序外,也可以增列第三個間斷變項作為圖層變數,圖層變數在於根據其水準數值個數將資料檔分割,以每個子集資料檔分析橫列與直欄二個間斷變項間的關係。範例中,增列的圖層變項為性別,性別為二分類別變項,水準數值 1 為男生群體、水準數值 2 為女生群體,橫列與直欄的變項分別為「滿意程度」與「年級」,交叉表統計分析結果為分別探究以下二種交叉表:男生群體中年級設計變項與滿意程度反應變項間的關係、女生群體中年級設計變項與滿意程度反應變項間的關係。

「Cross Tabulation and Chi-Square」(交叉表與卡方) 對話視窗之資料檔格式型態為「Raw data (categorical variables)」(原始資料建檔),「Rows:」(橫列) 右方框內選入的變項為「滿意程度」、選入「Columns:」(直欄) 右方框內選入的變項為「年級」,選入「Layers:」(圖層) 右方框內選入的變項為「性別」。

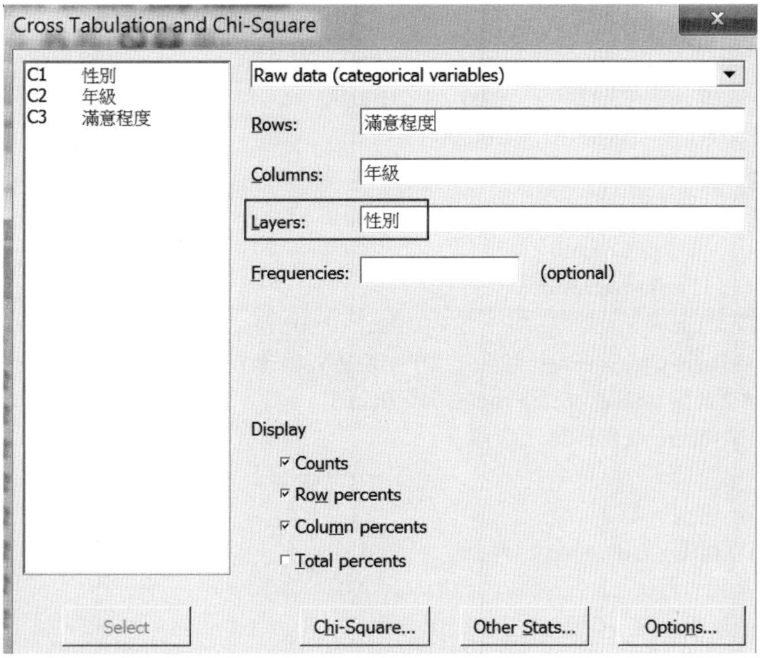

　　進行交叉表分析程序，研究者可根據所需的量數勾選「Display」方盒中的百分比與功能鈕之次對話視窗的統計量數。

　　增列「性別」圖層之交叉表結果如下：

Tabulated Statistics: 滿意程度, 年級, 性別
Results for 性別 = 1
Rows: 滿意程度　Columns:　　年級

	1	2	3	All
	[一年級	二年級	三年級]	
1	26	8	0	34
	76.47	23.53	0.00	100.00
	65.00	40.00	*	56.67
	1.842	-1.842		
2	8	12	0	20
	40.00	60.00	0.00	100.00
	20.00	60.00	*	33.33
	-3.098	3.098		
3	6	0	0	6
	100.00	0.00	0.00	100.00
	15.00	0.00	*	10.00

	1.826	-1.826		
All	40	20	0	60
	66.67	33.33	0.00	100.00
	100.00	100.00	*	100.00

Cell Contents: Count
      % of Row
      % of Column
      Adjusted residual

Pearson Chi-Square = 10.871, DF = 2, P-Value = 0.004

Likelihood Ratio Chi-Square = 12.361, DF = 2, P-Value = 0.002

* NOTE * 2 cells with expected counts less than 5

Cramer's V-square 0.181176

Results for 性別 = 2

Rows: 滿意程度   Columns: 年級

	1	2	3	All
	[一年級	二年級	三年級]	
1	0	0	6	6
	0.00	0.00	100.00	100.00
	*	0.00	15.00	10.00
		-1.8257	1.8257	
2	0	10	15	25
	0.00	40.00	60.00	100.00
	*	50.00	37.50	41.67
		0.9258	-0.9258	
3	0	10	19	29
	0.00	34.48	65.52	100.00
	*	50.00	47.50	48.33
		0.1827	-0.1827	
All	0	20	40	60
	0.00	33.33	66.67	100.00
	*	100.00	100.00	100.00

Cell Contents: Count
      % of Row
      % of Column
      Adjusted residual

Pearson Chi-Square = 3.517, DF = 2, P-Value = 0.172

Likelihood Ratio Chi-Square = 5.368, DF = 2, P-Value = 0.068

* NOTE * 2 cells with expected counts less than 5

Cramer's V-square 0.0586207

　　就男生群體而言，年級與滿意程度關係程度檢定的統計量數，Pearson 卡方值統計量為 10.871、自由度為 2，顯著性 p = 0.004 < .05，達統計顯著水準，概似比卡方值統計量為 12.361、自由度為 2，顯著性 p = 0.002 < .05，達統計顯著水準，拒絕虛無假設，不同年級群體在對學校整體滿意程度的看法有顯著不同，男生母體中，大一至大三的學生對於學校整體滿意度的看法有年級差異存在。

　　$V^2 = 0.181176$、$V = \sqrt{0.181176} = 0.426$，Cramer's V 係數值為 0.426。

　　就女生群體而言，年級與滿意程度關係程度檢定的統計量數，Pearson 卡方值統計量為 3.517、自由度為 2，顯著性 p = 0.172 > .05，未達統計顯著水準，概似比卡方值統計量為 5.368、自由度為 2，顯著性 p = 0.068 > .05，未達統計顯著水準，接受虛無假設，不同年級群體在對學校整體滿意程度的看法沒有顯著不同，女生母體中，大一至大三的學生對於學校整體滿意度的看法沒有年級差異存在。由於女生群體之年級與滿意程度的卡方統計量未達統計顯著水準，表示 Cramer's V 係數值也未達統計顯著水準，女生群體中，年級變項與滿意程度變項間沒有顯著關聯存在。

　　上述交叉表整理如下：

性別				年級			總和
				一年級	二年級	三年級	
男生	滿意程度	不滿意	個數	26	8	0	34
			橫列百分比	76.5%	23.5%	—	100.0%
			直欄百分比	65.0%	40.0%	—	56.7%
			調整後的殘差	1.8	-1.8	—	
		普通	個數	8	12	0	20
			橫列百分比	40.0%	60.0%	—	100.0%
			直欄百分比	20.0%	60.0%	—	33.3%
			調整後的殘差	-3.1	3.1	—	
		滿意	個數	6	0	0	6
			橫列百分比	100.0%	.0%	—	100.0%
			直欄百分比	15.0%	.0%	—	10.0%
			調整後的殘差	1.8	-1.8	—	

性別				年級			總和
				一年級	二年級	三年級	
	總和		個數	40	20	0	60
			橫列百分比	66.7%	33.3%	—	100.0%
			直欄百分比	100.0%	100.0%	—	100.0%
女生	滿意程度	不滿意	個數	0	0	6	6
			橫列百分比	—	.0%	100.0%	100.0%
			直欄百分比	—	.0%	15.0%	10.0%
			調整後的殘差	—	-1.8	1.8	
		普通	個數	0	10	15	25
			橫列百分比	—	40.0%	60.0%	100.0%
			直欄百分比	—	50.0%	37.5%	41.7%
			調整後的殘差		.9	-.9	
		滿意	個數	0	10	19	29
			橫列百分比	—	34.5%	65.5%	100.0%
			直欄百分比	—	50.0%	47.5%	48.3%
			調整後的殘差	—	.2	-.2	
	總和		個數	0	20	40	60
			橫列百分比	—	33.3%	66.7%	100.0%
			直欄百分比	—	100.0%	100.0%	100.0%

相關與迴歸分析

　　一個計量變數之間關係的探究可以採用皮爾遜 (Pearson) 積差相關,積差相關係數一般以 r_{XY} 表示,r_{XY} 的數值介於 -1.00 至 +1.00 中間,當積差相關係數的絕對值愈接近 1,表示二個變項的關係程度愈密切 (大小)。r_{XY} 的數值顯著大於 0.00 (正值),表示二個變項間為正相關;相對的,r_{XY} 的數值顯著小於 0.00 (負值),表示二個變項間為負相關,負相關的意涵是一個變項的測量值愈高,另一個變項的測量值就愈低,二個變項的方向是相反的,積差相關量數包含二個變項間的強度與方向,強度指的是量數數值絕對值的大小,方向指的是量數數值的正負號。

　　積差相關係數的公式為:

$$r_{XY} = \frac{\sum(X - \bar{X})(Y - \bar{Y})}{(N-1)SD_X SD_Y} = \frac{CP_{XY}}{(N-1)SD_X SD_Y} = \frac{COV_{XY}}{SD_X SD_Y}$$

$$COV_{XY} = \frac{CP_{XY}}{(N-1)} \cdot CP_{XY} = \sum(X - \bar{X})(Y - \bar{Y}) \text{ (離均差分數的交乘積總和)}$$

　　積差相關係數為二個變項的共變數除以二個變項的標準差乘積。

　　r_{XY} 的平方稱為決定係數 r_{XY}^2,決定係數是變項間可以相互解釋的變異量,二個變項間有相關,可以進一步進行變項的迴歸分析。

　　迴歸分析是一個或一個以上自變項與依變項間的關係,此種關係可能為預測也可能為一種解釋。迴歸分析中自變項又稱為因變項或解釋變項、依變項又稱為果變項、反應變項或效標變項,自變項只有一個的迴歸分析稱為簡單迴歸分析,自變項有二個以上的迴歸分析稱為多元迴歸分析或複迴歸分析。多元迴歸分析的數學函數表示式為:

$$Y_i = \beta_0 + \beta_1 X_{i1} + \beta_2 X_{i2} + \ldots\ldots + \beta_k X_{ik} + \varepsilon_i$$

　　函數表示式中,參數 β_0 為截距項 (常數項)、β_k 為第 k 個自變項的迴歸係數 (斜率)。

第一節　積差相關

　　積差相關在探究二個變項間的關係,二個變數均必須為計量變數,若是二個變項均為次序變項 (排名或等第),二個變數間的關係估計方法為等級相關。

一、二個變項間之相關

範例中探究的問題為「考驗學生的數學態度與數學成就間是否有顯著相關？」研究假設為「學生的數學態度與數學成就間有顯著相關」。分析資料檔數據如下，資料檔工作表中，數學態度變項儲存在 C2 直行、數學成就變項儲存在 C3 直行。

編號	C1 性別	C2 數學態度	C3 數學成就	C4 補習時間	C5 數學焦慮	C6 父母態度
S01	1	10	89	9	3	7
S02	1	9	84	7	4	9
S03	1	8	83	10	4	7
S04	1	8	85	8	5	7
S05	1	7	86	7	2	8
S06	1	9	87	8	2	10
S07	1	6	65	4	5	10
S08	1	10	92	6	1	8
S09	1	6	82	3	5	8
S10	1	5	92	4	4	7
S11	1	7	87	6	3	8
S12	1	9	78	9	4	9
S13	1	8	84	4	3	7
S14	2	7	82	7	5	5
S15	2	8	74	8	6	6
S16	2	2	65	9	9	3
S17	2	6	67	10	5	4
S18	2	3	57	6	8	5
S19	2	6	51	4	4	5
S20	2	1	45	3	10	6
S21	2	4	65	5	7	4
S22	2	10	72	7	4	9
S23	2	2	32	6	9	3
S24	2	2	25	7	10	4
S25	2	2	34	4	6	1
S26	2	1	15	5	6	4
S27	2	8	75	10	7	9

(一) 操作程序

執行功能表「Stat」(統計) /「Basic Statistics」(基本統計) /「Correlation...」(相關) 程序，程序提示訊息：「Measure the strength and direction of the linear relationship between two variables.」(測量二個線性關係之變項的強度與方向)，程序會開啟「Correlation」(相關) 對話視窗。

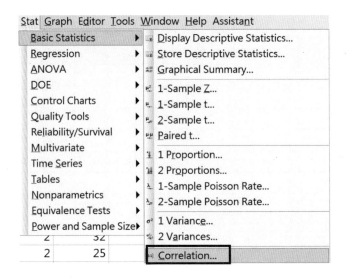

「Correlation」(相關) 對話視窗中，將要進行配對變項間之變數選入右邊「Variables:」(變項) 下的方框中，標的變項至少要選取二個，若是方框內的變項超過二個以上，會呈現配對變項間所有的相關統計量 (包括相關係數 r 與相關係數的顯著性)。

「Method:」右的內定選項為「Pearson correlation」(Pearson 積差相關係數)，選項適用的變項屬性為等距或比率尺度之連續變數；另一個選項為「Spearman rho」(斯皮爾曼等級相關係數)，選項適用的變項屬性為次序、等級尺度之間斷變數。內定結果呈現顯著性 p 值，「☑Display-p-values」(顯示 p 值) 選項為勾選，若不要呈現積差相關係數的顯著性 p 值，則取消勾選「☑Display-p-values」(顯示 p 值) 選項，研究統計程序中，此視窗界面選項最好勾選，因為沒有勾選顯著性 p 值選項，則統計量數是否達統計顯著水準無從得知，單從樣本統計量相關係數絕對值的大小，無法得知相關統計量 r 是否顯著不等於 0，當樣本數較少，相關係數有較大絕對值的參數也不一定會達顯著。

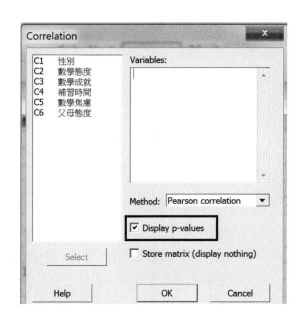

範例中為考驗學生的數學態度與數學成就間是否有顯著相關，滑鼠在「Variables:」(相關) 下方框中點選一下，從變數清單中選取「C2　數學態度」變項，按「Select」(選擇) 選取鈕；再從變數清單中選取「C3　數學成就」變項，按「Select」(選擇) 選取鈕，「Variables:」(相關) 方框內的訊息為「'數學態度' '數學成就'」，個別變項間增列單引號，勾選「☑Display-p-values」(顯示 p 值) 選項，按「OK」鈕。

(二) 輸出結果

數學態度與數學成就間之相關分析結果如下：

Correlation: 數學態度, 數學成就
Pearson correlation of 數學態度 and 數學成就 = 0.816
P-Value = 0.000

積差相關分析之對立假設與虛無假設分別為：

對立假設：$r_{XY} \neq 0$ (二個變項間的積差相關係數不為 0，表示沒有關聯)

虛無假設：$r_{XY} = 0$ (二個變項間的積差相關係數為 0，表示沒有關聯)

積差相關係數 $r_{XY} = 0.816$，顯著性機率值 $p < .001$，拒絕虛無假設 ($r_{XY} = 0$)、對立假設得到支持，由於相關係數值為正，表示數學態度與數學成就間為顯著正相關，學生數學態度的測量值愈高、數學成就的測量值也愈高；學生數學態度的測量值愈低、數學成就的測量值也愈低，二個變項間測量值的方向一致。

積差相關分析中，二個變項間顯著相關的程度又分為三種情況：r_{XY} 絕對值小於 0.400 ($r_{XY} < 0.400$)，表示二個變項間的相關程度為低度相關；r_{XY} 絕對值大於或等於 0.700 ($r_{XY} \geq 0.700$)，表示二個變項間的相關程度為高度相關；r_{XY} 絕對值大於或等於 .400 且小於 .700 ($r_{XY} \geq 0.400$ & $r_{XY} < 0.700$)，表示二個變項間的相關程度為中度相關。範例中 $r_{XY} = 0.816 \geq 0.700$，表示學生的數學態度與數學成就相關程度為「高度相關」，低度相關、中度相關、高度相關指的是二個變項間的「強度」。$r_{XY}^2 = 0.816^2 = 0.666$，0.666 為決定係數 (coefficient of determination)，決定係數是相關係數值的平方，表示的是數學成就變數之總變異量中可以被數學態度變項解釋的變異比例為 66.6%；因為相關沒有自變項與依變項的區別，因而決定係數也可以表示為：數學態度變數之總變異量中可以被數學成就變項解釋的變異比例為66.6%。

「Correlation」(相關) 主對話視窗中，從變數清單中選取至右邊「Variables:」(變項) 下方框的變項至少要二個以上，若只選取一個，按「OK」鈕後，會出現錯誤警告訊息：「Invalid variable (s). Too few items. Please specify: Numeric columns of equal length. Minimum number of columns:2.」，Minitab 對話視窗告知操作者選取的變項無效，至少要選取二個直行的變項才能進行相關程序分析。

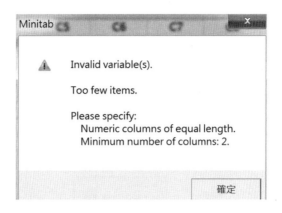

(三) 求出二個變項間的共變異數矩陣

　　若是研究者要增列變項間的共變數，其操作程序為：

　　執行功能表「Stat」(統計) /「Basic Statistics」(基本統計) /「Covariance...」(共變數) 程序，程序提示訊息：「Calculate the variances of variables and the covariances of each pair.」(計算變項的變異數與配對變項間的共變數)，程序會開啟「Covariance」(共變數) 對話視窗。

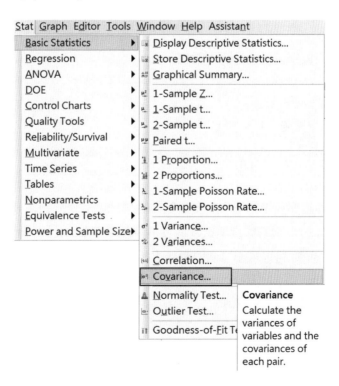

　　範例中為求出學生的數學態度與數學成就間的共變異數矩陣，滑鼠在「Variables:」(變項) 下方框中按下，從變數清單中選取「C2　數學態度」變項，按「Select」(選擇) 選取鈕；再從變數清單中選取「C3　數學成就」變項，按「Select」(選擇) 選取鈕，「Variables:」(變項) 方框內的訊息為「'數學態度' '數學成就'」，個別變項前後增列單引號，按「OK」鈕。

　　數學態度與數學成就的共變異數如下：

Covariances: 數學態度, 數學成就
　　　　　　 數學態度　　 數學成就
數學態度　　 8.68661
數學成就　　 52.37464　　 474.01140

　　共變數矩陣之對角線為變項的變異數，數學態度的變異數為 8.69、數學成就的變異數為 474.01，數學態度與數學成就的共變數等於 52.37。根據共變數矩陣 (或稱共變異數矩陣) 可以求出二個變項間之相關係數：

$$r_{XY} = \frac{COV_{XY}}{SD_X SD_Y} = \frac{COV_{XY}}{\sqrt{\sigma_X^2} \times \sqrt{\sigma_Y^2}} = \frac{52.37}{\sqrt{8.69} \times \sqrt{474.01}} = \frac{52.37}{2.95 \times 21.77} = 0.816$$

二、多個變項間之相關

研究問題：樣本學生之「數學態度」、「數學成就」、「補習時間」、「數學焦慮」與「父母態度」(父母對數學的態度) 五個變項間是否有顯著相關？

研究假設：樣本學生之「數學態度」、「數學成就」、「補習時間」、「數學焦慮」與「父母態度」(父母對數學的態度) 五個變項有顯著相關。

(一) 操作程序

執行功能表「Stat」(統計) /「Basic Statistics」(基本統計) /「Correlation...」(相關) 程序，開啟「Correlation」(相關)對話視窗。範例中為考驗學生的數學態度、數學成就、補習時間、數學焦慮與父母數學態度間是否有顯著相關，滑鼠在「Variables:」(變項) 下方框中點選一下，從變數清單中選取「C2　數學態度」、「C3　數學成就」、「C4　補習時間」、「C5　數學焦慮」、「C6　父母態度」五個變項，按「Select」(選擇) 選取鈕，「Variables:」(變項)下方框中出現「'數學態度' - '父母態度'」訊息，「Method:」(方法) 右的選單選取「Pearson correlation」(Pearson 相關係數) 選項，勾選「☑Display-p-values」(顯示 p 值) 選項，按「OK」鈕。

功能表「Stat」(統計) /「Basic Statistics」(基本統計) /「Correlation...」(相關)

程序，開啟「Correlation」(相關) 對話視窗中，選取的變數若是分開的，必須分開選取，聚合在一起的變數欄可以分開選取或獨立選取均可以。範例中為考驗學生的數學態度、數學成就、補習時間、數學焦慮與父母數學態度間是否有顯著相關，從變數清單中逐一選取個別變項的操作步驟為：滑鼠在「Variables:」(變項) 下方框中點選一下：

1. 從變數清單中選取「C2 數學態度」變項，按「Select」(選擇) 選取鈕。
2. 從變數清單中選取「C3 數學成就」變項，按「Select」(選擇) 選取鈕。
3. 從變數清單中選取「C4 補習時間」變項，按「Select」(選擇) 選取鈕。
4. 從變數清單中選取「C5 數學焦慮」變項，按「Select」(選擇) 選取鈕。
5. 從變數清單中選取「C6 父母態度」變項，按「Select」(選擇) 選取鈕。

「Variables:」(變項) 方框內訊息為：「'數學態度' '數學成就' '補習時間' '數學焦慮' '父母態度'」，變數前後增列單引號，變數間以空白鍵區隔，勾選「☑Display-p-values」(顯示 p 值) 選項，按「OK」鈕。

(二) 輸出結果

五個變數間之相關係數及顯著性機率值 p 如下：

```
Correlation: 數學態度, 數學成就, 補習時間, 數學焦慮, 父母態度
            數學態度    數學成就    補習時間    數學焦慮
數學成就     0.816
            0.000
補習時間     0.423       0.293
            0.028       0.138
數學焦慮    -0.789      -0.705      -0.088
            0.000       0.000       0.663
父母態度     0.749       0.679       0.135      -0.591
            0.000       0.000       0.501       0.001
Cell Contents: Pearson correlation
               P-Value
```

　　上述相關分析結果之細格參數中，第一個參數為 Pearson 積差相關係數 (Pearson correlation)、第二個參數為顯著性 p 值 (p-Value)。

　　積差相關輸出結果統整為相關矩陣摘要表如下：

變項	數學態度	數學成就	補習時間	數學焦慮	父母態度
數學態度	1.000				
數學成就	0.816***	1.000			
補習時間	0.423*	0.293	1.000		
數學焦慮	-0.789***	-0.705***	-0.088	1.000	
父母態度	0.749***	0.679***	0.135	-0.591**	1.000

*p < .05　　**p < .01　　***p < .001

　　相關矩陣摘要表之對角線為 1，表示變項與變項自己的相關係數為 1.000，變項項本身之配對相關在統計分析解釋上沒有實質意義存在。從相關矩陣摘要表可以發現：數學態度與數學成就、補習時間、父母態度均呈顯著正相關，但與數學焦慮呈顯著負相關 (r = -0.789)。學生數學成就與其數學焦慮呈顯著高度負相關 (r = -0.705)，學生數學成就與父母態度變項成顯著中度正相關 (r = 0.679)，學生的數學焦慮與父母態度呈顯著中度負相關 (r = -0.591)。

　　在相關分析解釋上，虛無假設為：$H_0: r_{XY} = 0$，若是相關係數的顯著性未達 .05 統計顯著水準，則必須接受虛無假設，表示結果為虛無假設的可能性很高。

範例中，學生補習時間與數學成就的相關係數 $r_{XY} = 0.293$，顯著性 p = 0.138 > .05，未達統計顯著水準，應接受虛無假設 $H_0 : r_{XY} = 0$，補習時間與數學成就二個變項的相關係數顯著為 0，但樣本統計量之相關係數為 0.293，並不是等於 0，此種結果乃是抽樣誤差造成的，若是研究者將樣本數擴大或進行普測，則補習時間與數學成就二個變項的相關係數會接近 0 或等於 0。

進行推論統計時，乃從樣本統計量推估母體參數 (或母數)，由於是推估因而會有推估的錯誤，此推估的錯誤即為第一類型錯誤，第一類型錯誤率一般可以接受的範圍是 0.05，0.05 即是統計分析程序中的顯著水準 α。因而在相關分析中，不管相關係數值多少，只要相關係數統計量對應的顯著性 p > .05，則相關係數值表達的意涵即為 $r_{XY} = 0$。

(三) 變項間的散佈圖形

二個變數間的關係若要增列圖形，以散佈圖較為適切。執行功能表列「Graph」/ (圖形)「Scatterplot」(散佈圖) 程序，開啟「Scatterplots」(散佈圖) 對話視窗。

「Scatterplots」(散佈圖) 對話視窗內共有六個圖示選項：「Simple」(簡單散佈圖)、「With Groups」(群組散佈圖)、「With Regression」(增列迴歸線的散佈圖)、「With Regression and Groups」(群組增列迴歸線的散佈圖)、「With Connect Line」(增列連結線的散佈圖)、「With Connect and Groups」(群組增列連結線的散佈圖)。範例中點選「Simple」(簡單) 選項，按「OK」鈕，開啟「Scatterplot: Simple」(散佈圖：簡單) 次對話視窗。

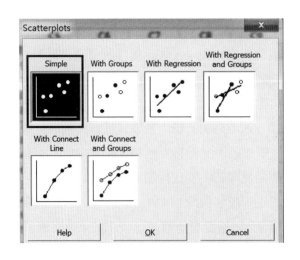

在「Scatterplot: Simple」(散佈圖：簡單) 次對話視窗中，「Y Variables」(Y 變項) 下方框變項為 Y 軸變數、「X Variables」(X 變項) 下方框變項為 X 軸變數，每一橫列要同時選取 Y 軸變數與 X 軸變數，在相關分析中，選入 Y 軸或 X 軸的變項順序可以互換，因為相關分析重視的二個變項關係的強度與方向。若要增列迴歸線，表示被選入 Y 變項方框內的變項為依變項 (效標變項或反應變項)、被選入 X 變項方框內的變項為自變項 (解釋變項或預測變項)，界定不同的自變項與依變項，繪出的迴歸線就會不同。

範例中從變數清單中選取「C2　數學態度」變項至「Y Variables」(Y 變項) 欄下面方框內，選取「C3　數學成就」變項至「X Variables」(X 變項) 欄下面方框內，按「OK」鈕。

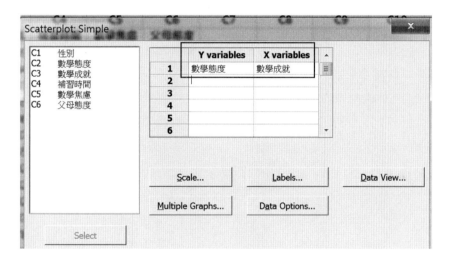

數學態度與數學成就二個變數間的散佈圖如下：

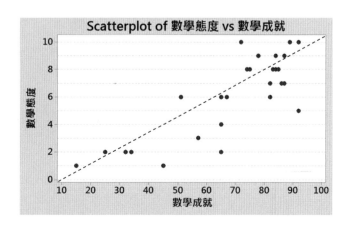

　　散佈圖中 X 軸變項為「數學成就」、Y 軸變項為「數學態度」。從散佈圖分佈的黑點可以發現，樣本受試者的數學態度測量值較低者，其數學成就測量值也較低；數學成就測量值較高的樣本受試者，其數學態度測量值也較高。圖中的直線為增列繪製的完全正相關線，若是所有的圓點均分佈在直線上，表示二個變項間呈完全正相關，多數圓點分佈在完全正相關線的兩側，表示二個變項為正向關係，是否達到統計顯著水準，還要經過檢定才能得知。

　　上述散佈圖的變項選取中，右邊 Y 變項欄與 X 變項欄共有六橫列，表示操作時可以同時選取六個配對組變項，範例中繪製的三個配對組變項為「數學成就 & 數學態度」(X 變項 & Y 變項)、「數學態度 & 數學成就」、「數學焦慮 & 數學態度」，每個散佈圖會以獨立視窗呈現，每個視窗均可以編修、美化。

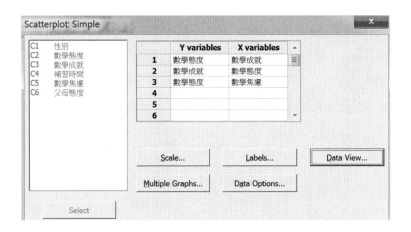

　　「Scatterplots」(散佈圖) 主對話視窗內點選「With Regression」(增列迴歸線的散佈圖) 選項，繪製的散佈圖會增列簡單迴歸之迴歸線。

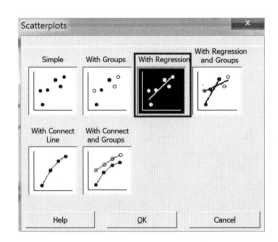

以數學態度為 Y 軸變項 (依變項)、數學成就為 X 軸變項 (自變項) 繪製的散佈圖如下：

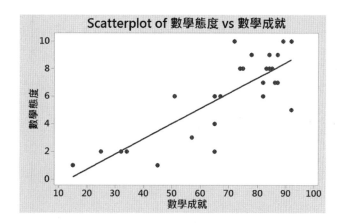

散佈中的迴歸直線為Minitab統計軟體自行繪製的迴歸線。

之前散佈圖的繪製中被選入「Y Variables」(Y 變項) 下方框的變數為「數學態度」、被選入至「X Variables」(X 變項) 下方框的變數為「數學成就」，在迴歸分析中，表示數學成就對數學態度的預測分析；若將二個變項的順序顛倒，改將「數學成就」變項選入「Y Variables」(Y 變項) 下方框內，將「數學態度」變項選入「X Variables」(X 變項) 下方框內，增列的迴歸線為數學態度對數學成就的預測分析。

以數學態度為 X 軸變項 (預測變項)、數學成就為 Y 軸變項 (效標變項)，繪製的散佈圖與迴歸線如下，與之前以數學態度為 Y 軸變項，數學成就為 X 軸變項會製的迴歸線 (直線) 之截距顯著不相同，二個迴歸線的斜率係數也不一樣 (簡單迴歸分析中，預測變項與依變項順序對調，R 平方的數值相同，標準化迴歸係

數 β 值也相同,但原始迴歸方程式的截距與斜率係數均不一樣)。

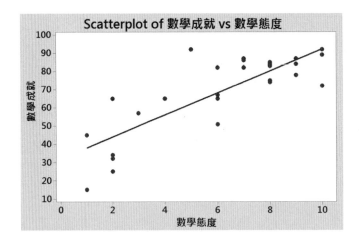

負相關的散佈圖形以數學焦慮變項與數學度數變項二者的關係為例。「Scatterplot」(散佈圖) 對話視窗中,選取「Simple」(簡單) 選項,開啟「Scatterplot:Simple」(散佈圖:簡單) 次對話視窗,視窗界面中被選入「Y Variables」(Y 變項) 下方框的變數為「數學焦慮」,被選入至「X Variables」(X 變項) 下方框的變數為「數學態度」,X 軸的變項為數學態度、Y 軸的變項為數學焦慮,在迴歸分析中,表示數學態度對數學焦慮的預測分析。

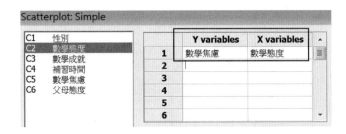

「Scatterplot」(散佈圖) 對話視窗中,選取「Simple」(簡單) 選項之簡單散佈圖如下:

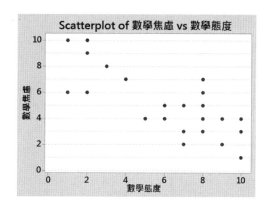

　　從簡單散佈圖中可以看出，樣本學生數學態度測量值愈大，對應的數學焦慮測量值愈小；相對的，樣本學生數學態度測量值愈小，對應的數學焦慮測量值愈大，二個變項測量值的方向相反，二個變數呈負向關係。

　　增列群組變項之散佈圖的繪製步驟為：

　　「Scatterplot」(散佈圖) 對話視窗中，選取「With Groups」(增列群組) 選項，開啟「Scatterplot：With Groups」(散佈圖：增列群組) 次對話視窗，視窗界面中被選入「Y Variables」(Y 變項) 下方框的變數為「數學焦慮」，被選入至「X Variables」(X 變項) 下方框的變數為「數學態度」，被選入至「Categorical variables for grouping (0-3)」(分組類別變項) 下方框的類別變項為「性別」，按「OK」鈕。「Categorical variables for grouping (0-3)」(分組類別變項) 下方框內的變數可以選入三個，若是方框內沒有選入任何變項，就變成「Simple」(簡單) 圖示選項繪製的簡單散佈圖，沒有群組變項。

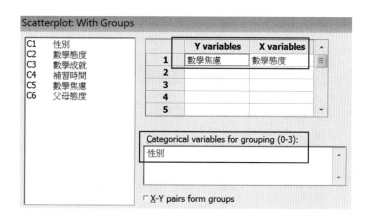

增列類別變項之散佈圖如下：類別變項為性別，性別變項為二分類別變數，水準數值編碼為 1、2。

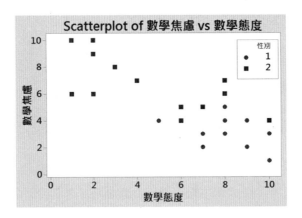

增列性別變項之散佈圖中，●符號者為性別水準數值編碼為 1 的樣本群體 (男生群體)、■符號者為性別水準數值編碼為 2 的樣本群體 (女生群體)，從散佈圖可以看出，●符號之樣本數學態度測量值較高、對應的數學焦慮測量值較低；■符號之樣本數學態度測量值較低、對應的數學焦慮測量值較高。■符號者之樣本個體 (女生) 大多分佈在散佈圖的左上角、●符號者之樣本個體 (男生) 大多分佈在散佈圖的右下角。

群組散佈圖只能作為群組在變項測量值分佈參考，變項間的相關情形，或是群組在變項間的差異情況，還是要經檢定驗證。

「Scatterplot」(散佈圖) 對話視窗中，點選「With Connect Line」(增列連結線) 選項之散佈圖如下，此種散佈圖為增列連結線，即將散佈圖中的樣本個體點以直線連結。

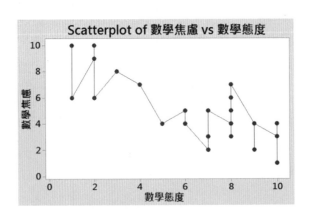

「Scatterplot」(散佈圖) 對話視窗中，點選「With Regression and Groups」(增列迴歸線與群組) 選項之散佈圖如下，此種散佈圖為增列迴歸線與類別群組變項，散佈圖中增列的類別群組為性別 (二分類別變項)。

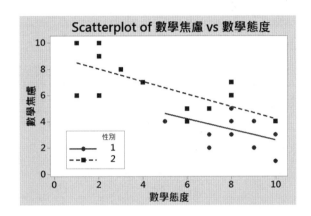

散佈圖中二條迴歸線為以二個群組為單位，進行簡單迴歸分析所繪製的適配迴歸線，二條迴歸線的方向是左上往右下的直線，表示迴歸線的斜率係數為負值，二個群組之數學態度與數學焦慮均呈負向關係。

第二節　等級相關

當二個變項的尺度不是計量變項，而為次序變項時 (如名次、排名、等級等)，二個變項間的關係不能採用積差相關分析，要改用斯皮爾曼 (Spearman) 等級相關。

一、範例問題

某學校負責縣市的英文作文比賽，邀請三位學者專家參與評審，事後教務主任想要知道三位評分者是否有良好的評分者信度，乃從參賽者中隨機抽取十位樣本，十位參賽者的分數如下。試問任何二位評分者之英文作文評分是否具有良好的一致性信度 (評分者信度)？

C1	C2	C3
第一位	第二位	第三位
80	82	68
89	92	75
81	89	72
88	91	74
74	80	66
76	87	73
78	88	77
83	84	76
85	90	78
77	86	69

二、操作程序

　　「Correlation」(相關) 對話視窗中，從變數清單選取「C1　第一位」變項至右邊「Variables:」(變項) 下的方框內，再從變數清單選取「C2　第二位」變項至右邊「Variables:」(變項) 下的方框內，方框內訊息為「'第一位' '第二位'」，「Method:」(方法) 右選項改選「Spearman rho」(斯皮爾曼等級相關係數) 選項，勾選「☑Display-p-values」(顯示 p 值) 選項，以呈現顯著性機率值 p。

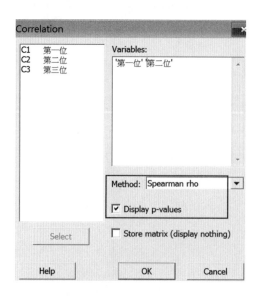

三、輸出結果

Spearman 等級相關檢定結果如下：

Spearman Rho: 第一位, 第二位
Spearman rho for 第一位 and 第二位 = 0.758
P-Value = 0.011

範例問題之虛無假設與對立假設為：

$H_0 : \rho = 0$ (二個變項等級相關係數顯著等於 0)

$H_1 : \rho \neq 0$ (二個變項等級相關係數顯著不等於 0)

由輸出報表中得知，第一位評分者與第二位評分者之 Spearman 等級相關係數 $\rho = 0.758$，顯著性 p = 0.011 < .05，達到統計顯著水準，拒絕虛無假設，表示 ρ 係數顯著不等於 0，第一位評分者與第二位評分者間的評分者一致性信度良好 (或二位評分者有高度的評分者一致性信度)。

四、同時選入三個以上變項

進行等級相關與積差相關程序一樣，若是選取的變項有二個以上，會進行配對組等級相關的運算。

「Correlation」(相關) 對話視窗中，選入「Variables:」(變項) 下方框的變項共有三個：「C1 第一位」、「C2 第二位」、「C3 第三位」，「方框內的訊息為「'第一位' '第二位' '第三位'」，各變項前後增列單引號。「Method:」(方法) 右側選單選取「Spearman rho」(斯皮爾曼等級相關係數) 選項，勾選「☑Display-p-values」(顯示 p 值) 選項，按「OK」鈕。

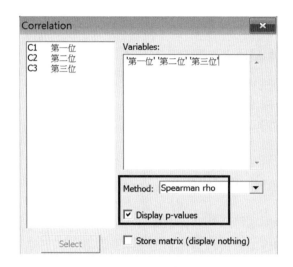

Spearman 等級相關檢定結果如下：

```
Spearman Rho: 第一位, 第二位, 第三位
            第一位      第二位
第二位      0.758
            0.011
第三位      0.576      0.600
            0.082      0.067
Cell Contents: Spearman rho
              P-Value
```

　　由輸出報表中得知，第一位評分者與第二位評分者之 Spearman 等級相關係數 $\rho_{12} = 0.758$，顯著性 p = 0.011 < .05，達到統計顯著水準；第二位評分者與第三位評分者之 Spearman 等級相關係數 $\rho_{23} = 0.576$，顯著性 p = 0.082 > .05，未達統計顯著水準，接受虛無假設：$\rho_{23} = 0$；第一位評分者與第三位評分者之 Spearman 等級相關係數 $\rho_{13} = 0.600$，顯著性 p = 0.067 > .05，未達統計顯著水準，接受虛無假設：$\rho_{13} = 0$。第二位評分者與第三位評分者間、第一位評分者與第三位評分者間的評分欠缺良好的評分者一致性信度。

第三節　簡單線性迴歸

　　二個變項間有相關，才可能進行預測迴歸分析，因為相關係數平方 (決定係數) 在迴歸分析中即為解釋變異量或預測力。

　　研究問題為「樣本學生的數學成就對數學態度是否有顯著的解釋力？」

　　研究假設為「樣本學生的數學成就對數學態度有顯著的解釋力。」

一、適配線性圖形的判別

　　執行功能表列「Stat」(統計) /「Regression」(迴歸) /「Fitted Line Plot...」(適配線性圖) 程序，程序提示訊息：「Mode the relationship between one predictor and a continuous response using linear, quadratic, or cubic regression model.」(判別一個預測變項與反應變項間的關係是直線、二次曲線或三次曲線模型)，程序會開啟「Fitted Line Plot」(適配線性圖) 對話視窗。

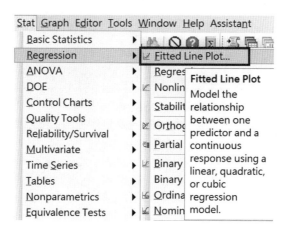

　　在「Fitted Line Plot」(適配線性圖) 對話視窗，從變數清單中選取依變項／效標變項／反應變項「C6　數學態度」至「Response (Y):」(反應變項 Y) 右側方框中，從變數清單中選取自變項／預測變項「C3　數學成就」至「Predictor (X):」(預測變項 X) 右側方框中，「Type of Regression Model」(迴歸模式型態) 選取內定選項「⊙Linear」(線性關係)，按「OK」鈕。

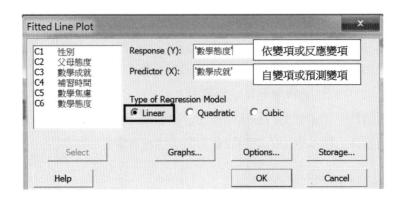

「Response (Y):」(反應變項 Y) 右側方框內被選入的變項為效標變項 (依變項)，範例中的效標變項為「數學態度」，「Predictor (X):」(預測變項 X) 右側方框內被選入的變項「數學成就」為預測變項 (自變項)，迴歸分析預測圖示如下：

適配線性關係圖示如下：

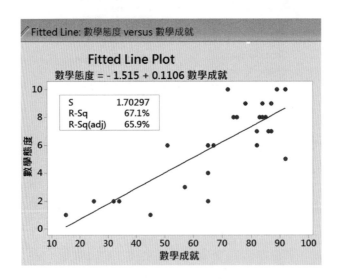

適配線性圖形中顯示迴歸方程式：「數學態度 = -1.515 + 0.1106 數學成就」，表示迴歸直線的截距項 (常數項) β_0 = -1.515、斜率係數 β_1 = 0.1106。

迴歸方程式與結果如下：

Regression Analysis: 數學態度 versus 數學成就
The regression equation is
數學態度 = - 1.515 + 0.1106 數學成就
S = 1.70297　R-Sq = 67.1%　R-Sq (adj) = 65.9%
Analysis of Variance

Source	DF	SS	MS	F	P
Regression	1	154.026	154.026	53.11	0.000
Error	26	75.403	2.900		
Total	27	229.429			

適配線性關係的迴歸方程式為：「數學態度 = -1.515 + 0.1106 × 數學成就」、R^2 = 67.1%、調整後 R^2 = 65.9%。變異數分析的 F 值統計量為 53.11，顯著性機率值 p < .001，達到統計顯著水準，表示線性迴歸係數 β_1 顯著不等於 0，數學成就預測數學態度模式，採用線性關係模型可以得到適配或支持。

適配線性圖的對話視窗，假定數學成就預測變項與數學態度效標變項的關係為二次曲線模式，對話視窗「Type of Regression Model」(迴歸模式型態) 方盒中，改選取「⊙Quadratic」二次曲線選項。

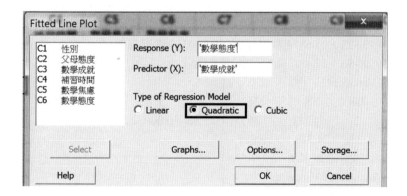

二次迴歸曲線的適配線性圖示如下：

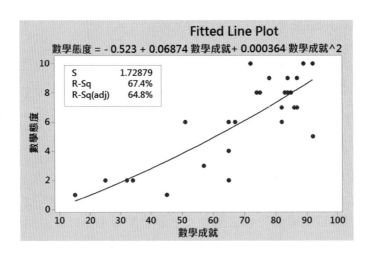

適配線性圖形顯示之二次曲線迴歸方程式如下:

數學態度 = -0.523 + 0.06874 數學成就 + 0.000364 數學成就 ^2,其中 β_0 = -0.523、直線斜率係數 β_1 = 0.069、二次曲線斜率係數 β_2 = 0.000,二個斜率係數是否顯著不等於 0,要加以檢定才能判別。

二次適配曲線輸出結果如下:

The regression equation is
數學態度 = -0.523 + 0.06874 數學成就 + 0.000364 數學成就 ^2
S = 1.72879   R-Sq = 67.4%   R-Sq (adj) = 64.8%
Analysis of Variance

Source	DF	SS	MS	F	P
Regression	2	154.711	77.3555	25.88	0.000
Error	25	74.718	2.9887		
Total	27	229.429			

Sequential Analysis of Variance

Source	DF	SS	F	P
Linear	1	.026	53.11	0.000
Quadratic	1	0.685	0.23	0.636

適配二次曲線關係的迴歸方程式為 $\beta_0 + \beta_1 X + \beta_2 X^2$,報表為:「數學態度 = -0.523 + 0.06874 × 數學成就 + 0.000364 × 數學成就 ^2」(報表中的數學成就 ^2,為數學成就自變項的平方:數學成就^2),線性方程迴歸係數為 0.06874、二次曲線方程迴歸係數為 0.000364,R^2 = 67.4%、調整後 R^2 = 64.8%。線性方程迴歸係

數變異數分析的 F 值統計量為 53.11，顯著性機率值 p < .001，達到統計顯著水準，表示線性迴歸係數 β_1 顯著不等於 0；二次方程迴歸係數變異數分析的 F 值統計量為 0.23，顯著性機率值 p = 0.636 > .05，未達統計顯著水準，表示二次方程迴歸係數 β_2 顯著等於 0，由於二次方程迴歸係數未達統計顯著水準，適配迴歸模型可以簡化為線性關係模型。

　　適配線性圖的對話視窗，假定數學成就預測變項與數學態度效標變項的關係為三次曲線模式，對話視窗「Type of Regression Model」(迴歸模式型態) 方盒中，選取「⊙Cubic」三次曲線選項。

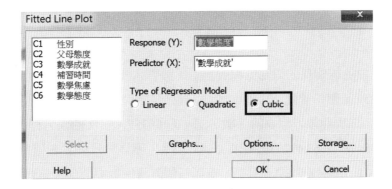

三次方程迴歸的適配線性圖示如下：

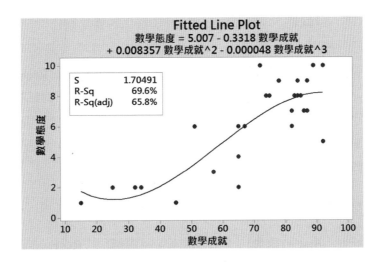

三次方程迴歸輸出結果如下：

```
The regression equation is
數學態度 = 5.007 - 0.3318 數學成就 + 0.008357 數學成就 ^2 - 0.000048 數學成就 ^3
S = 1.70491   R-Sq = 69.6%   R-Sq (adj) = 65.8%
Analysis of Variance
Source          DF      SS          MS          F        P
Regression       3     159.668     53.2225     18.31    0.000
Error           24      69.761      2.9067
Total           27     229.429
Sequential Analysis of Variance
Source          DF      SS          F           P
Linear           1     154.026     53.11       0.000
Quadratic        1       0.685      0.23       0.636
Cubic            1       4.957      1.71       0.204
```

適配三次曲線關係的迴歸方程式為：「數學態度 = 5.007 − 0.3318 × 數學成就 + 0.008357 × 數學成就 ^2 - 0.000048 × 數學成就 ^3」，線性方程迴歸係數 β_1 為 -0.3318、二次曲線方程迴歸係數 β_2 為 0.008357、三次曲線方程迴歸係數 β_3 為 -0.000048，R^2 = 69.6%、調整後 R^2 = 65.8%。變異數分析之 F 值為 18.31，顯著性 $p < .001$，達到統計顯著水準，表示三個迴歸係數中至少有一個迴歸係數不等於 0。個別迴歸係數是否顯著不等於 0 的假設檢定中，線性方程迴歸係數變異數分析的 F 值統計量為 53.11，顯著性機率值 $p < .001$，達到統計顯著水準，表示線性迴歸係數 β_1 顯著不等於 0；二次方程迴歸係數變異數分析的 F 值統計量為 0.23，顯著性機率值 $p = 0.636 > .05$，未達統計顯著水準，表示二次方程迴歸係數 β_2 顯著等於 0；三次方程迴歸係數變異數分析的 F 值統計量為 1.71，顯著性機率值 $p = 0.204 > .05$，未達統計顯著水準，表示三次方程迴歸係數顯著等於 0，由於二次方程迴歸係數與三次方程迴歸係數均未達統計顯著水準 (二個迴歸係數均顯著等於 0，對於數學態度依變項沒有顯著影響作用)，適配迴歸模型可以簡化為線性關係模型。

二、簡單線性迴歸模型

執行功能表「Stat」(統計) /「Regression」(迴歸) /「Regression 」(迴歸) /「Fit Regression Model...」(適配迴歸模式)，程序會開啟「Regression」(迴歸) 對話視窗。

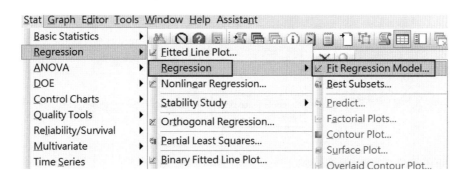

「Regression」(迴歸) 主對話視窗中，左方為工作表資料檔的變數清單，右邊「Response:」(反應變項) 下方框選入的變項為依變項／效標變項、「Continuous predictors:」(連續預測變項) 下方框選入的變項為計量變數之自變項／預測變項、「Categorical predictors:」(類別預測變項) 下方框選入的變項為類別尺度變數之自變項／預測變項。

範例中為數學成就對數學態度的簡單迴歸分析，自變項為「數學成就」、效標變項為「數學態度」。從變數清單中選取「C6 數學態度」效標變項至右邊「Response:」(反應變項) 下方框內，從變數清單中選取「C3 數學成就」預測變項至右邊「Continuous predictors:」(連續預測變項) 下方框內，按「OK」鈕。

簡單線性迴歸輸出結果如下：

Analysis of Variance [變異數分析]

Source	DF	Adj SS	Adj MS	F-Value	-Value
Regression	1	154.03	154.026	53.11	0.000
數學成就	1	154.03	154.026	53.11	0.000
Error	26	75.40	2.900		
Lack-of-Fit	19	51.90	2.732	0.81	0.665
Pure Error	7	23.50	3.357		
Total	27	229.43			

Model Summary [模式摘要]

S	R-sq	R-sq (adj)	R-sq (pred)
1.70297	67.13%	65.87%	62.92%

Coefficients [係數]

Term	Coef	SE Coef	T-Value	P-Value	VIF
Constant	-1.51	1.10	-1.38	0.180	
數學成就	0.1106	0.0152	7.29	0.000	1.00

Regression Equation [迴歸方程式]

數學態度 = -1.51 + 0.1106 數學成就

Fits and Diagnostics for Unusual Observations [特例觀察值的適配的診斷]

Obs	數學態度	Fit	Resid	Std Resid	
10	5.000	8.664	-3.664	-2.24	R
16	2.000	5.677	-3.677	-2.20	R
22	10.000	6.451	3.549	2.12	R
26	1.000	0.145	0.855	0.59	X

R Large residual

X Unusual X

輸出報表包含五個項目：變異數分析摘要表 (迴歸方程整體顯著性考驗)、模式摘要 (解釋量 R 平方)、係數 (個別變項之斜率係數顯著性檢定)、迴歸方程式、

特例觀察值的適配的診斷。迴歸直線的截距項 (常數項) β_0 = -1.51、常數項估計標準誤為 1.10；斜率係數 β_1 = 0.1106、斜率係數估計標準誤為 0.0152、斜率係數參數是否等於 0 之統計檢定量 t 值為 7.29，顯著性 p < .001，達到統計顯著水準，表示斜率係數顯著不等於 0。R^2 = 67.13%，表示自變項數學成就對效標變項數學態度的解釋量或預測力為 67.13%。

 ## 第四節　複迴歸分析模型

複迴歸分析又稱為多元迴歸分析，多元迴歸分析與簡單迴歸分析的差異在於自變項的個數，當投入迴歸分析的預測變項超過一個以上時，迴歸分析程序即稱為多元迴歸 (multiple regression)。複迴歸分析程序中，如果預測變項不是計量變項而是類別變項，必須將類別變項轉換為虛擬變項，再投入迴歸方程模式中。

一、範例問題

研究問題：樣本學生的父母態度、數學成就、補習時間與數學焦慮四個自變項是否對學生的數學態度有顯著的解釋力？

研究假設：樣本學生的父母態度、數學成就、補習時間與數學焦慮四個自變項對學生的數學態度有顯著的解釋力。

二、操作程序

執行功能表列「Stat」(統計) /「Regression」(迴歸) /「Regression」(迴歸) /「Fit Regression Model...」(適配迴歸模式)，程序開啟「Regression」(迴歸) 對話視窗。

範例中的效標變項為「數學態度」、預測變項為「父母態度」、「數學成就」、「補習時間」、「數學焦慮」等四個。從變數清單中選取「C6 數學態度」效標變項至右邊「Response:」(反應變項) 下方框內，從變數清單中選取「C2 父母態度」、「C3 數學成就」、「C4 補習時間」、「C5 數學焦慮」等四個預測變項至右邊「Continuous predictors:」(連續預測變項) 下方框內。按「Graphs」(圖形) 鈕，開啟「Regression: Graphs」(迴歸：圖形) 次對話視窗。

「Regression: Graphs」(迴歸：圖形) 次對話視窗中，可以設定迴歸殘差的各種圖示，「Residuals plots」(殘差圖) 方盒內有以下幾種殘差圖：「Histogram of residuals」(殘差直方圖)、「Normal probability plot of residuals」(殘差常態機率圖)、「Residuals versus fits」(殘差與適配關係圖)、「Residuals versus order」(殘差對次序關係圖)，範例中勾選「☑Normal probability plot of residuals」(殘差常態機率圖)、「☑Residuals versus fits」(殘差與適配關係圖) 二個選項，按「OK」鈕，回到「Regression」(迴歸) 主對話視窗。

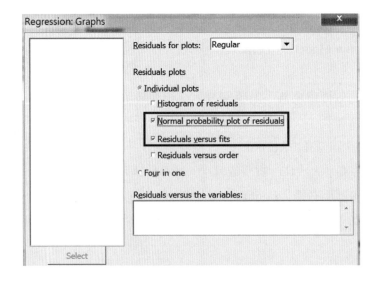

　　「Regression」(迴歸) 主對話視窗中，按「Stepwise」(逐步) 鈕，可以開啟「Regression: Stepwise」(迴歸：逐步) 次對話視窗，視窗內提供四種複迴歸估計方法：「None」(強迫輸入法)、「Stepwise」(逐步迴歸法)、「Forward selection」(前進選取法)、「Backward elimination」(後退消除法)。範例中選取內定選項「None」(強迫輸入法)，按「OK」鈕，回到「Regression」(迴歸) 主對話視窗，再按「OK」鈕。

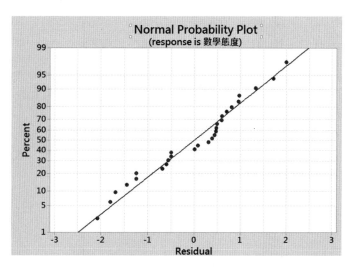

三、輸出結果

　　殘差的常態化機率圖如下：

　　殘差的常態化機率圖可以考驗樣本觀察值是否符合常態分配的假定，若是殘差值的累積機率分配點多數落在直線上，表示樣本觀察值符合常態分配的假定。圖示顯示殘差累積黑點沒有嚴重偏離直線，因而可以假定殘差的常態機率圖是符合常態分配的假定，表示資料結構也符合常態分配的型態。

　　殘差與適配關係圖如下：

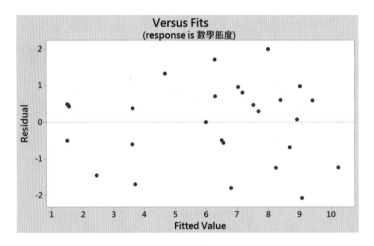

　　橫軸直線 0 上下兩側的殘差分佈均勻，圓點散佈情形大致相同，表示殘差適配情況良好，符合殘差值等分散性的假定。

　　迴歸分析估計結果如下：

Regression Analysis: 數學態度 versus 父母態度, 數學成就, 補習時間, 數學焦慮
Analysis of Variance

Source	DF	Adj SS	Adj MS	F-Value	P-Value
Regression	4	198.498	49.625	36.90	0.000
父母態度	1	11.181	11.181	8.31	0.008
數學成就	1	5.031	5.031	3.74	0.065
補習時間	1	14.747	14.747	10.97	0.003
數學焦慮	1	18.015	18.015	13.40	0.001
Error	23	30.931	1.345		
Total	27	229.429			

Model Summary

S	R-sq	R-sq (adj)	R-sq (pred)
1.15966	86.52%	84.17%	79.38%

Coefficients

Term	Coef	SE Coef	T-Value	P-Value	VIF
Constant	1.57	1.67	0.94	0.356	
父母態度	0.385	0.134	2.88	0.008	1.98
數學成就	0.0333	0.0172	1.93	0.065	2.78
補習時間	0.364	0.110	3.31	0.003	1.12
數學焦慮	-0.497	0.136	-3.66	0.001	2.10

Regression Equation

數學態度 = 1.57 + 0.385 父母態度 + 0.0333 數學成就 + 0.364 補習時間 − 0.497 數學焦慮

迴歸係數的常數項為 1.57、「父母態度」預測變項的非標準化迴歸係數為 0.385、係數的標準誤為 0.134、斜率係數是否等於 0 檢定的統計量 t 值為 2.88、顯著性 $p = 0.008 < .05$，達到統計顯著水準；「數學成就」預測變項的非標準化迴歸係數為 0.0333、係數的標準誤為 0.0172、斜率係數是否等於 0 檢定的統計量 t 值為 1.93、顯著性 $p = 0.065 > .05$，未達統計顯著水準；「補習時間」預測變項的非標準化迴歸係數為 0.364、係數的標準誤為 0.110、斜率係數是否等於 0 檢定的統計量 t 值為 3.31、顯著性 $p = 0.003 < .05$，達到統計顯著水準；「數學焦慮」預測變項的非標準化迴歸係數為 -0.479、係數的標準誤為 0.136、斜率係數是否等於 0 檢定的統計量 t 值為 -3.66、顯著性 $p = 0.001 < .05$，達到統計顯著水準。對學生數學態度效標變項具有顯著解釋力的預測變項為「父母態度」、「補習時間」、「數學焦慮」等三個，四個預測變項的變異數膨脹因子 (variance inflation factor; [VIF]) 分別為 1.98、2.78、1.12、2.10，均小於 10，表示自變項間沒有發生多元共線性 (multicollinear) 問題，迴歸分析中若是 VIF 值大於 30，則自變項間可能有較高的相關，多元共線性的問題會較嚴重。

迴歸方程的 $R^2 = 86.52\%$、調整後 $R^2 = 84.17\%$，表示四個預測變項對數學態度效標變項的聯合解釋變異量為 86.52%，非標準化迴歸方程式為：

數學態度 = 1.57 + 0.385 × 父母態度 + 0.0333 × 數學成就 + 0.364 × 補習時間
        − 0.497 × 數學焦慮

解釋型複迴歸圖示如下：

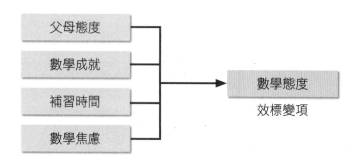

四個預測變項對數學態度之複迴歸分析摘要表

預測變項	迴歸係數 B	t 值	顯著性 p	VIF
截距項	1.570	0.94	0.356	
父母態度	0.385	2.88**	0.008	1.98
數學成就	0.033	1.93	0.065	2.78
補習時間	0.364	3.31**	0.003	1.12
數學焦慮	-0.497	-3.36**	0.001	2.10
$R^2 = 86.52\%$　　調整後 $R^2 = 84.17\%$　　迴歸方程式顯著性檢定 F 值 = 36.90***				

**p < .01　***p < .001

　　對數學態度有顯著解釋力的三個預測變項：父母態度、補習時間、數學焦慮，父母態度與補習時間對學生數學態度的影響為正向，而數學焦慮對學生數學態度的影響則為負向，當學生數學焦慮增加一個單位，學生的數學態度就減少 0.497 個單位，此結果與數學焦慮及數學態度之積差相關分析結果相同。

四、前進選取法

　　複迴歸程序的方法一般使用的是強迫進入法，若是研究者改用前進選取法可以進行階層迴歸分析，探討各自變項逐一投入迴歸模式中對依變項的影響程度。

　　「Regression」(迴歸) 主對話視窗，按「Stepwise」(逐步) 鈕開啟「Regression: Stepwise」(迴歸：逐步) 次對話視窗，「Method」(方盒) 右側選單選取「Forward selection」(前進選取法) 選項，勾選「☑Display the table of model selection details」(顯示選取模式詳細表) 選項，選項下選單選取「Include details for each step」(包含每個步驟詳細參數) 選項。

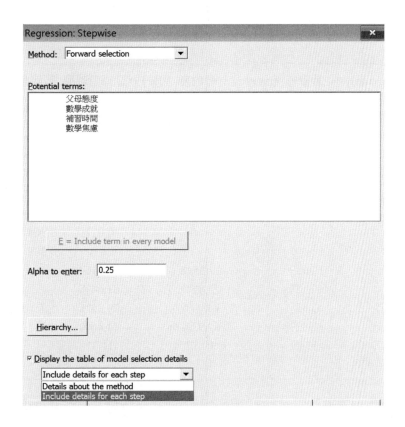

「Regression」(迴歸) 主對話視窗，按「Results」(結果) 鈕開啟「Regression: Results」次對話視窗，「Display of results」(顯示結果) 右側選單內定選項為「Simple tables」(簡單表格)，改選為「Expanded tables」(延伸表格) 選項，此處旨在說明延伸表格內容，一般進行迴歸分析時，可直接選用內定選項簡單表格選項即可。

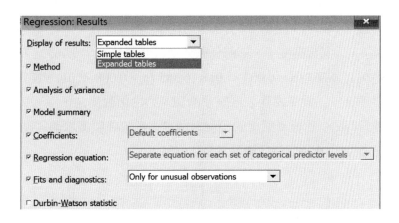

前進選取法的迴歸分析結果如下：

Regression Analysis: 數學態度 **versus** 父母態度, 數學成就, 補習時間, 數學焦慮
Forward Selection of Terms
Candidate terms: 父母態度, 數學成就, 補習時間, 數學焦慮

	-----Step 1----		-----Step 2----		-----Step 3----		-----Step 4----	
	Coef	P	Coef	P	Coef	P	Coef	P
Constant	-1.51		3.84		2.99		1.57	
數學成就	0.1106	0.000	0.0715	0.001	0.0566	0.003	0.0333	0.065
數學焦慮			-0.507	0.006	-0.575	0.001	-0.497	0.001
補習時間					0.344	0.011	0.364	0.003
父母態度							0.385	0.008
S	1.70297		1.48818		1.32464		1.15966	
R-sq	67.13%		75.87%		81.64%		86.52%	
R-sq (adj)	65.87%		73.94%		79.35%		84.17%	
R-sq (pred)	62.92%		69.92%		74.46%		79.38%	
Mallows' Cp	32.07		19.17		11.31		5.00	

α to enter = 0.25

前進選取法的輸出結果類似階層迴歸分析法，階層一的預測變項為「數學成就」，迴歸係數為 0.1106，顯著性 p < .001，R 平方為 67.13%；階層二的預測變項為「數學成就」、「數學焦慮」，迴歸係數分別為 0.0715 (p = .001 < .01)、-0.507 (p = .006 < .01)，均達到統計顯著水準，R 平方為 75.87%，增加的 R 平方解釋變異量為 8.74%；階層三的預測變項為「數學成就」、「數學焦慮」、「補習時間」，迴歸係數分別為 0.0566 (p = 0.003 < .01)、-0.575 (p = .001 < .01)、0.344 (p = 0.011 < .05)，均達到統計顯著水準，R 平方為 81.64%，增加的 R 平方解釋變異量為 5.77%；階層四的預測變項為「數學成就」、「數學焦慮」、「補習時間」、「父母態度」，迴歸係數分別為 0.0333 (p = 0.065 > .05)、-0.497 (p = .001 < .01)、0.364 (p = 0.003 < .01)、0.385 (p = 0.008 < .01)，當投入「父母態度」自變項後，「數學成就」自變項的預測力由顯著變為不顯著，「數學焦慮」與「補習時間」對數學態度的預測力還是達到統計顯著水準，整體 R 平方為 86.52%，增加的 R 平方解釋變異量為 4.88%。

```
Analysis of Variance [變異數分析摘要表]
Source          DF    Seq SS   Contribution   Adj SS    Adj MS   F-Value   P-Value
Regression      4     198.50   86.52%         198.498   49.625   36.90     0.000
  父母態度       1     129.97   56.65%         11.181    11.181   8.31      0.008
  數學成就       1     39.93    17.41%         5.031     5.031    3.74      0.065
  補習時間       1     10.58    4.61%          14.747    14.747   10.97     0.003
  數學焦慮       1     18.01    7.85%          18.015    18.015   13.40     0.001
Error           23    30.93    13.48%         30.931    1.345
Total           27    229.43   100.00%
Model Summary
  S        R-sq      -sq (adj)    PRESS     R-sq (pred)
1.15966    86.52%    84.17%       47.3025   79.38%
```

　　變異數分析摘要表中增列四個自變項對數學態度效標變項的 R 平方，「父母態度」對數學態度的貢獻變異為 56.65%、「數學成就」對數學態度的貢獻變異為 17.41%、「補習時間」對數學態度的貢獻變異為 4.61%、「數學焦慮」對數學態度的貢獻變異為 7.85%，四個自變項對數學態度的整體貢獻變異為 86.52%，模式摘要的 Press 參數為 47.3025，無法解釋的變異量 (誤差) 為 13.48%。

```
Coefficients
Term        Coef     SE Coef      95% CI              T-Value   P-Value   VIF
Constant    1.57     1.67       ( -1.88,  5.03)       0.94      0.356
父母態度     0.385    0.134      ( 0.109,  0.662)      2.88      0.008     1.98
數學成就     0.0333   0.0172     (-0.0023, 0.0690)     1.93      0.065     2.78
補習時間     0.364    0.110      ( 0.136,  0.591)      3.31      0.003     1.12
數學焦慮    -0.497    0.136      ( -0.778, -0.216)    -3.66      0.001     2.10
Regression Equation
數學態度 = 1.57 + 0.385 父母態度 + 0.0333 數學成就 + 0.364 補習時間 − 0.497 數學焦慮
```

　　延伸表格中係數摘要增列迴歸係數 95% 信賴區間值，其餘欄的參數估計值與選取簡單表格結果相同。四個自變項同時投入迴歸模式中，具有顯著預測力自變項為「父母態度」、「補習時間」與「數學焦慮」。

　　階層迴歸分析結果摘要表統整如下：

投入變項	階層一	階層二	階層三	階層四
截距項	-1.510	3.840	2.990	1.570
數學成就	0.111***	0.072**	0.057**	0.033
數學焦慮		-0.507**	-0.575**	-0.497**
補習時間			0.344*	0.364**
父母態度				0.385**
R^2	67.13%	75.87%	81.64%	86.52%
ΔR^2	--------	8.74%	5.77%	4.88%
Mallows Cp	32.07	19.17	11.31	5.00

*$p < .05$ **$p < .01$ ***$p < .001$

 第五節　最佳子集迴歸

最佳子集迴歸可以找出投入多個解釋變項時，最佳解釋變項組合的迴歸方程。

執行功能表列「Stat」(統計) /「Regression」(迴歸) /「Regression」(迴歸) /「Best Subsets」(最佳子集) 程序，開啟「Best Subsets Regression」(最佳子集迴歸) 對話視窗。

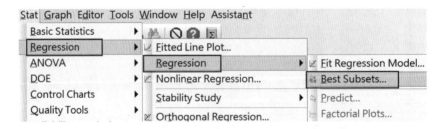

「Best Subsets Regression」(最佳子集迴歸) 對話視窗中，從變數清單選取效標變項「數學態度」至「Response:」(反應變項) 右方框內、從變數清單選取四個預測變項父母態度、數學成就、補習時間、數學焦慮至「Free predictors:」(自由預測變項) 下方框內，方框內訊息為「'父母態度' - '數學焦慮'」，按

「Options」(選項) 鈕，開啟「Best Subsets Regression: Options」(最佳子集迴歸：選項) 次對話視窗。

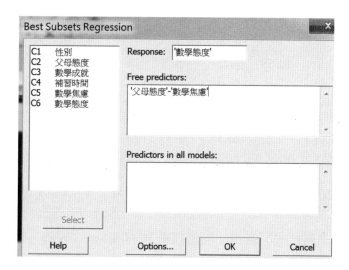

「Best Subsets Regression: Options」(最佳子集迴歸：選項) 次對話視窗中，勾選「☑Fit intercept」(適配截距)、「☑Display PRESS」(顯示 PRESS) 二個選項，其餘設定採用內定數值，按「OK」鈕，回到「Best Subsets Regression」(最佳子集迴歸) 主對話視窗，按「OK」鈕。

Best Subsets Regression: Options

Free Predictor(s) In Each Model
Minimum: 1
Maximum:

Models of each size to print: 2

☑ Fit intercept

☑ Display PRESS

Help　　OK　　Cancel

最佳子集迴歸分析結果如下：

Best Subsets Regression: 數學態度 versus 父母態度, 數學成就, 補習時間, 數學焦慮
Response is 數學態度

Vars	R-Sq	R-Sq (adj)	PRESS	R-Sq (pred)	Mallows p	S	父母態度	數學成就	補習時間	數學焦慮
1	67.1	65.9	85.1	62.9	32.1	1.7030		X		
1	61.6	60.1	97.9	57.3	41.6	1.8419				X
2	75.9	73.9	69.0	69.9	19.2	1.4882		X		X
2	74.5	72.5	72.2	68.5	21.5	1.5299	X			X
3	84.3	82.4	45.3	80.3	6.7	1.2241	X		X	X
3	81.6	79.4	58.6	74.5	11.3	1.3246		X	X	X
4	86.5	84.2	47.3	79.4	5.0	1.1597	X	X	X	X

最佳子集迴歸模式的選擇的判斷指標為 Mallows Cp 值、PRESS 值,當 Mallows Cp 值愈接近投入迴歸方程之自變項個數加 1 時,表示此迴歸模式是較佳的模型;PRESS 指標值的判斷標準為其數值愈小,表示迴歸模式有較佳的模型。從 PRESS 指標值來看,迴歸方程投入父母態度、補習時間、數學焦慮三個自變項時,PRESS 指標值為 45.3,在出現的變項組合中,此組合迴模式的 PRESS 指標值最小,其 Mallows Cp 指標值為 6.7,與最佳適配值 4 (= 3 + 1) 差距只有 2.7;四個預測變項組合之迴歸模型,PRESS 指標值為 47.3、Mallows Cp 指標值為 5.0,與最佳適配值 5 (= 4 + 1) 差距為 0,因而包含四個解釋變項的迴歸模型是可以被接受的。

包含數學成就、補習時間、數學焦慮三個解釋變項之迴歸模型的 PRESS 指標值為 58.6、Mallows Cp 指標值為 11.3、$R^2 = 81.6\%$;投入父母態度、補習時間、數學焦慮三個解釋變項之迴歸模型的 PRESS 指標值為 45.3、Mallows Cp 指標值為 6.7、$R^2 = 84.3\%$,從 PRESS 指標值、Mallows Cp 指標值、R^2 指標值來判別,包含「父母態度」、「補習時間」、「數學焦慮」三個解釋變項的組合迴歸模型較投入「數學成就」、「補習時間」、「數學焦慮」三個解釋變項的組合迴歸模型較佳。

Minitab 最佳子集迴歸程序並未全部列出投入自變項的所有可能組合情況,僅列出部分 R 平方較大的子集組合變項供研究者參考。研究者可結合適配迴歸模式與子集迴歸模式的輸出結果,選取最佳的變項組合。

第六節　預測變項為類別變項

迴歸分析的假定是資料結構必必須符合常態分配，預測變項為計量變項 (連續變項)，如果預測變項為間斷變項，必須將間斷變項轉為虛擬變項。虛擬變項就是將原類別變項的各個水準群體的數值編碼為 0 與 1。

一、範例問題

研究問題：學校規模與教師職務二個自變項是否可以有效解釋樣本觀察值的工作壓力？

研究問題中的預測變項為「學校規模」與「教師職務」，二個預測變項均為類別變項，「學校規模」自變項為三分類別變項，水準數值 1 表示的是服務於小型學校教師群體、水準數值 2 表示的是服務於中型學校教師群體、水準數值 3 表示的是服務於大型學校教師群體；「教師職務」自變項為四分類別變項，水準數值 1 為主任群體、水準數值 2 為組長群體、水準數值 3 為科任教師群體、水準數值 4 為級任教師群體。工作壓力反應變項為計量變項，測量值愈大表示樣本觀察值感受的工作壓力愈高。

Minitab 工作表資料檔與二個類別變項轉換的指標變項的數據資料如下：

C1	C2	C3	C4	C5	C6	C7	C8	C9	C10
規模	職務	工作壓力	規模_1	規模_2	規模_3	職務_1	職務_2	職務_3	職務_4
1	1	18	1	0	0	1	0	0	0
1	1	16	1	0	0	1	0	0	0
1	2	11	1	0	0	0	1	0	0
1	2	13	1	0	0	0	1	0	0
1	3	17	1	0	0	0	0	1	0
1	3	17	1	0	0	0	0	1	0
1	4	10	1	0	0	0	0	0	1
1	4	15	1	0	0	0	0	0	1
1	4	16	1	0	0	0	0	0	1
1	4	15	1	0	0	0	0	0	1

C1	C2	C3	C4	C5	C6	C7	C8	C9	C10
規模	職務	工作壓力	規模_1	規模_2	規模_3	職務_1	職務_2	職務_3	職務_4
1	4	14	1	0	0	0	0	0	1
2	1	1	0	1	0	1	0	0	0
2	2	9	0	1	0	0	1	0	0
2	2	8	0	1	0	0	1	0	0
2	2	7	0	1	0	0	1	0	0
2	2	7	0	1	0	0	1	0	0
2	2	6	0	1	0	0	1	0	0
2	2	9	0	1	0	0	1	0	0
2	3	5	0	1	0	0	0	1	0
2	3	2	0	1	0	0	0	1	0
2	3	5	0	1	0	0	0	1	0
2	3	0	0	1	0	0	0	1	0
2	3	2	0	1	0	0	0	1	0
2	3	0	0	1	0	0	0	1	0
2	3	2	0	1	0	0	0	1	0
2	3	3	0	1	0	0	0	1	0
2	4	14	0	1	0	0	0	0	1
3	1	18	0	0	1	1	0	0	0
3	1	17	0	0	1	1	0	0	0
3	1	15	0	0	1	1	0	0	0
3	1	16	0	0	1	1	0	0	0
3	1	19	0	0	1	1	0	0	0
3	1	18	0	0	1	1	0	0	0
3	2	8	0	0	1	0	1	0	0
3	2	9	0	0	1	0	1	0	0
3	2	10	0	0	1	0	1	0	0
3	3	2	0	0	1	0	0	1	0
3	3	3	0	0	1	0	0	1	0

C1	C2	C3	C4	C5	C6	C7	C8	C9	C10
規模	職務	工作壓力	規模_1	規模_2	規模_3	職務_1	職務_2	職務_3	職務_4
3	3	4	0	0	1	0	0	1	0
3	3	1	0	0	1	0	0	1	0
3	4	16	0	0	1	0	0	0	1
3	4	15	0	0	1	0	0	0	1

　　工作表中的指標變項「規模_1」、「規模_2」、「規模_3」、「職務_1」、「職務_2」、「職務_3」、「職務_4」等七個是執行「建立指標變項」程序後自動建立，非原始研究者輸入數據資料，資料檔建檔時，這七個虛擬變項不用輸入。

二、操作程序與結果

　　執行功能表列「Calc」(計算) /「Make Indicator Variables」(建立指標變項)程序，程序提示語為「Create a columns of 0s and 1s for each level of a categorical variable.」(建立類別變項每個水準數值為 0 與 1 的直行變數欄)，程序可以開啟「Make Indicator Variables」(建立指標變項) 對話視窗。

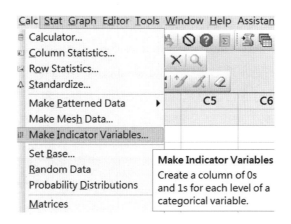

　　「Make Indicator Variables」(建立指標變項) 對話視窗中，從變數清單中選取類別變項「C1 規模」至「Indicator variables for:」(指標變項來源) 右方框中，由於規模類別變項有三個水準數值，「Store indicator variables in columns:」(儲存指

標變項在直行) 下直行欄會自動呈現三個橫列，方框內容分別為「'規模_1'」、「'規模_2'」、「'規模_3'」，按「OK」鈕。由於原先工作表的編號直行使用到 C3，三個虛擬變項：「規模_1」、「規模_2」、「規模_3」會分別儲存在直行 C4、C5、C6。

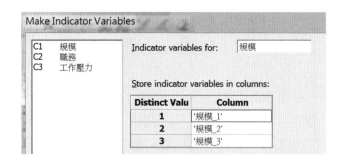

「規模」原始自變項的水準數值為 1 的觀察值，對應「規模_1」變項的水準數值編碼為 1，原水準數值為 2、3 的觀察值，對應「規模_1」變項的水準數值編碼為 0；「規模」原始自變項的水準數值為 2 的觀察值，對應「規模_2」變項的水準數值編碼為 1，原水準數值為 1、3 的觀察值，對應「規模_2」變項的水準數值編碼為 0；「規模」原始自變項的水準數值為 3 的觀察值，對應「規模_3」變項的水準數值編碼為 1，原水準數值為 1、2 的觀察值，對應「規模_3」變項的水準數值編碼為 0。

「Make Indicator Variables」(建立指標變項) 對話視窗中，從變數清單內選取類別變項「C2 職務」至「Indicator variables for:」(指標變項來源) 右方框中，由於職務類別變項有四個水準數值，「Store indicator variables in columns:」(儲存指標變項在直行) 下直行欄會自動呈現四個橫列，方框內容分別為「'職務_1'」、「'職務_2'」、「'職務_3'」、「'職務_4'」，按「OK」鈕。

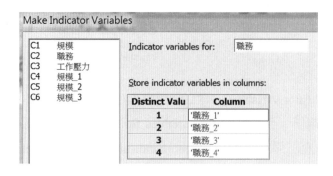

　　由於原先工作表的編號直行使用到 C6，四個虛擬變項：「職務_1」、「職務_2」、「職務_3」、「職務_1」會分別儲存在直行 C7、C8、C9、C10。

　　「職務」原始自變項的水準數值為 1 的觀察值，對應「職務_1」變項的水準數值編碼為 1，原水準數值為 2、3、4 的觀察值，對應「職務_1」變項的水準數值編碼為 0；「職務」原始自變項的水準數值為 2 的觀察值，對應「職務_2」變項的水準數值編碼為 1，原水準數值為 1、3、4 的觀察值，對應「職務_2」變項的水準數值編碼為 0；「職務」原始自變項的水準數值為 3 的觀察值，對應「職務_3」變項的水準數值編碼為 1，原水準數值為 1、2、4 的觀察值，對應「職務_3」變項的水準數值編碼為 0；「職務」原始自變項的水準數值為 4 的觀察值，對應「職務_4」變項的水準數值編碼為 1，原水準數值為1、2、3的觀察值，對應「職務_4」變項的水準數值編碼為 0。

　　工作表中建立「規模」類別變項之三個指標變項與「職務」類別變項四個指標變項的部分資料檔視窗界面如下：

	C1	C2	C3	C4	C5	C6	C7	C8	C9	C10	C11
	規模	職務	工作壓力	規模_1	規模_2	規模_3	職務_1	職務_2	職務_3	職務_4	
1	1	1	18	1	0	0	1	0	0	0	
2	1	1	16	1	0	0	1	0	0	0	
3	1	2	11	1	0	0	0	1	0	0	
4	1	2	13	1	0	0	0	1	0	0	
5	1	3	17	1	0	0	0	0	1	0	

　　迴歸分析程序中，預測變項若是非連續計量變項，進行迴歸統計分析的變項選取有二種方法：一為直接選取未經轉換的類別變項，二為選取類別變項轉換為指標變項之虛擬變項。

(一) 直接選取未經轉換的類別變項

　　執行功能表列「Stat」(統計) /「Regression」(迴歸) /「Regression 」(迴歸) /「Fit Regression Model...」(適配迴歸模式) 程序，開啟「Regression」(迴歸) 對話視窗。

　　「Regression」(迴歸) 對話視窗中，從變數清單中選取「C3　工作壓力」至「Responses:」(反應變項) 下方框中，方框訊息為「工作壓力」；從變數清單中選取「C1 規模」、「C2 職務」至「Categorical predictors:」(類別變項) 下方框中，方框內訊息為「規模　職務」(變項間空白鍵隔開)，按「OK」鈕。

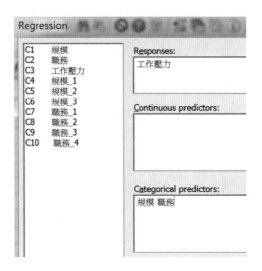

迴歸分析結果如下：

Regression Analysis: 工作壓力 **versus** 規模, 職務

Method [方法]

Categorical predictor coding (1, 0)

Analysis of Variance [變異數分析]

Source	DF	Adj SS	Adj MS	F-Value	P-Value
Regression	5	1091.87	218.374	17.09	0.000
規模	2	245.05	122.525	9.59	0.000
職務	3	417.82	139.273	10.90	0.000
Error	36	459.96	12.777		
Lack-of-Fit	6	382.42	63.737	24.66	0.000
Pure Error	30	77.54	2.585		
Total	41	1551.83			

Model Summary [模式摘要]

S	R-sq	R-sq (adj)	R-sq (pred)
3.57445	70.36%	66.24%	56.36%

Coefficients [係數]

Term	Coef	SE Coef	T-Value	P-Value	VIF	
Constant	18.22	1.64	11.14	0.000		
規模						
2	-6.82	1.57	-4.34	0.000	1.91	[水準數值 2 與水準數值 1 的比較]
3	-3.19	1.51	-2.11	0.042	1.73	[水準數值 3 與水準數值 1 的比較]
職務						

2	-4.81	1.71	-2.81	0.008	1.86 [水準數值 2 與水準數值 1 的比較]
3	-8.91	1.64	-5.42	0.000	1.97 [水準數值 3 與水準數值 1 的比較]
4	-2.19	1.84	-1.19	0.242	1.72 [水準數值 4 與水準數值 1 的比較]

Regression Equation [迴歸方程式]

工作壓力 = 18.22 + 0.0 規模_1 – 6.82 規模_2 – 3.19 規模_3 + 0.0 職務_1 – 4.81 職務_2 – 8.91 職務_3 – 2.19 職務_4

　　係數摘要內定的參照指標變項分別為「規模_1」(小型學校教師群體) 與「職務_1」(主任群體)，「規模_2」預測變項為水準數值 2 (中型學校樣本群體) 與水準數值 1 (小型學校樣本群體) 的比較，迴歸係數為 -6.82，對應的 t 值為 -4.34 (p < .001)，達統計顯著水準；「規模_3」預測變項為水準數值 3 (大型學校樣本群體) 與水準數值 1 (小型學校樣本群體) 的比較，迴歸係數為 -3.19，對應的 t 值為 -2.11 (p < .05)，達統計顯著水準，表示與小型學校教師群體 (參照群組) 對照之下，中型學校教師群體與大型學校教師群體的工作壓力較低。

　　「職務_2」預測變項為水準數值 2 (組長樣本群體) 與水準數值 1 (主任樣本群體) 的比較，迴歸係數為 -4.81，對應的 t 值為 -2.81 (p < .01)，達統計顯著水準；「職務_3」預測變項為水準數值 3 (專任教師樣本群體) 與水準數值 1 (主任樣本群體) 的比較，迴歸係數為 -8.91，對應的 t 值為 -5.42 (p < .001)，達統計顯著水準；「職務_4」預測變項為水準數值 4 (級任教師樣本群體) 與水準數值 1 (主任樣本群體) 的比較，迴歸係數為 -2.19，對應的 t 值為 -1.19 (p > .05)，未達統計顯著水準。與主任樣本群組 (參照群組) 相較之下，組長樣本群組與專任教師樣本群組有較低的工作壓力，就樣本群體在工作壓力平均數的差異檢定而言，組長群體與專任教師群體顯著的低於主任群體，而級任教師群體與主任群體則沒有顯著不同。

　　五個虛擬變項對工作壓力的解釋變異量為 70.36% (R^2 = 70.36%)，調整後的解釋變異量為 66.24% (R^2 = 66.27%)。

(二) 選取虛擬變項

　　由於指標變項為虛擬變項，選入迴歸方程模式中要保留一個參照組別 (參照指標變項)，範例中以原水準數值編碼為 1 的樣本設為參照變項，「規模」指標變項被選入迴歸方程的變項為「規模_2」、「規模_3」，「職務」指標變項被選入迴歸方程的變項為「職務_2」、「職務_3」、「職務_4」，「Continuous predictors:」(連續預測變項) 方框內的訊息為:「'規模_2' '規模_3' '職務_2' '職務_3' '職務_4'」。

反應變項為「工作壓力」。未被選入迴歸方程的指標變項為「規模_1」、「職務_1」,表示這二個指標變項對應的群體為參照組別,「規模_1」指標變項對應的群體為「小型學校教師」、「職務_1」指標變項對應的群體為「主任群組」。

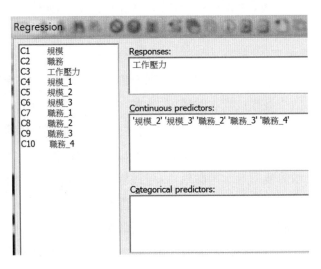

複迴歸分析結果如下:

Regression Analysis: 工作壓力 versus 規模_2, 規模_3, 職務_2, 職務_3, 職務_4
Analysis of Variance [變異數分析]

Source	DF	Adj SS	Adj MS	F-Value	P-Value
Regression	5	1091.87	218.374	17.09	0.000
規模_2	1	241.12	241.116	18.87	0.000
規模_3	1	56.75	56.747	4.44	0.042
職務_2	1	101.00	100.999	7.90	0.008
職務_3	1	375.83	375.832	29.42	0.000
職務_4	1	18.06	18.065	1.41	0.242
Error	36	459.96	12.777		
Lack-of-Fit	6	382.42	63.737	24.66	0.000
Pure Error	30	77.54	2.585		
Total	41	1551.83			

Model Summary [模式摘要]

S	R-sq	R-sq (adj)	R-sq (pred)
3.57445	70.36%	66.24%	56.36%

Coefficients [係數]

Term	Coef	SE Coef	T-Value	P-Value	VIF
Constant	18.22	1.64	11.14	0.000	
規模_2	-6.82	1.57	-4.34	0.000	1.91
規模_3	-3.19	1.51	-2.11	0.042	1.73
職務_2	-4.81	1.71	-2.81	0.008	1.86
職務_3	-8.91	1.64	-5.42	0.000	1.97
職務_4	-2.19	1.84	-1.19	0.242	1.72

Regression Equation [迴歸方程式]

工作壓力 = 18.22 - 6.82 規模_2 - 3.19 規模_3 - 4.81 職務_2 - 8.91 職務_3 - 2.19 職務_4

　　變異數分析摘要中的迴歸列 F 值為 17.09 (p < .001)，達統計顯著水準，表示五個虛擬變項中至少有一個變項對「工作壓力」效標變項具有顯著的解釋力，從個別預測變項的統計量數來看，「規模_2」(F = 18.87，p < .001)、「規模_3」(F = 4.44，p < .05)、「職務_2」(F = 7.90，p < .01)、「職務_3」(F = 29.42，p < .001) 四個虛擬變項的預測力達到顯著，「職務_4」(F = 1.41，p > .05) 則未達統計顯著水準。

　　「規模_2」、「規模_3」、「職務_2」、「職務_3」四個虛擬變項的迴歸係數分別為 -6.82、-3.19、-4.81、-8.91，係數值均為負值，表示與參照群體 (小型學校教師群體) 比較之下，中型學校教師群體、大型學校教師群體有顯著較低的工作壓力；與主任群體比較之下，組長群體與專任教師群體有顯著較低的工作壓力。

　　五個虛擬變項對工作壓力的解釋變異量為 70.36% (R^2 = 70.36%)，調整後的解釋變異量為 66.24% (R^2 = 66.27%)。

　　迴歸方程式中的常數項為 18.22，非標準化的迴歸方程如下：

工作壓力 = 18.22 − 6.82 × (規模_2) − 3.19 × (規模_3) − 4.81 × (職務_2)
　　　　　 − 8.91 × (職務_3) − 2.19 × (職務_4)

以原始類別變項投入迴歸模式的非標準化迴歸方程式為：

$$工作壓力 = 18.22 + 0.0 \times (規模\_1) - 6.82 \times (規模\_2) - 3.19 \times (規模\_3) + 0.0$$
$$\times (職務\_1) - 4.81 \times (職務\_2) - 8.91 \times (職務\_3) - 2.19 \times (職務\_4)$$

上述以原始類別變項投入迴歸模式的程序與使用轉換後指標變項再投入迴歸模式的程序雖然操作略有不同,但結果是相同的,迴歸分析估計所得的參數都一樣。

選入的虛擬變項不同或參照群組的設定不一樣,迴歸分析結果所得的迴歸係數值或其正負號也會不同。參照群組的界定上,最好不要以樣本數差異最大的水準群組作為參照組,尤其是水準群組個數少於 15 者,因為水準群組個數少於 15,無法符合母數平均數差異檢定的要求,統計結果偏誤較可能發生。

CHAPTER 11

因素分析與
項目分析

因素分析 (factor analysis) 的功能在於將資料縮減 (data reduction) 或變項簡化，在量表編製中，每個量表包含的題項一般在 15 至 30 題中間，當量表作答為李克特氏型態時，量表題項可以進行加總，相同題項反應的潛在特質或構念是相同的，所以量表雖有許多個別題項，但可以將個別題項進行分類，反應同一特質或心理構念的題項可以群集在一起，群組的潛在變項或無法觀察的變項，稱為共同因素或因子，原先的題項稱為觀察變項或指標變項。

　　量表編製過程中，強調的是量表的信效度，量表的信度是量表題項的內在一致性或穩定性，量表的效度是量表題項可以正確可靠的測量出想要測得的潛在特質或心理構念。常見的量表的效度種類有二：一為內定效度或專家審核的專家效度 (專家效度是主觀性對的對題項意涵或語意加以檢核，也是一種內容效度)，二為經因素分析建構的構念效度，構念效度是經由客觀分析 (統計量數) 建構的效度，構念效度與內容效度的差別在於二種效度建構方式，前者是根據統計量數抽

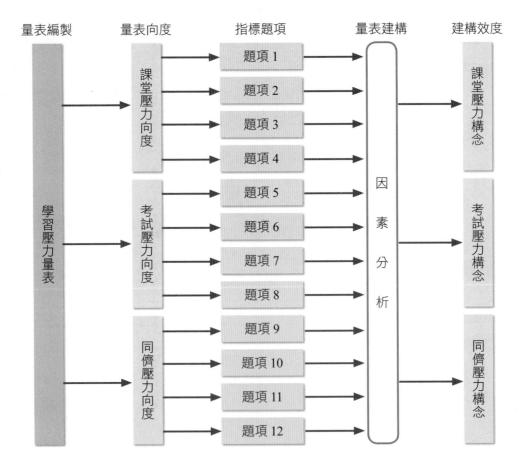

取題項的潛在構念，後者是經由主觀與專業的檢核建立效度。

　　因素分析程序有二個重要統計量指標值，一為特徵值 (eigenvalue)、一為共同性 (communality)。特徵值是每個共同因素中所有題項因素負荷量平方值的總和，數值表示的是共同因素潛在變項可以解釋觀察變項 (指標變項/題項) 的變異程度；共同性是每個題項在萃取共同因素之因素負荷量平方值的總和，數值表示的是指標題項可以反應潛在特質的變異程度，一般題項的共同性若大於 0.400，表示題項可以有效反應萃取之共同因素的潛在構念或特質。

第一節　限定萃取因素之個數

　　量表編製過程若已明確界定量表題項與其所歸屬的構面，進行因素分析程序可界定萃取共同因素的個數。

一、範例量表

　　「班級經營實踐程度」量表經內容效度與專家效度檢核，指標題項共有 20 題，包含四大構面 (向度)，指標題項如下：

	班級的實踐程度				
	完全做到				較少做到
一、教學活動的經營					
1 能依課程需求使用適切的教具與教學媒體 [A01]	□	□	□	□	□
2 能依學生學習特性與教材性質選擇適切的教學方法 [A02]	□	□	□	□	□
3 能依學生的學習表現適時調整教學策略[A03]	□	□	□	□	□
4 能依實際需要選擇適切的評量方式 [A04]	□	□	□	□	□
5 對學習低落學生能適時提供補救教學 [A05]	□	□	□	□	□
二、學務活動的經營					
1 能指導學生共同建立有助於學習的班級規約 [B01]	□	□	□	□	□
2 能定期檢核班級規約並公平一致落實執行 [B02]	□	□	□	□	□

3 班級幹部的產生能兼顧學生意願與能力 [B03]	☐	☐	☐	☐	☐
4 配合學習活動培養學生正向的品德行為 [B04]	☐	☐	☐	☐	☐
5 能安排多元活動激發學生的優勢才能 [B05]	☐	☐	☐	☐	☐
三、輔導活動的經營					
1 能具備輔導知能並應用以落實班級教師初級輔導功能 [C01]	☐	☐	☐	☐	☐
2 能運用有效方法適時處理學生干擾學習活動的行為 [C02]	☐	☐	☐	☐	☐
3 能覺察並善用輔導策略有效輔導學生的偏差行為 [C03]	☐	☐	☐	☐	☐
4 能與家長密切配合有效輔導學生的不當行為 [C04]	☐	☐	☐	☐	☐
5 能知悉並善用學校輔導資源協助班級輔導工作 [C05]	☐	☐	☐	☐	☐
四、情境規劃的經營					
1 能依學生與教學需求安排適宜之學習情境 [D01]	☐	☐	☐	☐	☐
2 能依學生學習需求更換學生的班級座位 [D02]	☐	☐	☐	☐	☐
3 能依單元內容隨時更換教室佈置的素材 [D03]	☐	☐	☐	☐	☐
4 能營造友善、安全的班級氛圍 [D04]	☐	☐	☐	☐	☐
5 能適時應用學校設備或校園空間進行教學 [D05]	☐	☐	☐	☐	☐

題項後面為變項名稱。樣本抽取中小學教師，有效樣本數共 210 位，為瞭解量表的建構效度或構念效度，進行探索性因素分析或試探性因素分析。

工作表中的指標變項建檔與部分數據資料檔如下：

	C1	C2	C3	C4	C5	C6	C7	C8	C9	C10	C11	C12	C13	C14	C15	C16	C17	C18	C19	C20	C21
	A01	A02	A03	A04	A05	B01	B02	B03	B04	B05	C01	C02	C03	C04	C05	D01	D02	D03	D04	D05	
32	4	4	4	4	4	4	4	4	4	4	4	4	4	4	4	5	5	5	5	5	
33	4	4	5	4	5	4	4	5	5	4	5	5	5	4	4	5	4	5	4		
34	5	5	5	4	5	5	4	3	5	5	5	4	4	4	5	4	5	5	5		
35	4	4	4	3	5	4	5	4	4	5	4	5	5	5	5	5	5	5	5		
36	4	4	4	5	5	4	5	5	5	5	5	5	4	4	4	4	4	5	4		
37	4	4	4	5	4	5	5	5	5	4	5	5	5	4	4	5	5	5	4		
38	4	4	4	4	4	4	4	4	4	5	4	5	5	4	5	5	5	5	5		
39	5	4	4	4	4	4	5	4	4	4	4	4	5	4	4	4	4	5	4		
40	4	4	4	4	5	5	5	4	4	5	4	4	5	4	5	5	5	5	4		

二、操作程序

執行功能表列「Stat」(統計) /「Multivariate」(多變量) /「Factor Analysis」(因素分析) 程序，程序提示語為「Identify a smaller number of unobserved variables that describe the variability among many correlated variables.」(確認以較少無法觀察的變項來描述多個有相關變項的變異)，程序會開啟「Factor Analysis」(因素分析) 對話視窗。

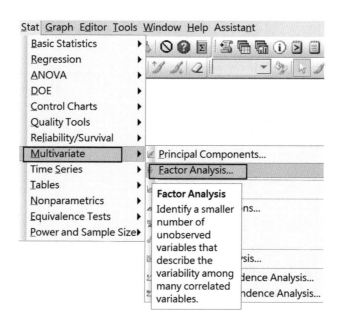

　　「Factor Analysis」(因素分析) 對話視窗中，從變數清單中選取二十個題項的指標變項至右邊「Variables:」(變項) 下方框內，方框內訊息為「A01-D05」，「Number of factors to extract:」(因素萃取的個數) 右邊的方框輸入數值 4，表示因素分析抽取 4 個共同因素，「Method of Extract」(共同因素抽取方法) 方盒內定選項為「⊙Principal components」(主成份分析法)，

　　另一個抽取共同因素的方法為最大概似估計法 (Maximum likelihood)；「Type of Rotation」(轉軸方法型態) 有四種：「Equimax」(均等最大法)、「Varimax」(最大變異法或極變法)、「Quartimax」(四方最大法)、「Orthomax with y」，四種轉軸法均為直交轉軸 (orthogonal rotation)，視窗介面選取最大變異法選項 (Varimax)，最大變異法屬直交轉軸法的一種。

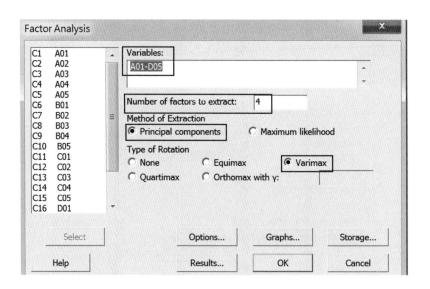

因素分析主對話視窗，按「Options」(選項) 鈕，可以開啟「Factor Analysis: Options」(因素分析：選項) 次對話視窗，次對話視窗在說明因素分析程序使用的矩陣是相關矩陣或共變異數矩陣與矩陣來源，內定選項「⊙Correlation」(相關)、「⊙Compute from variables」(根據變項計算)，表示因素分析程序之來源矩陣為相關矩陣，而相關矩陣來源 (Source of Matrix) 是根據變項測量值估算而來。「Loading for Initial Solution」方盒內定的選項為「⊙Compute from variables」(根據變項計算)，選項的意涵為採用主成份分析法抽取共同因素時，起始解值的因素負荷量是根據變項原始測量值計算所得。若是採用最大概似估計法抽取共同因素，可以進一步設定起始共同性估計值、最大疊代值與聚斂量數。「Source of Matrix」(矩陣來源) 方盒有二個選項：一為「⊙Compute from variables」(根據變項計算)、二為「Use matrix」(使用矩陣)，前者表示的是因素分析原始矩陣來源是根據原始指標變項測量值計算而得，後者表示的是因素分析矩陣直接採取相關矩陣或共變異數矩陣，一般進行因素分析程序多數是使用原始變項的測量值進行分析，因為此種操作比較簡便，不用進行資料重新建檔的步驟。

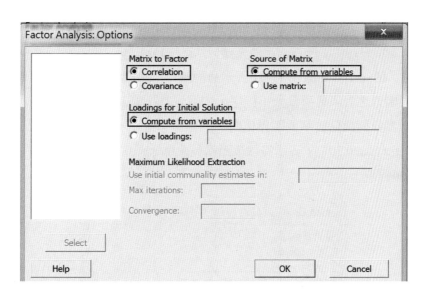

　　因素分析主對話視窗，按「Graphs」(圖形) 鈕，可以開啟「Factor Analysis: Graphs」(因素分析：圖形) 次對話視窗，次對話視窗可以勾選因素分析程序要增列的圖形，最常使用的為陡坡圖 (Scree plot)，視窗界面勾選「☑Scree plot」(陡坡圖) 選項，其他選項有前二個因素的分數圖 (Score plot for first 2 factors)、前二個共同因素的因素負荷圖 (Loading plot for first 2 factors)、前二個共同因素的因素圖與負荷量圖 (Biplot for first 2 factors)。

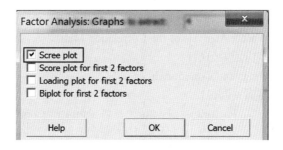

　　因素分析主對話視窗，按「Results」(結果) 鈕，會開啟「Factor Analysis: Results」(因素分析：結果) 次對話視窗，次對話視窗可以設定因素分析程序輸出結果的報表內容，輸出結果 (Display of Results)內定選項為「 Loading and factor score coefficients」(因素負荷量與因素分數係數)，「Display of Results」方盒其他的三個選項為「Do not display」(不顯示因素負荷量與因素係數值)、「Loading only」(只顯示因素負荷量)、「All and MLE iterations」(所有參數及 MLE 運算的疊代，此選項只適用萃取方法為最大概似估計法)。

　　勾選「☑Sort loadings」(排序因素負荷量) 選項可以界定因素負荷量表格根據各共同因素之因素負荷量大小排序，勾選「Zero loadings less than:」選項可以設定因素負荷量低於某個臨界值時，因素負荷量以 0.000 表示，如「☑Zero loadings less than:0.30」，表示轉軸後因素負荷量低於 0.300 者，因素負荷量量數改以 0.000 呈現。

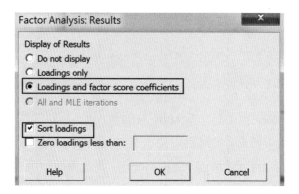

三、輸出結果

　　因素分析輸出結果如下：

Principal Component Factor Analysis of the Correlation Matrix
[以相關矩陣進行主成份因素分析]
Unrotated Factor Loadings and Communalities
[未轉軸之因素負荷量與共同性]

Variable 指標變項	Factor1 因素 1	Factor2 因素 2	Factor3 因素 3	Factor4 因素 4	Communality 共同性
A01	0.580	-0.352	-0.161	-0.305	0.578
A02	0.661	-0.493	-0.183	-0.162	0.740
A03	0.722	-0.406	-0.202	-0.014	0.727
A04	0.687	-0.368	-0.140	0.034	0.629
A05	0.615	-0.215	-0.108	-0.005	0.436
B01	0.661	0.341	0.011	-0.505	0.807
B02	0.615	0.354	-0.150	-0.508	0.784
B03	0.685	0.054	-0.011	-0.171	0.502

B04	0.696	0.087	-0.010	-0.001	0.492
B05	0.659	0.067	-0.006	0.342	0.556
C01	0.714	-0.247	0.278	0.282	0.727
C02	0.709	-0.013	0.312	0.043	0.602
C03	0.679	-0.087	0.574	-0.016	0.798
C04	0.646	0.062	0.510	-0.077	0.687
C05	0.682	0.222	0.372	0.084	0.659
D01	0.758	0.135	-0.115	0.158	0.632
D02	0.612	0.360	-0.164	0.114	0.544
D03	0.599	0.400	-0.325	0.322	0.728
D04	0.703	0.135	-0.231	0.123	0.581
D05	0.703	0.026	-0.316	0.164	0.622
Variance	8.9999	1.4188	1.3552	1.0575	12.8314 [特徵值]
% Var	0.450	0.071	0.068	0.053	0.642　[解釋變異]

[轉軸後之因素負荷量與共同性-未根據因素負荷量大小排序]
Rotated Factor Loadings and Communalities
Varimax Rotation [最大變異法進行轉軸]

Variable 指標變項	Factor1 因素 1	Factor2 因素 2	Factor3 因素 3	Factor4 因素 4	Communality 共同性
A01	0.684	-0.057	-0.132	0.298	0.578
A02	0.820	-0.124	-0.176	0.147	0.740
A03	0.770	-0.287	-0.211	0.090	0.727
A04	0.694	-0.285	-0.251	0.052	0.629
A05	0.535	-0.281	-0.234	0.127	0.436
B01	0.184	-0.236	-0.293	0.795	0.807
B02	0.201	-0.285	-0.133	0.803	0.784
B03	0.366	-0.311	-0.331	0.402	0.502
B04	0.319	-0.425	-0.360	0.284	0.492
B05	0.257	-0.583	-0.387	-0.016	0.556
C01	0.442	-0.313	-0.647	-0.122	0.727
C02	0.291	-0.272	-0.642	0.176	0.602
C03	0.256	-0.078	-0.838	0.154	0.798
C04	0.156	-0.121	-0.759	0.267	0.687
C05	0.073	-0.363	-0.683	0.237	0.659
D01	0.325	-0.614	-0.325	0.209	0.632
D02	0.099	-0.634	-0.200	0.303	0.544
D03	0.078	-0.829	-0.085	0.164	0.728
D04	0.337	-0.615	-0.193	0.228	0.581

指標變項				
D05	0.440	-0.623	-0.128	0.152	0.622
Variance	3.6812	3.5727	3.4852	2.0923	12.8314
% Var	0.184	0.179	0.174	0.105	0.642

[轉軸後之因素負荷量與共同性-根據因素負荷量大小排序]
Sorted Rotated Factor Loadings and Communalities

Variable 指標變項	Factor1 因素 1	Factor2 因素 2	Factor3 因素 3	Factor4 因素 4	Communality 共同性
A02	0.820	-0.124	-0.176	0.147	0.740
A03	0.770	-0.287	-0.211	0.090	0.727
A04	0.694	-0.285	-0.251	0.052	0.629
A01	0.684	-0.057	-0.132	0.298	0.578
A05	0.535	-0.281	-0.234	0.127	0.436
D03	0.078	-0.829	-0.085	0.164	0.728
D02	0.099	-0.634	-0.200	0.303	0.544
D05	0.440	-0.623	-0.128	0.152	0.622
D04	0.337	-0.615	-0.193	0.228	0.581
D01	0.325	-0.614	-0.325	0.209	0.632
B05	0.257	-0.583	-0.387	-0.016	0.556
B04	0.319	-0.425	-0.360	0.284	0.492
C03	0.256	-0.078	-0.838	0.154	0.798
C04	0.156	-0.121	-0.759	0.267	0.687
C05	0.073	-0.363	-0.683	0.237	0.659
C01	0.442	-0.313	-0.647	-0.122	0.727
C02	0.291	-0.272	-0.642	0.176	0.602
B02	0.201	-0.285	-0.133	0.803	0.784
B01	0.184	-0.236	-0.293	0.795	0.807
B03	0.366	-0.311	-0.331	0.402	0.502
Variance	3.6812	3.5727	3.4852	2.0923	12.8314
% Var	0.184	0.179	0.174	0.105	0.642

[因素分數係數]
Factor Score Coefficients

Variable 變項	Factor1 因素 1	Factor2 因素 2	Factor3 因素 3	Factor4 因素 4
A01	0.307	0.187	0.102	0.151
A02	0.371	0.147	0.094	-0.000
A03	0.310	0.032	0.084	-0.081
A04	0.266	0.016	0.042	-0.111
A05	0.178	0.001	0.031	-0.035

B01	-0.066	0.115	0.016	0.523
B02	-0.037	0.064	0.119	0.539
B03	0.042	0.027	-0.013	0.176
B04	-0.002	-0.073	-0.035	0.057
B05	-0.047	-0.242	-0.076	-0.213
C01	0.066	-0.022	-0.249	-0.288
C02	-0.031	0.038	-0.240	-0.031
C03	-0.046	0.177	-0.393	-0.030
C04	-0.103	0.142	-0.344	0.069
C05	-0.178	-0.040	-0.280	0.010
D01	-0.023	-0.209	0.007	-0.039
D02	-0.133	-0.265	0.052	0.066
D03	-0.149	-0.437	0.127	-0.069
D04	0.007	-0.224	0.087	-0.007
D05	0.079	-0.237	0.134	-0.068

　　輸出結果報表中之未轉軸的數據，四個因素之變異量 (Variance 列數據) 分別為 8.9999、1.4188、1.3552、1.0575，此橫列四個變異量參量為特徵值，每個特徵值除以題項數 20，為每個共同因素可以解釋全部指標變項的解釋量，其數值為橫列「% Var」的參數，四個共同因素個別解釋指標題項的變異量分別為 45.0%、7.1%、6.8%、5.3%，四個共同因素之特徵值總和為 12.8314，可以解釋指標變項的累積解釋變異量為 64.2%。

　　轉軸後的數據報表有二種，一為根據選入的指標變項 (題項) 的順序排列、二為根據題項在各共同因素之因素負荷量的絕對值大小順序排列，二種表格最下面二列的特徵值與解釋變異量是相同的，數值如下：

| Variance | 3.6812 | 3.5727 | 3.4852 | 2.0923 | 12.8314 [特徵值] |
| % Var | 0.184 | 0.179 | 0.174 | 0.105 | 0.642　[解釋變異量] |

　　從輸出報表的參數可以得知：轉軸後的四個共同因素的特徵值分別為 3.6812、3.5727、3.4852、2.0923，四個共同因素個別解釋指標題項的變異量分別為 18.4%、17.9%、17.4%、10.5%，四個共同因素之特徵值總和為 12.8314，可以解釋指標變項的累積解釋變異量為 64.2%。從特徵值的加總值來看，轉軸前四個共同因素特徵值的加總為 12.8314、轉軸後四個共同因素特徵值的加總為

12.8314，轉軸前與轉軸後萃取之共同因素特徵值的總和不變，累積的解釋變異量相同，均為 64.2%，轉軸前四個共同因素之特徵值間的全距或變異較大，轉軸後四個共同因素之特徵值間的全距或變異較小。

根據已排序且轉軸後的因素負荷量與共同性來看，報表輸出結果如下：

```
Sorted Rotated Factor Loadings and Communalities
Variable   Factor1   Factor2   Factor3   Factor4   Communality
指標變項    因素 1    因素 2    因素 3    因素 4    共同性
A02        0.820     -0.124    -0.176    0.147     0.740
A03        0.770     -0.287    -0.211    0.090     0.727
A04        0.694     -0.285    -0.251    0.052     0.629
A01        0.684     -0.057    -0.132    0.298     0.578
A05        0.535     -0.281    -0.234    0.127     0.436
D03        0.078     -0.829    -0.085    0.164     0.728
D02        0.099     -0.634    -0.200    0.303     0.544
D05        0.440     -0.623    -0.128    0.152     0.622
D04        0.337     -0.615    -0.193    0.228     0.581
D01        0.325     -0.614    -0.325    0.209     0.632
B05        0.257     -0.583    -0.387    -0.016    0.556
B04        0.319     -0.425    -0.360    0.284     0.492
C03        0.256     -0.078    -0.838    0.154     0.798
C04        0.156     -0.121    -0.759    0.267     0.687
C05        0.073     -0.363    -0.683    0.237     0.659
C01        0.442     -0.313    -0.647    -0.122    0.727
C02        0.291     -0.272    -0.642    0.176     0.602
B02        0.201     -0.285    -0.133    0.803     0.784
B01        0.184     -0.236    -0.293    0.795     0.807
B03        0.366     -0.311    -0.331    0.402     0.502
```

第一個共同因素 (Factor1) 包含 A02、A03、A04、A01、A05 五個指標題項，五個題項的因素負荷量分別為 0.820、0.770、0.694、0.684、0.535，五個題項的共同性分別為 0.740、0.727、0.629、0.578、0.436。

第二個共同因素 (Factor2) 包含 D03、D02、D05、D04、D01、B05、B04 七個指標題項，七個題項的因素負荷量分別為 -0.829、-0.634、-0.623、-0.615、-0.614、-0.583、-0.425，七個題項的共同性分別為 0.728、0.544、0.622、0.581、

0.632、0.556、0.492。

　　第三個共同因素 (Factor3) 包含 C03、C04、C05、C01、C02 五個指標題項，五個題項的因素負荷量分別為 -0.838、-0.759、-0.683、-0.647、-0.642，五個題項的共同性分別為 0.798、0.687、0.659、0.727、0.602。

　　第四個共同因素 (Factor4) 包含 B02、B01、B03 三個指標題項，三個題項的因素負荷量分別為 0.803、0.795、0.402，三個題項的共同性分別為 0.784、0.807、0.502。

　　上述四個個別共同因素包含的指標變項之因素負荷量的方向均相同，表示指標變項反映的潛在特質方向性是一致的，二十個指標變項有二個題項的因素負荷量的絕對值小於 0.450 (B04、B03)，其餘指標題項的因素負荷量絕對值均大於 0.450。從各共同因素包含的題項內容與題意內涵，第一個共同因素的構面名稱為「教學活動的經營」、第二個共同因素的構面名稱為「情境規劃的經營」、第三個共同因素的構面名稱為「輔導活動的經營」、第四個共同因素的構面名稱為「學務活動的經營」。

　　因素分析程序增列繪製的陡坡圖如下，從圖示中可以發現約從第四個共同因素以後，曲線下滑接近平坦。

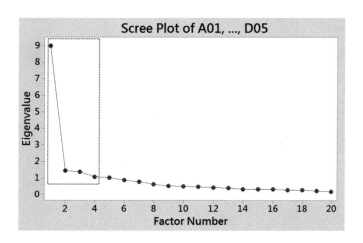

　　在第一次因素分析程序中，第二個共同因素 (Factor2) 包含 D03、D02、D05、D04、D01、B05、B04 七個指標題項，共同因素的構面名稱為「情境規劃的經營」，七個指標題項中 B05、B04 二個題項在原先內容效度或專家效度審核中是歸屬於「學務活動的經營」構面，若是二個題項表達的意涵或測得的潛在特

質也擁有情境規劃的經營,則研究者可把 B05、B04 二個題項改移至「情境規劃的經營」因素內,不用再進行刪題程序,如果 B05、B04 二個題項表達的意涵或測得的潛在特質與其餘五個題項測得的心理特質或表達的意涵有明顯的不同,則不應將 B05、B04 二個指標題項與 D03、D02、D05、D04、D01 五個題項歸類在同一個共同因素之中,因為題項所測得的潛在心理特質不同,共同因素無法合理命名,共同因素的概念型定義無法明確界定。

第二節 未限定萃取因素之個數

量表編製過程若是題項與歸屬的構面不是十分明確,無法界定萃取因素之數目,在 Minitab 統計軟體中,可以不用界定萃取共同因素的個數,根據相關矩陣導出的因素矩陣量數之特徵值大小來判別,一般判別的準則是保留特徵值大於 1.00 的共同因素。

「Factor Analysis」(因素分析) 主對話視窗,「Number of factors to extract:」(因素萃取個數) 後面方框內未輸入任何整數數值,表示未限定因素抽取的個數,輸出結果之因素個數等於選入變項 (Variables) 方框內的題項數 (潛在因素個數等於觀察變項或指標變項個數)。

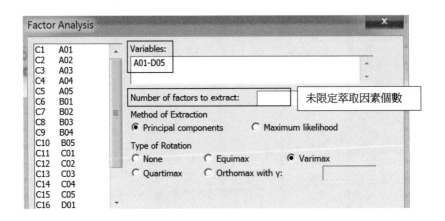

未限定萃取共同因素的個數,萃取呈現的共同因素為題項 (指標變項) 個數,因為有 20 個指標變項,所以主成份分析的因素共有 20 個。

Principal Component Factor Analysis of the Correlation Matrix
Unrotated Factor Loadings and Communalities
[轉軸前的因素負荷量與共同性]

Variable 變項	Factor1 因素 1	Factor2 因素 2	Factor3 因素 3	Factor4 因素 4	Factor5 因素 5	Factor6 因素 6	Factor7 因素 7	Factor8 因素 8	Factor9 因素 9
A01	0.580	-0.352	-0.161	-0.305	0.156	-0.389	-0.285	0.185	0.054
A02	0.661	-0.493	-0.183	-0.162	0.030	0.106	-0.018	0.248	-0.055
A03	0.722	-0.406	-0.202	-0.014	-0.024	0.130	0.211	0.001	-0.076
A04	0.687	-0.368	-0.140	0.034	-0.021	0.287	0.232	0.059	-0.036
A05	0.615	-0.215	-0.108	-0.005	0.377	-0.073	0.292	-0.501	0.173
B01	0.661	0.341	0.011	-0.505	-0.042	0.023	-0.026	-0.117	-0.183
B02	0.615	0.354	-0.150	-0.508	0.075	-0.040	0.083	0.000	-0.195
B03	0.685	0.054	-0.011	-0.171	-0.507	0.020	0.043	-0.148	0.197
B04	0.696	0.087	-0.010	-0.001	-0.525	-0.029	0.084	0.035	0.201
B05	0.659	0.067	-0.006	0.342	-0.336	-0.341	0.107	0.008	-0.245
C01	0.714	-0.247	0.278	0.282	-0.099	0.049	-0.097	-0.080	-0.262
C02	0.709	-0.013	0.312	0.043	0.077	0.217	-0.409	-0.077	0.039
C03	0.679	-0.087	0.574	-0.016	0.118	-0.003	-0.157	-0.093	-0.020
C04	0.646	0.062	0.510	-0.077	0.116	-0.154	0.213	0.134	0.232
C05	0.682	0.222	0.372	0.084	0.184	-0.047	0.245	0.244	0.028
D01	0.758	0.135	-0.115	0.158	0.121	-0.063	-0.037	-0.028	-0.238
D02	0.612	0.360	-0.164	0.114	0.129	0.521	0.013	0.223	0.089
D03	0.599	0.400	-0.325	0.322	0.239	-0.174	0.065	0.007	-0.004
D04	0.703	0.135	-0.231	0.123	-0.035	0.150	-0.327	-0.204	0.098
D05	0.703	0.026	-0.316	0.164	0.076	-0.253	-0.191	0.129	0.240
Variance	8.9999	1.4188	1.3552	1.0575	0.9930	0.8538	0.7495	0.5938	0.5108
% Var	0.450	0.071	0.068	0.053	0.050	0.043	0.037	0.030	0.026

【說明】

　　報表「Variance」列的數值為各共同因素的特徵值、「% Var」列的數值為各共同因素可以解釋的變異比例。

Variable 變項	Factor10 因素 10	Factor11 因素 11	Factor12 因素 12	Factor13 因素 13	Factor14 因素 14	Factor15 因素 15	Factor16 因素 16	Factor17 因素 17
A01	-0.090	0.031	0.077	0.159	-0.230	0.152	0.056	0.035
A02	-0.100	-0.041	-0.034	-0.212	0.251	0.130	-0.011	-0.028
A03	-0.061	0.058	-0.223	0.230	-0.040	-0.127	-0.136	-0.081
A04	0.135	0.027	0.345	0.001	-0.069	-0.192	0.199	0.053

A05	0.032	-0.014	-0.032	-0.124	-0.039	0.142	-0.040	0.073
B01	0.025	-0.090	-0.045	-0.018	-0.191	-0.163	-0.032	0.060
B02	0.105	0.237	-0.005	-0.086	0.179	0.034	0.006	-0.062
B03	-0.037	-0.104	0.056	0.300	0.198	0.077	-0.052	0.108
B04	0.182	-0.042	-0.042	-0.198	-0.171	0.136	0.094	-0.202
B05	-0.192	0.125	0.126	-0.117	-0.001	-0.007	-0.090	0.163
C01	0.143	0.163	-0.207	0.028	-0.088	0.061	-0.042	-0.048
C02	0.218	0.104	0.159	-0.035	0.029	0.070	-0.110	0.155
C03	-0.044	-0.095	0.069	0.084	0.109	-0.071	0.053	-0.238
C04	-0.245	0.071	0.088	-0.104	-0.035	-0.121	-0.145	-0.051
C05	0.088	-0.037	-0.227	0.089	0.040	0.068	0.258	0.199
D01	-0.040	-0.504	0.052	-0.037	0.011	0.042	-0.013	-0.031
D02	-0.132	-0.008	-0.004	0.014	-0.131	0.120	-0.174	0.014
D03	0.069	0.159	0.167	0.192	0.052	0.068	0.028	-0.179
D04	-0.354	0.115	-0.129	-0.076	0.019	-0.101	0.250	0.008
D05	0.261	-0.065	-0.140	-0.080	0.084	-0.260	-0.111	0.045
Variance	0.4792	0.4494	0.3987	0.3676	0.3113	0.2965	0.2938	0.2635
% Var	0.024	0.022	0.020	0.018	0.016	0.015	0.015	0.013

Variable 變項	Factor18 因素 18	Factor19 因素 19	Factor20 因素 20	Communality 共同性
A01	-0.080	-0.021	-0.010	1.000
A02	0.200	-0.005	-0.067	1.000
A03	-0.009	0.198	0.116	1.000
A04	-0.051	-0.073	-0.008	1.000
A05	-0.027	0.008	-0.061	1.000
B01	0.230	0.010	-0.103	1.000
B02	-0.215	-0.029	0.072	1.000
B03	0.004	-0.114	-0.019	1.000
B04	0.002	0.088	0.038	1.000
B05	-0.062	0.125	-0.087	1.000
C01	0.012	-0.263	-0.016	1.000
C02	0.068	0.145	0.132	1.000
C03	-0.109	0.111	-0.175	1.000
C04	0.056	-0.125	0.130	1.000
C05	0.017	0.065	-0.002	1.000
D01	-0.060	-0.048	0.148	1.000
D02	-0.122	-0.021	-0.120	1.000
D03	0.213	0.000	-0.001	1.000

D04	-0.001	-0.018	0.058	1.000
D05	-0.069	-0.042	-0.070	1.000
Variance	0.2417	0.2094	0.1565	20.0000
% Var	0.012	0.010	0.008	1.000

【說明】

　　20 個共同因素呈現的順序根據特徵值的大小排列、共同因素 1 的特徵值最大 (= 8.9999)、其次是因素 2 的特徵值 (1.4188)、第 20 個因素的特徵值最小 (0.1565)，因素 1 至因素 4 的特徵值大於 1.000，其餘 16 個因素的特徵值均小於 1.000。保留 20 個共同因素時，20 個共同因素之特徵值的總和剛好等於 20，解釋變異量的總和為 1.000 (100.0%)，每個題項 (指標變項) 的共同性均為 1。20 個共同因素的特徵值量數中，特徵值大於 1 者有四個，若依 Kaiser 提出的特徵值因素保留規則：保留特徵值大於 1 的共同因素，則 20 個題項保留的共同因素有 4 個，四個共同因素為因素 1、因素 2、因素3、因素 4，四個共同因素的特徵值分別為 8.9999、1.4188、1.3552、1.0575。

　　因素分析主對話視窗，按「Graphs」鈕，可以開啟「Factor Analysis: Graphs」(因素分析：圖形) 次對話視窗，次對話視窗除可以繪製陡坡圖外，也可以增列繪製題項在前二個共同因素 (因素 1 與因素 2) 之因素分數圖與因素負荷量圖。

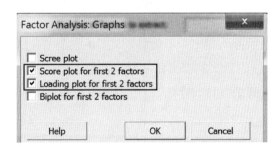

　　未轉軸前的前二個共同因素 (因素 1 與因素 2) 因素分數圖如下：

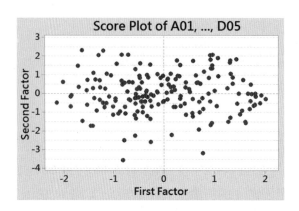

未轉軸前的前二個共同因素 (因素 1 與因素 2) 因素負荷量圖如下：

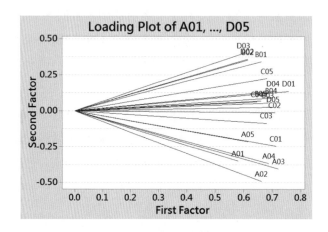

從因素負荷量圖示可以看出：未轉軸前的 20 個題項在因素 1 的因素負荷量均大於 0.500 以上，在因素 2 的因素負荷量之數值正負個數大致相等。

轉軸後的因素負荷量與共同性如下 (依指標變項被選入的順序排列)：

Rotated Factor Loadings and Communalities
[轉軸後的因素負荷量與共同性]
Varimax Rotation [最大變異法進行因素轉軸]

Variable 變項	Factor1 因素 1	Factor2 因素 2	Factor3 因素 3	Factor4 因素 4	Factor5 因素 5	Factor6 因素 6	Factor7 因素 7	Factor8 因素 8	Factor9 因素 9
A01	0.900	0.119	0.118	-0.097	0.017	-0.066	0.072	-0.099	0.079
A02	0.253	0.139	0.103	-0.086	-0.093	0.001	0.076	-0.235	0.097
A03	0.185	0.224	0.081	-0.068	-0.132	-0.070	0.124	-0.266	0.164

A04	0.118	0.183	0.071	-0.078	-0.142	-0.080	0.104	-0.840	0.125
A05	0.121	0.897	0.100	-0.125	-0.046	-0.131	0.053	-0.154	0.062
B01	0.121	0.087	0.343	-0.136	-0.134	-0.076	0.059	-0.058	0.177
B02	0.125	0.105	0.874	-0.094	-0.139	-0.150	0.069	-0.065	0.124
B03	0.094	0.072	0.140	-0.110	-0.092	-0.057	0.163	-0.124	0.845
B04	0.065	0.056	0.120	-0.117	-0.113	-0.076	0.206	-0.137	0.270
B05	0.081	0.059	0.072	-0.147	-0.040	-0.184	0.859	-0.098	0.157
C01	0.089	0.122	0.020	-0.123	-0.063	-0.063	0.213	-0.155	0.098
C02	0.116	0.098	0.089	-0.144	-0.166	-0.075	0.070	-0.129	0.117
C03	0.123	0.117	0.071	-0.306	-0.037	-0.019	0.081	-0.094	0.118
C04	0.108	0.137	0.100	-0.857	-0.098	-0.058	0.146	-0.073	0.104
C05	0.046	0.106	0.135	-0.274	-0.160	-0.150	0.117	-0.078	0.080
D01	0.119	0.165	0.104	-0.074	-0.189	-0.209	0.195	-0.120	0.110
D02	-0.019	0.048	0.142	-0.094	-0.874	-0.192	0.038	-0.128	0.084
D03	0.069	0.140	0.151	-0.056	-0.194	-0.870	0.176	-0.070	0.052
D04	0.113	0.127	0.109	-0.049	-0.220	-0.170	0.148	-0.084	0.148
D05	0.206	0.136	0.106	-0.061	-0.109	-0.234	0.136	-0.098	0.100
Variance	1.1116	1.1037	1.0846	1.0815	1.0749	1.0617	1.0576	1.0298	1.0283
% Var	0.056	0.055	0.054	0.054	0.054	0.053	0.053	0.051	0.051

Variable 變項	Factor10 因素 10	Factor11 因素 11	Factor12 因素 12	Factor13 因素 13	Factor14 因素 14	Factor15 因素 15	Factor16 因素 16	Factor17 因素 17
A01	0.199	-0.092	-0.039	0.053	-0.090	-0.068	0.157	-0.096
A02	0.833	-0.103	-0.054	0.099	-0.110	-0.122	0.123	-0.051
A03	0.265	-0.043	-0.085	0.105	-0.117	-0.194	0.128	-0.082
A04	0.229	-0.124	-0.076	0.131	-0.080	-0.136	0.090	-0.055
A05	0.117	-0.081	-0.088	0.046	-0.104	-0.092	0.108	-0.070
B01	0.052	-0.126	-0.118	0.141	-0.127	-0.047	0.065	-0.818
B02	0.092	-0.073	-0.114	0.100	-0.092	-0.018	0.090	-0.265
B03	0.095	-0.110	-0.076	0.252	-0.140	-0.087	0.092	-0.163
B04	0.102	-0.100	-0.112	0.829	-0.117	-0.132	0.151	-0.137
B05	0.072	-0.063	-0.106	0.185	-0.134	-0.174	0.121	-0.052
C01	0.137	-0.236	-0.162	0.144	-0.120	-0.804	0.096	-0.047
C02	0.106	-0.822	-0.128	0.102	-0.151	-0.216	0.124	-0.125
C03	0.083	-0.281	-0.206	0.076	-0.103	-0.215	0.037	-0.107
C04	0.079	-0.126	-0.240	0.106	-0.044	-0.099	0.054	-0.118
C05	0.055	-0.126	-0.830	0.111	-0.044	-0.149	0.102	-0.115
D01	0.130	-0.105	-0.151	0.103	-0.146	-0.119	0.181	-0.165
D02	0.083	-0.138	-0.138	0.098	-0.188	-0.052	0.091	-0.113

D03	-0.001	-0.062	-0.129	0.065	-0.147	-0.051	0.194	-0.066
D04	0.113	-0.147	-0.044	0.117	-0.833	-0.111	0.156	-0.123
D05	0.131	-0.123	-0.103	0.156	-0.161	-0.091	0.822	-0.066
Variance	1.0058	1.0025	0.9848	0.9804	0.9778	0.9535	0.9526	0.9349
% Var	0.050	0.050	0.049	0.049	0.049	0.048	0.048	0.047

Variable 變項	Factor18 因素 18	Factor19 因素 19	Factor20 因素 20	Communality 共同性
A01	0.086	0.081	0.117	1.000
A02	0.071	0.107	0.202	1.000
A03	0.079	0.088	0.768	1.000
A04	0.080	0.098	0.198	1.000
A05	0.085	0.113	0.143	1.000
B01	0.097	0.144	0.069	1.000
B02	0.053	0.073	0.057	1.000
B03	0.098	0.089	0.126	1.000
B04	0.068	0.088	0.087	1.000
B05	0.066	0.148	0.092	1.000
C01	0.199	0.109	0.171	1.000
C02	0.237	0.089	0.037	1.000
C03	0.782	0.144	0.075	1.000
C04	0.220	0.054	0.051	1.000
C05	0.174	0.127	0.071	1.000
D01	0.146	0.782	0.086	1.000
D02	0.031	0.136	0.093	1.000
D03	0.016	0.150	0.050	1.000
D04	0.090	0.123	0.096	1.000
D05	0.036	0.156	0.109	1.000
Variance	0.8809	0.8646	0.8285	20.0000
% Var	0.044	0.043	0.041	1.000

【說明】

　　轉軸後的因素結構中共有 20 個共同因素，20 個共同因素的總特徵值為 20 (指標題項數的總和)，因素累積的解釋變異量為 100.0%。轉軸後特徵值大於 1 的因素共有 11 個 (因素 1 至因素 11，特徵值介於 1.0025 至 1.1116 中間)，每個指標題項的共同性均為 1.000。

　　第二種轉軸後的因素負荷量與共同性報表如下，指標變項依各因素之因素負

荷量絕對值大小排列，同一共同因素中指標題項依因素負荷量絕對值大小排序。

Sorted Rotated Factor Loadings and Communalities

Variable 變項	Factor1 因素 1	Factor2 因素 2	Factor3 因素 3	Factor4 因素 4	Factor5 因素 5	Factor6 因素 6	Factor7 因素 7	Factor8 因素 8	Factor9 因素 9
A01	0.900	0.119	0.118	-0.097	0.017	-0.066	0.072	-0.099	0.079
A05	0.121	0.897	0.100	-0.125	-0.046	-0.131	0.053	-0.154	0.062
B02	0.125	0.105	0.874	-0.094	-0.139	-0.150	0.069	-0.065	0.124
C04	0.108	0.137	0.100	-0.857	-0.098	-0.058	0.146	-0.073	0.104
D02	-0.019	0.048	0.142	-0.094	-0.874	-0.192	0.038	-0.128	0.084
D03	0.069	0.140	0.151	-0.056	-0.194	-0.870	0.176	-0.070	0.052
B05	0.081	0.059	0.072	-0.147	-0.040	-0.184	0.859	-0.098	0.157
A04	0.118	0.183	0.071	-0.078	-0.142	-0.080	0.104	-0.840	0.125
B03	0.094	0.072	0.140	-0.110	-0.092	-0.057	0.163	-0.124	0.845
A02	0.253	0.139	0.103	-0.086	-0.093	0.001	0.076	-0.235	0.097
C02	0.116	0.098	0.089	-0.144	-0.166	-0.075	0.070	-0.129	0.117
C05	0.046	0.106	0.135	-0.274	-0.160	-0.150	0.117	-0.078	0.080
B04	0.065	0.056	0.120	-0.117	-0.113	-0.076	0.206	-0.137	0.270
D04	0.113	0.127	0.109	-0.049	-0.220	-0.170	0.148	-0.084	0.148
C01	0.089	0.122	0.020	-0.123	-0.063	-0.063	0.213	-0.155	0.098
D05	0.206	0.136	0.106	-0.061	-0.109	-0.234	0.136	-0.098	0.100
B01	0.121	0.087	0.343	-0.136	-0.134	-0.076	0.059	-0.058	0.177
C03	0.123	0.117	0.071	-0.306	-0.037	-0.019	0.081	-0.094	0.118
D01	0.119	0.165	0.104	-0.074	-0.189	-0.209	0.195	-0.120	0.110
A03	0.185	0.224	0.081	-0.068	-0.132	-0.070	0.124	-0.266	0.164
Variance	1.1116	1.1037	1.0846	1.0815	1.0749	1.0617	1.0576	1.0298	1.0283
% Var	0.056	0.055	0.054	0.054	0.054	0.053	0.053	0.051	0.051

Variable 變項	Factor10 因素 10	Factor11 因素 11	Factor12 因素 12	Factor13 因素 13	Factor14 因素 14	Factor15 因素 15	Factor16 因素 16	Factor17 因素 17
A01	0.199	-0.092	-0.039	0.053	-0.090	-0.068	0.157	-0.096
A05	0.117	-0.081	-0.088	0.046	-0.104	-0.092	0.108	-0.070
B02	0.092	-0.073	-0.114	0.100	-0.092	-0.018	0.090	-0.265
C04	0.079	-0.126	-0.240	0.106	-0.044	-0.099	0.054	-0.118
D02	0.083	-0.138	-0.138	0.098	-0.188	-0.052	0.091	-0.113
D03	-0.001	-0.062	-0.129	0.065	-0.147	-0.051	0.194	-0.066
B05	0.072	-0.063	-0.106	0.185	-0.134	-0.174	0.121	-0.052
A04	0.229	-0.124	-0.076	0.131	-0.080	-0.136	0.090	-0.055

B03	0.095	-0.110	-0.076	0.252	-0.140	-0.087	0.092	-0.163
A02	0.833	-0.103	-0.054	0.099	-0.110	-0.122	0.123	-0.051
C02	0.106	-0.822	-0.128	0.102	-0.151	-0.216	0.124	-0.125
C05	0.055	-0.126	-0.830	0.111	-0.044	-0.149	0.102	-0.115
B04	0.102	-0.100	-0.112	0.829	-0.117	-0.132	0.151	-0.137
D04	0.113	-0.147	-0.044	0.117	-0.833	-0.111	0.156	-0.123
C01	0.137	-0.236	-0.162	0.144	-0.120	-0.804	0.096	-0.047
D05	0.131	-0.123	-0.103	0.156	-0.161	-0.091	0.822	-0.066
B01	0.052	-0.126	-0.118	0.141	-0.127	-0.047	0.065	-0.818
C03	0.083	-0.281	-0.206	0.076	-0.103	-0.215	0.037	-0.107
D01	0.130	-0.105	-0.151	0.103	-0.146	-0.119	0.181	-0.165
A03	0.265	-0.043	-0.085	0.105	-0.117	-0.194	0.128	-0.082
Variance	1.0058	1.0025	0.9848	0.9804	0.9778	0.9535	0.9526	0.9349
% Var	0.050	0.050	0.049	0.049	0.049	0.048	0.048	0.047

Variable 變項	Factor18 因素 18	Factor19 因素 19	Factor20 因素 20	Communality 共同性
A01	0.086	0.081	0.117	1.000
A05	0.085	0.113	0.143	1.000
B02	0.053	0.073	0.057	1.000
C04	0.220	0.054	0.051	1.000
D02	0.031	0.136	0.093	1.000
D03	0.016	0.150	0.050	1.000
B05	0.066	0.148	0.092	1.000
A04	0.080	0.098	0.198	1.000
B03	0.098	0.089	0.126	1.000
A02	0.071	0.107	0.202	1.000
C02	0.237	0.089	0.037	1.000
C05	0.174	0.127	0.071	1.000
B04	0.068	0.088	0.087	1.000
D04	0.090	0.123	0.096	1.000
C01	0.199	0.109	0.171	1.000
D05	0.036	0.156	0.109	1.000
B01	0.097	0.144	0.069	1.000
C03	0.782	0.144	0.075	1.000
D01	0.146	0.782	0.086	1.000
A03	0.079	0.088	0.768	1.000
Variance	0.8809	0.8646	0.8285	20.0000
% Var	0.044	0.043	0.041	1.000

494

【說明】

　　轉軸前的因素個數有 20 個、以最大變異法進行直交轉軸後的因素個數也為 20 個，轉軸前 20 個共同因素特徵值的總和數值為 20.000，轉軸後 20 個共同因素特徵值的總和數值也為 20.000，轉軸前各題項 (指標變項) 的共同性為 1.000，轉軸後各題項 (指標變項) 的共同性也為 1.000。轉軸前共同因素特徵值大於 1 者有 4 個 (因素 1 至因素 4)，轉軸後特徵值大於 1 的共同因素有 11 個 (因素 1 至因素 11)。以特徵值大於 1 之指標值保留共同因素的個數準則，要以未轉軸前的報表為主，不能以轉軸後的因素矩陣作為判別依據，範例中，以未轉軸前的因素矩陣判別，20 個指標變項以保留 4 個共同因素較為適切 (特徵值大於 1 的共同因素有四個，前四個共因素的特徵值分別為 8.9999、1.4188、1.3552、1.0575)，若以轉軸後的因素矩陣判別，20 個指標變項要保留 11 個共同因素。

　　轉軸後的前二個共同因素 (因素 1 與因素 2) 因素分數圖如下：

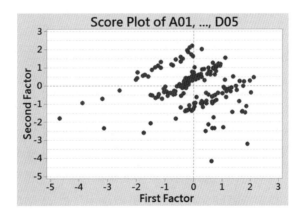

　　轉軸後的前二個共同因素 (因素 1 與因素 2) 因素負荷量圖如下：

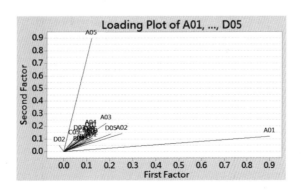

從因素負荷量圖可以看出，指標題項 A01 在第一個因素有較高的因素負荷量 (0.900)，指標題項 A05 在第二個因素有較高的因素負荷量 (0.897)，指標題項 D02 在因素 1 之因素負荷量為負值 (-0.019)，在因素 2 之因素負荷量接近 0 (0.048)。

第三節　刪題程序之因素分析

因素分析程序的刪題最好一次只刪一個指標題項，題項刪除後整個因素構念會改變，因而須要再執行因素分析程序，不能用原先的報表作為刪題後的構念效度結果。範例中 B05、B04 二個指標變項的因素負荷量分別為 -0.583、-0.425，以 B05 題項的因素負荷量較大，因而可考慮先將 B05 題項從因素分析程序中移除。

一、操作程序

「Factor Analysis」(因素分析) 主對話視窗，從變數清單中選取 A01 至 A05 指標變項至「Variables:」(變項) 下方框內，從變數清單中選取 B01 至 B04 指標變項至「Variables:」(變項) 下方框內，從變數清單中選取 C01 至 C05 指標變項至「Variables:」(變項) 下方框內，從變數清單中選取 D01 至 D05 指標變項至「Variables:」(變項) 下方框內，方框內的選息為「A01-A05 B01-B04 'C01' -'C05' D01-D05」，其中以 C 為起始的變項名稱前後會增列單引號，單引號內的變數為變項名稱不是直行編號，在因素分析程序中，以 C 字母作為起始的變項名稱，為避免和工作表中的直行編號欄混淆，有些變項 Minitab 會自動於變項前後增列單引號。為減少變項標記錯誤，選入「Variables」(變項) 方框內的變數，最好從變數清單中直接點選選取，不要用鍵入的方法輸入變項名稱，否則很容易錯誤。

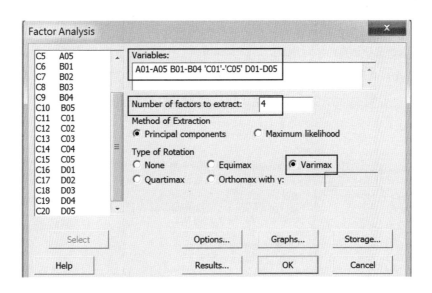

「Factor Analysis」(因素分析) 主對話視窗，從變數清單中選取 A01 至 A05、B01 至 B04 指標變項至「Variables:」(變項) 下方框內，從變數清單中選取 C01 至 C05、D01 至 D05 指標變項至「Variables:」(變項) 下方框內，「Variables:」(變項) 下方框內的訊息為「A01-B04 'C01' - D05」。

「Factor Analysis」(因素分析) 主對話視窗中若是研究者沒有界定萃取的共同因素個數，則「Number of factors to extract:」(因素萃取個數) 右方框內保留空白，表示根據題項個數呈現共同因素個數。

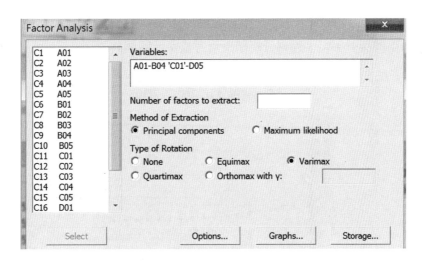

　　「Factor Analysis」(因素分析) 主對話視窗，從變數清單中逐一選取變項至「Variables:」(變項) 下方框內，「Variables:」(變項) 下方框內的訊息為「A01 A02 A03 A04 A05 B01 B02 B03 B04 'C01' 'C02' 'C03' 'C04' 'C05' D01 D02 D03 D04 D05」，變項間以空白鍵隔開，以「C」起始的變項會增列一組單引號於變項前後。

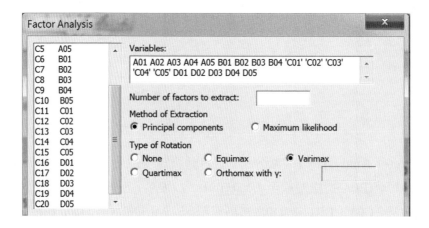

　　上述標的變項選取方法雖然不同，但由於選入「Variables:」(變項) 下的指標變項是相同的 (相同的 19 個指標題項變項)，因而因素分析的結果都一樣。

二、輸出結果

　　十九個指標變項的陡坡圖如下：從圖示中可以發現約從第四個共同因素以後，曲線下滑接近平坦，因素分析結果可考量保留四個共同因素。

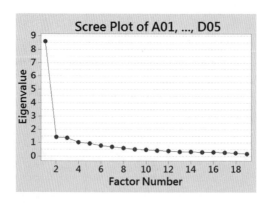

因素分析結果如下：

Principal Component Factor Analysis of the Correlation Matrix
[未轉軸之因素負荷量與共同性]
Unrotated Factor Loadings and Communalities

Variable 指標變項	Factor1 因素 1	Factor2 因素 2	Factor3 因素 3	Factor4 因素 4	Communality 共同性
A01	0.585	-0.342	0.161	0.219	0.533
A02	0.668	-0.484	0.182	0.116	0.727
A03	0.724	-0.403	0.201	0.015	0.728
A04	0.691	-0.364	0.139	-0.044	0.631
A05	0.623	-0.205	0.108	-0.177	0.473
B01	0.669	0.357	-0.009	0.444	0.772
B02	0.621	0.370	0.153	0.400	0.707
B03	0.681	0.051	0.010	0.391	0.619
B04	0.687	0.078	0.009	0.259	0.545
C01	0.706	-0.254	-0.280	-0.196	0.680
C02	0.717	-0.003	-0.311	-0.112	0.623
C03	0.685	-0.078	-0.573	-0.053	0.806
C04	0.644	0.067	-0.510	0.026	0.679
C05	0.682	0.227	-0.371	-0.165	0.682
D01	0.754	0.134	0.115	-0.194	0.637
D02	0.621	0.370	0.167	-0.227	0.602
D03	0.591	0.394	0.325	-0.385	0.758
D04	0.701	0.135	0.232	-0.114	0.577
D05	0.701	0.023	0.316	-0.170	0.621
Variance	8.5945	1.4165	1.3551	1.0331	12.3993 [特徵值]
% Var	0.452	0.075	0.071	0.054	0.653 [解釋變異量]

[轉軸後之因素負荷量與共同性-未根據因素負荷量大小排序]
Rotated Factor Loadings and Communalities
Varimax Rotation

Variable 指標變項	Factor1 因素 1	Factor2 因素 2	Factor3 因素 3	Factor4 因素 4	Communality 共同性
A01	0.654	0.121	-0.062	-0.295	0.533
A02	0.808	0.167	-0.102	-0.191	0.727
A03	0.776	0.201	-0.235	-0.172	0.728
A04	0.704	0.247	-0.245	-0.123	0.631

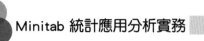
A05	0.525	0.265	-0.352	-0.053	0.473
B01	0.129	0.262	-0.239	-0.793	0.772
B02	0.142	0.112	-0.320	-0.756	0.707
B03	0.371	0.263	-0.135	-0.628	0.619
B04	0.344	0.294	-0.227	-0.537	0.545
C01	0.482	0.635	-0.209	-0.022	0.680
C02	0.292	0.650	-0.275	-0.198	0.623
C03	0.251	0.840	-0.073	-0.178	0.806
C04	0.144	0.751	-0.106	-0.289	0.679
C05	0.075	0.693	-0.374	-0.235	0.682
D01	0.341	0.331	-0.594	-0.242	0.637
D02	0.101	0.227	-0.686	-0.262	0.602
D03	0.107	0.111	-0.844	-0.147	0.758
D04	0.354	0.190	-0.575	-0.292	0.577
D05	0.463	0.131	-0.589	-0.207	0.621
Variance	3.6309	3.2540	2.9732	2.5412	12.3993
% Var	0.191	0.171	0.156	0.134	0.653

[轉軸後之因素負荷量與共同性-根據因素負荷量大小排序]
Sorted Rotated Factor Loadings and Communalities

Variable 指標變項	Factor1 因素 1	Factor2 因素 2	Factor3 因素 3	Factor4 因素 4	Communality 共同性
A02	0.808	0.167	-0.102	-0.191	0.727
A03	0.776	0.201	-0.235	-0.172	0.728
A04	0.704	0.247	-0.245	-0.123	0.631
A01	0.654	0.121	-0.062	-0.295	0.533
A05	0.525	0.265	-0.352	-0.053	0.473
C03	0.251	0.840	-0.073	-0.178	0.806
C04	0.144	0.751	-0.106	-0.289	0.679
C05	0.075	0.693	-0.374	-0.235	0.682
C02	0.292	0.650	-0.275	-0.198	0.623
C01	0.482	0.635	-0.209	-0.022	0.680
D03	0.107	0.111	-0.844	-0.147	0.758
D02	0.101	0.227	-0.686	-0.262	0.602
D01	0.341	0.331	-0.594	-0.242	0.637
D05	0.463	0.131	-0.589	-0.207	0.621
D04	0.354	0.190	-0.575	-0.292	0.577
B01	0.129	0.262	-0.239	-0.793	0.772
B02	0.142	0.112	-0.320	-0.756	0.707

B03	0.371	0.263	-0.135	-0.628	0.619
B04	0.344	0.294	-0.227	-0.537	0.545
Variance	3.6309	3.2540	2.9732	2.5412	12.3993 [特徵值]
% Var	0.191	0.171	0.156	0.134	0.653　[解釋變異量]

[因素分數係數]
Factor Score Coefficients

Variable 指標變項	Factor1 因素 1	Factor2 因素 2	Factor3 因素 3	Factor4 因素 4
A01	0.275	-0.107	0.155	-0.103
A02	0.355	-0.096	0.134	0.012
A03	0.313	-0.084	0.041	0.061
A04	0.270	-0.036	0.016	0.100
A05	0.164	0.005	-0.099	0.159
B01	-0.120	-0.041	0.090	-0.480
B02	-0.095	-0.134	0.011	-0.457
B03	0.046	-0.042	0.159	-0.349
B04	0.023	-0.015	0.076	-0.256
C01	0.102	0.252	0.029	0.207
C02	-0.034	0.256	-0.001	0.068
C03	-0.054	0.404	0.145	0.062
C04	-0.114	0.347	0.121	-0.043
C05	-0.178	0.301	-0.088	0.045
D01	-0.009	0.012	-0.234	0.063
D02	-0.135	-0.020	-0.343	0.021
D03	-0.122	-0.089	-0.489	0.127
D04	0.020	-0.078	-0.225	-0.003
D05	0.097	-0.119	-0.245	0.069

　　因素分析萃取四個共同因素，因素 1 包括 A02、A03、A04、A01、A05 五個指標變項，因素負荷量介於 0.525 至 0.808 間、共同性介於 0.473 至 0.727 間；因素 2 包括 C03、C04、C05、C02、C01 五個指標變項，因素負荷量介於 0.635 至 0.840 間、共同性介於 0.623 至 0.806 間；因素 3 包括 D03、D02、D01、D05、D04 五個指標變項，因素負荷量絕對值介於 0.575 至 0.844 間、共同性介於 0.577 至 0.758 間；因素 4 包括 B01、B02、B03、B04 四個指標變項，因素負荷量絕對值介於 0.537 至 0.793 間、共同性介於 0.545 至 0.772 間。第一次因素

分析結果，指標變項 B05、B04 與 D03、D02、D01、D05、D04 五個等指標變項為同一共同因素，當移除指標變項 B05 後，指標變項 B04 改移至與 B01、B02、B03 等指標變項為同一群組，符合原先編製的內容效度。

　　根據各共同因素包含的指標題項，各共同因素的構面名稱如下：因素 1 為「教學活動的經營」、因素 2 為「輔導活動的經營」、因素 3 為「情境規劃的經營」、因素 4 為「學務活動的經營」，構念效度各因素包含的題項與原先建構的內容效度符合。

　　四個共同因素的特徵值分別為 3.6309、3.2540、2.9732、2.5412，總特徵值為 12.3993；四個共同因素可以解釋指標題項的變異量分別為 19.1%、17.1%、15.6%、13.4%，累積的總解釋變異量為 65.3%，萃取的共同因素可以解釋指標題項的總異量大於 60.0%，且所有題的因素負荷量均大於 .450，共同性均高於 .400，表示量表的構念效度良好。

班級經營實踐程度因素分析結果摘要表

指標變項	教學活動經營	輔導活導經營	情境規劃經營	學務活動經營	共同性
A02	0.808	0.167	-0.102	-0.191	0.727
A03	0.776	0.201	-0.235	-0.172	0.728
A04	0.704	0.247	-0.245	-0.123	0.631
A01	0.654	0.121	-0.062	-0.295	0.533
A05	0.525	0.265	-0.352	-0.053	0.473
C03	0.251	0.840	-0.073	-0.178	0.806
C04	0.144	0.751	-0.106	-0.289	0.679
C05	0.075	0.693	-0.374	-0.235	0.682
C02	0.292	0.650	-0.275	-0.198	0.623
C01	0.482	0.635	-0.209	-0.022	0.680
D03	0.107	0.111	-0.844	-0.147	0.758
D02	0.101	0.227	-0.686	-0.262	0.602
D01	0.341	0.331	-0.594	-0.242	0.637
D05	0.463	0.131	-0.589	-0.207	0.621
D04	0.354	0.190	-0.575	-0.292	0.577
B01	0.129	0.262	-0.239	-0.793	0.772
B02	0.142	0.112	-0.320	-0.756	0.707

B03	0.371	0.263	-0.135	-0.628	0.619
B04	0.344	0.294	-0.227	-0.537	0.545
特徵值	3.631	3.254	2.973	2.541	12.399
解釋變異 %	0.191	0.171	0.156	0.134	0.653

　　因素分析輸出報表中有一個「因素分數係數」(Factor Score Coefficients)，此係數值在探索性因素分析的詮釋中較少使用，在輸出報表中可以將此部分省略，於「Factor Analysis: Results」(因素分析：結果) 次對話視窗中，結果輸出方盒選項改勾選只呈現題項的因素負荷量選項 (⊙ Loadings only)。

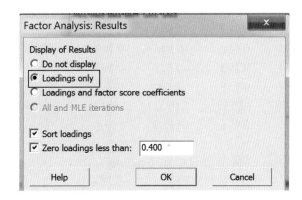

　　視窗界面中勾選「☑Sort loadings」(排序因素負荷量) 選項，表示轉軸後表格，根據題項的因素負荷量絕對值大小排列，勾選「☑ Zero loadings less than:」選項，選項後面方框內鍵入數值「0.400」表示轉軸後表格中之題項的因素負荷量絕對值小於 0.400 者，均會改以 0.000 表示。

　　上述勾選選項的輸出表格如下：

Principal Component Factor Analysis of the Correlation Matrix
Rotated Factor Loadings and Communalities
Varimax Rotation [最大變異異轉軸]
[根據選入的題項變數順序排列]

Variable 變項	Factor1 因素 1	Factor2 因素 2	Factor3 因素 3	Factor4 因素 4	Communality 共同性
A01	0.654	0.121	-0.062	-0.295	0.533
A02	0.808	0.167	-0.102	-0.191	0.727

A03	0.776	0.201	-0.235	-0.172	0.728
A04	0.704	0.247	-0.245	-0.123	0.631
A05	0.525	0.265	-0.352	-0.053	0.473
B01	0.129	0.262	-0.239	-0.793	0.772
B02	0.142	0.112	-0.320	-0.756	0.707
B03	0.371	0.263	-0.135	-0.628	0.619
B04	0.344	0.294	-0.227	-0.537	0.545
C01	0.482	0.635	-0.209	-0.022	0.680
C02	0.292	0.650	-0.275	-0.198	0.623
C03	0.251	0.840	-0.073	-0.178	0.806
C04	0.144	0.751	-0.106	-0.289	0.679
C05	0.075	0.693	-0.374	-0.235	0.682
D01	0.341	0.331	-0.594	-0.242	0.637
D02	0.101	0.227	-0.686	-0.262	0.602
D03	0.107	0.111	-0.844	-0.147	0.758
D04	0.354	0.190	-0.575	-0.292	0.577
D05	0.463	0.131	-0.589	-0.207	0.621
Variance	3.6309	3.2540	2.9732	2.5412	12.3993
% Var	0.191	0.171	0.156	0.134	0.653

Sorted Rotated Factor Loadings and Communalities
[根據各共同因素之因素負荷量絕對值排列指標題項]

Variable 變項	Factor1 因素 1	Factor2 因素 2	Factor3 因素 3	Factor4 因素 4	Communality 共同性
A02	0.808	0.000	0.000	0.000	0.727
A03	0.776	0.000	0.000	0.000	0.728
A04	0.704	0.000	0.000	0.000	0.631
A01	0.654	0.000	0.000	0.000	0.533
A05	0.525	0.000	0.000	0.000	0.473
C03	0.000	0.840	0.000	0.000	0.806
C04	0.000	0.751	0.000	0.000	0.679
C05	0.000	0.693	0.000	0.000	0.682
C02	0.000	0.650	0.000	0.000	0.623
C01	0.482	0.635	0.000	0.000	0.680
D03	0.000	0.000	-0.844	0.000	0.758
D02	0.000	0.000	-0.686	0.000	0.602
D01	0.000	0.000	-0.594	0.000	0.637
D05	0.463	0.000	-0.589	0.000	0.621
D04	0.000	0.000	-0.575	0.000	0.577

B01	0.000	0.000	0.000	-0.793	0.772
B02	0.000	0.000	0.000	-0.756	0.707
B03	0.000	0.000	0.000	-0.628	0.619
B04	0.000	0.000	0.000	-0.537	0.545
Variance	3.6309	3.2540	2.9732	2.5412	12.3993
% Var	0.191	0.171	0.156	0.134	0.653

　　上述因素分析輸出之轉軸後二種表格型態，一為根據選入的指標變項順序排列，一為根據各共同因素之題項的因素負荷量絕對值大小依序排列，視窗界面操作中由於勾選「☑ Zero loadings less than:0.400」選項，第二個輸出報表中，因素負荷量絕對值小於 0.400 者均改以 0.000 代替，若是研究者勾選「☑ Zero loadings less than:」選項，將後面的數值鍵入 0.450，表示轉軸後指標變項對應之共同因素的因素負荷量小於 0.450 的參數會以 0.000 表示。

第四節　以最大概估計法萃取因素

　　Minitab 因素分析視窗界面提供因素分析萃取的方法有二種：一為主成份分析法、一為最大概似估計法，視窗界面改以最大概似估計法萃取共同因素。「Factor Analysis」主對話視窗中，「Method of Extraction」(萃取方法) 方盒選項選取「◉Maximum likelihood」(最大概似估計法)。

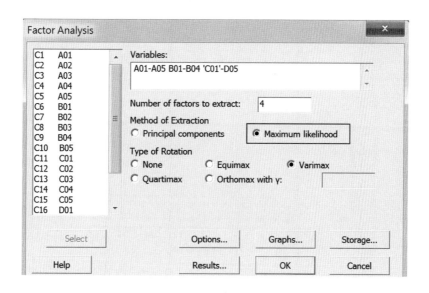

　　「Factor Analysis」(因素分析) 主對話視窗選取「⊙Maximum likelihood」(最大概似估計法) 選項，在「Factor Analysis: Options」(因素分析：選項) 次對話視窗中可以進一步設定起始共同性估計值 (Use initial communality estimates in)、最大疊代次數 (Max iterations)、聚斂指標值 (Convergence)，如果研究者不設定，各選項後方框就保留空白，進行因素分析程序時，Minitab 統計分析軟體會以內定的設定作為三個量數的參數。

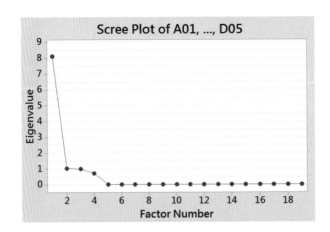

　　以最大概似估計法萃取共同因素繪製之陡坡圖，從圖示中可以發現約從第四個共同因素以後，曲線下滑接近平坦，共同因素可以考慮只保留四個。

最大概似估計法萃取共同因素之輸出結果如下：

Maximum Likelihood Factor Analysis of the Correlation Matrix
Sorted Rotated Factor Loadings and Communalities

Variable 指標變項	Factor1 因素 1	Factor2 因素 2	Factor3 因素 3	Factor4 因素 4	Communality 共同性
A02	0.766	0.186	-0.106	-0.152	0.656
A03	0.766	0.196	-0.222	-0.158	0.700
A04	0.682	0.231	-0.229	-0.120	0.586
A01	0.509	0.206	-0.151	-0.225	0.375
C03	0.239	0.864	-0.076	-0.155	0.833
C04	0.191	0.643	-0.161	-0.243	0.535
C02	0.305	0.617	-0.239	-0.208	0.575
C05	0.165	0.570	-0.363	-0.236	0.540
C01	0.478	0.560	-0.218	-0.039	0.592
D03	0.110	0.130	-0.827	-0.159	0.738
D05	0.422	0.182	-0.562	-0.172	0.557
D02	0.234	0.198	-0.508	-0.284	0.433
D01	0.347	0.355	-0.508	-0.279	0.582
D04	0.368	0.252	-0.465	-0.271	0.488
A05	0.449	0.259	-0.315	-0.139	0.387
B01	0.177	0.272	-0.194	-0.829	0.830
B02	0.197	0.154	-0.310	-0.664	0.600
B03	0.406	0.287	-0.204	-0.409	0.456
B04	0.392	0.283	-0.281	-0.344	0.431
Variance	3.4312	2.9558	2.4879	2.0165	10.8914
% Var	0.181	0.156	0.131	0.106	0.573

　　以最大概似估計法萃取共同因素與主成份法萃取共同因素，同時進行最大變異法之直交轉軸的輸出結果有稍微不同，主要的差異在於題項 A05 與 B04，以因素負荷量絕對值大小而言，A05 與 B04 應歸於因素 1，但同時考量因素負荷量值大小與方向，A05 可歸於因素 3、B04 可歸於因素 4，但 A05 歸於因素 3、B04 歸於因素 4 時，其因素負荷量絕對值均小於 0.400，進一步的探索性因素分析程序，可進行 B04 題項的刪題或 A05 題項的刪題 (A05 歸於因素 3 時，因素負荷量參數的正負號與原指標題項 D03、D05、D02、D01、D04 應一致，其因素負荷量為 -0.315，同一因素內指標題項的因素負荷量正負值定要一致，否則無法反應

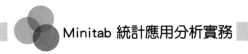
同方向的潛在特質)。

 第五節　項目分析

項目分析程序在於指標個別題項適切性的檢核，量表題項適切性不足如成就測驗題項沒有良好鑑別度一樣，題項可以考慮刪除，題項刪除後再求出的量表的構念效度。執行功能表列「Stat」(統計) /「Multivariate」(多變量) /「Item Analysis」(項目分析) 程序，開啟「Item Analysis」(項目分析) 對話視窗。

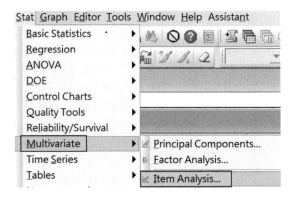

在「Item Analysis」(項目分析) 主對話視窗中，從變數清單中選取 20 個指標題項至右邊「Variables:」(變項) 下方框內，「Variables:」(變項) 下方框內的訊息為「A01-D05」。

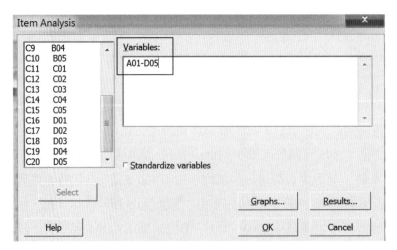

　　「Item Analysis」(項目分析) 主對話視窗，按「Results」(結果) 鈕，可以開啟「Item Analysis: Results」(項目分析：結果) 次對話視窗，次對話視窗有五個選項：相關矩陣、共變異數矩陣、題項之統計量 (樣本數、平均數與標準差)、Cronbach's α 係數、題項刪除後信度的變化統計量。視窗界面內定的選項為「☑Correlation matrix」(相關矩陣)、「☑Item and total statistics」(題項與量表加總的統計量)、「☑Cronbach's Alpha」、「☑ Item statistics, omitting items one at a time」(題項刪除後的統計量) 四個。

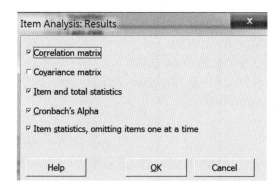

　　項目分析結果如下：

Correlation Matrix [相關矩陣]

	A01	A02	A03	A04	A05	B01	B02	B03	B04	B05	C01	C02
A02	0.564											
A03	0.481	0.660										
A04	0.389	0.617	0.661									
A05	0.380	0.428	0.536	0.485								
B01	0.366	0.320	0.371	0.326	0.332							
B02	0.367	0.350	0.348	0.320	0.347	0.693						
B03	0.338	0.397	0.494	0.444	0.314	0.520	0.433					
B04	0.301	0.400	0.446	0.460	0.295	0.475	0.404	0.660				
B05	0.309	0.339	0.429	0.392	0.298	0.323	0.313	0.490	0.554			
C01	0.345	0.468	0.569	0.505	0.400	0.318	0.245	0.421	0.487	0.545		
C02	0.368	0.416	0.375	0.453	0.365	0.450	0.356	0.436	0.430	0.358	0.620	
C03	0.370	0.375	0.395	0.392	0.385	0.419	0.314	0.420	0.382	0.370	0.611	0.670
C04	0.339	0.342	0.349	0.348	0.396	0.432	0.361	0.400	0.413	0.435	0.445	0.473
C05	0.262	0.310	0.380	0.364	0.370	0.443	0.417	0.375	0.432	0.422	0.506	0.481

D01	0.390	0.452	0.472	0.462	0.466	0.510	0.415	0.445	0.456	0.535	0.487	0.468
D02	0.144	0.327	0.395	0.416	0.269	0.425	0.423	0.359	0.390	0.283	0.317	0.455
D03	0.267	0.205	0.326	0.322	0.392	0.343	0.431	0.300	0.340	0.480	0.307	0.327
D04	0.365	0.421	0.461	0.402	0.399	0.451	0.400	0.482	0.459	0.464	0.450	0.502
D05	0.495	0.457	0.484	0.421	0.425	0.367	0.392	0.414	0.495	0.464	0.423	0.450

	C03	C04	C05	D01	D02	D03	D04
C04	0.659						
C05	0.579	0.639					
D01	0.493	0.386	0.510				
D02	0.282	0.338	0.454	0.509			
D03	0.230	0.285	0.434	0.549	0.503		
D04	0.393	0.309	0.339	0.532	0.544	0.489	
D05	0.319	0.323	0.410	0.574	0.397	0.566	0.532

Cell Contents: Pearson correlation

【說明】

上表為 20 個題項 (指標變項) 間的 Pearson 積差相關係數。

Item and Total Statistics

Variable	Total Count	Mean	StDev
A01	210	4.086	0.672
A02	210	4.062	0.554
A03	210	4.148	0.538
A04	210	4.010	0.656
A05	210	3.824	0.772
B01	210	4.171	0.641
B02	210	4.110	0.679
B03	210	4.219	0.634
B04	210	4.314	0.624
B05	210	4.057	0.668
C01	210	4.152	0.646
C02	210	4.152	0.623
C03	210	4.133	0.627
C04	210	4.124	0.666
C05	210	4.071	0.698
D01	210	4.086	0.628

D02	210	4.181	0.729
D03	210	3.748	0.896
D04	210	4.281	0.643
D05	210	4.114	0.689
Total	210	82.043	8.860

【說明】

　　報表為 20 個題項 (指標變項) 與總量表的有效樣本數、平均數與標準差，總量表的平均數為 82.043、標準差為 8.860，有效樣本數 N = 210。

Cronbach's alpha = 0.9329

【說明】

　　報表為 20 個題項 (指標變項) 的 Cronbach's α 係數，係數值為 0.9329，總量表的內部一致性 α 係數大於 0.900，表示整體量表的信度良好。

Omitted Item Statistics

Omitted Variable 刪除題項	Adj.	Total Mean 平均數	Adj. Total StDev 標準差	Item-Adj. Total Corr 與總分相關	Squared Multiple Corr 多元相關	Cronbach's Alpha α 係數改變
A01		77.957	8.488	0.5264	0.4730	0.9313
A02		77.981	8.512	0.6078	0.5978	0.9299
A03		77.895	8.487	0.6765	0.6581	0.9289
A04		78.033	8.428	0.6359	0.5604	0.9293
A05		78.219	8.399	0.5677	0.4432	0.9308
B01		77.871	8.449	0.6191	0.6158	0.9296
B02		77.933	8.451	0.5771	0.5607	0.9304
B03		77.824	8.445	0.6340	0.5527	0.9293
B04		77.729	8.443	0.6479	0.5750	0.9291
B05		77.986	8.435	0.6131	0.5616	0.9297
C01		77.890	8.421	0.6596	0.6336	0.9288
C02		77.890	8.435	0.6633	0.6302	0.9288
C03		77.910	8.453	0.6275	0.6844	0.9294
C04		77.919	8.444	0.6005	0.6023	0.9299
C05		77.971	8.396	0.6418	0.5754	0.9291

D01	77.957	8.394	0.7258	0.6192	0.9277
D02	77.862	8.425	0.5688	0.5615	0.9307
D03	78.295	8.326	0.5612	0.5582	0.9318
D04	77.762	8.420	0.6637	0.5419	0.9288
D05	77.929	8.386	0.6662	0.5701	0.9286

【說明】

　　報表為題項刪除後統計量的變化情況。以題項 A01 為例，量表中將題項 A01 排除後，餘 19 個題項 (指標變項) 的總平均數為 77.959、標準差為 8.488，題項 A01 與其餘 19 題的相關為 0.5264、題項 A01 與其餘 19 題的多元相關係數平方為 0.4730、餘 19 題的 α 係數為 0.9313，未刪除題項 A01 之原始量表 (包含 20 個題項) 的 α 係數為 0.9329，刪除題項 A01 後，整體的內部一致性 α 係數下降至 0.9313，表示題項 A01 刪除後整體的信度指標值會下降，題項 A01 不宜刪除。題項刪除後的內部一致性 α 係數變化，可以作為項目分析題項是否刪題的根據，若是題項刪除後，整體量表的內部一致性 α 係數提高很多，則刪除的題項可考慮從量表中移除，移除後再進行因素分析程序。如某份包含 10 個題項量表的「生活滿意度量表」，整體的內部一致性 α 係數為 .770，指標題項第 5 題刪除後，餘 9 個題項的內部一致性 α 係數提高至 .821，表示將指標題項 5 刪除後可以有效提高內部一致性 α 係數值，項目分析的檢核程序可考量將指標題項 5 刪除。

　　個別題項適切性的檢核，除項目分析程序外，在 Minitab 統計軟體中，研究者也可以增列個別題項變數與總分的相關，此種項目分析的指標為潛在構念或心理特質之同質性的判別，如果個別指標題項與量表總分有中高度的相關 (相關係數大於或等於 0.400 以上)，表示個別指標反映的潛在構念有較佳的同質性；相對的，若是個別指標題項與量表總分未達中高度的相關 ($r < 0.400$)，表示個別指標反映的潛在構念的同質性不佳，個別指標題項可考慮刪除。

　　求出指標題項的總分步驟：執行功能表列「Calc」(計算) /「Row Statistics」(橫列統計量) 程序，開啟「Row Statistics」(橫列統計量) 對話視窗，從變數清單中選取 20 個指標題項至「Input Variables:」(輸入變項) 下方框中，統計量方盒選取「⊙Sum」(總和)，之後再求出 20 個指標題項與量表總分變項的相關。

　　20 個指標題項與量表總分變項的相關如下：

	A01	A02	A03	A04	A05	B01	B02	B03	B04	B05	C01	C02
總分	0.580	0.646	0.709	0.679	0.625	0.663	0.627	0.676	0.688	0.659	0.700	0.702
	0.000	0.000	0.000	0.000	0.000	0.000	0.000	0.000	0.000	0.000	0.000	0.000

	C03	C04	C05	D01	D02	D03	D04	D05
總分	0.669	0.648	0.687	0.759	0.623	0.628	0.703	0.708
	0.000	0.000	0.000	0.000	0.000	0.000	0.000	0.000

Cell Contents: Pearson correlation
　　　　　　　P-Value

　　20 個指標題項與量表總分變項皆呈顯著中高度相關，相關係數 r 介於 0.580 至 0.759 間，根據 r > 0.400 準則，20 個指標變項均可以保留。

　　因素分析程序完成後，各共同因素包含的題項已經確定，進一步可求出各共同因素或構面的信度。

　　學務活動的經營構面包括四個題項，B01、B02、B03、B04。變項選入項目分析的界面如下：「Variables:」(變項) 下方框的訊息為「B01 B02 B03 B04」。

　　輔導活動的經營構面包含 C01 至 C05 五個題項，變項選入項目分析的界面如下：「Variables:」(變項) 下方框的訊息為「'C01' 'C02' 'C03' 'C04' 'C05'」。

　　四個構面的內部一致性 α 係數如下：四個構面的 α 係數分別為 0.8311、0.8184、0.8669、0.8374，構面的 α 係數均高於 0.800，表示各構面的信度佳。在信度指標的判別方面，構面包含的題項數較少，因而構面的信度指標值通常會小於整體量表的信度指標值，一般的判別基準如下：構面信度 ≥ 0.600 以上表示尚可、構面信度 ≥ 0.700 以上表示佳、構面信度 ≥ 0.800 以上表示良好。

Item Analysis of A01, A02, A03, A04, A05
Cronbach's alpha = 0.8311
Item Analysis of B01, B02, B03, B04
Cronbach's alpha = 0.8184
Item Analysis of C01, C02, C03, C04, C05
Cronbach's alpha = 0.8669
Item Analysis of D01, D02, D03, D04, D05
Cronbach's alpha = 0.8374

CHAPTER

12

邏輯斯
迴歸分析

一般迴歸分析的依變項為連續變項，若是依變項的變數尺度為類別變項或次序變項，且變項的水準數值群體為二個群體，則迴歸程序採用的統計方法為二元邏輯斯迴歸，二元邏輯斯迴歸的預測變項可以為連續變項，也可以為間斷變數，預測變項如果為間斷變數與複迴歸程序，必須將間斷變項轉換為虛擬變項。

第一節　簡單二元邏輯斯迴歸

一、問題範例

　　課業壓力自變項對學生「是否有自殺意念」的預測分析，自變項課業壓力為連續變項、依變項「自殺意念」為二分類別變項，水準數值 1 為有自殺意念的樣本、水準數值 0 為無自殺意念的樣本。若 為連續預測變項，勝算比經對數轉換後即成為一般簡單線性模式。

$$\ln\left(\frac{p}{1-p}\right) = f(x) = \beta_0 + \beta_1 X_1$$，其中 p 為事件結果發生的機率，事件結果水準群組為反應類別，一般水準數值編碼為 1；p 為事件結果未發生的機率，事件結果水準群組為參照類別，一般水準數值編碼為 0。簡單二元邏輯斯迴歸的圖示如下：

二、操作程序

　　執行功能表「Stat」(統計) /「Regression」(迴歸) /「Binary Fitted Line Plot」(二元適配直線圖) 程序，開啟「Binary Fitted Line Plot」(二元適配直線圖) 對話視窗。

在「Binary Fitted Line Plot」(二元適配直線圖) 主對話視窗中，內定工作表資料檔選項為「Response in binary response/frequency format」，從變數清中選取反應變項 (依變項)「C7　自殺意念」至「Response:」(反應變項) 右方框內，反應結果事件編碼數值內定為 1，「Response event:」(反應事件) 右方框的數值內定為 1，另一個數值為 0 (如果研究者在依變項的編碼中，結果事件發生的觀察值編碼為 0，則選單的數值要改選為 0)；從變數清單中選取預測變項「C2　課業壓力」至「Predictor:」(預測變項) 下方框內，按「OK」鈕。

「Binary Fitted Line Plot」(二元適配直線圖) 主對話視窗按「Options」(選項) 鈕，可以開啟「Binary Fitted Line Plot: Options」(二元適配直線圖：選項) 次對話視窗，視窗內定連結函數 (Link function) 為「Logit」，所有區間的信心水準為 95.0%、信賴區間的型態為「雙尾考驗」(Two-sided)，勝算比的增量值為 1

(Increment for odds ratio:1)，範例視窗採用內定選項與數值。

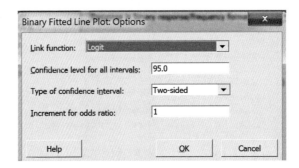

「Binary Fitted Line Plot」(二元適配直線圖) 主對話視窗按「Graphs」(圖形)
鈕，可以開啟「Binary Fitted Line Plot: Graphs」(二元適配直線圖：圖形) 次對話
視窗，視窗內定的二元適配線性圖選項為「☑Display observed proportions」(顯
示觀察次數的比例圖)，方盒另一個選項為顯示信賴區間圖 (Display confidence
interval)，視窗另一個選項為各種殘差圖的繪製，「Individual plots」(個體圖
形) 方盒內的選項主要有：「Histogram of the residuals」(殘差值的直方圖)、
「Normal probability plot of the residuals」(殘差常態機率圖)、「Residuals versus
order」(殘差對次序圖)。

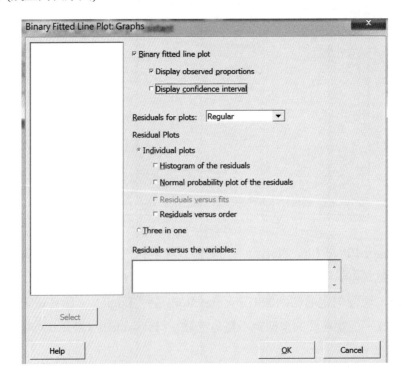

　　「Binary Fitted Line Plot」(二元適配直線圖) 主對話視窗按「Results」(結果) 鈕，可以開啟「Binary Fitted Line Plot: Results」(二元適配直線圖：結果) 次對話視窗，視窗可以設定報表要輸出於 Session 視窗的統計量數，統計量數包括「☑Method」(估計方法)、「☑Response information」(反應訊息)、「☑Analysis of deviance」(差異分析)、「☑Model summary」(模式摘要)、「☑Coefficients」(估計係數值)、「☑Odds ratios」(勝算比)、「☑Binary logistic regression equation」(二元邏輯迴歸方程式)、「☑Fits and diagnostics」(適配與診斷) 等，範例視窗採用內定選項，勾選所有統計量數。

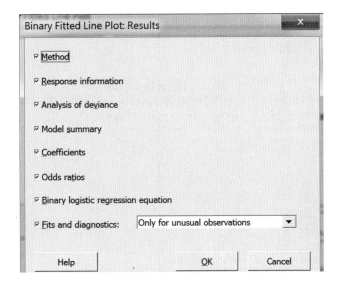

　　「Binary Fitted Line Plot」(二元適配直線圖) 主對話視窗按「Storage」(儲存) 鈕，可以開啟「Binary Fitted Line Plot: Storage」(二元適配直線圖：儲存) 次對話視窗，視窗可以界定要儲存於工作表中的統計量數，包括「Fits (event probabilities)」[適配 (事件機率)]、「Residuals」(殘差)、「Standardized residuals」(標準化殘差)、「Deleted residuals」(刪除後殘差)、「Coefficients」(係數)。

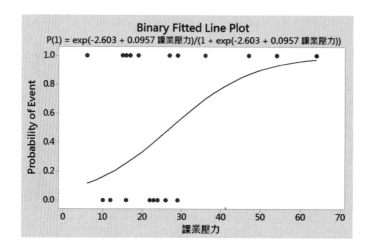

三、輸出結果

二元邏輯斯適配線形圖如下：

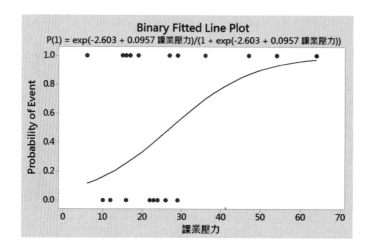

Binary Fitted Line: 自殺意念 versus 課業壓力
Binary Fitted Line Plot
Method [方法]
Link function   Logit
Rows used   80
Response Information [反應訊息]
Variable   Value   Count
自殺意念   1   35 (Event)
          0   45
      Total   80

【說明】

　　估計方法連結函數為「Logit」，反應訊息中依變項為「自殺意念」，水準數值編碼 1 者為事件發生結果，次數有 35 位，水準數值編碼為 0 者的次數有 45 位，表示 80 位有效樣本學生中，有自殺意念者有 35、無自殺意念者有 45 位 (事件未發生的結果)。有自殺意念的勝算 (機率) 與無自殺意念的勝算 (機率) 的比值為 $\frac{35}{80} : \frac{45}{80} = \frac{35}{45} = 0.778$。樣本學生中有自殺意念之勝算 (機率) 與無自殺意念之勝算 (機率) 的比為 0.778:1。

Deviance Table [差異表]

Source	DF	Adj Dev	Adj Mean	Chi-Square	P-Value
Regression	1	16.91	16.906	16.91	0.000
課業壓力	1	16.91	16.906	16.91	0.000
Error	78	92.74	1.189		
Total	79	109.65			

【說明】

　　模式係數 Omnibus 檢定的卡方統計量為 16.91，自由度等於 1，顯著性 p < .001，表示迴歸方程式中至少有一個預測變項的迴歸係數顯著不等於 0，由於迴歸模式只有「課業壓力」一個預測變項，因而「課業壓力」的斜率係數顯著不等於 0，即「課業壓力」自變項對「有無自殺意念」有顯著的預測力。「課業壓力」預測變項的卡方統計量為 16.91，顯著性 p < .001，達統計顯著水準，拒絕虛無假設，表示課業壓力的迴歸係數顯著不等於 0。

Model Summary [模式摘要]

Deviance R-Sq	Deviance R-Sq (adj)	AIC
15.42%	14.51%	96.74

【說明】

　　模式摘要中的 $R^2 = 15.42\%$、調整後 $R^2 = 14.51\%$、AIC 值等於 96.74，根據邏輯轉換後，迴歸方程式的自變項「課業壓力」可以解釋效標變項 (勝算比的對數) 15.42% 的變異量 (此 R 平方值為虛擬 R 平方統計量，因為檢定變項為二分類

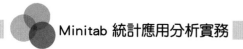

別變項不是連續變項，所以沒有真正的解釋變異量)。

Coefficients [係數]
Term	Coef	SE Coef	VIF
Constant	-2.603	0.751	
課業壓力	0.0957	0.0302	1.00

【說明】

係數值欄中的常數項參數為 -2.603、「課業壓力」斜率係數值為 0.0957、迴歸係數估計標準誤為 0.0302，迴歸方程式與勝算比對數值的關係如下：

$$\ln\left(\frac{p}{1-p}\right) = -2.603 + 0.0957 \times 課業壓力 = f(x)$$

$$\ln\left(\frac{有自殺意念勝算}{無自殺意念勝算}\right) = -2.603 + 0.0957 \times 課業壓力$$

$$\frac{p}{1-p} = e^{f(x)} = e^{(-2.603 + 0.0957 \times 課業壓力)}$$

事件發生的機率 (反應類別水準數值編碼 1) $p = \dfrac{e^{f(x)}}{1+e^{f(x)}}$。

從邏輯斯迴歸模式可以看出，「課業壓力」預測變項增加一個單位，有無自殺意念勝算比的對數就增加 0.0957 倍，「課業壓力」預測變項增加十個單位，有無自殺意念勝算比的對數就增加 0.957 倍，表示課業壓力預測變項對有無自殺意念勝算比對數的影響是正向的，學生課業壓力的測量值愈高，有自殺意念的可能性愈大。

Odds Ratios for Continuous Predictors
	Odds Ratio	95% CI
課業壓力	1.1005	(1.0372, 1.1676)

【說明】

勝算比為 1.101，勝算比 95% 信賴區間為 [1.037, 1.168]，信賴區間未包含 1 數值點，表示勝算比 95% 信賴區間未顯著等於 1.000，課業壓力自變項對「自殺意念」有顯著的預測力，課業壓力對「自殺意念」影響的勝算比值為 1.101，表

示樣本學生的課業壓力測量值愈大，有自殺意念學生的勝算 (機率) 顯著高於沒有自殺意念學生的勝算 (機率)。當勝算比值顯著大於 1.000 者，表示連續變項的測量值愈高，事件發生結果之機率顯著高於事件未發生結果之機率；相對的，當勝算比值顯著小於 1.000 者，表示連續變項的測量值愈高，事件發生結果之機率顯著低於事件未發生結果之機率。

Regression Equation [迴歸方程式]

$p(1) = \exp(-2.603 + 0.0957 \times 課業壓力)/(1 + \exp(-2.603 + 0.0957 \times 課業壓力))$

$f(x) = (-2.603 + 0.0957 \times 課業壓力)$

$$\frac{p}{1-p} = e^{f(x)} = e^{(-2.603 + 0.0957 \times 課業壓力)}$$

事件發生的機率 (反應類別水準數值編碼 1) $p(1) = \dfrac{e^{f(x)}}{1 + e^{f(x)}} = \dfrac{e^{(-2.603 + 0.0957 \times 課業壓力)}}{1 + e^{(-2.603 + 0.0957 \times 課業壓力)}}$

Fits and Diagnostics for Unusual Observations

	Observed			Std	
Obs	Probability	Fit	Resid	Resid	
79	1.0000	0.1163	2.0746	2.11	R

R Large residual

【說明】

最大的殘差值為樣本學生編號 79 的觀察值。

第二節　二個以上預測變項

一、問題範例

某研究者想探究私立高職學生之性別、課業壓力、經濟壓力、情感壓力、升學壓力、考試壓力等變項對學生是否有自殺意念的預測情形，隨機抽取 80 名學生施測生活壓力與自殺意念量表，80 位樣本學生中，有自殺意念者有 35 位、無自殺意念者有 45 位。

研究問題：高職學生之性別、課業壓力、考試壓力、情感壓力、升學壓力、經濟壓力等變項對學生的「自殺意念」是否有顯著的預測力？

研究假設：高職學生之性別、課業壓力、考試壓力、情感壓力、升學壓力、

經濟壓力等變項對學生的「自殺意念」有顯著的預測力。

「自殺意念」依變項為二分類別變項，水準數值 0 為「無自殺意念」、水準數值 1 為「有自殺意念」(事件發生的結果)，預測變項有性別、課業壓力、考試壓力、情感壓力、升學壓力、經濟壓力，性別變項為二分類別變項，水準數值 1 為男生群體、水準數值 0 為女生群體。

資料檔於工作表中建檔的部分數據內容如下：

性別變項在直行 C1 欄、課業壓力變項在直行 C2 欄、考試壓力變項在直行 C3 欄、情感壓力變項在直行 C4 欄、升學壓力變項在直行 C5 欄、經濟壓力變項在直行 C6 欄、自殺意念變項在直行 C7 欄。其中直行 C1 性別變項為二分類別變項，但由於水準數值編碼為 0、1，已經轉換為虛擬變項，可以直接投入迴歸方程模式中。

邏輯斯迴歸01 ***							
	C1	C2	C3	C4	C5	C6	C7	C8
	性別	課業壓力	考試壓力	情感壓力	升學壓力	經濟壓力	自殺意念	
42	1	22	14	25	15	11	0	
43	0	22	14	23	15	11	0	
44	0	22	14	24	15	11	0	
45	1	26	14	10	27	15	0	
46	1	36	25	13	40	11	1	
47	1	36	25	15	39	11	1	

二、操作程序

執行功能表「Stat」(統計) /「Regression」(迴歸) /「Binary Logistic Regression」(二元邏輯斯迴歸) /「Fit Binary Logistic Model」(適配二元邏輯斯模式) 程序，開啟「Binary Logistic Regression」(二元邏輯斯迴歸) 對話視窗。

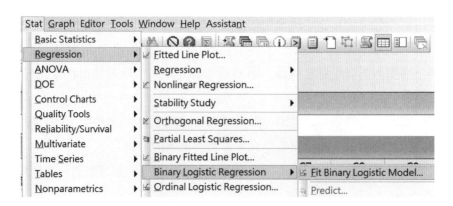

在「Binary Logistic Regression」(二元邏輯斯迴歸) 對話視窗中，資料檔格式型態內定為「Response in binary response/frequency format」，從變數清中選取反應變項 (依變項)「C7 自殺意念」至「Response:」(反應變項) 右方框內，反應結果事件編碼數值內定為 1，「Response event:」(反應事件) 右方框的數值內定為 1，另一個數值為 0；從變數清單中分別選取預測變項「C1 性別」、「C2 課業壓力」、「C3考試壓力」、「C4情感壓力」、「C5 升學壓力」、「C6 經濟壓力」至「Continuous predictors:」(連續預測變項) 下方框內，方框內訊息為「性別 課業壓力 考試壓力 情感壓力 升學壓力 經濟壓力」，變項間以空白鍵隔開，按「OK」鈕。

「Binary Logistic Regression」(二元邏輯斯迴歸) 主對話視窗的功能鈕有「Model」(模式)、「Options」(選項)、「Coding」(編碼)、「Stepwise」(逐步迴歸)、「Graphs」(殘差圖)、「Results」(結果統計量)、「Storage」(儲存) 等七個，進行二元邏輯斯迴歸分析時，這些次功能鈕可以不用進一步界定，直接採用內定的設定即可。

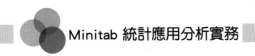

視窗界面為按「Results」(結果) 鈕之次視窗對話鈕，「Binary Logistic Regression: Results」(二元邏輯斯迴歸：結果) 次對話視窗，研究者可以界定輸出結果報表中要呈現的統計量。

Binary Logistic Regression: Results

Display of results: Simple tables ▼

☑ Method

☑ Response information

☐ Iteration information

☑ Analysis of deviance

☑ Model summary

☑ Coefficients: Default coefficients ▼

☑ Odds ratios

☑ Binary logistic regression equation: Separate equation for each set of categorical predictor levels ▼

☑ Goodness-of-fit tests

☐ Frequencies for Hosmer-Lemeshow test

☐ Measures of association

☑ Fits and diagnostics: Only for unusual observations ▼

Help   OK   Cancel

三、輸出結果

Binary Logistic Regression: 自殺意念 versus 性別, 課業壓力, 考試壓力, 情感壓力, 升學壓力, ...

Method

Link function Logit [連結函數：邏輯]

Rows used   80

Response Information [反應訊息]

Variable	Value	Count
自殺意念	1	35 (Event)
	0	45
	Total	80

526

【說明】

　　反應訊息中依變項為自殺意向，水準數值編碼為 1 者為事件發生結果，次數有 35 位，水準數值編碼為 0 者的次數有 45 位，表示 80 位有效樣本學生中，有自殺意念者有 35、無自殺意念者有 45 位。有自殺意念的勝算 (機率) 與無自殺意念的勝算 (機率) 的比值為 $\frac{35}{80}:\frac{45}{80}=\frac{35}{45}=0.778$。

Deviance at Each Iterative Step [疊代步驟的差異值]

Step	Deviance
1	32.930374
2	24.566529
3	21.441667
4	20.279800
5	19.993903
6	19.967560
7	19.967237
8	19.967237
9	19.967237

【說明】

　　模式收斂經九個疊代運算次數，最後的差異值為 19.967，19.967 差異值為「-2 對數概似值」(-2LL) 的數值。

Deviance Table [差異表]

Source	DF	AdjDev	Adj Mean	Chi-Square	P-Value
Regression	6	89.683	14.9472	89.68	0.000
性別	1	1.866	1.8662	1.87	0.172
課業壓力	1	0.703	0.7027	0.70	0.402
考試壓力	1	15.075	15.0749	15.07	0.000
情感壓力	1	0.296	0.2965	0.30	0.586
升學壓力	1	0.006	0.0057	0.01	0.940
經濟壓力	1	20.909	20.9090	20.91	0.000
Error	73	19.967	0.2735		
Total	79	109.650			

【說明】

　　差異表為每個預測變項對整體迴歸方程式的貢獻程度，以「考試壓力」預測變項而言，模式中投入預測變項「考試壓力」後，差異值的變化量為 15.075，對整體卡方統計量的貢獻度為 15.07，增加的卡方值統計量達統計顯著水準，對應的顯著性 p < .001。差異表的卡方值欄與顯著性欄可以看出那幾個預測變項對迴歸模式的預測力達到顯著，範例中投入六個預測變項，對依變項「有無自殺意念」有顯著預測力的變項有「考試壓力」與「經濟壓力」(經濟壓力預測變項的卡方值統計量為 20.91，顯著性 p < .001)。

　　迴歸方程式預測變項斜率係數顯著性檢定的整體卡方值為 89.68，自由度等於 6、顯著性 p < .001，達統計顯著水準，表示邏輯斯迴歸模型整體適配度良好。投入的六個自變項「性別」、「課業壓力」、「考試壓力」、「情感壓力」、「升學壓力」、「經濟壓力」中至少有一個自變項可以有效地解釋與預測樣本在自殺意念「有」、「無」之分類結果，迴歸方程式卡方值統計量值檢定的虛無假設為：$H_0 : \beta_1 = \beta_2 = \beta_3 = \beta_4 = \beta_5 = \beta_6$，當卡方值統計量達到顯著水準，拒絕虛無假設，至少有一個預測變項的預測力達到顯著。

Model Summary [模式摘要]
Deviance　Deviance

Deviance R-Sq	Deviance R-Sq (adj)	AIC
81.79%	76.32%	33.97

【說明】

　　模式摘要中的 R^2 = 81.79%、調整後 R^2 = 76.32%、AIC 值等於 33.97，根據邏輯轉換後，迴歸方程式的自變項可以解釋效標變項 81.79% 的變異量。

Coefficients [係數]

Term	Coef	SECoef	VIF
Constant	-11.33	3.84	
性別	-2.17	1.78	2.21
課業壓力	0.087	0.112	2.48
考試壓力	0.298	0.138	2.80
情感壓力	-0.0294	0.0540	1.08
升學壓力	0.0052	0.0683	2.57

經濟壓力　　0.323　　0.114　　2.53

【說明】

係數表中的係數欄為原始迴歸係數值 B、「SECoef」欄為係數值的標準誤，性別、課業壓力、考試壓力、情感壓力、升學壓力、經濟壓力六個預測變項的迴歸係數值分別為 -2.17、0.087、0.298、-0.029、0.005、0.323，常數項係數為 -11.33、係數估計標準誤為 3.84。

Odds Ratios for Continuous Predictors [連續預測變項的勝算比]

	Odds Ratio	95% CI
性別	0.1139	(0.0035, 3.7279)
課業壓力	1.0910	(0.8767, 1.3577)
考試壓力	1.3477	(1.0275, 1.7677)
情感壓力	0.9711	(0.8735, 1.0795)
升學壓力	1.0052	(0.8793, 1.1491)
經濟壓力	1.3812	(1.1057, 1.7254)

【說明】

由於 B 係數所代表的並不是預測變項的權重係數，它所表示的是預測變項原始分數改變一個單位，目標群體改變多少的邏輯 (logit) 或勝算比。所謂勝算比 (odd ratio)，在說明自變項與依變項間之關連，若有一個虛擬自變項 X 之勝算比為 2，表示在該自變項上測量值為 1 的觀察值，它在依變項 Y 上為 1 的機率是在 X 之測量值為 0 的觀察值的 2 倍，勝算比值愈高，表示自變項與依變項之關連程度愈強。勝算比值為 1 表示預測變項預測反應結果為 1 的事件與為 0 的事件之機率相同，此預測變項沒有顯著的預測力，此時，預測變項勝算比 95% 信賴區間會包含 1 數值點。

性別、課業壓力、考試壓力、情感壓力、升學壓力、經濟壓力六個預測變項的勝算比分別為 0.114、1.091、1.348、0.971、1.005、1.381，其中「考試壓力」勝算比會 95% 信賴區間為 [1.028, 1.768]，勝算比 95% 信賴區間未包含 1 數值點，表示「考試壓力」自變項對學生有無自殺意念有顯著預測力，勝算比值等於 1.348，數值大於 1.000，考試壓力的測量值愈大，樣本學生有自殺意念的機率顯著高於沒有自殺意念的機率；「經濟壓力」勝算比 95% 信賴區間為 [1.106,

1.725]，勝算比 95% 信賴區間未包含 1 數值點，表示「經濟壓力」自變項對學生有無自殺意念有顯著預測力，勝算比值等於 1.381，數值大於 1.000，經濟壓力的測量值愈大，樣本學生有自殺意念的機率顯著高於沒有自殺意念的機率。至於「性別」、「課業壓力」、「情感壓力」、「升學壓力」勝算比 95% 信賴區間均包含 1 數值點，表示四個預測變項無法有效預測樣本學生之有無自殺意念。

Regression Equation [迴歸方程式]

P(1) = exp(Y')/(1 + exp(Y'))

Y' = -11.33 − 2.17 性別 + 0.087 課業壓力 + 0.298 考試壓力 − 0.0294 情感壓力 + 0.0052 升學壓力 + 0.323 經濟壓力

【說明】

經邏輯轉換後的迴歸方程式如下：

$$\ln\left(\frac{\text{有自殺意念勝算}}{\text{無自殺意念勝算}}\right) = -11.33 − 2.17 \times \text{性別} + 0.087 \times \text{課業壓力} + 0.298 \times \text{考}$$

試壓力 − 0.0294 × 情感壓力 + 0.0052 × 升學壓力 + 0.323 × 經濟壓力。

Goodness-of-Fit Tests [適配度檢定]

Test	DF	Chi-Square	P-Value
Deviance	73	19.97	1.000
Pearson	73	17.46	1.000
Hosmer-Lemeshow	8	2.81	0.946

【說明】

「Hosmer 和 Lemeshow 檢定」摘要表也是迴歸模式整體適配度指標的一個檢定統計量，如果 Hosmer-Lemeshow 檢定值未達顯著水準，表示模式適配度佳。表中 Hosmer-Lemeshow 檢定卡方值等於 2.81、自由度為 8，顯著性 p = .946 > .05，未達顯著水準，差異卡方值統計量等於 19.97，顯著性 p = 1.000 > .05；Pearson 卡方值統計量等於 17.46，顯著性 p = 1.000 > .05，均未達到統計顯著水準，接受虛無假設：「二元邏輯斯迴歸模型 = 適配度良好模型」，整體迴歸模式的適配度良好，表示自變項可以有效預測依變項。此處「Hosmer-Lemeshow」卡方檢定統計量的性質與結構方程模式中，適配度檢定的卡方值統計量性質十分

接近，當卡方值未達顯著時，表示模式的適配度或契合度佳，假設模型與樣本資料可以適配，假設模型導出的共變異數矩陣與樣本資料估算所得的共變異數矩陣相等。在邏輯斯迴歸模式的假設驗證方面，「Hosmer-Lemeshow」檢定之卡方統計量愈小愈好，卡方值愈小愈不會達到顯著，表示迴歸模式愈佳。

Observed and Expected Frequencies for Hosmer-Lemeshow Test

Group	Event Probability Range	自殺意念 = 1 Observed	Expected	自殺意念 = 0 Observed	Expected
1	(0.000, 0.001)	0	0.0	8	8.0
2	(0.001, 0.004)	0	0.0	8	8.0
3	(0.004, 0.007)	0	0.0	8	8.0
4	(0.007, 0.012)	0	0.1	8	7.9
5	(0.012, 0.106)	0	0.5	8	7.5
6	(0.106, 0.615)	5	3.5	3	4.5
7	(0.615, 0.998)	6	6.9	2	1.1
8	(0.998, 1.000)	8	8.0	0	0.0
9	(1.000, 1.000)	8	8.0	0	0.0
10	(1.000, 1.000)	8	8.0	0	0.0

【說明】

Hosmer-Lemeshow考驗之事件觀察次數與期望次數之列聯表格。

Measures of Association [關聯強度]

Pairs	Number	Percent	Summary Measures	Value
Concordant	1558	98.9	Somers' D	0.98
Discordant	17	1.1	Goodman-Kruskal Gamma	0.98
Ties	0	0.0	Kendall's Tau-a	0.49
Total	1575	100.0		

【說明】

關聯強度表為自變項與依變項間之關聯強度檢定結果，關聯強度的性質與多元迴歸分析中的 R^2 值 (決定係數) 類似，但 Logistic 迴歸分析中的關聯強度旨在說明迴歸模式中的自變項與依變項關係之強度，Somers' D 量測值為 0.98，Somers' D 量測值愈大，表示配對一致性愈高，報表中一致性個數有 1558、不一

致個數有 17、Somers' D 量數 $= \dfrac{1558-17}{1575} = 0.98$，Goodman-Kruskal Gamma 量測

值為 0.98、Kendall's Tau-a 量測值為 0.49。

二元邏輯斯迴歸分析結果摘要表統整如下：

預測變項	係數	係數標準誤	Df	顯著性	勝算比
性別	-2.172	1.780	1	.172	.114
課業壓力	.087	.112	1	.402	1.091
考試壓力	.298	.138	1	.000	1.348***
情感壓力	-.029	.054	1	.586	.971
升學壓力	.005	.068	1	.940	1.005
經濟壓力	.323	.114	1	.000	1.381***
常數	-11.332	3.837	1		
	Omnibus 統計量 $\chi^2_{(6)} = 89.68***$				
	Hosmer-Lemeshow 統計量 $\chi^2_{(8)} = 2.81ns$				
	$R^2 = 81.79\%$、調整後 $R^2 = 76.32\%$、AIC 值 $= 33.97$				

ns p > .05　*** p < .001

「Binary Logistic Regression: Storage」(二元邏輯斯迴歸：儲存) 次對話視窗中，勾選「☑Fits (event probabilities)」(事件機率) 選項可以儲存各樣本的機率統計量。

範例中機率統計量儲存在直行 C8 欄，變數名稱內定為「FITS1」，邏輯斯迴歸預測樣本的組別乃根據機率統計量的大小分組 (預測為事件發生結果或事件未發生結果)，其分割點為 0.500，若機率值大於 0.500，預測組別為事件發生結果，水準群體編碼為 1；機率值小於 0.500，預測組別為事件未發生結果，水準群體編碼為 0。

執行功能表列「Calc」(計算) /「Calculator」(計算器) 程序，開啟「Calculator」(計算器) 對話視窗，「Store results in variable:」(儲存結果在變項中) 右邊方框輸入工作表直行編號「C9」、從變數清單中選取「FITS1」至右邊「Expression:」(運算式) 下方框內，再鍵入「> 0.5000」，按「OK」鈕，表示機率值大於 0.5000 的樣本，直行 C9 儲存格的水準數值為 1 (事件發生結果)，否則儲存格的數值為 0 (事件未發生的結果)，直行 C9 變項欄的變數名稱增補為「預測組別」。

工作表資料檔如下：

	C1	C2	C3	C4	C5	C6	C7	C8	C9
編號	性別	課業壓力	考試壓力	情感壓力	升學壓力	經濟壓力	自殺意念	FITS1	預測組別
1	0	23	12	24	13	5	0	0.00841	0
2	0	16	7	19	5	5	0	0.00115	0
3	0	16	21	14	23	6	0	0.11648	0
4	1	10	9	24	21	6	0	0.00018	0
5	1	24	12	43	4	7	0	0.00110	0
6	0	29	8	14	13	7	0	0.01097	0
7	1	29	9	30	13	8	0	0.00147	0

編號	C1 性別	C2 課業壓力	C3 考試壓力	C4 情感壓力	C5 升學壓力	C6 經濟壓力	C7 自殺意念	C8 FITS1	C9 預測組別
8	1	29	8	10	13	9	0	0.00270	0
9	0	23	10	10	30	21	0	0.57427	1
10	1	23	7	43	21	5	0	0.00013	0
11	1	23	9	16	28	32	0	0.76760	1
12	1	24	16	25	31	10	0	0.01829	0
13	1	24	10	9	33	10	0	0.00500	0
14	1	23	30	43	21	13	0	0.62154	1
15	0	23	11	57	29	7	0	0.00492	0
16	1	29	15	34	38	8	0	0.00884	0
17	1	24	21	17	33	18	0	0.58365	1
18	1	29	10	21	37	9	0	0.00402	0
19	1	24	17	31	32	10	0	0.02072	0
20	1	16	9	10	5	5	0	0.00031	0
21	1	16	14	15	21	3	0	0.00068	0
22	1	16	14	15	21	4	0	0.00094	0
23	1	16	14	15	21	4	0	0.00094	0
24	1	16	14	21	21	4	0	0.00079	0
25	1	26	14	10	34	4	0	0.00277	0
26	1	26	14	14	27	4	0	0.00237	0
27	1	26	14	14	27	4	0	0.00237	0
28	1	16	14	21	21	9	0	0.00393	0
29	1	26	14	14	27	9	0	0.01182	0
30	1	12	14	24	3	11	0	0.00442	0
31	1	12	14	24	3	11	0	0.00442	0
32	1	12	14	13	3	11	0	0.00609	0
33	1	12	14	13	4	11	0	0.00612	0
34	1	12	14	13	42	11	0	0.00744	0

編號	C1 性別	C2 課業 壓力	C3 考試 壓力	C4 情感 壓力	C5 升學 壓力	C6 經濟 壓力	C7 自殺 意念	C8 FITS1	C9 預測 組別
35	0	16	14	21	15	11	0	0.06025	0
36	1	16	14	18	15	11	0	0.00791	0
37	1	16	14	24	15	11	0	0.00664	0
38	1	16	14	25	15	11	0	0.00645	0
39	1	16	14	23	15	11	0	0.00684	0
40	1	22	14	18	15	11	0	0.01328	0
41	0	22	14	18	15	11	0	0.10562	0
42	1	22	14	25	15	11	0	0.01084	0
43	0	22	14	23	15	11	0	0.09253	0
44	0	22	14	24	15	11	0	0.09010	0
45	1	26	14	10	27	15	0	0.08540	0
46	1	36	25	13	40	11	1	0.61533	1
47	1	36	25	15	39	20	1	0.96485	1
48	1	36	25	15	39	11	1	0.60010	1
49	0	36	25	15	40	25	1	0.99918	1
50	0	36	25	15	39	30	1	0.99984	1
51	1	54	25	17	44	25	1	0.99844	1
52	1	64	30	17	33	18	1	0.99851	1
53	1	64	30	17	34	18	1	0.99852	1
54	0	54	33	18	53	25	1	0.99998	1
55	1	29	36	18	37	16	1	0.99000	1
56	1	29	36	18	37	20	1	0.99723	1
57	0	29	36	27	38	19	1	0.99943	1
58	1	29	36	27	38	25	1	0.99928	1
59	0	29	36	28	39	27	1	0.99996	1
60	0	19	36	28	23	25	1	0.99978	1
61	0	19	36	34	23	25	1	0.99974	1

編號	C1 性別	C2 課業壓力	C3 考試壓力	C4 情感壓力	C5 升學壓力	C6 經濟壓力	C7 自殺意念	C8 FITS1	C9 預測組別
62	0	19	36	34	20	25	1	0.99974	1
63	0	19	36	34	33	25	1	0.99975	1
64	0	19	36	57	34	25	1	0.99952	1
65	0	64	40	57	31	18	1	0.99997	1
66	0	64	43	46	20	18	1	0.99999	1
67	0	15	47	41	8	18	1	0.99982	1
68	1	47	47	37	21	19	1	0.99994	1
69	0	15	47	46	26	25	1	0.99998	1
70	1	15	47	43	33	25	1	0.99985	1
71	0	15	47	41	33	25	1	0.99998	1
72	1	15	47	34	23	25	1	0.99988	1
73	0	16	20	19	9	10	1	0.22235	0
74	1	27	47	43	35	25	1	0.99995	1
75	0	27	10	41	10	25	1	0.71628	1
76	1	27	10	34	53	25	1	0.30620	0
77	1	27	47	34	48	25	1	0.99996	1
78	1	17	15	10	9	30	1	0.86925	1
79	1	6	11	10	8	30	1	0.43469	0
80	0	47	47	30	42	25	1	1.00000	1

以性別、課業壓力、考試壓力、情感壓力、升學壓力、經濟壓力六個自變項來預測樣本學生有無自殺意念,六個變項組合的迴歸方程式預測正確的樣本共有73位,錯誤的樣本有7位,編號分別為9、11、14、17、73、76、79,整體預測正確的百分比為 73 ÷ 80 = 91.3%。

除了由工作表檢核預測組別與依變項自殺意念組別的異同外,也可以直接藉由計算器 (Calculator) 對話視窗運算式的設定,求出預測正確的樣本數,範例中工作表直行 C10 的變項名稱為「預測正確」,在「Calculator」(計算器) 對話視

窗中，從變數清單選取「C10 預測正確」至「Sotre result in variable:」(儲存結果在變項) 右方框內，方框內訊息為「'預測正確'」，「Expression:」(運算式) 下方框的邏輯運算式為「('自殺意念' = 0 And '預測組別' = 0) Or ('自殺意念' = 0 And '預測組別' = 1)」。

　　邏輯運算式中的前半段「'自殺意念' = 0 And '預測組別' = 0」，表示的是樣本觀察值在「自殺意念」變項組別為 0 (沒有自殺意念)、且「預測組別」變項的組別水準數值也為 0 (沒有自殺意念)，此種結果表示預測正確；邏輯運算式後半段「'自殺意念' = 1 And '預測組別' = 1」，表示的是樣本觀察值在「自殺意念」變項組別為 1 (有自殺意念)、且「預測組別」變項的組別水準數值也為 1 (有自殺意念)，此種結果表示預測正確。當樣本觀察值符合邏輯運算式的條件，對應的直行 C10「預測正確」變項的水準數值編碼為 1，否則編碼為 0 (預測錯誤)。

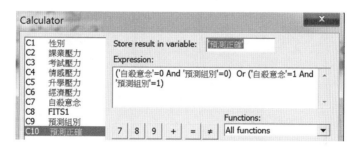

　　執行「Stat」(統計) /「Tables」(表) /「Tally Individual Variables」(計數個體變項) 程序，求出「預測正確」變項的次數分配表，從變數清單選取「C10 預測正確」至右邊「Variables:」下方框內，按「OK」鈕。

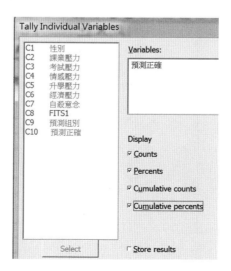

「預測正確」變項的次數分配表如下：

Tally for Discrete Variables: 預測正確

預測正確	Count	Percent	CumCnt	CumPct
0	7	8.75	7	8.75
1	73	91.25	80	100.00
N=	80			

「預測正確」變項水準數值 1 為預測正確的樣本觀察值、水準數值 0 為預測錯誤的樣本觀察值，有效樣本數共有 80 位、預測錯誤的樣本觀察值有 7 位、預測正確的樣本觀察值有 73 位，整體預測正確的百分比為 91.25% (= 91.3%)。

樣本之觀察次數與預測次數的交叉表如下：

觀察次數		預測次數		預測百分比
		自殺意念		
		無自殺意念	有自殺意念	
自殺意念	無自殺意念	41	4	91.1
	有自殺意念	3	32	91.4
整體預測百分比				91.3

分割點：0.5000

CHAPTER 13

集群分析
與區別分析

集群分析與因素分析原理十分類似，因素分析是將指標題項相關較大的合併為一個群組 (共同因素)，群組 (共同因素) 反映的是指標題項測得的潛在特質或因素構念，同一群組 (共同因素) 內的指標題項有較高的同質性；集群分析是把觀察值 (受試者) 屬性或特徵相似者分類在同一群組，同一群組內的觀察值 (受試者) 有較高的相似性。集群分析若以變項分類，其分類過程便與因素分析相似，同一集群內變項的相似性最大，相同的變數個數與資料檔，採用集群分析程序與因素分析程序所得結果可能有所不同。

以觀察集的分類而言，若之前沒有觀察值分群的資訊，集群分析程序可採用一般「集群觀察值」的分類方法，根據輸出結果凝聚過程的參數進行判斷，再根據輸出結果的樹狀圖決定集群的個數，經凝聚過程相似性、組內差異係數與樹狀圖的綜合判斷，初步決定分群的 (集群) 個數後，研究者可進一步採用 K 平均數集群分析法，指定觀察值分群的個數，並將分群變項以獨立直行儲存在工作表。集群分析的簡易架構圖如下：

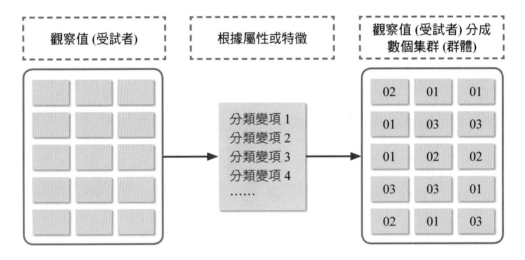

區別分析可以根據預測變項對觀察值原先真實的分組情況進行預測與再分類，預測與分類乃根據投入區別分析之預測變項建立的區別函數 (或典型區別函數) 對觀察值進行再分類，預測分類的情況若是與觀察值原先真實的組別相同，表示預測變項的預測分類正確，相對的，分類的情況若是與觀察值原先真實的組別不相同，表示預測變項預測分類錯誤。區別分析的依變項為類別變項，預測變項為計量變項，如果預測變項為間斷變項，要將變項轉換為虛擬變項，區別分析

簡易架構圖如下：

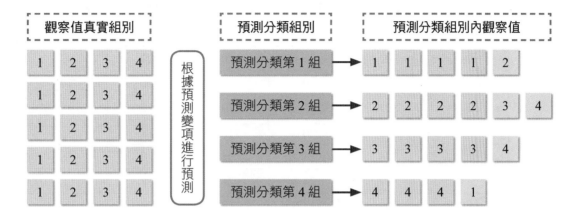

架構圖中顯示根據預測變項進行預測分類正確的觀察值有 15 個、預測分類錯誤的觀察值有 5 個 (觀察值真實組別與預測分類組別不一樣)，區別分析正體預測正確百分比為 15 ÷ 20 = 75%。

 第一節　集群分析

集群分析可以適用於將相似觀察值分成數個群組，或是將相似性高的變項分類成數個群組，同一群組內的觀察值 (變項) 相似性較高 (或相關較高)，不同群組間的觀察值 (變項) 相似性相低 (或相關較低)

一、問題範例

某研究者想根據學生的「學習動機」、「投入程度」、「課堂參與」與「學業成就」四個學習表現，將學生分成有意義的群組，隨機抽取 20 名學生，搜集學生在四個學習表現的資料，各變項測量值愈高，對應的學習表現愈佳或學習成就愈好。

工作表資料檔中，直行 C1 的變數名稱為「編號」，變項屬性為文字；直行 C2 的變數名稱為「學習動機」，變項屬性為數值；直行 C3 的變數名稱為「投入程度」，變項屬性為數值；直行 C4 的變數名稱為「課堂參與」，變項屬性為數值；直行 C5 的變數名稱為「學業成就」，變項屬性為數值。

	C1-T	C2	C3	C4	C5
	編號	學習動機	投入程度	課堂參與	學業成就
1	S01	20	24	24	92
2	S02	25	26	23	90
3	S03	19	17	18	70
4	S04	17	19	12	58
5	S05	20	17	18	66
6	S06	23	25	20	86
7	S07	24	22	24	92
8	S08	12	17	17	78
9	S09	11	12	9	70
10	S10	7	8	7	53
11	S11	22	25	20	85
12	S12	21	24	24	90
13	S13	7	8	5	45
14	S14	8	9	8	40
15	S15	17	17	17	58
16	S16	7	7	7	70
17	S17	23	21	23	87
18	S18	6	7	6	28
19	S19	7	9	5	58
20	S20	16	16	13	69

二、操作程序

執行功能表「Stat」(統計) /「Multivariate」(多變量) /「Cluster Observations」(集群觀察值) 程序，程序會開啟「Cluster Observations」(集群觀察值) 對話視窗。程序的提示語為「Classify observations into groups based on their similarity. Use when you do not have prior grouping information for your observations.」(當研究者對於觀察值沒有先前分組資訊時，可以根據觀察值的相

似性將觀察值分類成數個群組)，程序提示語的說明在於採用階層集群分析法將
觀察值進行分類 (或分群)。

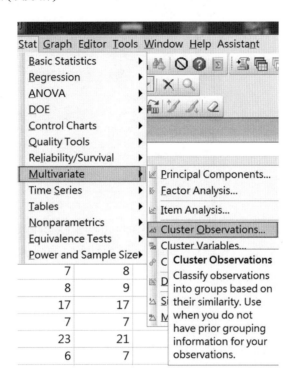

　　「Cluster Observations」對話視窗中，從變數清單中選取「C2 學習動
機」、「C3 投入程度」、「C4 課堂參與」、「C5 學業成就」四個計量變項至
「Variables or distance matrix:」(變項或距離矩陣) 下方框內，方框訊息為「'學習
動機' - '學業成就'」；「Linkage method:」(連結方法) 右邊選單選取「Average」
(平均連結法)，「Distance measure:」(距離測量) 右邊選單「Squared Euclidean」
(歐幾里德平方)，「Specify final partition by」(最後決定分割集群數) 方盒選取
「⊙Number of clusters:」(集群個數) 選項，右側的最後集群數值輸入 1；勾選
「☑Show dendrogram」(顯示樹狀圖) 選項，按「Customize」(自訂) 鈕，開啟
「Cluster Observations Dendrogram: Customize」(集群觀察值樹狀圖：自訂) 次對
話視窗。

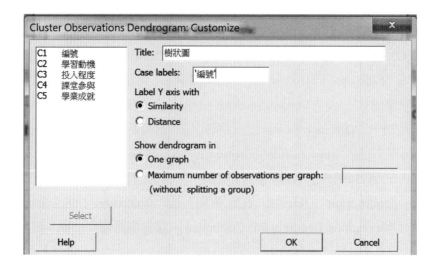

「Cluster Observations Dendrogram: Customize」(集群觀察值樹狀圖：自訂)
次對話視窗中，「Title:」(標題) 右側輸入「樹狀圖」(繪製樹狀圖時此方框可保
留內定空白)，「Case labels:」(個體標註) 右側方框選取變項「C1 編號」，方
框內訊息為「'編號'」，「Label Y axis with」(標記 Y 軸用) 方盒採用內定選項
「⊙Similarity」(相似性)，「Show dendrogram in」(顯示樹狀圖在) 方盒採用內定
選項「⊙One graph」(單一圖形)，按「OK」鈕。

「Cluster Observations」(集群觀察值) 主對話視窗中，「Distance measure:」
(距離測量) 右邊選單內定選項為「Euclidean」(歐幾里德)，表示觀察值間的

相似性是採用歐幾里德直線距離，其餘選項包括「Manhattan」(曼哈頓)、「Pearson」(皮爾森)、「Squared Euclidean」(歐幾里德平方)、「Squared Pearson」(皮爾森平方) 等，在觀察值集群分析中，測量觀察值間相似性最常用者為歐幾里德距離平方；在變項集群分析程序中，測量變項間相似性最常使用者為皮爾森積差相關法。

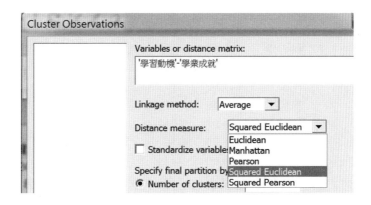

「Cluster Observations」(集群觀察值) 主對話視窗中，「Linkage method:」(連結方法)內定選單選項為「Compete」(完全連結法)，連結方法為集群合併的準則，Minitab 界面視窗提供以下幾種方法：「Average」(平均連結法或稱組間連結法)、「Centroid」(形心連結法)、「Complete」(完全連結法或稱最遠連結法)、「McQuitty」、「Median」(中位數連結法)、「Single」(單一連結法或稱最近連結法)、「Ward」(華德連結法)。

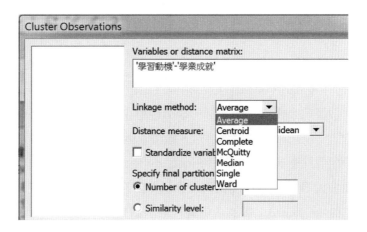

三、輸出結果

```
Cluster Analysis of Observations: 學習動機, 學習態度, 投入程度, 學業成就
Squared Euclidean Distance, Average Linkage
Amalgamation Steps
```

Step	Number of clusters	Similarity level	Distance level	Clusters joined		New cluster	Number of obs in new cluster
1	19	99.9598	2.00	6	11	6	2
2	18	99.8994	5.00	1	12	1	2
3	17	99.6579	17.00	3	5	3	2
4	16	99.6277	18.50	1	7	1	3
5	15	99.4835	25.67	1	2	1	4
6	14	99.4365	28.00	6	17	6	3
7	13	99.4164	29.00	4	15	4	2
8	12	99.3963	30.00	10	19	10	2
9	11	99.2755	36.00	13	14	13	2
10	10	99.1246	43.50	3	20	3	3
11	9	99.0944	45.00	9	16	9	2
12	8	99.0625	46.58	1	6	1	7
13	7	97.3335	132.50	3	4	3	5
14	6	96.2568	186.00	10	13	10	4
15	5	95.5424	221.50	8	9	8	3
16	4	94.5247	272.07	3	8	3	8
17	3	90.0282	495.50	10	18	10	5
18	2	84.4770	771.34	1	3	1	15
19	1	64.0623	1785.75	1	10	1	20

　　輸出報表中的「Step」欄為集群合併的步驟、「Number of clusters」欄為原始集群個數、「Similarity level」欄為相似性參數值、數值愈大表示二個集群的相似性愈高、數值愈小表示二個集群的相似性愈小,「Distance level」欄為距離層次,表示的是合併後組內的差異係數,數值為歐基理德距離的平方,數值愈小表示觀察值間相似性愈高,對應的「Similarity level」欄參數會愈大;「Distance level」欄數值愈大表示觀察值間相似性愈低,對應的「Similarity level」欄參數會愈小。「Clusters joined」欄為合併時,第一個要加入的集群 (觀察值) 與第二

個要加入的集群,「New cluster」欄為二個集群合併後的新集群名稱,以編號較小的集群或觀察值作為新集群名稱,「Number of obs in new cluster」為新集群內觀察值或樣本的個數。

以範例結果為例,步驟 1 集群個數共有 19,觀察值 6 與觀察值 11 合併,二個觀察值間的相似性參數為 99.9598,合併後群組內差異係數為 2.00,新觀察值 (新集群) 的編號為 6 (現內有編號成員 S06、S11 二者)。下一次進行合併的地方為步驟 6。

在步驟 6 中,集群個數共有 14 個,觀察值 6 與觀察值 17 合併,二個集群的相似性參數為 99.4365,合併後群組內的差異係數為 28.00,二個觀察值合併後的新編號為 6 (以編號較小者為新觀察值或新集群的編號),在新編號 6 集群中,包含編號 {S06、S11、S17} 三個觀察值。

在步驟 6 中,集群 6 包含 {S06、S11、S17} 三個觀察值,集群 6 再出次的步驟為步驟 12,在步驟 12 中,集群個數共有 8 個,集群 1 與集群 6 合併,二個集群的相似性參數為 99.0625,合併後群組內的差異係數為 46.58,二個觀察值合併後的新編號為 1 (以編號較小者為新觀察值或新集群的編號),在新編號 1集群中,觀察值的個數共有 7 個,原先集群 1 有四個觀察值、集群 6 有三個觀察值。集群 1 合併的觀察值次序為 {S01、S12}(步驟 2)、{S01、S12、S07}(步驟 4)、{S01、S12、S07、S02}(步驟 5),步驟 12為集群 1 + 集群 6 = {S01、S12、S07、S02} + {S06、S11、S17},步驟 12 新集群 1 包含的七個觀察值為 {S01、S12、S07、S02、S06、S11、S17}。

步驟 18 中,集群 1 與集群 3 合併,相似性參數為 84.4770,合併後群組內的差異係數為 771.34,集群 1 與集群 3 合併後的差異係數值與之前步驟相比突然增大甚多,相似性參數降至 90.000 以下,表示二個集群的相似性不高,差異性較大,二個集群不適合再合併為一個新集群。

步驟 19 中,集群 1 與集群 10 合併,相似性參數為 64.0623,合併後群組內的差異係數為 1785.75,集群 1 與集群 10 合併後的差異係數值與之前步驟相比突然增大,相似性參數降至 90.000 以下,表示二個集群的相似性不高,差異性較大,二個集群不適合再合併為一個新集群。集群 1 與集群 10 相似性低、集群 1 與集群 3 相似性低,三個集群的起始觀察值分別為觀察察 1、觀察值 3、觀察值 10。

從集群凝聚步驟進行觀察值分群的初步判別，20 個觀察值以分為三個集群較為適合。

最後分割形心統計量如下：

```
Final Partition
Number of clusters: 1
                                    Average      Maximum
                        Within      distance     distance
            Number of   cluster sum  from         from
            observations of squares  centroid     centroid
Cluster1    20          9307.55      19.0246      44.3280
```

最後合併的集群個數為 1，觀察值個數有 20，集群內均方和為 9307.55，觀察值與形心的平均距離為 19.0246、觀察值與形心間最大的距離為 44.3280。

集群分析樹狀圖如下：

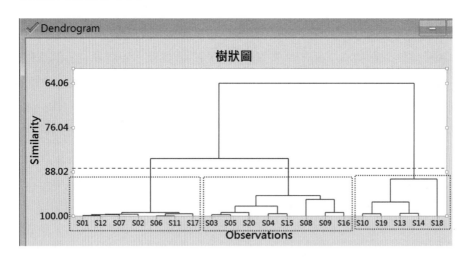

從樹狀圖可以看出，從觀察值相似性分群，20 個觀察值以分為三個集群較為適合，集群 1 包含 {S01、S12、S07、S02、S06、S11、S17} 七個觀察值、集群 2 包含 {S03、S05、S20、S04、S15、S08、S09、S16} 八個觀察值、集群 3 包含 {S10、S19、S13、S14、S18} 五個觀察值。

進行集群分析時，若是依據標的變項的測量單位間差異較大，可以將各標的變項轉為標準化變數，範例視窗界面「Cluster Observations」(集群觀察值) 主

對話視窗中，從變數清單中選取「C2 學習動機」、「C3 投入程度」、「C4 課堂參與」、「C5 學業成就」四個計量變項至「Variables or distance matrix:」(變項或距離矩陣) 下方框內，方框訊息為「'學習動機' - '學業成就'」；「Linkage method:」(連結方法) 右邊選單選取「Ward」(華德連結法，研究者也可選其他連結法)，「Distance measure:」(距離測量) 右邊選單選取「Euclidean」(歐幾里德直線距離，研究者也可選其他距離量測法)，勾選「☑Standardize variables」(標準化變項) 選項，表示進行變項的標準化程序轉換。「Specify final partition by」(最後決定分割集群數) 方盒選取「⊙Number of clusters:」(集群個數) 選項，右側的最後集群數值輸入 1；勾選「☑Show dendrogram」(顯示樹狀圖) 選項，按「OK」鈕。

採用歐幾里德距離、華德連結法，變項經標準化轉換程序的集群分析結果如下：

Cluster Analysis of Observations: 學習動機, 投入程度, 課堂參與, 學業成就

Standardized Variables, Euclidean Distance, Ward Linkage

Amalgamation Steps

Step	Number of clusters	Similarity level	Distance level	Clusters joined		New cluster	Number of obs. in new cluster
1	19	97.251	0.1570	6	11	6	2
2	18	96.806	0.1824	1	12	1	2
3	17	95.443	0.2602	3	5	3	2
4	16	93.553	0.3681	7	17	7	2
5	15	92.705	0.4165	10	19	10	2
6	14	90.490	0.5430	13	14	13	2
7	13	86.593	0.7655	4	15	4	2
8	12	86.169	0.7897	2	6	2	3
9	11	85.684	0.8174	4	20	4	3
10	10	83.133	0.9630	1	7	1	4
11	9	82.754	0.9847	10	16	10	3
12	8	82.588	0.9941	13	18	13	3
13	7	76.459	1.3441	9	10	9	4
14	6	76.147	1.3619	3	4	3	5
15	5	75.852	1.3788	1	2	1	7 [最後集群]
16	4	72.872	1.5489	3	8	3	6 [最後集群]
17	3	49.664	2.8740	9	13	9	7 [最後集群]
18	2	-64.880	9.4139	1	3	1	13 [不宜合併]
19	1	-276.169	21.4775	1	9	1	20 [不宜合併]

Final Partition
Number of clusters: 1

	Number of observations	Within cluster sum of squares	Average distance from centroid	Maximum distance from centroid
Cluster1	20	76	1.77555	3.23909

　　輸出表格中「Standardized Variables, Euclidean Distance, Ward Linkage」列的註解說明集群分析的程序距離量測與觀察值連結方法，集群分析的變項經標準化轉換，集群分析的距離量測採歐基里德直線法，集群或觀察值連結法採用華德連結法。最後集群合併的步驟為步驟 15，集群 1 與集群 2 合併，二個集群的相似性為 75.852、歐基里德直線距離為 1.3788、新集群名稱為集群 1，集群內的觀

察值有七個；步驟 16，集群 3 與集群 8 合併，二個集群的相似性為 72.872、歐基里德直線距離為 1.5489、新集群名稱為集群 3，集群內的觀察值有六個；步驟 17，集群 9 與集群 13 合併，二個集群的相似性為 49.664、歐基里德直線距離為 2.8740、新集群名稱為集群 9，集群內的觀察值有七個。三個集群的起始的觀察值編號分別為集群 1、集群 3、集群 9。

集群分析的樹狀圖如下：

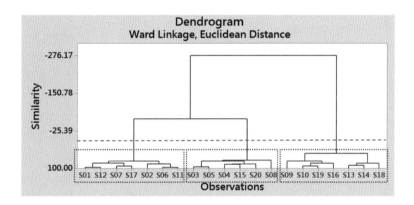

從樹狀圖可以看出，從觀察值相似性分群，20 個觀察值以分為三個集群較為適合，集群 1 包含 {S01、S12、S07、S17、S02、S06、S11} 七個觀察值、集群 2 包含 {S03、S05、S04、S15、S20、S08} 六個觀察值、集群 3 包含 {S09、S10、S19、S16、S13、S14、S18} 七個觀察值。三個集群包含的觀察值與之前採用原始變項、採用歐基里德距離平方作為距離測量基準、以平均連結法進行集群或觀察值合併方法的結果有稍許差異。

第二節　K 平均數集群分析

當研究者根據之前的資訊或樹狀圖大致決定集群的個數後，進一步的集群分析可以採用 K 平均數集群分析法，將觀察值對應的分類情形直接存於工作表中，K 平均數集群分析法適用於大樣本觀察值的分類，其演算分類程序會要求研究者輸入指定的集群數。

一、操作程序

執行功能表「Stat」(統計) /「Multivariate」(多變量) /「Cluster K-Means」
(集群 K 平均數) 程序，程序會開啟「Cluster K-Means」(集群 K 平均數) 對話視窗。

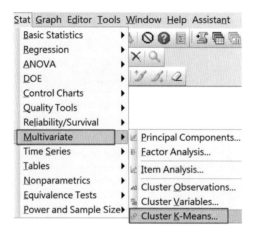

「Cluster K-Means」(集群 K 平均數) 對話視窗中，從變數清單中選取「C2
學習動機」、「C3 投入程度」、「C4 課堂參與」、「C5 學業成就」四個
計量變項至「Variables:」(變項) 下方框內，方框訊息為「'學習動機' - '學業成
就'」。「Specify partition by」(指定分割依據) 方盒選取「⊙Number of clusters:」
(集群個數) 選項，「⊙Number of clusters:」(集群個數) 右側的數值輸入 3，表示
分割觀察值成三個集群 (群組)，按「Storage」(儲存) 鈕，開啟「Cluster K-Means:
Storage」(集群 K 平均數：儲存) 次對話視窗。

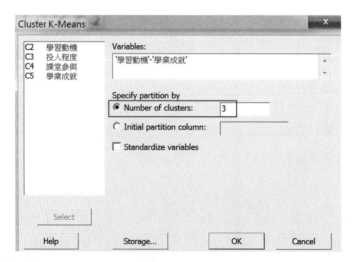

「Cluster K-Means: Storage」(集群 K 平均數：儲存) 次對話視窗，可以將各觀察值分類的集群以直行變數欄儲存在工作表中，「Cluster membership column:」(集群成員直行) 右側方框輸入「C6」，表示將觀察值對應的集群數值儲存在工作表 C6 直行 (因為工作表原始的資料檔使用到直行 C5，直行 C6 後的變數欄尚未有資料)，按「OK」鈕，回到「Cluster K-Means」(集群 K 平均數) 對話視窗，按「OK」鈕。

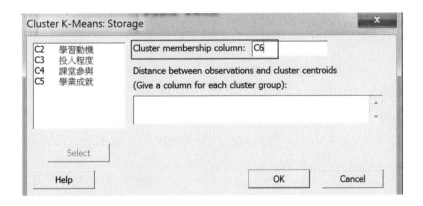

「Cluster K-Means」(集群 K 平均數) 主對話視窗中，「Specify partition by」(指定分割依據) 方盒內定選項為「⦿Number of clusters:」(集群個數)，此選項後的方格要輸入整數值，數值表示的集群分析程序要分成的集群個數，如果研究者未輸入任何整值，按「OK」鈕後會出現錯誤訊息：「Invalid number of clusters. Too few items. Please specify: A single integer constant. Value ≥ 1.」，Minitab 錯誤訊息告知研究者之前視窗界面操作程序的集群個數是無效的，研究者要界定輸入一個大於 1 的整數常數。

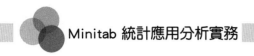

二、K 平均數集群分析結果

K-means Cluster Analysis: 學習動機, 投入程度, 課堂參與, 學業成就

Final Partition [最後分割]

Number of clusters: 3 [集群數等於 3]

	Number of observations	Within cluster sum of squares	Average distance from centroid	Maximum distance from centroid
Cluster1	7	105.143	3.808	4.809
Cluster2	8	687.125	8.657	13.573
Cluster3	5	558.400	8.982	16.874

Cluster Centroids [集群形心]

Variable [變項	Cluster1 集群 1	Cluster2 集群 2	Cluster3 集群 3	Grand centroid 總體形心]
學習動機	22.5714	14.8750	7.0000	15.6000
投入程度	23.8571	15.2500	8.2000	16.5000
課堂參與	22.5714	13.8750	6.2000	15.0000
學業成就	88.8571	67.3750	44.8000	69.2500

Distances Between Cluster Centroids [集群間形心的距離]

	Cluster1	Cluster2	Cluster3
Cluster1	0.0000	25.8926	51.9295
Cluster2	25.8926	0.0000	26.0817
Cluster3	51.9295	26.0817	0.0000

集群 1 有 7 個觀察值、集群內均方和為 105.143、離形心的平均距離為 3.808、與形心最大的距離為 4.809；集群 2 有 8 個觀察值、集群內均方和為 687.125、離形心的平均距離為 8.657、與形心最大的距離為 13.573；集群 3 有 5

個觀察值、集群內均方和為 558.400、離形心的平均距離為 8.982、與形心最大的距離為 16.874。

　　集群形心指的是觀察值在變項的平均距離 (集群內觀察值測量值的平均數)，就「學習動機」變項而言，集群 1 觀察值的形心為 22.5714、集群 2 觀察值的形心為 14.8750、集群 3 觀察值的形心為 7.000，所有觀察值的總體形心為 15.6000，三個集群在「學習動機」的形心有很大的差異值，表示三個集群觀察值在學習動機測量值有明顯的不同；就學習成就變項而言，集群 1 觀察值的形心為 88.8571、集群 2 觀察值的形心為 67.3750、集群 3 觀察值的形心為 44.8000，所有觀察值的總體形心為 69.2500。

　　三個集群形心的距離 (Distances Between Cluster Centroids) 參數顯示：集群 1 與集群 2 間的形心距離為 25.8926、集群 1 與集群 3 間的形心距離為 51.9295、集群 2 與集群 3 間的形心距離為 26.0817。

　　工作表中觀察值被分群的結果如下，工作表直行 C6 的變項名稱鍵入「集群」，C6 直行變數欄為 K 平均數集群分類結果，變數欄中的數值為觀察值被分類的群組，如編號「S01」觀察值根據四個標的變項測量值的數值被分在集群 1、「S03」觀察值根據四個標的變項測量值的數值被分在集群 2。

	C1-T	C2	C3	C4	C5	C6	C7
	編號	學習動機	投入程度	課堂參與	學業成就	集群	集群_標
1	S01	20	24	24	92	1	2
2	S02	25	26	23	90	1	2
3	S03	19	17	18	70	2	1
4	S04	17	19	12	58	2	1
5	S05	20	17	18	66	2	1
6	S06	23	25	20	86	1	2
7	S07	24	22	24	92	1	2
8	S08	12	17	17	78	2	1
9	S09	11	12	9	70	2	3
10	S10	7	8	7	53	3	3
11	S11	22	25	20	85	1	2

	C1-T	C2	C3	C4	C5	C6	C7
	編號	學習動機	投入程度	課堂參與	學業成就	集群	集群_標
12	S12	21	24	24	90	1	2
13	S13	7	8	5	45	3	3
14	S14	8	9	8	40	3	3
15	S15	17	17	17	58	2	1
16	S16	7	7	7	70	2	3
17	S17	23	21	23	87	1	2
18	S18	6	7	6	28	3	3
19	S19	7	9	5	58	3	3
20	S20	16	16	13	69	2	1

工作表中的直行 C6「集群」變項欄為觀察值分類結果，集群 1 包括 {S01、S02、S06、S07、S11、S12、S17} 等七個觀察值，集群 2 包括 {S03、S04、S05、S08、S09、S15、S16、S20} 等八個觀察值，集群 3 包括 {S10、S13、S14、S18、S19} 等五個觀察值。

根據三個集群，求出三個集群觀察值的描述性統計量如下：執行功能表列「Stat」(統計) /「Basic Statistics」(基本統計) /「Display Descriptive Statistics」(顯示描述性統計量) 程序，類別變項 (By variables) 為「集群」。

```
Descriptive Statistics: 學習動機, 投入程度, 課堂參與, 學業成就
Variable  集群  N  N*  Mean  SE Mean  StDev  Minimum    Q1  Median    Q3  Maximum
學習動機   1   7   0  22.571  0.649   1.718   20.000  21.000 23.000 24.000  25.000
          2   8   0  14.88   1.57    4.45     7.00   11.25  16.50  18.50   20.00
          3   5   0   7.000  0.316   0.707    6.000   6.500  7.000  7.500    8.000
投入程度   1   7   0  23.857  0.670   1.773   21.000  22.000 24.000 25.000  26.000
          2   8   0  15.25   1.37    3.88     7.00   13.00  17.00  17.00   19.00
          3   5   0   8.200  0.374   0.837    7.000   7.500  8.000  9.000    9.000
課堂參與   1   7   0  22.571  0.685   1.813   20.000  20.000 23.000 24.000  24.000
          2   8   0  13.88   1.52    4.29     7.00    9.75  15.00  17.75   18.00
          3   5   0   6.200  0.583   1.304    5.000   5.000  6.000  7.500    8.000
學業成就   1   7   0  88.86   1.08    2.85    85.00   86.00  90.00  92.00   92.00
          2   8   0  67.38   2.37    6.70    58.00   60.00  69.50  70.00   78.00
          3   5   0  44.80   5.23   11.69    28.00   34.00  45.00  55.50   58.00
```

從描述性統計量可以看出，集群 1 觀察值在學習動機、投入程度、課堂參與、學業成就的平均數均最高，集群 3 觀察值在學習動機、投入程度、課堂參與、學業成就的平均數均最低，這與集群分析之集群形心參數之結果相同。

　　集群 1、集群 2、集群 3 三個群體在「學習動機」變項的平均數分別為 22.571、14.880、7.000；在「投入程度」變項的平均數分別為 23.857、15.250、8.200；在「課堂參與」變項的平均數分別為 22.571、13.880、6.200；在「學業成就」變項的平均數分別為 88.860、67.380、44.480。

　　根據三個集群在「學習動機」、「投入程度」、「課堂參與」、「學業成就」測量值的高低或形心參數，三個集群觀察值可以命名為「積極努力型學生」、「普通中庸型學生」、「消極不專注型學生」。

　　K 平均數集群分析程序與集群觀察值程序一樣，可以將原始變項標準化後再進行群組分類。

　　「Cluster K-Means」(集群 K 平均數) 對話視窗中，從變數清單中選取「C2 學習動機」、「C3 投入程度」、「C4　課堂參與」、「C5　學業成就」四個計量變項至「Variables:」(變項) 下方框內，方框訊息為「'學習動機' - '學業成就'」。「Specify partition by」(指定分割依據) 方盒選取「⊙Number of clusters:」(集群個數) 選項，選項右側的數值輸入 3，勾選「☑Standardize variables」(標準化變項) 選項，表示進行變項的標準化，按「Storage」(儲存) 鈕，開啟「Cluster K-Means: Storage」(集群 K 平均數：儲存) 次對話視窗。

　　「Cluster K-Means: Storage」(集群 K 平均數：儲存) 次對話視窗，可以將各觀察值分類的集群以直行變數欄儲存在工作表中，「Cluster membership column:」(集群成員直行) 右側方框輸入「C7」，表示將觀察值對應的集群數值儲存在工作表 C7 直行 (因為工作表原始的資料檔使用到直行 C6，直行 C6 後的欄尚未有變數資料)，按「OK」鈕，回到「Cluster K-Means」(集群 K 平均數) 對話視窗，按「OK」鈕。

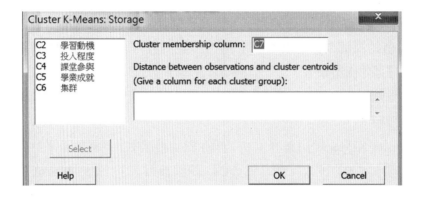

　　工作表中根據標準化變項分類的群組數值直行 C7 對應的變數欄鍵入變數名稱「集群_標」。

K-means Cluster Analysis: 學習動機, 投入程度, 課堂參與, 學業成就

Standardized Variables

Final Partition

Number of clusters: 3

	Number of observations	Within cluster sum of squares	Average distance from centroid	Maximum distance from centroid
Cluster1	6	2.494	0.619	0.957
Cluster2	7	1.334	0.433	0.487
Cluster3	7	5.174	0.752	1.331

Cluster Centroids

Variable	Cluster1	Cluster2	Cluster3	Grand centroid
學習動機	0.1820	1.0286	-1.1846	0.0000
投入程度	0.0989	1.0916	-1.1764	0.0000
課堂參與	0.1176	1.0685	-1.1693	-0.0000
學業成就	-0.1474	1.0506	-0.9243	0.0000

Distances Between Cluster Centroids

	Cluster1	Cluster2	Cluster3
Cluster1	0.0000	2.0104	2.3987
Cluster2	2.0104	0.0000	4.3532
Cluster3	2.3987	4.3532	0.0000

根據四個變項之標準化分群結果，集群 1 包含 6 個觀察值、集群 2 包含 7 個觀察值、集群 3 包含 7 個觀察值，根據工作表直行 C7 變數欄「集群 1」分群參數顯示，集群 1 包括 {S03、S04、S05、S08、S15、S20} 等六個觀察值，集群 2 包括 {S01、S02、S06、S07、S11、S12、S17} 等七個觀察值，集群 3 包括 {S09、S10、S13、S14、S16、S18、S19} 等七個觀察值。

集群 1、集群 2、集群 3 在「學習動機」變項的形心 (平均數) 分別為 0.1820、1.0286、-1.1846；在「投入程度」變項的形心 (平均數) 分別為 0.0989、1.0916、-1.1764；在「課堂參與」變項的形心 (平均數) 分別為 0.1176、1.0685、-1.1693；在「學業成就」變項的形心 (平均數) 分別為 -0.1474、1.0506、-0.9243。四個變項的總體形心 (總平均數) 均為 0.000。

K 平均數集群分析，範例之觀察值分群結果，標的變項採用原始變項與標準化變項分群結果並非完全一致，二個分群結果不一致的觀察值是 S09、S16。二種方法分類結果對照表如下：

原始變項 (未經標準化) K 平均數集群分析	標準化變項 K 平均數集群分析
集群 1：{S01、S02、S06、S07、S11、S12、S17}	集群 2：{S01、S02、S06、S07、S11、S12、S17}
集群 2：{S03、S04、S05、S08、S09、S15、S16、S20}	集群 1：{S03、S04、S05、S08、S15、S20}
集群 3：{S10、S13、S14、S18、S19 }	集群 3：{S09、S10、S13、S14、S16、S18、S19}

第三節　區別分析

　　區別分析在根據一組預測變項組成的區別函數對觀察值加以預測分類，預測分類情形可與觀察值原始組別 (真實組別) 進行比較，若是預測分類組別與原始組別 (真實組別) 相同，表示預測分類正確，如觀察值真實組別為「高生活壓力組」，根據學生家庭經濟變因、學習變因作為預測變項，預測分類結果觀察值也為「高生活壓力組」，表示區別分析預測分類正確，若是區別分析結果不是「高生活壓力組」，表示區別分析預測分類錯誤。

一、操作程序

　　執行功能表列「Stat」(統計) /「Multivariate」(多變量) /「Discriminant Analysis」(區別分析) 程序，程序會開啟「Discriminant Analysis」(區別分析)對話視窗中。程序的提示語為「Assign observations to predetermined groups on the basis of measurements from one or more variables. Use when you have prior grouping information for all of your observations.」(使用先前所有觀察值的分組資訊，根據一個或更多變項的量測值，預先決定安排觀察值的組別)。

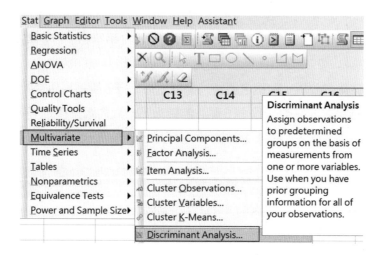

　　「Discriminant Analysis」(區別分析) 對話視窗中，從變數清單選取真實分組的組別變項「C6 集群」至「Groups:」(組別) 右方框內，方框內訊息為「'集群'」，從變數清單中選取預測變項「C2　學習動機」、「C3 投入程度」、「C4

課堂參與」、「C5 學業成就」至「Predictors:」(預測變項) 下方框中，方框內訊息為「'學習動機' - '學業成就'」，「Discriminant Function」(區別函數) 內定選項為「⊙Linear」(線性)，按「Options」(選項) 鈕，開啟「Discriminant Analysis: Options」(區別分析：選項) 次對話視窗。

　「Discriminant Analysis: Options」(區別分析：選項) 次對話視窗中選取「⊙Above plus complete classification summary」(以上參數加上完整分類摘要表) 選項，按「OK」鈕，回到「Discriminant Analysis」(區別分析) 主對話視窗，按「OK」鈕。視窗界面中之「Display of Results」(顯示結果) 方盒內定的選項為「⊙Above plus ldf, distances, and misclassification summary」(以上參數加上線性區別函數、距離與錯誤分類摘要表)。

二、區別分析結果

Discriminant Analysis: 集群 versus 學習動機, 投入程度, 課堂參與, 學業成就
Linear Method for Response: 集群
Predictors: 學習動機, 投入程度, 課堂參與, 學業成就

Group	1	2	3
Count	7	8	5

Summary of classification [分類摘要表]

	True Group		
Put into Group	1	2	3
1	7	0	0
2	0	8	0
3	0	0	5
Total N	7	8	5
N correct	7	8	5
Proportion	1.000	1.000	1.000

N = 20   N Correct = 20   Proportion Correct = 1.000

Squared Distance Between Groups [群組間距離平方]

	1	2	3
1	0.0000	22.2953	86.3989
2	22.2953	0.0000	21.4095
3	86.3989	21.4095	0.0000

Linear Discriminant Function for Groups [群組線性區別函數]

	1	2	3
Constant	-135.51	-70.88	-27.63
學習動機	2.27	1.89	1.05
投入程度	2.12	1.29	0.90
課堂參與	-0.26	-0.49	-0.54
學業成就	1.97	1.50	0.98

Means for Group [合併平均數與群組平均數]

Variable	Pooled Mean	1	2	3
學習動機	15.600	22.571	14.875	7.000
投入程度	16.500	23.857	15.250	8.200
課堂參與	15.000	22.571	13.875	6.200
學業成就	69.250	88.857	67.375	44.800

StDev for Group [合併標準差與群組標準差]

Variable	Pooled StDev	1	2	3
學習動機	3.054	1.718	4.454	0.707
投入程度	2.735	1.773	3.882	0.837
課堂參與	3.023	1.813	4.291	1.304
學業成就	7.314	2.854	6.696	11.692

Pooled Covariance Matrix [合併共變異數矩陣]

	學習動機	投入程度	課堂參與	學業成就
學習動機	9.3288			
投入程度	6.1071	7.4798		
課堂參與	6.0935	4.8601	9.1405	
學業成就	-5.0620	-2.3349	0.4204	53.5019

Covariance matrix for Group 1 [群組 1 共變異數矩陣]

	學習動機	投入程度	課堂參與	學業成就
學習動機	2.952			
投入程度	0.095	3.143		
課堂參與	-0.381	-1.405	3.286	
學業成就	-0.405	-0.857	4.595	8.143

Covariance matrix for Group 2 [群組 2 共變異數矩陣]

	學習動機	投入程度	課堂參與	學業成就
學習動機	19.839			
投入程度	14.464	15.071		
課堂參與	14.839	12.893	18.411	

學業成就   -13.661   -8.536   -0.804   44.839

Covariance matrix for Group 3 [群組 3 共變異數矩陣]
　　　　　　學習動機　投入程度　課堂參與　學業成就
學習動機   0.500
投入程度   0.500   0.700
課堂參與   0.500   0.200   1.700
學業成就   3.000   6.300   -3.700   136.700

Summary of Classified Observations [觀察值分類摘要表]

True Observation 觀察值	Pred Group 真正組別	Squared Group 預測組別	Group 組別	Distance 距離平方	Probability 機率
1	1	1	1	3.097	1.000
			2	27.273	0.000
			3	90.574	0.000
2	1	1	1	1.276	1.000
			2	30.298	0.000
			3	101.357	0.000
3	2	2	1	14.796	0.003
			2	2.972	0.997
			3	35.796	0.000
4	2	2	1	29.994	0.000
			2	5.879	1.000
			3	23.846	0.000
5	2	2	1	18.693	0.001
			2	3.859	0.999
			3	34.219	0.000
6	1	1	1	2.147	1.000
			2	22.803	0.000
			3	85.284	0.000
7	1	1	1	3.057	1.000
			2	26.978	0.000
			3	95.447	0.000
8	2	2	1	18.738	0.006
			2	8.621	0.994
			3	37.880	0.000
9	2	2	1	33.269	0.000
			2	2.810	0.999

			3	17.426	0.001
10	3	3	1	71.575	0.000
			2	14.369	0.002
			3	1.379	0.998
11	1	1	1	2.201	1.000
			2	21.141	0.000
			3	80.909	0.000
12	1	1	1	1.655	1.000
			2	24.712	0.000
			3	87.619	0.000
13	3	3	1	87.4663	0.000
			2	21.7830	0.000
			3	0.3027	1.000
14	3	3	1	91.3960	0.000
			2	24.7998	0.000
			3	0.9002	1.000
15	2	2	1	28.109	0.000
			2	2.943	1.000
			3	19.882	0.000
16	2	2	1	52.390	0.000
			2	9.584	0.872
			3	13.426	0.128
17	1	1	1	3.064	1.000
			2	19.360	0.000
			3	80.100	0.000
18	3	3	1	131.882	0.000
			2	48.146	0.000
			3	6.716	1.000
19	3	3	1	63.612	0.000
			2	11.886	0.026
			3	4.639	0.974
20	2	2	1	19.9385	0.000
			2	0.8985	1.000
			3	26.3669	0.000

　　分類摘要表 (Summary of classification) 顯示：以集群分析之分組變項為真實組別變項，第一群組的觀察值有 7 位、第二群組的觀察值有 8 位、第三群組的觀察值有 5 位，以區別分析方法程序進行觀察值的分群預測，納入的預測變

項為學習動機、投入程度、課堂參與、學業成就，四個預測變項組合的線性區別函數可以有效分類預測各觀察值的原先歸屬的組別，整體分類正確的百分比為 100.0%。表中「True Group」欄為真實組別 (原始觀察值的組別)、「Put into Group」欄為區別分析預測分類的組別，真實組別中第一組有 7 個觀察值，7 個觀察值經區別分析均被預測分類為第一組；真實組別中第二組有 8 個觀察值，8 個觀察值經區別分析均被預測分類為第二組；真實組別中第三組有 5 個觀察值，5 個觀察值經區別分析均被預測分類為第三組，全部 20 個觀察值均分類正確，詳細的個體觀察值分類情形呈現於觀察值分類摘要表中 (Summary of Classified Observations)。

群組線性區別函數 (Linear Discriminant Function for Groups) 可以求出三組線性區別方程式：

第 1 組：−135.51 + 2.27 × 學習動機 + 2.12 × 投入程度 − 0.26 × 課堂參與 + 1.97 × 學業成就

第 2 組：−70.88 + 1.89 × 學習動機 + 1.29 × 投入程度 − 0.49 × 課堂參與 + 1.50 × 學業成就

第 3 組：−27.63 + 1.05 × 學習動機 + 0.90 × 投入程度 − 0.54 × 課堂參與 + 0.98 × 學業成就

第四節　變項集群分析

集群分析的分類對象一般為觀察值 (樣本)，有時也可以以變項為分類對象，變項的集群分析類似探究性因素分析，將相關相高或相似性較大的變項聚在一起。範例視窗界面以探索性因素分析章節之班級經營實踐程度量表 20 個指標題項為變項，20 個指標題項的編碼為 A01 至 A05、B01 至 B05、C01 至 C05、D01 至 D05。

一、操作程序

執行功能表「Stat」(統計) /「Multivariate」(多變量) /「Cluster Variables」(集群變項) 程序，程序會開啟「Cluster Variables」(集群變項) 對話視窗。程序的

提示語為「Reduce the number of variables by classifying them into groups based on their similarity.」(根據變項相似性將變項分成數個群組，以減少變項的個數)，程序提示語說明集群變項的目的在於減少變項的個數，變項分群的群組特性與因素分析的共同因素性質類似。

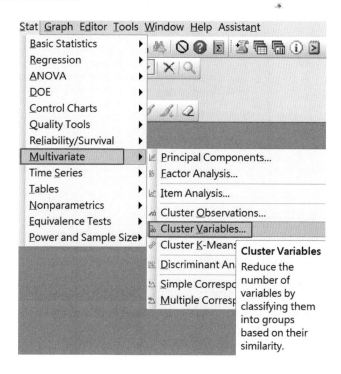

「Cluster Variables」(集群變項) 對話視窗中，從變數清單中選取 A01、A02、……、D04、D05 20 個計量變項至「Variables or distance matrix:」(變項或距離矩陣) 下方框內，方框訊息為「A01-D05」；「Linkage method:」(連結方法) 右邊選單選取「Ward」(華德連結法，內定方法為完全連接法)，「Distance measure:」(距離測量) 方盒內定選單為「⊙Correlation」(相關)」，「Specify final partition by」(最後決定分割集群數) 方盒選取「⊙Number of clusters:」(集群個數) 選項，右側的最後集群數值輸入 1；勾選「☑Show dendrogram」(顯示樹狀圖) 選項，按「Customize」(自訂) 鈕，開啟「Cluster Variables Dendrogram: Customize」(集群變項樹狀圖：自訂) 次對話視窗。

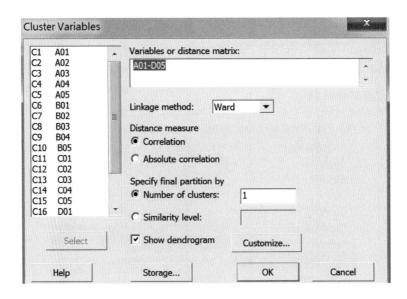

　　「Cluster Variables Dendrogram: Customize」(集群變項樹狀圖：自訂) 次對話視窗，「Label Y axis with」(標記 Y 軸用) 方盒內定選項「⊙Similarity」(相似性)，另一個選項為「Distance」(距離)，如果選取「Distance」(距離) 選項，表示樹狀圖的 Y 軸數據為集群間的距離，「Show dendrogram in」(顯示樹狀圖在) 方盒內定選項「⊙One graph」(單一圖形)，按「OK」鈕，回到「Cluster Variables」(集群變項) 主對話視窗，按「OK」鈕。

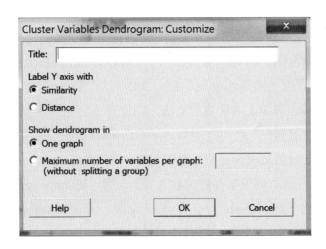

二、輸出結果

Cluster Analysis of Variables: A01, A02, A03, A04, A05, B01, B02, B03, ...
Correlation Coefficient Distance, Ward Linkage
Amalgamation Steps

Step	Number of clusters	Similarity level	Distance level	Clusters joined	New cluster	Number of obs. in new cluster
1	19	84.6472	0.30706	6 7	6	2
2	18	83.4993	0.33001	12 13	12	2
3	17	83.0265	0.33947	3 4	3	2
4	16	83.0244	0.33951	8 9	8	2
5	15	81.9510	0.36098	14 15	14	2
6	14	81.5372	0.36926	2 3	2	3
7	13	79.8693	0.40261	11 12	11	3
8	12	78.7079	0.42584	16 20	16	2
9	11	77.6100	0.44780	16 18	16	3
10	10	77.2064	0.45587	17 19	17	2
11	9	73.7906	0.52419	8 10	8	3
12	8	70.3874	0.59225	16 17	16	5
13	7	70.0910	0.59818	2 5	2	4
14	6	69.3282	0.61344	1 2	1	5
15	5	68.3365	0.63327	11 14	11	5
16	4	55.8508	0.88298	6 8	6	5
17	3	54.6295	0.90741	6 16	6	10 [進行合併或不合併]
18	2	37.5843	1.24831	1 11	1	10 [不宜合併]
19	1	37.0049	1.25990	1 6	1	20 [不宜合併]

　　變項 (集群) 聚合的過程中，「Step」欄為合併的步驟、「Number of clusters」欄為該步驟集群內的個數 (變項的個數)、「Similarity level」欄為集群 (或變項) 的相似性參數、「Distance level」欄為集群合併後的距離、「Clusters joined」為進行合併的集群 (或變項)、「New cluster」為新集群的編號、「Number of obs in new cluster」欄為新集群內的個數 (變項數)。從相似性參數欄改變與距離欄的變化的情況，步驟 18、步驟 19 的二個集群不宜併為一個集群，步驟 17 的二個集群是否合併為一個集群，可根據研究者編製的內容效度加

以判別，若步驟 17 二個集群不再凝聚為同一個集群，最後保留四個集群：集群 1、集群 6、集群 11、集群 16，四個集群的起始變項分別為 A01、B01、C01、D01。

變項合併的樹狀圖如下：

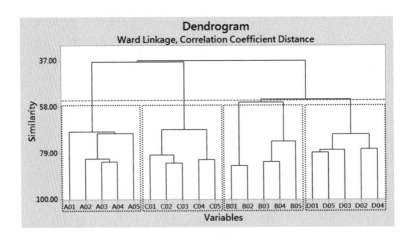

從樹狀圖可以看出，若二十個變項劃分為四大集群，集群 1 包含的變項為 {A01、A02、A03、A04、A05}、集群 2 包含的變項為 {C01、C02、C03、C04、C05}、集群 3 包含的變項為 {B01、B02、B03、B04、B05}、集群 4 包含的變項為 {D01、D02、D03、D04、D05}，從集群內聚合的變項，四個集群可以命名為「教學活動經營」、「學務活動經營」、「輔導活動經營」、「情境規劃經營」。變項的集群分析結果與原先研究者編製的內容效度大致符合。

下圖為採用完全連結法進行集群變項程序的樹狀圖。

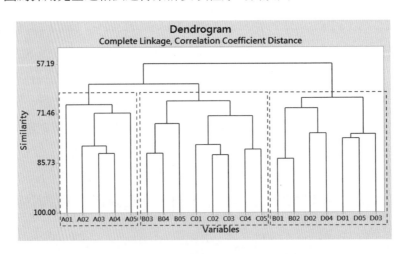

從樹狀圖可以看出，二十個變項劃分為三大集群較為適切，集群 1 包含的變項為 {A01、A02、A03、A04、A05}、集群 2 包含的變項為 {B03、B04、B05、C01、C02、C03、C04、C05}、集群 3 包含的變項為 {B01、B02、D02、D04、D01、D05、D03}。

華德連結法樹狀圖如下，集群改分為三個群組。

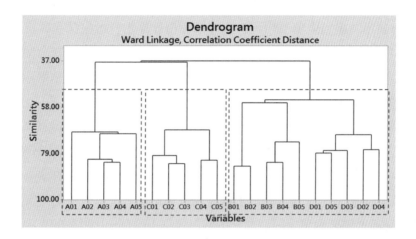

採用華德連結法若將二十個變項劃分為三個集群，則集群 1 包含的變項為 {A01、A02、A03、A04、A05}、集群 2 包含的變項為 {C01、C02、C03、C04、C05}、集群 3 包含的變項為 {B01、B02、B03、B04、B05、D01、D05、D03、D02、D04}。在之前變項合併步驟中，步驟 18，集群 1 與集群 11 合併後，集群間距離為 1.24831、集群相似性參數為 37.5843，與之前參數相比均突然變大，表示二個集群不適宜再合併為一個集群；步驟 19，集群 1 與集群 6 合併後，集群間距離為 1.25990、集群相似性參數為 37.0049，與之前參數相比均突然變大，表示二個集群不適宜再合併為一個集群，三個集群的起始變項名稱分別為編號 1 (A01)、編號 6 (B01)、編號 11 (C01)。

變項的集群分析程序也可以得知變項的分群情況，同一集群變項反映的是相同的特質或心理構念，根據集群內包含的指標變項內容，可以對集群加以命名，集群的命名與因素分析中對共同因素命名相同，但變項的集群分析方法無法得知同一集群各指標變項對集群的具體貢獻量數。

第五節　區別分析與多變項變異數分析

　　區別分析在於根據自變項的線性組合 (區別函數) 來預測區別觀察值的群組。區別分析程序的變項屬性與多變項變異數分析 (MANOVA) 程序的變項屬性型態剛好相反，多變項變異數分析的自變項為因子變項 (間斷變項)，反應變項為二個以上的連續變項 (計量變項)；區別分析的自變項為多個連續變項 (計量變項)，反應變項為組別變項 (間斷變項)，單變項變異數分析在探究群組變項在單一計量變項平均數間的差異，多變項變異數分析在探究群組變項在多個計量變項形心間的差異，若是多變項變異數分析檢定統計量達到統計顯著水準，表示至少一個計量變項在群組平均數間的差異達到顯著。

　　社會科學領域的集群分析程序，對觀察值進行分群後，為了驗證集群分析各群組的差異情況，一般會再採取區別分析程序進行檢核，若是區別分析的預測分類正確率很高，表示根據預測變項組合的線性函數對觀察值的分組效度佳。Minitab 區別分析中無法對每條區別線性函數進行顯著性與否檢定，若是區別線性函數未達統計顯著水準，則區別分析結果預測正確百分比量數的大小便沒有實質意義，此時，研究者可配合多變項變異數分析程序的考驗，檢定群組變項在預測變項的形心差異是否達到統計顯著水準，當多變項變異數分析之多變項檢定統計量 Λ 值達到顯著，對應的區別分析結果之區別函數才會達到顯著。

一、區別分析

　　範例區別分析程序中的因子變項為國中生學習壓力組別，「學習壓力」為三分類別變項，水準數值 1 為高學習壓力組、水準數值 2 為中學習壓力組、水準數值 3 為低學習壓力組，三個組別是根據受試者在學習壓力量表的得分高低加以分類，預測變項有四個：學業成就、同儕壓力、考試焦慮、課堂焦慮，區別分析程序的研究假設為「國中學生的學業成就、同儕壓力、考試焦慮、課堂焦慮可以有效區別不同學習壓力的群組」。研究問題為「國中學生的學業成就、同儕壓力、考試焦慮、課堂焦慮是否可以有效區別不同學習壓力的群組？」工作表資料檔的變項與變項直行編號的型態如下：

	C1	C2	C3	C4	C5	C6	C7
	學業成就	同儕壓力	考試焦慮	課堂焦慮	學習壓力	家庭結構	
1	34	15	48	25	1	1	
2	31	18	46	24	1	2	
3	67	49	46	8	1	3	
4	66	40	47	24	1	1	
5	34	17	45	23	1	2	

　　執行功能表列「Stat」(統計) /「Multivariate」(多變量) /「Discriminant Analysis」(區別分析) 程序，開啟「Discriminant Analysis」(區別分析) 對話視窗。

　　「Discriminant Analysis」(區別分析) 對話視窗中，從變數清單選取真實分組的組別變項「C5 學習壓力」至「Groups:」(組別) 右方框內，方框內訊息為「'學習壓力'」，從變數清單中選取預測變項「C1 學業成就」、「C2 同儕壓力」、「C3 考試焦慮」、「C4 課堂焦慮」至「Predictors:」(預測變項) 下方框中，方框內訊息為「'學業成就' - '課堂焦慮'」，「Discriminant Function」(區別函數) 選項選取「⊙Linear」(線性)，按「Options」(選項) 鈕，開啟「Discriminant Analysis: Options」(區別分析：選項) 次對話視窗。

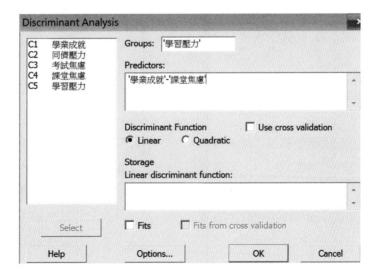

　　「Discriminant Analysis: Options」(區別分析：選項) 次對話視窗中選取「⊙Above plus complete classification summary」(以上參數加上完整分類摘要表)

選項，按「OK」鈕，回到「Discriminant Analysis」(區別分析) 主對話視窗，按「OK」鈕。

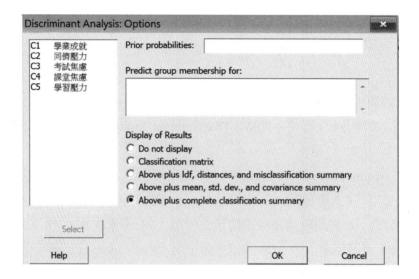

區別分析結果如下：

Discriminant Analysis: 學習壓力 **versus** 學業成就, 同儕壓力, 考試焦慮, 課堂焦慮
Linear Method for Response: 學習壓力
Predictors: 學業成就, 同儕壓力, 考試焦慮, 課堂焦慮

Group	1	2	3
Count	14	14	14

【說明】

區別分析的反應變項為「學習壓力」，「學習壓力」變項為三分類別變項，三個水準數值分別為 1、2、3，預測變項為學業成就、同儕壓力、考試焦慮、課堂焦慮四個，三個學習壓力群組的人次分別為 14、14、14，三個學習壓力群組的觀察值人次 (Count 列的數據) 為真實組別的人次，表示的是三個不同學習壓力組別的個數。

```
Summary of classification
                          True Group
Put into Group      1           2           3
1                   13          1           0
2                   1           10          2
3                   0           3           12
Total N             14          14          14
N correct           13          10          12
Proportion          0.929       0.714       0.857
N = 42          N Correct = 35          Proportion Correct = 0.833
```

【說明】

分類結果摘要中整理如下：

學習壓力		原始成員群組 (真實群組)			總和
		高學習壓力組 1	中學習壓力組 2	低學習壓力組 3	
預測成員群組	高學習壓力組 1	13	1	0	14
	中學習壓力組 2	1	10	2	13
	低學習壓力組 3	0	3	12	15
	群組觀察值	14	14	14	42
	預測正確人次	13	10	12	35
	區別正確 %	92.9	71.4	85.7	83.3

從分類摘要中可以發現：根據學業成就、同儕壓力、考試焦慮、課堂焦慮四個預測變項組合的區別函數，對於 42 位觀察值在學習壓力高、中、低三個群組的分類正確百分比為 83.3% (35 ÷ 42 = 0.833)，區別分類正確的人次有 35 位、區別分類錯誤的人次有 7 位。輸出報表中之「N = 42」參數表示的是有效觀察值的個數、「N Correct = 35」參數表示的是根據四個預測變項分類正確的觀察值人次 (分類組別與真實組別相同的觀察值)，「Proportion Correct = 0.833」參數表示的分類正確的觀察值人次佔有效觀察值的百分比。「Proportion 0.929 0.714 0.857」列的參數為三個學習壓力組別被分類正確的百分比，14 位高學習壓力組成員被分類正確的人次有 13 位、分類正確百分比為 92.9%；14 位中學習壓力組成員被

分類正確的人次有 10 位、分類正確百分比為 71.4%；14 位低學習壓力組成員被分類正確的人次有 12 位、分類正確百分比為 85.7%。

```
Squared Distance Between Groups
            1          2          3
1        0.0000     7.0177     18.6876
2        7.0177     0.0000     3.3883
3        18.6876    3.3883     0.0000
```

【說明】

　　三個群組的距離平方統計量，群組 1 (高學習壓力組) 與群組 2 (中學習壓力組) 間歐幾里德直線距離平方為 7.018、群組 1 (高學習壓力組) 與群組 3 (低學習壓力組) 間歐幾里德直線距離平方為 18.688、群組 2 (中學習壓力組) 與群組 3 (低學習壓力組) 間歐幾里德直線距離平方為 3.388。

```
Linear Discriminant Function for Groups
              1          2          3
Constant    -61.455    -43.311    -36.771
學業成就      0.770      0.628      0.646
同儕壓力      0.068      0.206      0.203
考試焦慮      1.670      1.323      1.086
課堂焦慮      0.789      0.611      0.461
```

【說明】

　　三個群組的線性區別函數如下：

　　第一個群組線性區別函數為：-61.455 + 0.770 × 學業成就 + 0.068 × 同儕壓力
　　　　　　　　　　　　　　　+ 1.670 × 考試焦慮 + 0.789 × 課堂焦慮。

　　第二個群組線性區別函數為：-43.311 + 0.628 × 學業成就 + 0.206 × 同儕壓力
　　　　　　　　　　　　　　　+ 1.323 × 考試焦慮 + 0.611 × 課堂焦慮。

　　第三個群組線性區別函數為：-36.771 + 0.646 × 學業成就 + 0.203 × 同儕壓力
　　　　　　　　　　　　　　　+ 1.086 × 考試焦慮 + 0.461 × 課堂焦慮。

　　將每位受試者在四個預測變項的測量值代入上述三條區別函數方程，可以求出每位觀察值在三條區別函數的「區別函數分數」。

Variable	Pooled Mean	Means for Group 1	2	3
學業成就	51.857	44.214	50.214	61.143
同儕壓力	35.095	21.929	37.357	46.000
考試焦慮	30.690	43.571	29.571	18.929
課堂焦慮	13.714	18.571	13.571	9.000

【說明】

　　三個群組在四個預測變項的平均數與合併平均數，群組 1 在學業成就、同儕壓力、考試焦慮、課堂焦慮四個預測變項的平均數分別為 44.214、21.929、43.571、18.571；群組 2 在四個預測變項的平均數分別為 50.214、37.357、29.571、13.571；群組 3 在四個預測變項的平均數分別為 61.143、46.000、18.929、9.000。各群組在預測變項的平均數差異愈大，表示預測變項愈能有效區別群組間的差異，相對的，各群組在個別預測變項間的平均數差異值愈小，表示預測變項愈無法有效區別群組間的差異。

Variable	StDev	PooledStDev for Group 1	2	3
學業成就	11.31	11.30	8.15	13.76
同儕壓力	11.01	10.47	6.03	14.74
考試焦慮	6.352	4.603	6.272	7.780
課堂焦慮	4.875	5.273	3.610	5.519

【說明】

　　三個群組在四個預測變項的標準差與合併標準差，42 位觀察值在學業成就、同儕壓力、考試焦慮、課堂焦慮四個預測變項的合併標準差分別為 11.31、11.01、6.352、4.875。

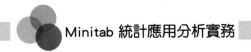

Summary of Classified Observations [觀察值分類情況摘要表]

Observation 觀察值	True Group 真實組別	Pred Group 預測組別	Group 組別	Squared Distance 距離平方	Probability 機率
1	1	1	1	2.326	0.997
			2	13.710	0.003
			3	29.747	0.000
2	1	1	1	2.624	0.982
			2	10.585	0.018
			3	25.499	0.000
3	1	1	1	13.35	0.876
			2	17.29	0.122
			3	26.25	0.001
4	1	1	1	8.343	0.998
			2	20.868	0.002
			3	35.093	0.000
5	1	1	1	1.528	0.982
			2	9.570	0.018
			3	23.594	0.000
6	1	1	1	0.6089	0.992
			2	10.2924	0.008
			3	23.7287	0.000
7	1	1	1	2.042	0.909
			2	6.665	0.090
			3	15.573	0.001
8	1	1	1	1.158	0.979
			2	8.836	0.021
			3	19.989	0.000
9	1	1	1	1.043	0.997
			2	12.389	0.003
			3	25.574	0.000
10	1	1	1	0.6318	0.995
			2	11.0854	0.005
			3	23.9188	0.000
11	1	1	1	3.475	0.592
			2	4.298	0.392
			3	10.635	0.016
12	1	1	1	0.8151	0.992
			2	10.4895	0.008

			3	23.9803	0.000	
13**	1	2	1	4.259	0.189	[分類錯誤]
			2	1.491	0.756	
			3	6.726	0.055	
14	1	1	1	2.867	0.808	
			2	5.754	0.191	
			3	16.390	0.001	
15	2	2	1	4.5081	0.134	
			2	0.8441	0.834	
			3	7.3296	0.033	
16	2	2	1	3.573	0.212	
			2	1.089	0.733	
			3	6.264	0.055	
17	2	2	1	4.266	0.151	
			2	1.027	0.762	
			3	5.359	0.087	
18	2	2	1	3.175	0.298	
			2	1.605	0.654	
			3	6.850	0.047	
19	2	2	1	6.0470	0.058	
			2	0.7200	0.836	
			3	4.8553	0.106	
20	2	2	1	5.097	0.167	
			2	2.206	0.708	
			3	5.674	0.125	
21**	2	1	1	1.825	0.953	[分類錯誤]
			2	7.827	0.047	
			3	20.871	0.000	
22	2	2	1	9.887	0.011	
			2	1.266	0.788	
			3	3.990	0.202	
23**	2	3	1	23.377	0.000	[分類錯誤]
			2	5.745	0.425	
			3	5.141	0.575	
24	2	2	1	26.20	0.000	
			2	10.01	0.761	
			3	12.33	0.239	
25**	2	3	1	14.0435	0.001	[分類錯誤]
			2	1.9922	0.315	

			3	0.4444	0.684	
26**	2	3	1	13.8484	0.001	[分類錯誤]
			2	1.8578	0.335	
			3	0.4901	0.664	
27	2	2	1	9.969	0.011	
			2	1.627	0.697	
			3	3.361	0.293	
28	2	2	1	11.899	0.004	
			2	1.647	0.756	
			3	3.943	0.240	
29	3	3	1	11.716	0.003	
			2	2.014	0.433	
			3	1.486	0.564	
30	3	3	1	16.4842	0.000	
			2	3.2325	0.233	
			3	0.8457	0.767	
31	3	3	1	19.5686	0.000	
			2	4.7801	0.120	
			3	0.8020	0.880	
32**	3	2	1	11.262	0.030	[分類錯誤]
			2	5.118	0.644	
			3	6.481	0.326	
33	3	3	1	23.220	0.000	
			2	9.667	0.180	
			3	6.631	0.820	
34	3	3	1	22.425	0.000	
			2	5.127	0.127	
			3	1.268	0.873	
35	3	3	1	24.071	0.000	
			2	5.576	0.125	
			3	1.683	0.875	
36	3	3	1	23.386	0.000	
			2	6.822	0.186	
			3	3.876	0.813	
37	3	3	1	29.39	0.000	
			2	12.56	0.270	
			3	10.57	0.730	
38	3	3	1	26.395	0.000	
			2	7.194	0.050	

			3	1.287	0.950	
39	3	3	1	30.383	0.000	
			2	13.864	0.016	
			3	5.614	0.984	
40	3	3	1	29.383	0.000	
			2	12.656	0.017	
			3	4.561	0.983	
41	3	3	1	40.484	0.000	
			2	14.701	0.008	
			3	4.979	0.992	
42**	3	2	1	24.92	0.009	[分類錯誤]
			2	15.59	0.939	
			3	21.38	0.052	

【說明】

　　觀察值的分類乃根據之前「線性區別函數」量數加以運算預測,「True Group」(真實組別) 欄為觀察值依據學習壓力量表加以分組的真實群組 (原始組別)、「Pred Group」(預測組別) 為根據四個預測變項組合的區別函數加以預測分類的組別,預測分類群組時會根據最後一欄的「Probability」(機率) 量數大小分組,當觀察值在機率量數的數值大於 0.500 時,便會將之歸類在對應的水準群組。如果觀察值預測組別與真實組別相同,表示區別分類正確,若是觀察值預測組別與真實組別不一樣,表示區別分類錯誤,區別分類錯誤的觀察值會在第一欄「Observation」(觀察值) 數字編號旁加註二個「＊」號,以編號 13 的觀察值為例,其原始真實組別為第 1 組 (高學習壓力組),區別分析結果被分類至第 2 組 (中學習壓力組),因為根據區別函數求出的成員組別機率值分別為0.189、0.756、0.055,分類為中學習壓力組的機率最高,由於觀察值的預測分類組別與真實組別不同,預測分類結果為「錯誤」,觀察值的數值編號為「13**」,而非「13」,42 位觀察值中,分類錯誤的觀察值為13、21、23、25、26、32、42 等七位,分類結果正確的觀察值有 35 位。

　　輸出結果報表中,若是研究者只要呈現分類錯誤的觀察值,在「Discriminant Analysis: Options」(區別分析:選項) 次對話視窗,呈現結果方盒選取內定選項「⊙Above plus ldf, distances, and misclassification summary」,選項內容包括分類矩陣、線性區別函數、距離與錯誤分類摘要表結果。範例中,觀察

值只呈現分類錯誤觀察值的數據如下，分類錯誤的觀察值編號有 13、21、23、25、26、32、42 等七個，其中真實組別為 1 (高學習壓力組) 的樣本中，分類預測錯誤的觀察值有 1 位，真實組別為 2 (中學習壓力組) 的樣本中，分類預測錯誤的觀察值有 4 位，真實組別為 3 (低學習壓力組) 的樣本中，分類預測錯誤的觀察值有 2 位。

Summary of Misclassified Observations [分類錯誤觀察值摘要表]

Observation 觀察值	True Group 真實組別	Pred Group 預測組別	Group 群組	Squared Distance 距離平方	Probability 機率
13**	1	2	1	4.259	0.189
			2	1.491	0.756
			3	6.726	0.055
21**	2	1	1	1.825	0.953
			2	7.827	0.047
			3	20.871	0.000
23**	2	3	1	23.377	0.000
			2	5.745	0.425
			3	5.141	0.575
25**	2	3	1	14.0435	0.001
			2	1.9922	0.315
			3	0.4444	0.684
26**	2	3	1	13.8484	0.001
			2	1.8578	0.335
			3	0.4901	0.664
32**	3	2	1	11.262	0.030
			2	5.118	0.644
			3	6.481	0.326
42**	3	2	1	24.92	0.009
			2	15.59	0.939
			3	21.38	0.052

區別分析程序，預測變項組合的線性區別函數要能有效區別分類群組變項，群組變項在預測變項組合的形心間差異必須達到顯著，群組變項在多個預測計量變項的差異情況可以採用多變項變異數分析，若是多變項變異數分析的統計量數

未達統計顯著水準，表示區別分析導出的區別函數無法有效預測分類組別變項，此種情況下，分類結果的百分比沒有實質意義。當以群組變項為自變項，以預測計量變項為反應變項，進行多變項變異數分析，整體多變項差異統計量達到顯著水準下，改以區別分析對觀察值組別進行預測分類較有實質意義。

二、多變項變異數分析

多變項變異數分析程序如下：

執行功能表列「Stat」(統計)／「ANOVA」(變異數分析)／「General MANOVA」(一般多變項變異數分析) 程序，程序會開啟「General MANOVA」(一般多變項變異數分析) 對話視窗。

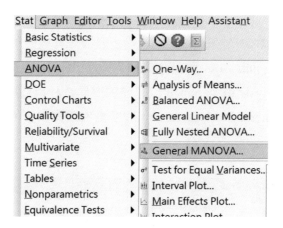

「General MANOVA」(一般多變項變異數分析) 對話視窗中，從變數清單選取檢定變項「C1 學業成就」、「C2 同儕壓力」、「C3 考試焦慮」、「C4 課堂焦慮」至「Responses:」(反應變項) 右方框內，方框的訊息為「'學業成就'－'課堂焦慮'」，從變數清單選取因子變項「C5 學習壓力」(間斷變項) 至「Model:」下方框內，方框內的訊息為「'學習壓力'」，按「Results」(結果) 鈕，開啟「General MANOVA: Results」(一般多變項變異數分析：結果) 次對話視窗。

「General MANOVA: Results」(一般多變項變異數分析：結果) 次對話視窗，「Display of Results」(顯示結果) 方盒勾選「☑Eigen analysis」(特徵分析)、「☑Univariate analysis of variance」(單變項變異數分析) 選項，按「OK」(確定) 鈕，回到「General MANOVA」(一般多變項變異數分析) 主對話視窗，按「OK」(確定) 鈕。

一般線性模式執行結果如下：

General Linear Model: 學業成就, 同儕壓力, 考試焦慮, 課堂焦慮 versus 學習壓力
Factor　　　Type　　Levels　　Values
學習壓力　　fixed　　3　　　　1, 2, 3

【說明】

　　學習壓力因子變項為固定因子，因子水準的數值有三，三個水準數值編碼分別為 1 (高學習壓力群體)、2 (中學習壓力群體)、3 (低學習壓力群體)。

Analysis of Variance for 學業成就, using Adjusted SS for Tests
Source	DF	Seq SS	Adj SS	Adj MS	F	P
學習壓力	2	2062.7	2062.7	1031.4	8.07	0.001
Error	39	4986.4	4986.4	127.9		
Total	41	7049.1				

S = 11.3074　R-Sq = 29.26%　R-Sq (adj) = 25.63%

【說明】

　　上表為學業成就的變異數分析，檢定時使用調整過的 SS。單變項變異數分析檢定的是不同學習壓力組別在學業成就的差異比較，因子變項為高、中、低三個學習壓力群組，反應變項 (檢定變項) 為學業成就，單變項考驗的顯著水準為 0.0125 (0.05 ÷ 4 = 0.0125)，檢定統計量 F 值為 8.07、顯著性 $p = 0.001 < 0.0125$，達統計顯著水準，表示不同學習壓力組別在學業成就的平均數有顯著不同，效果值為 29.26%、$\omega^2 = 25.63\%$。

Analysis of Variance for 同儕壓力, using Adjusted SS for Tests
Source	DF	Seq SS	Adj SS	Adj MS	F	P
學習壓力	2	4163.5	4163.5	2081.7	17.19	0.000
Error	39	4724.1	4724.1	121.1		
Total	41	8887.6				

S = 11.0060　R-Sq = 46.85%　R-Sq (adj) = 44.12%

【說明】

　　單變項變異數分析檢定的是不同學習壓力組別在同儕壓力的差異比較，顯著水準為 0.0125 (0.05 ÷ 4 = 0.0125)，檢定統計量 F 值為 17.19、顯著性 $p < 0.0125$，

達統計顯著水準，表示不同學習壓力組別在同儕壓力的平均數有顯著不同，效果值為 46.85%、$\omega^2 = 44.12\%$。

Analysis of Variance for 考試焦慮, using Adjusted SS for Tests

Source	DF	Seq SS	Adj SS	Adj MS	F	P
學習壓力	2	4277.2	4277.2	2138.6	53.00	0.000
Error	39	1573.8	1573.8	40.4		
Total	41	5851.0				

S = 6.35244　R-Sq = 73.10%　R-Sq (adj) = 71.72%

【說明】

單變項變異數分析檢定的是不同學習壓力組別在考試焦慮的差異比較，顯著水準為 0.0125 (0.05 ÷ 4 = 0.0125)，檢定統計量 F 值為 53.00、顯著性 p < 0.0125，達統計顯著水準，表示不同學習壓力組別在考試焦慮的平均數有顯著不同，效果值為 73.10%、$\omega^2 = 71.72\%$。

Analysis of Variance for 課堂焦慮, using Adjusted SS for Tests

Source	DF	SeqSS	Adj SS	Adj MS	F	P
學習壓力	2	641.71	641.71	320.86	13.50	0.000
Error	39	926.86	926.86	23.77		
Total	41	1568.57				

S = 4.87499　R-Sq = 40.91%　R-Sq (adj) = 37.88%

【說明】

單變項變異數分析檢定的是不同學習壓力組別在課堂焦慮的差異比較，顯著水準為 0.0125 (0.05 ÷ 4 = 0.0125)，檢定統計量 F 值為 13.50、顯著性 p < 0.0125，達統計顯著水準，表示不同學習壓力組別在課堂焦慮的平均數有顯著不同，效果值為 40.91%、$\omega^2 = 37.88\%$。上述四個單變項變異數分析檢定在多變項變異數分析程序中稱為追蹤考驗，在多變項變異數分析統計量達到顯著時，才要分別進行單變項變異數分析檢定結果。

```
MANOVA for 學習壓力
s = 2   m = 0.5   n = 17.0
                    Test                    DF
Criterion          Statistic    F      Num    Denom     P
Wilks'             0.20981    10.648    8      72      0.000
Lawley-Hotelling   3.48130    15.231    8      70      0.000
Pillai's           0.84996     6.836    8      74      0.000
Roy's              3.39744
```

【說明】

多變項變異數分析檢定的 Pillai's 跡 (Pillai's Trace) 統計量為 0.850 (p < .001)，轉換的 F 值統計量為 6.836；Wilks' Lambda (Λ) 值統計為 0.210 (p < .001)，轉換的 F 值統計量為 10.648；Hotelling's 跡 (Hotelling's Trace) 統計量為 3.481 (p < .001)，轉換的 F 值統計量為 15.231；Roy's 最大根值統計量為 3.397。四個多變項變異數分析檢定統計量最常使用者為 Wilks' Lambda (Λ) 值，當 Wilks' Lambda (Λ) 值達到統計顯著水準 (p < .05)，表示檢定的反應變項中至少有一個反應變項在因子變項的平均數差異達到顯著水準，即單變項變異數分析中至少有一個單變項變異數分析的 F 值達到顯著。進行多變異項變異數分析，多變項統計量的顯著性 α 值設定為 0.05，之後個別進行的單變項變異數分析檢定 (追蹤考驗) 的 F 值統計量，其顯著性判別指標為 α 值除以依變項個數，範例中有四個反應變項，單變項變異數分析檢定的顯著性 $\alpha_p = 4 \div 0.05 = 0.0125$，單變項變異數分析顯著性 α_p 值定為 0.0125，才能控制整體錯誤率在 .05 以下。

```
EIGEN Analysis for 學習壓力
Eigenvalue    3.3974    0.08385   0.00000   0.00000
Proportion    0.9759    0.02409   0.00000   0.00000
Cumulative    0.9759    1.00000   1.00000   1.00000
```

【說明】

以學習壓力組別為因子變項，學業成就、同儕壓力、考試焦慮、課堂焦慮四個計量變項為反應變項，二個特徵值分別為 3.397 ($\Lambda_1 = 3.397$)、0.084 ($\Lambda_2 = 0.084$)，Roy's 最大平方根統計量值為特徵值中最大值，統計量等於 $\Lambda_1 = 3.397$，

Pillai's 跡統計量運算式為：$\sum_{i=1}^{2} \dfrac{\lambda_i}{1+\lambda_i} = \dfrac{\lambda_1}{1+\lambda_1} + \dfrac{\lambda_2}{1+\lambda_2} = \dfrac{3.397}{1+3.397} + \dfrac{0.084}{1+0.084}$

$= 0.773 + 0.077 = 0.850$，Hotelling's 跡統計量運算式為 $3.397 + 0.084 = 3.481$。多變項檢定統計量的 Wilks'Λ 值為誤差項 SSCP 矩陣行列式除以整體 SSCP 矩陣行列式，統計量數值愈小，表示組內變異愈小，組間形心變異愈大，對應統計量的顯著性 p 值會愈小；相對的；Wilks'Λ 值愈接近 1.000，對應統計量的顯著性 p 值愈不會達到統計顯著水準，因為組內變異佔總變異的比值愈大，組間變異佔總變異的愈小，群組間的差異愈不明顯。

「General MANOVA: Results」(一般多變項變異數分析：結果) 次對話視窗，「Display of Results」(顯示結果) 方盒勾選「☑Matrices (hypothesis, error, partial correlations)」(矩陣，包括假設、誤差、淨相關) 選項，可以求出受試者間 SSCP 矩陣 (Q_B) 與受試者內 SSCP 矩陣 (Q_E)，多變項統計量 Λ 值等於 Q_E 矩陣行列式與 ($Q_E + Q_B$) 矩陣行列的比值，運算式為：$\dfrac{|[Q_E]|}{|[Q_E]+[Q_B]|} = \dfrac{|[Q_E]|}{|[Q_T]|}$，運算式中的分子為組內誤差項矩陣的行列式，當 Λ 值愈小，表示組內誤差項矩陣行列式值愈小，受試者間變異愈大。組間 SSCP 矩陣與誤差項 SSCP 矩陣參數結果如下：

SSCP Matrix (adjusted) for 學習壓力 [組間 SSCP 矩陣]

	學業成就	同儕壓力	考試焦慮	課堂焦慮
學業成就	2063	2774	-2882	-1129
同儕壓力	2774	4163	-4205	-1620
考試焦慮	-2882	-4205	4277	1654
課堂焦慮	-1129	-1620	1654	642

SSCP Matrix (adjusted) for Error [誤差項 SSCP 矩陣]

	學業成就	同儕壓力	考試焦慮	課堂焦慮
學業成就	4986	3283	-1255	-305.4
同儕壓力	3283	4724	-1112	-171.3
考試焦慮	-1255	-1112	1574	143.9
課堂焦慮	-305	-171	144	926.9

上述 MANOVA 分析結果摘要表統整後表格為：

變異來源	df	SSCP				多變量檢定 統計量	單變項 F 值			
							學業 成就	同儕 壓力	考試 焦慮	課堂 焦慮
組間	2	2063	2774	-2882	-1129	$\Lambda = 0.210$***	8.07*	17.19*	53.00*	13.50*
		2774	4164	-4206	-1620					
		-2882	-4206	4277	1654					
		-1129	-1620	1654	642					
組內	39	4986	3283	-1255	-305					
		3283	4724	-1112	-171					
		-1255	-1112	1574	144					
		-305	-171	144	927					

*** p < .001　　單變項 F 值欄的顯著性 $\alpha_p = 0.0125$ * < 0.0125

　　由於 Minitab 統計軟體輸出結果並未提供區別函數 (典型區別函數) 的顯著性檢定，研究者在進行區別分析之前，可先進行多變項變異數分析，從多變項的統計量顯著性判別是否進一步要進行區別分析，若是多變量統計量 Wilks'Λ 對應的顯著性 p 值大於 0.05，表示群組在形心的差異未達統計顯著水準，此時，改以計量變項為預測變項、群組變項為反應變項 (依變項) 的區別分析結果，區別函數 (典型區別函數) 也不會達到統計顯著水準，表示預測變項組合的線性函數無法有效區別分類組別的觀察值。

　　多變項變異數分析程序中，如果多變項統計量均未達統計顯著水準，則不用進行追蹤考驗 (單變項變異數分析)，因為多變項變異數分析統計量未達顯著 (p > .05)，表示群組在反應變項 (檢定變項) 的形心沒有顯著不同，單變項變異數分析結果之群組在個別反應變項平均數間的差異也不會達到顯著。

　　範例研究問題為「不同家庭結構群組的學生在學業成就、同儕壓力、考試焦慮、課堂焦慮的差異是否達到顯著？」，其中家庭結構因子為三分類別變項，水準數值 1 為單親家庭、水準數值 2 為雙親家庭、水準數值 3 為他人照顧家庭。以家庭結構三個群組為因子變項、同時檢定四個反應變項的單因子 MANOVA，虛無假設為：

$$H_0 : G_{1(形心)} = G_{2(形心)} = G_{3(形心)}$$

$$H_0 : \begin{pmatrix} \mu_{11} \\ \mu_{21} \\ \mu_{31} \\ \mu_{41} \end{pmatrix} = \begin{pmatrix} \mu_{12} \\ \mu_{22} \\ \mu_{32} \\ \mu_{43} \end{pmatrix} = \begin{pmatrix} \mu_{13} \\ \mu_{23} \\ \mu_{33} \\ \mu_{43} \end{pmatrix} \quad (三個群組之母群體的平均向量相等)$$

其中 μ_{11} 為第一個群組在學業成就的平均數、μ_{21} 為第一個群組在同儕壓力的平均數、μ_{31} 為第一個群組在考試焦慮的平均數、μ_{41} 為第一個群組在課堂焦慮的平均數；μ_{12} 為第二個群組在學業成就的平均數、μ_{22} 為第二個群組在同儕壓力的平均數、μ_{32} 為第二個群組在考試焦慮的平均數、μ_{42} 為第二個群組在課堂焦慮的平均數；μ_{13} 為第三個群組在學業成就的平均數、μ_{23} 為第三個群組在同儕壓力的平均數、μ_{33} 為第三個群組在考試焦慮的平均數、μ_{43} 為第三個群組在課堂焦慮的平均數。

「General MANOVA」(一般多變項變異數分析) 對話視窗中，從變數清單分別選取檢定變項「C1 學業成就」、「C2 同儕壓力」、「C3 考試焦慮」、「C4 課堂焦慮」至「Responses:」(反應變項) 右方框內，方框的訊息為「'學業成就' '同儕壓力' '考試焦慮' '課堂焦慮'」(變數清單中的反應變項如果沒有接續排列，可以分開選取標的變項至反應方框內)；從變數清單選取因子變項「C6 家庭結構」(間斷變項) 至「Model:」下方框內，方框內的訊息為「'家庭結構'」，按「Results」(結果) 鈕，開啟「General MANOVA: Results」(一般多變項變異數分析：結果) 次對話視窗。

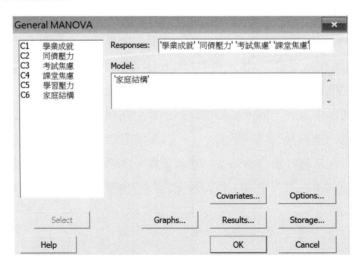

　　「General MANOVA: Results」(一般多變項變異數分析：結果) 次對話視窗，「Display of Results」(顯示結果) 方盒勾選「☑Matrices (hypothesis, error, partial correlations)」(矩陣，包括假設、誤差、淨相關)、「☑Eigen analysis」(特徵分析)、「☑Univariate analysis of variance」(單變項變異數分析) 選項，按「OK」(確定) 鈕，回到「General MANOVA」(一般多變項變異數分析) 主對話視窗，按「OK」(確定) 鈕。

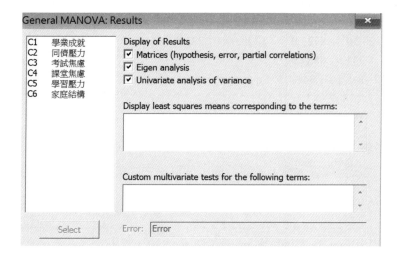

　　多變項變異數分析結果如下：

General Linear Model: 學業成就, 同儕壓力, 考試焦慮, 課堂焦慮 versus 家庭結構

Factor	Type	Levels	Values
家庭結構	fixed	3	1, 2, 3

【說明】

　　因子變項為家庭結構，變項型態為固定因子，變項的水準個數有 3 (三個群組)，變項的水準數值分別為 1、2、3。

Analysis of Variance for 學業成就, using Adjusted SS for Tests

Source	DF	Seq SS	Adj SS	Adj MS	F	P
家庭結構	2	329.7	329.7	164.9	0.96	0.393
Error	39	6719.4	6719.4	172.3		
Total	41	7049.1				

S = 13.1260　R-Sq = 4.68%　R-Sq (adj) = 0.00%

【說明】

　　追蹤考驗之單變項變異數分析的 F 值統計量為 0.96，顯著性 p = 0.393 > 0.0125，未達統計顯著水準，家庭結構三個群組在學業成就的平均數沒有顯著不同。

```
Analysis of Variance for 同儕壓力, using Adjusted SS for Tests
Source      DF    Seq SS    Adj SS    Adj MS     F       P
家庭結構      2    163.8     163.8     81.9     0.37    0.696
Error       39    8723.9    8723.9    223.7
Total       41    8887.6
S = 14.9562   R-Sq = 1.84%   R-Sq (adj) = 0.00%
```

【說明】

　　追蹤考驗之單變項變異數分析的 F 值統計量為 0.37，顯著性 p = 0.696 > 0.0125，未達統計顯著水準，家庭結構三個群組在同儕壓力的平均數沒有顯著不同。

```
Analysis of Variance for 考試焦慮, using Adjusted SS for Tests
Source      DF    Seq SS    Adj SS    Adj MS     F       P
家庭結構      2    96.3      96.3      48.2     0.33    0.723
Error       39    5754.6    5754.6    147.6
Total       41    .0
S = 12.1472   R-Sq = 1.65%   R-Sq (adj) = 0.00%
```

【說明】

　　追蹤考驗之單變項變異數分析的 F 值統計量為 0.33，顯著性 p = 0.723 > 0.0125，未達統計顯著水準，家庭結構三個群組在考試焦慮的平均數沒有顯著不同。

```
Analysis of Variance for 課堂焦慮, using Adjusted SS for Tests
Source      DF    Seq SS    Adj SS    Adj MS     F       P
家庭結構      2    7.00      7.00      3.50     0.09    0.916
Error       39    1561.57   1561.57   40.04
Total       41    1568.57
S = 6.32774   R-Sq = 0.45%   R-Sq (adj) = 0.00%
```

【說明】

　　追蹤考驗之單變項變異數分析的 F 值統計量為 0.09，顯著性 p = 0.916 > 0.0125，未達統計顯著水準，家庭結構三個群組在課堂焦慮的平均數沒有顯著不同。

```
MANOVA for 家庭結構
s = 2    m = 0.5    n = 17.0
                     Test              DF
Criterion        Statistic    F    Num   Denom      P
Wilks'           0.87987    0.595    8      72     0.779
Lawley-Hotelling 0.13255    0.580    8      70     0.791
Pillai's         0.12364    0.609    8      74     0.767
Roy's            0.08645
```

【說明】

　　多變項變異數分析檢定的 Pillai's 跡 (Pillai's Trace) 統計量為 0.124 (p = 0.767 > 0.05)、Wilks' Lambda (Λ) 值統計為 0.880 (p = 0.779 > 0.05)、Hotelling's 跡 (Hotelling's Trace) 統計量為 0.133 (p = 0.791 > 0.05)，三個多變項變異數分析檢定統計量均未達統計顯著水準，表示三個群組的形心沒有顯著不同，三個群組在四個反應變項的差異值均顯著等於 0。多變項變異數分析程序中，如果多變項檢定統計量未達統計顯著水準 (p > 0.05)，表示群組間的形心差異顯著等於 0，在對應追蹤考驗的單變項變異數分析 F 值統計量也不會達到顯著水準，即以群組變項為因子，個別檢定變項為反應變項的單變項變異數分析的顯著性機率值 p 會大於 α_p (= 0.05 ÷ 4 = 0.0125)，不同群組在個別變項的平均數間的差異值均顯著等於 0。Minitab 統計軟體在多變項變異數分析報表會先呈現單變項變異數分析結果，再呈現多變項變異數分析檢定數據，研究者在判讀上，應先檢核多變項變異數分析的結果數據，再查看單變項變異數分析的報表。

```
SSCP Matrix (adjusted) for 家庭結構
              學業成就    同儕壓力    考試焦慮    課堂焦慮
學業成就      329.71      231.57     -72.86      46.00
同儕壓力      231.57      163.76     -41.69      31.50
考試焦慮      -72.86      -41.69      96.33     -17.00
課堂焦慮       46.00       31.50     -17.00       7.00
```

【說明】

上表為組間的 SSCP 矩陣 (實驗處理矩陣)，以符號表示為 Q_B 或 Q_H。

```
SSCP Matrix (adjusted) for Error
              學業成就    同儕壓力    考試焦慮    課堂焦慮
學業成就       6719       5826      -4064      -1481
同儕壓力       5826       8724      -5276      -1822
考試焦慮      -4064      -5276       5755       1815
課堂焦慮      -1481      -1822       1815       1562
```

【說明】

上表為誤差項的 SSCP 矩陣 (受試者內 SSCP 矩陣或組內誤差矩陣)，以符號表示為 Q_E。

$Q_E + Q_B = Q_T$，根據組間 SSCP 矩陣與組內誤差項 SSCP 矩陣可以求出二個矩陣的行列式數值與多變項檢定統計量 Λ 值，$\Lambda = \dfrac{|Q_E|}{|Q_E + Q_B|} = \dfrac{|Q_E|}{|Q_T|}$。

```
Partial Correlations for the Error SSCP Matrix
              學業成就     同儕壓力     考試焦慮     課堂焦慮
學業成就      1.00000     0.76094    -0.65355    -0.45711
同儕壓力      0.76094     1.00000    -0.74464    -0.49374
考試焦慮     -0.65355    -0.74464     1.00000     0.60556
課堂焦慮     -0.45711    -0.49374     0.60556     1.00000
```

【說明】

上表為誤差項 SSCP 矩陣的淨相關。

```
EIGEN Analysis for 家庭結構
Eigenvalue    0.08645    0.04610    0.00000    0.00000
Proportion    0.65223    0.34777    0.00000    0.00000
Cumulative    0.65223    1.00000    1.00000    1.00000
```

【說明】

特徵分析結果二個特徵值參數分別為 0.086、0.046，二個特徵值佔總特徵值

的比例分別為 65.2%、34.8%，累積的百分比為 65.2%、100.0%。

MANOVA 分析結果摘要表如下：

變異來源	df	SSCP				多變量檢定 統計量	單變項 F 值 學業成就	同儕壓力	考試焦慮	課堂焦慮
組間	2	329.7	231.6	-72.9	46.0	$\Lambda=0.880$ns	0.96	0.37	0.33	0.09
		231.6	163.8	-41.7	31.5					
		-72.9	-41.7	96.3	-17.0					
		46.0	31.5	-17.0	7.0					
組內	39	6719	5826	-4064	-1481					
		5826	8724	-5276	-1822					
		-4064	-5276	5755	1815					
		-1481	-1822	1815	1562					

ns　p > .05

　　由於多變項變異數分析檢定統計量未達顯著，單變項 F 值檢定欄的 F 值統計量可以省略，簡化的 MANOVA 分析結果摘要表如下：

變異來源	df	SSCP				多變量檢定 統計量	單變項 F 值 學業成就	同儕壓力	考試焦慮	課堂焦慮
組間	2	329.7	231.6	-72.9	46.0	$\Lambda=0.880$ns	──	──	──	──
		231.6	163.8	-41.7	31.5					
		-72.9	-41.7	96.3	-17.0					
		46.0	31.5	-17.0	7.0					
組內	39	6719	5826	-4064	-1481					
		5826	8724	-5276	-1822					
		-4064	-5276	5755	1815					
		-1481	-1822	1815	1562					

ns　p > .05

參考書目

吳明隆 (2014)。SPSS 操作與應用：問卷統計分析實務。台北市：五南。

林嵩麟、王志鵬 (2014)。統計學與 Minitab 分析。台北市：鼎茂。

唐麗英、王春和 (2013)。從範例學 MINITAB 統計分析與應用。新北市：博碩。

陳思縈 (2012)。高雄市國小高年級學童人格特質、情緒智力與生活適應之相關研究。國立高雄師範大學教育學系專班碩士論文。

國家圖書館出版品預行編目資料

MINITAB 統計應用分析實務／吳明隆, 張毓仁
著. －－初版. －－臺北市：五南, 2015.06
　　面；　公分

ISBN 978-957-11-8106-6（平裝）
1.Minitab（電腦程式）2.統計分析

312.49M54　　　　　　　　104006923

1H94

Minitab 統計應用分析實務

作　　　者－吳明隆　張毓仁

發　行　人－楊榮川

總　編　輯－王翠華

主　　　編－張毓芬

責任編輯－侯家嵐

文字校對－許宸瑞

封面設計－盧盈良

排版設計－張淑貞

出　版　者－五南圖書出版股份有限公司

地　　　址：106 台北市大安區和平東路二段 339 號 4 樓

電　　　話：(02)2705-5066　　傳　　真：(02)2706-6100

網　　　址：http://www.wunan.com.tw

電子郵件：wunan@wunan.com.tw

劃撥帳號：01068953

戶　　　名：五南圖書出版股份有限公司

台中市駐區辦公室／台中市中區中山路 6 號

電　　　話：(04)2223-0891　　傳　　真：(04)2223-3549

高雄市駐區辦公室／高雄市新興區中山一路 290 號

電　　　話：(07)2358-702　　傳　　真：(07)2350-236

法律顧問　林勝安律師事務所　林勝安律師

出版日期　2015 年 06 初版一刷

定　　　價　新臺幣 690 元